21世纪高等院校电气信息类系列教材

电机控制技术

第2版

王志新　罗文广　编著

机械工业出版社

本书是在第1版基础上，经过修改或补充完成的，保留了第1版的主要章节结构，仍然侧重于介绍各类电动机的控制技术及相关技术。全书共9章，主要内容包括：电力传动系统动力学、直流电动机的原理及特性、交流电动机的原理及特性、控制电机的原理及特性、直流传动控制系统、交流传动控制系统、同步发电机励磁控制、电动机智能控制技术及应用、电动机软起动与系统节能技术等，融合了电机、电力电子及微机原理技术。这些技术是电子及电气工程技术人员必备的。

本书适合电气工程及其自动化、机械工程、过程控制、自动化等专业的本科生、研究生和教师作为教材或参考书。

本书配套授课电子课件，需要的教师可登录 www.cmpedu.com 免费注册，审核通过后下载，或联系编辑索取（微信：15910938545，电话：010-88379739）。

图书在版编目（CIP）数据

电机控制技术/王志新，罗文广编著．—2版．—北京：机械工业出版社，2020.9（2025.2重印）
21世纪高等院校电气信息类系列教材
ISBN 978-7-111-66528-1

Ⅰ．①电… Ⅱ．①王… ②罗… Ⅲ．①电机-控制系统-高等学校-教材 Ⅳ．①TM301.2

中国版本图书馆CIP数据核字（2020）第174520号

机械工业出版社（北京市百万庄大街22号 邮政编码100037）
策划编辑：汤 枫 责任编辑：汤 枫
责任校对：闫玥红 责任印制：郜 敏
北京中科印刷有限公司印刷
2025年2月第2版第8次印刷
184mm×260mm · 17印张 · 421千字
标准书号：ISBN 978-7-111-66528-1
定价：59.00元

电话服务	网络服务
客服电话：010-88361066	机 工 官 网：www.cmpbook.com
010-88379833	机 工 官 博：weibo.com/cmp1952
010-68326294	金 书 网：www.golden-book.com
封底无防伪标均为盗版	机工教育服务网：www.cmpedu.com

前　言

党的二十大报告明确提出了“推动能源清洁低碳高效利用，推进工业、建筑、交通等领域清洁低碳转型”的指导思想和目标；通过实施“推进节能产品和服务进企业、进家庭”“组织能量系统优化、电机系统节能改造”等重点工程，达到节能环保的约束性指标要求，即：2015～2020年，非化石能源占一次能源消费比重由12%提高到15%；单位GDP能源消耗降低累计达到15%；单位GDP二氧化碳排放降低累计达到18%。2020年全社会用电量为6.8～7.2万亿kW·h，年均增长3.6%～4.8%，全国发电装机容量为20亿kW，年均增长5.5%，人均装机突破1.4kW，人均用电量为5000kW·h左右，接近中等发达国家水平，电能占终端能源消费比重达到27%。

截至2019年年底，我国累计发电装机容量为20.1亿kW，同比增长5.8%。其中，非化石能源发电装机容量为8.4亿kW，较2018年增长8.7%，占总装机容量的比重为41.9%，比2018年提高1.1%。

电动机行业发展迅猛并应用于国民经济的各个领域，小到只有0.1W的小型录音机用电动机，大到炼钢厂用数万千瓦的大型电动机，据美国电机工程师学会AIEE调查数据显示，2017年全球工业电动机市场规模在6530亿美元左右，2020年将突破8000亿美元，预计至2023年将达到9500亿美元。2019年我国出口电动机金额达114.4亿美元，进口金额超过33.9亿美元。随着我国国民经济飞速发展，中高压大功率电动机的保有量逐年攀升。为了保证电网的稳定运行和电动机的安全运转，通过采用固态软起动装置延缓电动机的起动过程，限制冲击电流的大小，避免因电动机直接起动引起电网波动、危害电网的安全运行，干扰其他用电设备，减小电动机的机械冲击量，避免造成机械传送皮带打滑、机械损伤等危害。高压大功率电动机固态软起动装置具有广泛的应用场合，如发电厂、钢厂、化工厂、水泥厂、石油输运和石油矿井等。

本书正是在此背景下修订完成的。全书共9章，其中，上海交通大学王志新研究员撰写第1、2、3、7、9章，广西科技大学罗文广教授撰写第4、5、6、8章，并由王志新完成统稿、整理、校对及定稿工作。本书内容主要取材于近年来国内外电机控制技术及相关产品的研究开发成果、应用示范成果，先后得到国家重点研发计划（2018YFB1503000，2018YFB1503001）、上海市技术标准专项（18DZ2205700）、上海市闵行区重大产业技术攻关计划（2019MH－ZD26）、上海市科委科技计划（20dz1206100）等资助。本书通过将理论基础与实际应用紧密结合，及时收录了行业应用的最新成果，如高压大功率电动机固态软起动装置、高压变频器、高效电动机及系统节能技术等内容，具有系统性、先进性和实用性强的特点。

相信本书的再版，对于普及电机控制技术知识、提高我国电机控制技术理论研究水平，并推动电动机节能技术进步具有重要价值。

编著者

目录

第1章　概　　述

本章简要介绍电力传动及其控制系统的发展概况，分析建立电力传动系统运动方程、负载转矩和飞轮力矩的折算方法、电力传动系统涉及的负载特性和电动机机械特性、电力传动系统稳定运行的充要条件和电动机控制系统的分类及其特点等。

1.1　电力传动及其控制系统发展概况

电能的生产、传输、分配与使用流程如图1-1所示。目前，所生产的电能的三分之二用于驱动电动机以拖动各种设备及电器，即用于电力传动系统。

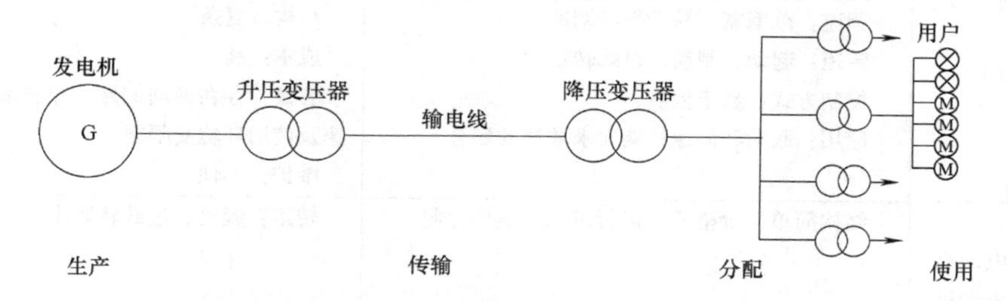

图1-1　电能的生产、传输、分配与使用

1.1.1　电力传动系统构成及其特点

图1-2所示为电力传动系统框图。该系统具有运行、调速、制动和停车功能，并能够满足稳定性、高可靠性、调速性能和位置精度的要求。同时通过采用软起动器、变频器、滤波及无功补偿等装置，提高电力传动系统的运行效率和电能质量，达到节能的目的。

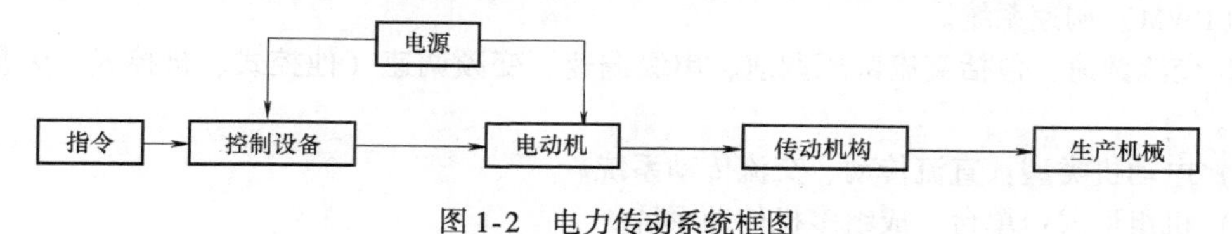

图1-2　电力传动系统框图

其中，电源分为交、直流电源，开关电源，脉冲电源等；控制设备有DSP、PLC、IPC等；电动机分为交、直流电动机，特种电动机（步进电动机、超声电动机、凸极电动机等），自控式同步电动机，永磁电动机，绕线转子双馈异步电动机，开关磁阻电动机等；传动机构包括齿轮箱、齿轮齿条、减速器等；生产机械涉及电风扇、空调机、洗衣机、冰箱、打印机、复印机、印刷机、电梯、风机、水泵、油泵、起重机、机床、轧钢机、锻压机、搅拌机、电动工具、皮带输送机、提升机、空气压缩机、分离机、钻机及农业机械等。

图1-3所示为永磁无刷直流电动机传动系统原理图。其中，PM为永磁无刷直流电动机

本体，BQ 为电动机转子位置检测传感器，安装在电动机转轴上。VR 为不控整流桥、VI 为逆变桥，构成 AC - DC - AC 变频器。单片微机驱动 VI 逆变桥，控制永磁无刷直流电动机，检测系统电压、电流和电动机转子的位置。

电动机总体可以分为直流电动机、交流电动机和特种电动机，表 1-1 列举了交、直流电动机的特点。

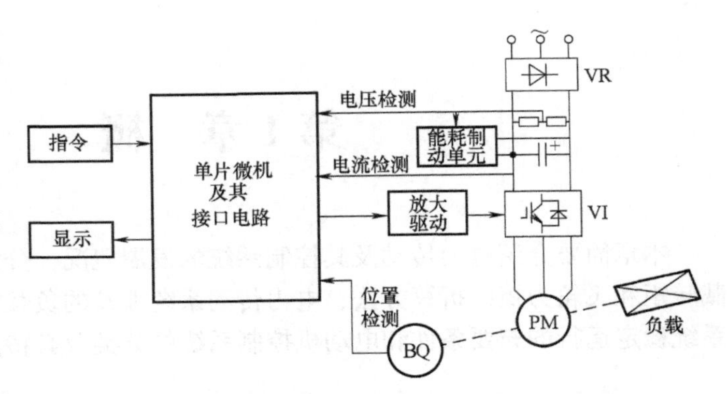

图 1-3　永磁无刷直流电动机传动系统原理图

表 1-1　交、直流电动机的特点

电动机种类	优　点	缺　点
直流电动机	调速：范围宽、易于平滑调速 转矩：起动、制动、过载转矩大 控制方式：易于控制 应用：起动和调速性能要求较高的场合	结构：复杂 成本：高 容量：存在换向问题，单机容量、最高转速及使用环境受限制 维护：不便
交流电动机： 交流异步电动机 交流同步电动机 开关磁阻电动机 无换向器电动机 无刷直流电动机	结构简单、价格低、运行可靠、维护方便	转矩：起动、过载转矩小

按照不同分类形式，电力传动系统分为以下类型。

1）控制系统：调速系统、位置随动系统；其中，按照调速系统再细分为：

① 直流调速，包括晶闸管-直流电动机 V - M 单双闭环调速系统、可逆调速系统、直流脉宽（PWM）调速系统。

② 交流调速，包括交流调压调速、串级调速、变频调速（他控式、自控式、矢量控制式等）。

2）电动机类型：直流传动、交流传动系统。

3）机组形式：单台、成组多机传动系统。

4）运动方式：单向运转不可逆、双向运转可逆传动系统。

5）用途形式：主传动、辅助传动系统。

1.1.2　电力传动系统发展概况

20 世纪 70 年代前，直流传动系统因其起动性能、调速性能和转矩控制性能好而在调速要求较高的应用领域占据主导地位。20 世纪 60 年代前，主要采用直流机组。20 世纪六七十年代前，采用晶闸管构成 V - M 系统取代直流机组。20 世纪 70 年代提出的矢量控制理论，通过坐标变换将三相系统转换为两相系统，再经过按转子磁场定向的同步旋转变换实现定子电流励磁分量与转矩分量之间的解耦，达到分别控制交流电动机的磁链和电流的目的，解决了交流电动机的转矩控制问题。20 世纪 80 年代中期提出了直接转矩控制方法，采用空间矢量分析方法，在定子坐标系进行磁通、转矩计算，通过磁通跟踪型 PWM 逆变器的开关状态直接控制转矩，无需对定子电流进行解耦，省去了矢量变换的复杂计算，具有控制结构简单、便于实现全数字化的特点。

20 世纪 70 年代以后，交流调速系统发展较快，主要得益于功率晶体管、功率 MOS 场效应晶体管、绝缘栅双极晶体管等新型电力电子器件的成熟与普及应用。20 世纪 80 年代以来，以矢量控制、直接转矩控制为代表的各种交流调速控制理论的深入发展，加上计算机（单片机、DSP、嵌入式系统）技术的发展与普及，其综合集成使得交流调速系统性能更加优良，交流调速系统在调速领域中的比例逐年加大，并成为调速系统的主流。

表 1-2 列举了电力传动系统的特点及其发展，其中，20 世纪 70 年代以来，交流传动系统发展迅速，交流调速涉及的关键技术见表 1-3。

表 1-2　电力传动系统特点

传动系统种类	优点及技术关键	时　间
直流传动系统	起动性能、调速性能和转矩控制性能好	1）20 世纪 60 年代前，直流机组，采用 G-M 系统 2）20 世纪六七十年代前，采用晶闸管构成 V-M 系统取代直流机组
交流传动系统	（1）矢量控制技术 1）坐标变换，将三相变为两相系统 2）按转子磁场定向的同步旋转变换，将定子电流励磁分量与转矩分量解耦 3）磁链、电流解耦控制 4）控制策略依赖电动机的参数	20 世纪 70 年代
	（2）直接转矩控制技术 1）采用空间矢量分析方法，在定子坐标系计算磁通、转矩 2）通过磁通跟踪型 PWM 逆变器的开关状态直接控制转矩 3）不需要解耦定子电流，也免去了矢量变换复杂计算 4）控制结构简单、易于实现数字化	20 世纪 80 年代中期

表 1-3　交流调速关键技术

交流调速关键技术	特　点
新型调速电动机	开关磁阻电动机、永磁无刷直流电动机、永磁同步电动机，双馈电动机，混合励磁电动机（如定子施加永磁的开关磁阻电动机，定子加轴向励磁的永磁无刷电动机）
新型变流装置和变流技术	高压、大容量、高频，中高压（≥10kV）、大容量（≥10MW）变频器应用 谐波污染，将不控整流桥改为 PWM 双向整流桥

（续）

交流调速关键技术	特　点
新型控制策略	矢量控制及其改进技术、磁链跟踪型 PWM 逆变器、直接转矩控制
无速度（位置）传感器的速度（位置）检测技术应用	异步电动机矢量控制——检测速度 同步电动机矢量控制、永磁无刷直流电动机控制——检测位置
全数字化控制及集成技术	专用、集成 DSP 控制器应用，集成、小型化、智能化

1.2　电力传动系统运动方程

1.2.1　运动方程

图 1-4 所示为电力传动系统结构示意图，针对图 1-5 所示的旋转单轴电力传动系统，建立的运动方程为

$$T - T_L = J\,d\Omega/dt \tag{1-1}$$

式中　T——电动机电磁转矩（N·m）；

T_L——负载转矩（N·m）；

J——旋转系统转动惯量（$kg \cdot m^2$）；

Ω——转子旋转机械角速度（rad/s）；

$d\Omega/dt$——转子旋转机械角加速度（rad/s^2）。

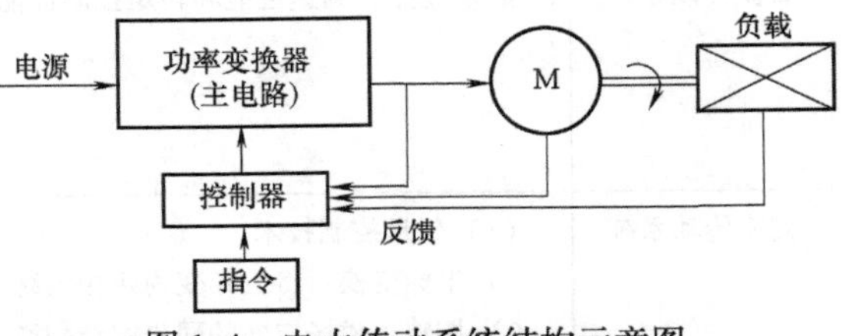

图 1-4　电力传动系统结构示意图

转动惯量表示为

$$J = m\rho^2 = G/g \times (D/2)^2 = GD^2/(4g) \tag{1-2}$$

式中　m——系统转动部分的质量（kg）；

D——惯性直径（m）；

ρ——系统转动部分的转动惯性半径（m）；

g——重力加速度（$9.8m/s^2$）；

GD^2——飞轮力矩（$N \cdot m^2$）。

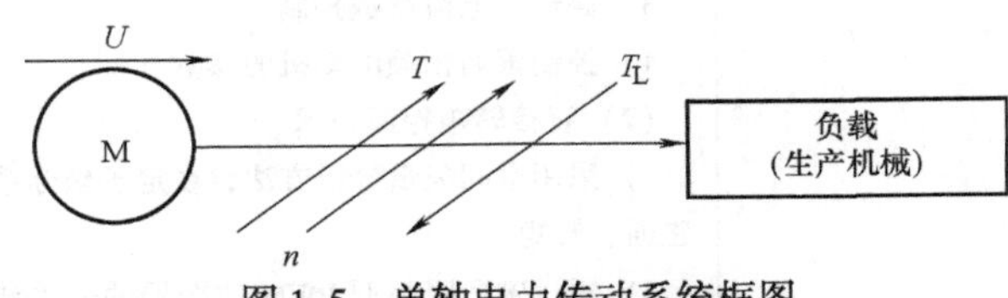

图 1-5　单轴电力传动系统框图

根据电动机转速 n 与转子旋转机械角速度 Ω 之间的关系

$$\Omega = 2\pi n/60 \tag{1-3}$$

运动方程为

$$T - T_L = J\,d\Omega/dt = GD^2/375 \times dn/dt \tag{1-4}$$

式（1-4）即电力传动系统运动方程，电力传动系统的运动状态由电动机轴上的转矩 T、T_L决定。

1）当 $T > T_L$时，$dn/dt > 0$，系统加速。

2）当 $T < T_L$时，$dn/dt < 0$，系统减速。

3）当 $T = T_L$时，$dn/dt = 0$，系统运行状态取决于转速 n：

① n = 常值，恒速运转状态。

② $n = 0$，静止状态。

对于图 1-6a 所示的多轴电力传动系统，往往采用等效方式进行折算，变成图 1-6b 所示单轴电力传动系统进行分析。

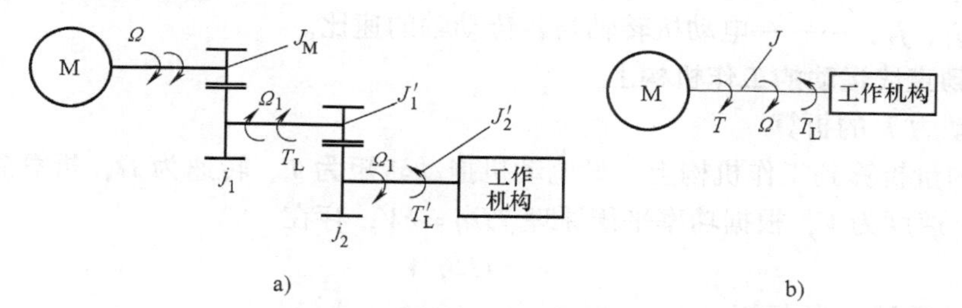

图 1-6　多轴电力传动系统折算示意图

a）多轴系统　b）单轴系统

1.2.2　电力传动系统等效折算

折算遵循等效原则，即保持折算前后两个系统传送的功率、储存的动能相同；同时，既可以折算到电动机转轴上，也可以折算到工作机构上。对于某些直线运动的工作机构，如刨床、吊车、电动汽车等，还应对旋转运动与直线运动之间的物理量转换进行折算。折算时，涉及的物理量有转矩（力）、转速（速度）及转动惯量（质量）。

同理，针对直线运动，运动方程为

$$F - F_L = m\mathrm{d}V/\mathrm{d}t \tag{1-5}$$

式中　F——直线运动拖动力（N）；

F_L——直线运动阻力（N）；

V——直线运动速度（m/s）；

m——系统直线移动部分的质量（kg）。

1. 折算到电动机旋转轴上

（1）负载转矩 T_L 的折算

如图 1-6 所示，设负载实际转矩为 T_L'，折算到电动机轴端的负载转矩为 T_L，当电动机工作在电动状态时，根据功率平衡原理，折算前的多轴系统有 $T\Omega\eta = T_L'\Omega_L$；折算后的单轴系统有 $T\Omega = T_L\Omega$，折算前后电动机轴的功率、转矩不变，故 $T_L'\Omega_L/\eta = T_L\Omega$，负载转矩折算式为

$$T_L = T_L'/(j\eta) \tag{1-6}$$

式中　j——电动机轴与工作机构轴之间的速比，$j = \Omega/\Omega_L = n/n_L$；

η——机械传动机构传动效率。

当电动机工作在发电制动状态时，传动损耗由工作机构承担，则有

$$T_L = T_L'\eta/j \tag{1-7}$$

（2）转动惯量 J 的折算

设工作机构实际转动惯量为 J_L'，折算后的转动惯量为 J_L，根据能量守恒定律，存在 $1/2J_L'\Omega_L^2 = 1/2J_L\Omega^2$，故

$$J_L = J_L'\Omega_L^2/\Omega^2 = J_L'/j^2 \tag{1-8}$$

折算到电动机轴上的系统总转动惯量 J 为

$$J = J_M + J_1 + J_2 + \cdots = J_M + J_1'/j_1^2 + J_2'/j_2^2 + \cdots + J_L'/j^2 \tag{1-9}$$

式中　J_M，J_1，J_2，…——电动机及各传动轴的实际转动惯量；

j_1，j_2，…——电动机转轴与各传动轴的速比。

2. 折算到直线运动的工作机构上

（1）拖动力 F 的折算

把旋转的量折算到工作机构上，设电动机拖动转矩为 T、转速为 Ω，折算到工作机构的拖动力为 F、速度为 V，根据功率平衡原理 $T\Omega\eta = FV$，存在

$$F = T\Omega\eta/V \tag{1-10}$$

（2）移动质量 m 的折算

根据能量守恒定律，直线运动的动能为 $1/2mV^2$，旋转运动的动能为 $1/2J\Omega^2$，二者相等，故直线运动物体总移动质量为

$$m = m_L + J_M(\Omega/V)^2 + J_1'(\Omega_1/V)^2 + J_2'(\Omega_2/V)^2 + \cdots \tag{1-11}$$

式中　m_L——做直线运动工作机构总质量。

可见，总移动质量 m 为直线运动工作机构总质量 m_L 加上旋转部分的折算量。

1.3　负载转矩和飞轮力矩折算

1.3.1　负载转矩的折算

1. 旋转运动

图 1-7 所示为多轴电力传动系统，折算时以电动机转轴为对象，折算为单轴系统，等效为一个负载，传动比 $j = n_d/n_g$，电动机转轴上总的飞轮力矩 GD^2 等于电动机转子本身的飞轮力矩 GD_d^2 加上折算到电动机轴上的负载飞轮力矩 GD_L^2。

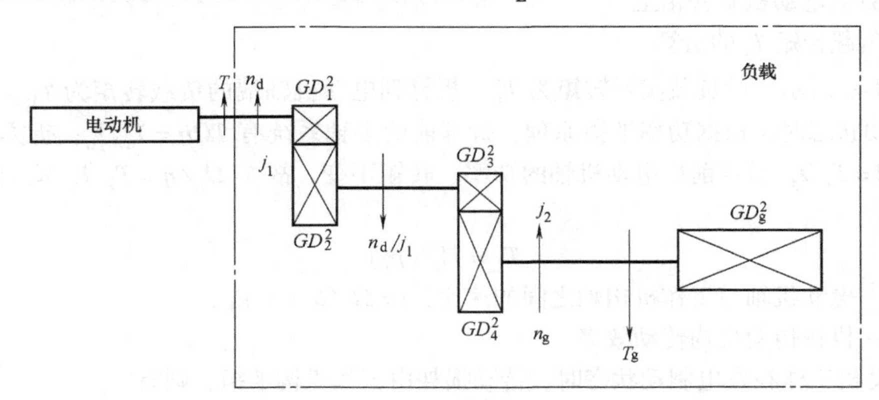

图 1-7　多轴电力传动系统

$$T_L\Omega\eta = T_g\Omega_g$$

$$T_L = T_g\Omega_g/(\Omega\eta) = T_g n_g/(n_d\eta) = T_g/(j\eta)$$

式中　T_g——工作机构实际负载转矩；

Ω_g——工作机构转轴角速度；

n_d——电动机转轴转速；

n_g——工作机构转轴转速。

2. 平移运动

如图 1-8 所示，假设某生产机械的工作机构做平移运动，根据折算前后功率不变原则，考虑到系统损耗，折算到电动机转轴上的负载转矩为

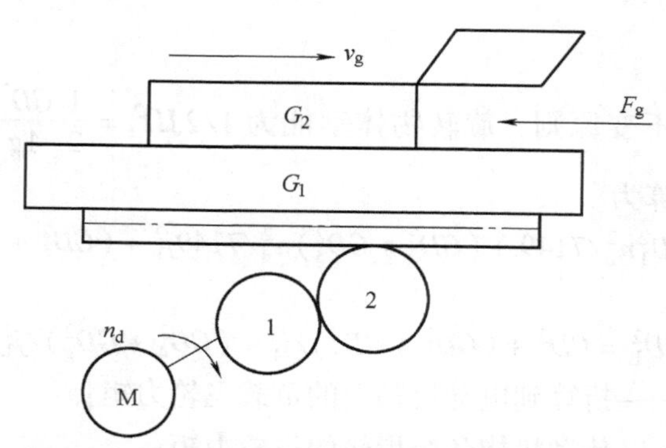

图 1-8　某生产机械工作机构做平移运动示意图

$$T_L\Omega\eta = P_g = F_g v_g \tag{1-12}$$

$$T_L = F_g v_g/(\Omega\eta) = F_g v_g/(2\pi n_d \eta/60) = 9.55F_g v_g/(n_d\eta) \tag{1-13}$$

式中　F_g——工作机构平移时所克服的阻力（N）；

v_g——工作机构移动的速度（m/s）。

3. 升降运动

某些生产机械的工作机构做升降运动，如起重机、提升机和电梯等，图 1-9 为起重机传动系统示意图。其中，电动机通过传动机构拖动一卷筒，卷筒半径为 R、卷筒转速为 n_j、速比为 j，卷筒上的钢丝绳悬挂一重物，重物重量为 G_z。

（1）提升重物时负载转矩折算

提升重物时，重物对卷筒轴的负载转矩为 G_zR，传动机构的损耗均由电动机负担，因此，参照旋转运动，折算到电动机轴上的负载转矩为

$$T_L = G_zR/(j\eta_1) \tag{1-14}$$

式中　η_1——提升传动效率。

图 1-9　起重机传动系统示意图

（2）下放重物时负载转矩折算

下放重物时，重物对卷筒轴的负载转矩为 G_zR，这时，传动机构的损耗均由负载负担，因此，参照旋转运动，折算到电动机轴上的负载转矩为

$$T_L = G_zR\eta_2/j \tag{1-15}$$

式中　η_2——下放传动效率。

可以分别计算提升、下放时传动机构的损耗，得

$$\eta_2 = 2 - 1/\eta_1 \tag{1-16}$$

根据式（1-16），若提升传动效率 η_1 小于 0.5 时，下放传动效率 η_2 将为负值。η_2 为负值，则说明负载功率不足以克服传动机构损耗，因此还需要由电动机推动重物才能下放，这

就是传动机构的自锁作用。针对电梯这类涉及人身安全的设备，传动机构的自锁作用尤为重要。

要使 η_2 为负值，需要选择低提升传动效率 η_1 的传动机构，例如蜗轮蜗杆传动方式，其 η_1 为0.3~0.5。

1.3.2 飞轮力矩的折算

1. 旋转运动

根据折算前后动能不变原则，旋转物体动能为 $1/2J\Omega^2=\frac{1}{2}\frac{GD^2}{4g}\left(\frac{2\pi n}{60}\right)^2=GD^2n^2/7149$，故负载飞轮力矩折算计算为

$$GD_L^2n_d^2/7149=GD_1^2n_d^2/7149+(GD_2^2+GD_3^2)n_d^2/7149j_1^2+(GD_4^2+GD_g^2)n_d^2/7149j_1^2j_2^2$$

化简得

$$GD_L^2=GD_1^2+(GD_2^2+GD_3^2)/j_1^2+(GD_4^2+GD_g^2)/j_1^2j_2^2 \quad (1\text{-}17)$$

式中 GD_L^2——折算到电动机轴上的负载飞轮力矩；

GD_1^2、GD_2^2、GD_3^2、GD_4^2——传动机构各个齿轮的飞轮力矩；

GD_g^2——工作机构的飞轮力矩。

折算后电力传动系统总飞轮力矩为

$$GD^2=GD_d^2+GD_L^2 \quad (1\text{-}18)$$

式中 GD_d^2——电动机转子本身的飞轮力矩。

由于传动机构各轴以及工作机构的转速远比电动机转速低，而飞轮力矩的折算与转速比的二次方成反比，使得各轴折算到电动机轴上的飞轮力矩的数值并不大，故在传动系统总飞轮力矩中占主要成分的是电动机转子本身的飞轮力矩。因此，实际工作中，为了减少折算的麻烦与工作量，往往采用下式估算传动系统的总飞轮力矩，即

$$GD^2=(1+\delta)GD_d^2$$

式中 $\delta=0.2\sim0.3$。若电动机轴上还有其他大的飞轮力矩部件，如机械抱闸的闸轮等，δ 取值要大些。

2. 平移运动

设 m_g、$G_g(G_g=G_1+G_2)$ 为平移运动部分的质量和重量，根据折算前后动能不变原则，有

$$\frac{1}{2}m_gv_g^2=\frac{G_gv_g^2}{2g}=\frac{GD_{LG}^2n_d^2}{7149}$$

$$GD_{LG}^2=\frac{7149}{2g}\frac{G_gv_g^2}{n_d^2}=\frac{365G_gv_g^2}{n_d^2} \quad (1\text{-}19)$$

式中 GD_{LG}^2——平移运动部分折算到电动机轴上的飞轮力矩。

传动机构其他轴上飞轮力矩的折算与旋转运动部分所述相同。

3. 升降运动

升降运动的飞轮力矩折算与平移运动相同，升降部分折算到电动机轴上的飞轮力矩为

$$GD_{LZ}^2=\frac{365G_Zv_Z^2}{n_d^2} \quad (1\text{-}20)$$

式中　GD_{LZ}^2——升降部分折算到电动机轴上的飞轮力矩；

v_Z——重物提升或下放的速度；

n_d——电动机转轴的转速。

1.4　电力传动系统的机械特性

1.4.1　负载特性

负载特性指的是生产机械的负载转矩与转速的关系，即 $n=f(T_L)$。典型的负载特性分为四类：恒转矩负载、通风机及泵类负载、恒功率负载和黏滞摩擦负载。其特点如下。

1. 恒转矩负载

负载转矩 T_L恒定不变，与负载转速 n_L无关，即 T_L = 常数。恒转矩负载分为反抗性恒转矩负载和位能性恒转矩负载两种。

（1）反抗性恒转矩负载

如图 1-10 所示，反抗性恒转矩负载的特点为负载转矩的方向总与运动方向相反，即为反抗运动的制动性转矩，$n_L>0$，$T=T_L<0$；$n_L>0$，$T=T_L>0$。

摩擦负载属于这类负载，如机床刀架平移运动、轧钢机、地铁列车等。

（2）位能性恒转矩负载

如图 1-11 所示，位能性恒转矩负载的特点是负载转矩的大小、方向固定不变，且与转速的方向无关，如起重机提升、下放重物，包括电梯、提升机等都属于这类负载。其中：

1）$n_L>0$，$T=T_L>0$，属于阻碍运动的制动性负载。

2）$n_L<0$，$T=T_L>0$，属于帮助运动的拖动性负载。

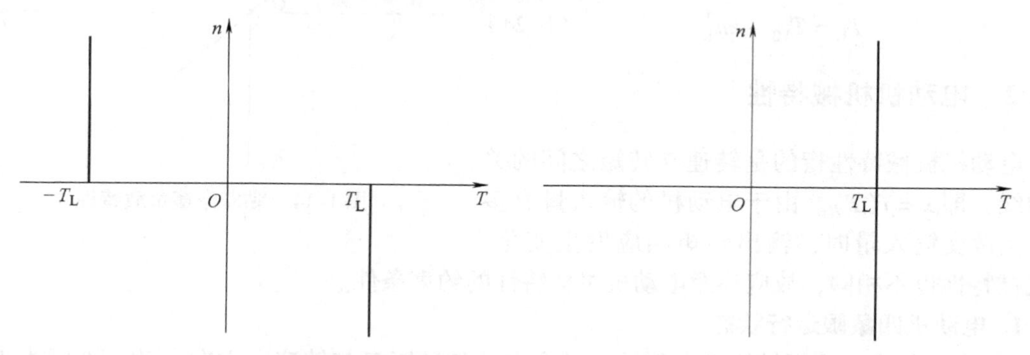

图 1-10　反抗性恒转矩负载特性　　　图 1-11　位能性恒转矩负载特性

2. 通风机及泵类负载

如通风机、水泵、油泵等这类流体阻负载，其特点为负载转矩与转速的二次方成正比，如图 1-12 所示，即

$$T_L=kn_L^2 \tag{1-21}$$

式中　k——比例系数。

3. 恒功率负载

针对机床切削加工类负载，因粗加工时切削量大为低速、精加工则为高速，在高、低转速下的功率大体保持不变，负载的特点为转矩与转速成反比，如图 1-13 所示，即

$$T_L = k/n_L \tag{1-22}$$

式中　k——比例系数。

P_L 为负载功率，$P_L = T_L \Omega_L = T_L \dfrac{2\pi n_L}{60} = \dfrac{k}{9.55} =$ 常数。

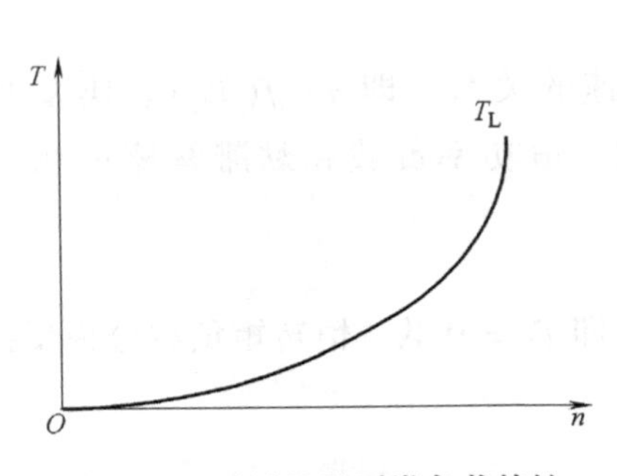

图 1-12　通风机及泵类负载特性

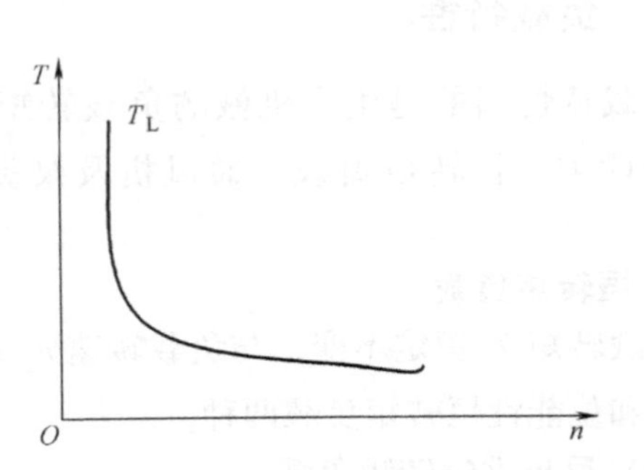

图 1-13　恒功率负载特性

4. 黏滞摩擦负载

黏滞摩擦负载的特点为负载转矩与转速成正比，如图 1-14 所示，方向是阻碍运动，即

$$T_L = kn_L \tag{1-23}$$

生产实际中，生产机械的负载特性可能是以上几种典型特性的组合。如实际的通风机负载，其具有通风机负载特性，还有轴承的摩擦阻转矩 T_{L0}（恒转矩负载特性），即

$$T_L = T_{L0} + kn_L^2 \tag{1-24}$$

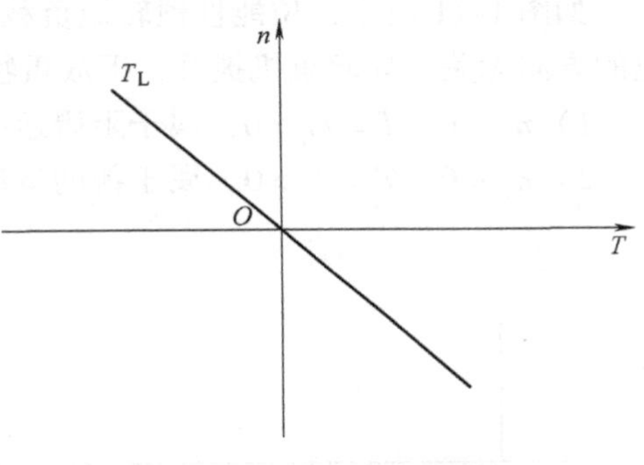

图 1-14　黏滞摩擦负载特性

1.4.2　电动机机械特性

电动机机械特性指的是转速与转矩之间的关系曲线，即 $n = f(T)$。由于电动机的输入量有多个，当改变输入量时，输出转矩相应发生变化，其机械特性也不相同，故应注意电动机机械特性的约束条件。

1. 电动机四象限运行状态

1）电动状态。根据转矩 T 与转速 n 的方向，如转矩 T 与转速 n 方向一致，即同为正或同为负时，表明电动机的转矩是帮助或“拖动”负载运行，是拖动性转矩。

2）制动状态。转矩 T 与转速 n 方向不一致，即其中一个为正、另一个为负时，表明电动机的转矩将阻碍系统按照原来的速度方向运行，是制动性转矩。

3）电动机四象限运行状态。如图 1-15 所示，在不同象限中，T、n 的符号不同，电动机的运行状态也不同。

① 第Ⅰ象限，$T>0$，$n>0$，电动机运行在正向电动状态。

② 第Ⅱ象限，$T<0$，$n>0$，电动机运行在正向制动状态。

③ 第Ⅲ象限，$T<0$，$n<0$，电动机运行在反向电动状态。

④ 第Ⅳ象限，$T>0$，$n<0$，电动机运行在反向制动状态。

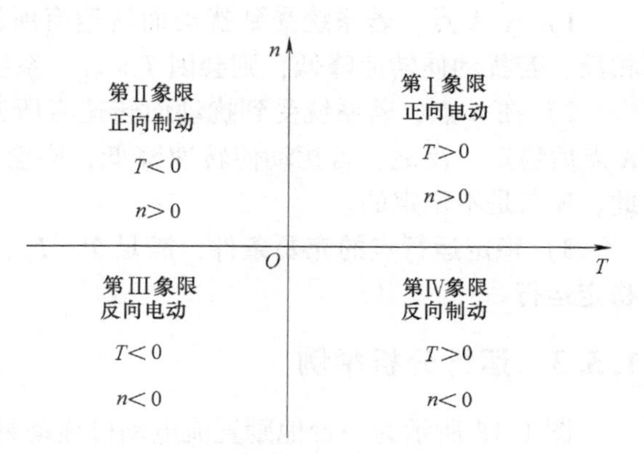

图 1-15　电动机四象限运行状态

2. 电动机固有机械特性、人为机械特性

在额定条件下的机械特性称为电动机的固有机械特性，改变条件后的机械特性称为电动机的人为机械特性。几种常用电动机的固有机械特性如图 1-16 所示。

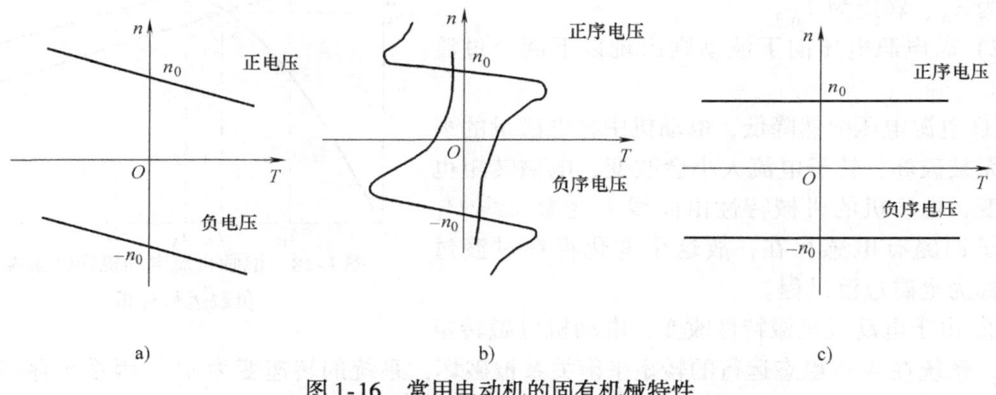

图 1-16　常用电动机的固有机械特性
a）他励直流电动机　b）异步电动机　c）同步电动机

1.5　电力传动系统稳定运行条件

1.5.1　电力传动系统稳定的必要条件

电力传动系统稳定的必要条件为 $T=T_L$，此时，$d\Omega/dt=0$，系统转速保持恒定。如图 1-17 所示，将电动机的机械特性曲线与负载特性曲线画在同一个坐标图上，在这两条曲线的交点处满足 $T=T_L$，此时，系统可能稳定运行，但这不是充要条件。

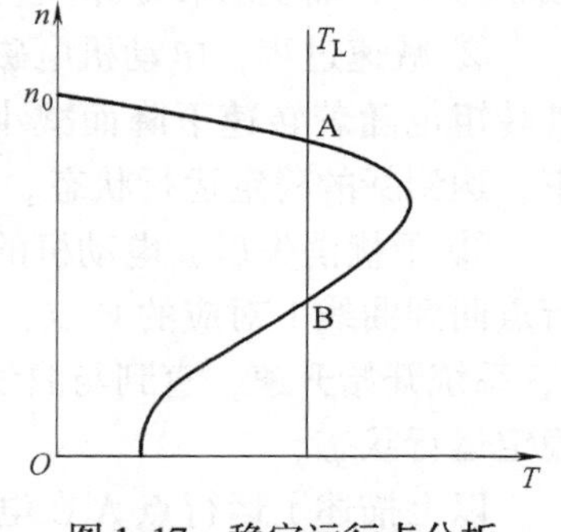

图 1-17　稳定运行点分析

1.5.2　电力传动系统稳定的充要条件

在 A、B 点满足 $T=T_L$ 条件，但是，A 点是稳定运行点、B 不是稳定运行点。分析如下：

1）在 A 点，若系统受到扰动而转速有所升高，此时，$T < T_L$，系统将减速回到 A 点；相反，若扰动使转速降低，则会因 $T > T_L$，系统将升速回到 A 点，因此，A 点是稳定的。

2）在 B 点，若系统受到扰动而转速有所升高，此时，$T > T_L$，系统将进一步升速、到 A 点后稳定；反之，若扰动使转速降低，则会因 $T < T_L$，系统将进一步减速直到停止，因此，B 点是不稳定的。

3）稳定运行点的充要条件，满足 $T = T_L$，且 $dT/dn < dT_L/dn$，在该点电力传动系统能稳定运行。

1.5.3 运行分析举例

图 1-18 所示为一台他励直流电动机拖动泵类负载运行的情况。其中：

1）曲线 1 为他励直流电动机电压为额定值时的机械特性，曲线 1′为电压降低后的机械特性，曲线 2 为负载转矩特性；系统运行在工作点 A，此时，转速为 n_A、转矩为 T_A。

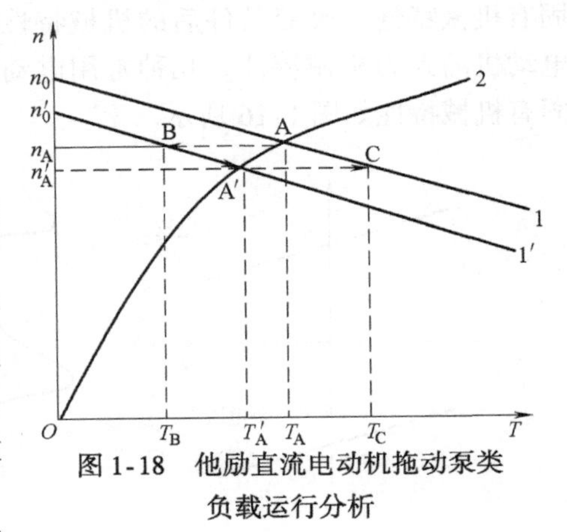

图 1-18　他励直流电动机拖动泵类负载运行分析

2）若电源电压向下波动则出现以下两个过渡过程。

① 电源电压突然降低，电动机中各电磁量的平衡关系被破坏，转子电流大小会改变，电磁转矩也会改变，电动机的机械特性由曲线 1 变为曲线 1′。因转子回路有电感存在，故这个变化存在过渡过程，称为电磁过渡过程。

② 由于电动机机械特性改变，电动机电磁转矩变化，系统在 A 点稳态运行的转矩平衡关系被破坏，系统的转速变为 n'_A。因系统存在机械惯性，亦即存在飞轮力矩，转速变化存在过渡过程，称为机械过渡过程。

3）相对而言，电磁过渡过程进行得很快，分析系统过渡过程时可以忽略，即认为电源电压改变的瞬间，由此引起的转子电流与电磁转矩的变化瞬时完成。因此，过渡过程的分析只需考虑机械过渡过程，即转速 n 不能突变。

① 机械过渡过程，电源电压突然波动的瞬间，电动机的机械特性曲线由曲线 1 变为曲线 1′，转速不发生突变仍然为 n_A，电动机运行点由 A 变到 B，电动机相应的电磁转矩由 T_A 减小为 T_B，而负载转矩未变仍为 T_A，$T_B - T_A < 0$，系统减速。

② 减速过程，电动机电磁转矩逐渐增大，电动机运行点沿曲线 1′下降，对于泵类负载，其转矩也随着转速下降而减小，直到与曲线 2 相交点 A′，$T = T'_A$、$dn/dt = 0$，减速过程结束，达到新的稳定运行状态。

③ 干扰消失后，电动机的机械特性变成了曲线 1，系统转速 n'_A 不能突变，电动机的运行点回到曲线 1 对应的 C 点，此时，电磁转矩加大为 T_C，而负载转矩仍然为 T'_A，$T_C - T'_A > 0$，系统开始升速，直到与曲线 2 相交点 A，$T = T_A$、$dn/dt = 0$，升速过程结束，回到原来的稳定运行状态。

以上描述了运行点 A 在电压向下波动时，经过 A、B、A′，扰动结束后，再经过 A′、C 过程后回到 A，说明 A 点处于稳定运行状态。

图 1-19 说明，并非所有在电动机机械特性与负载转矩特性交点上的运行都能稳定运行。

1）对应额定电压的曲线 1、电压略为下降的曲线 1′为他励直流电动机特定情况下的机械特性，当电磁转矩增大时，转速增加，曲线 2 是恒转矩负载的转矩特性。

2）在工作点 A，电动机转速为 n_A，受到干扰电源电压向下波动，电压降低瞬间，电动机机械特性由曲线 1 变为曲线 1′，电动机转速不变仍为 n_A，工作点为 B 点，电磁转矩变为 T_B，而负载转矩仍然为 T_A，$T_B - T_A > 0$，$dn/dt > 0$，系统加速。

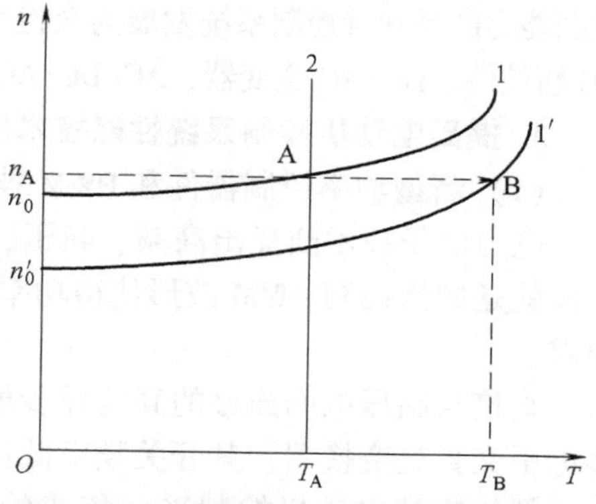

图 1-19　他励直流电动机拖动恒转矩负载运行分析

3）加速过程中，电动机电磁转矩沿着机械特性曲线 1′随着 n 的升高而加大，但负载转矩始终不变，$T - T_A > 0$，$dn/dt > 0$，系统继续加速，直到系统转速过高，毁坏电动机为止。

可见，工作点 A 的运行不属于稳定运行范畴。

1.6 电动机控制系统设计

1.6.1 电动机控制系统发展概况

1. 电动机控制系统

1831 年法拉第发现电磁感应原理以来，直流电动机和交流电动机先后问市，各种特殊用途的电动机不断出现，推动了电力工业和电气传动技术的发展。

电动机控制涉及速度控制和位置控制两大类。

1）电动机速度控制，亦即电动机的调速，广泛应用于机械、冶金、化工、造纸、纺织、矿山和交通等工业部门。

2）电动机位置控制，亦即电动机位置伺服、运动控制，通过电动机伺服驱动装置将给定的位置指令变成期望的工作机构运动，其特点为功率不大、定位精度要求高、频繁起动和制动，在雷达、导航、数控机床、机器人、打印机、复印机、扫描仪、磁记录仪、磁盘驱动器和自动洗衣机等领域得以广泛应用。

2. 电动机控制系统的发展

1）主传动系统由机械控制系统（如齿轮箱变速）、机械与电气联合控制系统（如异步电动机电磁离合器调速），发展到全电气控制系统（如基于电力电子电源变换器的电动机控制系统）。

2）控制系统由模拟电路、数字和模拟混合电路，发展到全数字电路控制系统。

3）控制策略由低效有级控制（如直流电动机电枢回路串分级电阻调速、绕线转子异步电动机转子回路串电阻与笼型异步电动机变极调速），过渡到低效无级控制（如异步电动机改变转差率调速），向着高效无级控制（如直流电动机斩波调压调速、交流电动机变频调速、交流电动机矢量控制与直接转矩控制）及高性能智能控制系统发展。

4）电力电子控制器件由体积庞大的电子管控制系统、小功率晶体管控制系统、大功率无自关断能力的晶闸管控制系统发展为全控型电力电子器件控制系统，如 AC/DC 可控整流器、DC/DC 斩波器、DC/AC 逆变器、AC/DC/AC 交直交变换器、AC/AC 变换器和矩阵变换器。

3. 提高电动机控制系统性能技术措施

（1）新型功率控制器件和 PWM 技术应用

电力电子技术凸显出高频、高压、大功率、多电平和智能化发展趋势，电动机控制基本手段就是如何控制 PWM 波形使得功率器件输出的电压、电流能够满足电动机高性能运行的要求。

直接与高压电网连接的高压异步电动机调速控制，目前采用耐压等级较高的 GTO 构成多电平交直交变换器，其开关频率低且输出电压和频率调节范围宽。

低压交流电动机控制采用集成的智能功率模块，控制系统中各种芯片所需低压稳压电源采用的高频变换电路，以及机器人各关节驱动电动机的协调控制等都离不开功率控制器件。

典型的功率控制器有直流斩波器、交直交电流型或电压型变换器、交交变换器和矩阵变换器，目前采用 MOSFET、IGBT 器件的变频器，开关频率达到 20kHz。

（2）矢量变换控制技术与现代控制理论的应用

针对异步电动机具有的多变量、强耦合、非线性特点，传统采用电压与频率之比恒定的控制策略，立足于电动机本身稳定运行，即从电动机的机械特性出发分析研究电动机的运行状态和特性，动态控制效果不够理想。

矢量变换控制将异步电动机的定转子绕组分别经过坐标变换后等效成两相正交的绕组，并从转子磁场的角度观测实现了异步电动机电气变量的解耦控制，适合研究异步电动机动态控制过程。矢量变换控制不但可以控制电动机和磁通等变量的幅值，还可以控制这些变量的相位。同时，通过利用现代线性系统控制中状态重构和估计的概念，实现了异步电动机磁通和转矩在等效两相正交绕组状态下的重构和解耦控制，增强了异步电动机矢量控制系统的实用性。

矢量变换控制还应用于同步电动机控制。目前，国外变频器驱动异步电动机均采用矢量变换控制技术，应用于钢厂轧机主轴传动、电力机车牵引系统和数控机床中。20 世纪 80 年代中期，相继提出了直接转矩控制、空间矢量调制技术和定子磁场定向控制等，并采用最优控制、滑模变结构控制、模型参考自适应控制、状态观测器、扩展卡尔曼滤波器和智能控制等方法，提高了控制过程的动态性能、增强了系统的鲁棒性等。

（3）微机、微处理器、数字信号处理器 DSP 和嵌入式技术应用

因单片机处理信息量不大，针对交流电动机控制系统具有快速、实时处理能力强等要求，采用微机、微处理器、DSP 和嵌入式技术应用解决方案，将系统控制、故障监视、诊断和保护、人机交互接口等功能集成为一体，实现高性能复杂算法的控制系统。此外，PLC、FBS、FPGA 和 CAN 与微机结合，在电动机控制中的应用也在不断深入。

（4）新型电动机和无传感器控制技术研究

新型电动机设计、动态建模及控制，如直接联网高压电动机、永磁电动机、双凸极电动机、超声波电动机、磁悬浮直线电动机、平面电动机设计，双馈异步电动机设计与控制、开关磁阻电动机设计与驱动控制，三维物理场的计算等。

高速永磁电动机、转子无绕组的开关磁阻电动机，利用转子位置传感器（或速度传感

器）检测转子位置或速度来控制失步，但这类传感器的采用使得系统体积增大、可靠性降低、成本提高、易受环境的影响。研究无传感器电动机控制技术，即利用检测到的电动机状态信号（如电压、电流），通过基于电动机控制数学模型设计的位置或速度观测器，实时计算电动机转子位置或速度。

1.6.2　电动机控制系统分类及其特点

1. 驱动电动机分类

图 1-20 所示为电气传动及位置伺服控制系统中常用的驱动电动机种类。

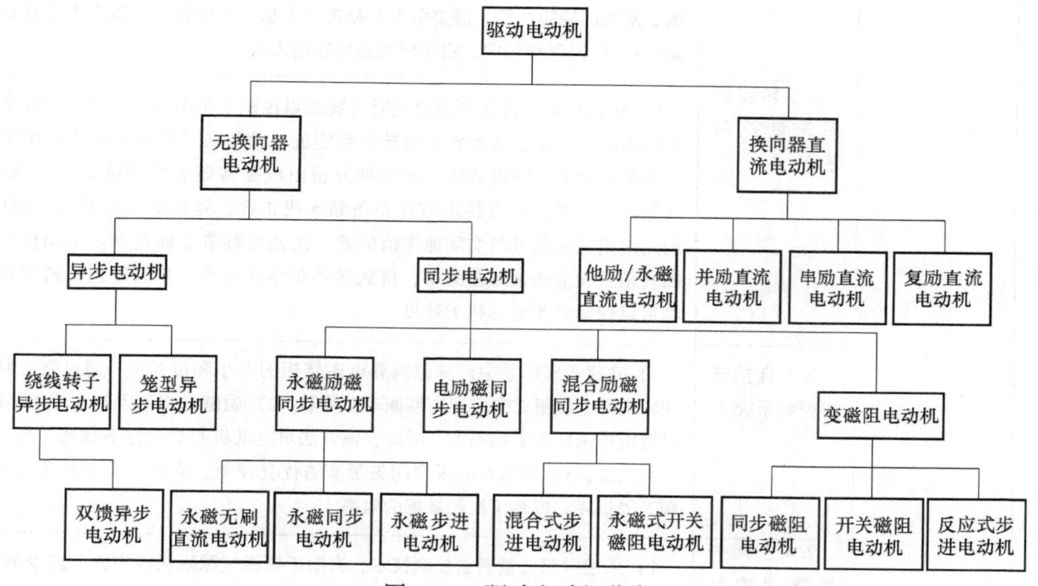

图 1-20　驱动电动机分类

1）旋转电动机，包括盘式、圆柱式，其气隙主磁场方向可以是径向磁场、轴向磁场或横向磁场，且气隙的数量可以是单个、两个或多个；定转子结构位置可以是内转子、外转子、双转子或双定子等形式。

2）其他电动机，如直线电动机、平面电动机或三维运动电动机。

2. 电动机控制系统分类及特点

电动机控制主要涉及速度控制和位置控制两类，按照采用的电动机类型，其分类及特点见表 1-4。

表 1-4　电动机控制系统分类及特点

序号	分　类	子　类	特　点
1	直流电动机控制系统		1）励磁磁场、电枢磁场完全解耦、独立控制；2）出力大、调速范围宽、易于控制；3）应用于车辆牵引直流电动机、轧钢用直流电动机、港口起重用直流电动机、小功率直流位置伺服系统用直流伺服电动机、煤矿用直流电动机

（续）

序号	分　类	子　类	特　点
2	异步电动机控制系统	2.1 矢量变换控制系统	1）也称为磁场定向控制，通过对电压、电流、磁链等物理量进行一系列矢量变换，将异步电动机数学模型变换至正交旋转坐标系，对各物理量的幅值、相位实现解耦控制；2）正交旋转坐标系直轴为励磁轴，直轴与转子磁场重合，转子磁场的交轴分量为零，交轴为转矩轴，简化了电磁转矩方程，即在磁场恒定情况下，电磁转矩与交轴电流分量成正比，使得异步电动机的机械特性与他励直流电动机的机械特性完全一样，实现了磁场与转矩的解耦控制；3）利用转子电压方程构成磁通观测器，观测转子磁场，实现转子磁场定向控制，但因转子参数（如电阻）受环境温度影响较大，一定程度上影响了系统的控制性能，需要引入参数辨识方法，实时补偿，提高系统动态性能；4）气隙磁场定向、定子磁场定向控制方式
		2.2 转差频率矢量控制系统	1）转差频率矢量控制系统是对传统矢量控制系统的简化，忽略了转子磁链幅值动态变化，认为转子磁链是稳定的，使得转子磁场定向坐标中定子电流的直轴分量得以确定，而交轴分量由电磁转矩表达式确定；2）转差角频率很小时，电磁转矩与转差角频率成正比，异步电动机调速控制时，利用给定速度信号与实际速度值的差，由速度调节器确定异步电动机的电磁转矩及相应的转差角频率，得到转差频率的大小，并通过控制转差频率就可以控制异步电动机的速度
		2.3 直接转矩控制系统	1）在定子坐标系中计算磁通和电磁转矩的大小和位置角，通过磁通幅度和转矩的直接跟踪来实现高性能动态控制；2）磁链的幅值限制在较小范围，对转矩控制性能影响不大，因此，该方法对电动机参数变化不敏感，与转子参数无关；3）能够对电压空间矢量实施优化控制，降低了逆变器开关频率和开关损耗，提高了控制系统的效率
		2.4 空间矢量调制控制系统	1）采用空间矢量调制控制技术，有助于提高气隙磁场稳定性，减少谐波，优化功率控制器开关模式，降低开关损耗，并根据定子磁场运动规律，选择合适的基本电压空间矢量进行合成，产生其他所需的电压空间矢量；2）比基于三角载波与正弦波比较实现的正弦脉宽调制产生的基波电压幅值高，电源电压利用率得到提高
		2.5 智能控制系统	1）基于人工智能理论，如人工神经网络、模糊逻辑控制等，精确模拟电动机的非线性，确定智能控制模型的输出量大小，进而确定功率控制器开关模式；2）算法复杂，需要依赖具有高速、实时计算能力的微机或 DSP 实现
3	同步电动机控制系统	3.1 电励磁同步电动机控制系统	1）交直交电流型逆变器供电（也有交交变频器供电），整流和逆变电路均采用晶闸管，利用同步电动机电流可以超前电压的特点，使逆变器的晶闸管工作在自然换流状态，同时，检测转子磁极位置，用来确定逆变器晶闸管的导通与关断，使电动机工作在自同步状态；2）也称为自控式同步电动机控制系统，其特点为容量大、转速高、技术成熟；3）缺点是三相正弦分布绕组由电流源逆变器供电，电动机低速运行时转矩波动大

（续）

序号	分　类	子　类	特　点
3	同步电动机控制系统	3.2 永磁无刷直流电动机控制系统	1）稀土永磁电动机的特点为无励磁绕组和励磁损耗、效率高、单位体积转矩和输出功率大、相同功率电动机体积小且重量轻、气隙磁通密度高且动态性能好、结构简单、维护方便，根据驱动电源形式（方波、正弦波），分别称为永磁无刷直流电动机、永磁同步电动机；2）永磁无刷直流电动机（直流无刷永磁电动机），转子采用永磁材料，定子为集中绕组，气隙磁场和定子绕组中的反电动势为梯形波，当定子绕组通过方波电流，且电流与反电动势同相位时，理论上可以产生恒定的电磁转矩，由于存在定转子齿槽效应，电枢电流存在换流，转矩是脉动的；3）特点为磁极位置检测与无换向器电动机一样非常简单，通常为霍尔传感器，驱动控制易于实现，适用于恒速驱动、调速驱动系统和精度要求不高的位置伺服系统；4）缺点为定子绕组存在电感，电流不可能是方波，在换相时刻电流变化会引起转矩脉动，对系统低速性能有一定影响
		3.3 永磁同步电动机控制系统	1）驱动电源为正弦波，转子采用永磁材料，定子绕组与普通同步电动机一样为对称多相正弦分布绕组，若通以对称的多相交流电，会产生恒定的旋转磁场和平稳的电磁转矩，采用矢量控制技术，可以使直轴电枢电流等于零，达到直接控制交轴电枢电流与电磁转矩的目的；2）系统控制性能好，也可以利用单位电流电磁转矩最大方式控制，增大出力；3）也可以采用直轴电枢电流为负值实现弱磁控制，扩大调速范围，适合于恒速驱动、调速驱动系统和高精度位置伺服系统，如计算机外设、办公设备、医药仪器、测量仪表、轿车、机器人和其他加工系统；4）缺点为需要昂贵的永磁材料、转子位置传感器，如绝对式位置编码器、增量式位置编码器或旋转变压器
4	变磁阻电动机控制系统	4.1 步进电动机控制系统	1）电磁式增量运动执行元件，将输入的电脉冲信号转换成机械角位移或线位移信号，也称为脉冲电动机，分为反应式步进电动机、永磁式步进电动机和混合式步进电动机；2）永磁式步进电动机与永磁无刷直流电动机类似，转子采用永磁材料，定子为集中绕组；3）反应式步进电动机定子磁极表面开有齿距与转子齿距相同的小齿槽，根据步进电动机的相数确定导通方式，如三相单拍等；4）混合式步进电动机转子既有永磁，又有齿槽；5）步进电动机的步距不受外加电压波动、负载变化、环境条件变化的影响，其起动、停止、反转均由脉冲信号控制，因此，在不丢步情况下，其运行的角位移或线位移误差不会长期积累；6）适合应用于简单、可靠开环数字控制系统，如数控机床、机器人、磁盘驱动器、打印机、复印机等应用的驱动步进电动机
		4.2 开关磁阻电动机控制系统	1）其结构与反应式步进电动机相似，只是定转子齿数较少，且定子齿数与转子齿数一般不同，如6/4、8/6、12/8 组合，定子磁极上有集中绕组，通以励磁电流产生转矩，转子上有齿槽、无绕组和永磁励磁，结构简单、可靠；2）根据转子位置反馈信息进行电流换相控制；3）转子坚固，可以高速运行，且适当控制导通角和关断角就可以使其运行在电动机状态或发电机状态，适合应用于高速航空发动机、电动车辆驱动等领域；4）绕组电流只需要单方向控制，且相数少，控制系统主电路拓扑结构简单；5）存在转矩脉动、振动和噪声，需要转子位置传感器实现闭环控制

习　题

1-1　负载转矩的折算原则是什么？负载飞轮力矩的折算原则是什么？

1-2　什么是负载特性？什么是电动机的机械特性？

1-3　电力传动系统稳定运行的充要条件是什么？

1-4　已知某电动机的额定转矩 T_N 为 280N·m，额定转速 n_N 为 1000r/min，传动系统的总飞轮力矩 GD^2 为 75N·m²，负载为恒定转矩，$T_L=0.8T_N$。求：

（1）如果电动机的转速从零起动至 n_N 的起动时间为 0.85s，起动时若电动机的输出转矩不变，则电动机输出转矩为多少？

（2）如果电动机转速由 n_N 制动到停止时的时间为 0.64s，制动时若电动机输出转矩不变，则电动机输出转矩为多少？

1-5　某传动系统示意图如图 1-21 所示，已知工作机构转矩 T_g 为 280N·m，传动比 j_1、j_2 分别为 3.6、2.8，传动效率 η_1、η_2 分别为 0.94、0.92，已知轴 1 上飞轮力矩（$GD_d^2+GD_1^2$）为 270N·m²，轴 2 上飞轮力矩（$GD_2^2+GD_3^2$）为 560N·m²，轴 3 上飞轮力矩（$GD_4^2+GD_g^2$）为 1240N·m²，电动机起动时电动机轴上输出转矩为 84N·m²，求：

（1）轴 1 及轴 3 起动的初始加速度；

（2）如果将一飞轮力矩 GD_f^2 为 1200N·m² 的飞轮附加在轴 1 或轴 2 或轴 3 上，那么，电动机起动时各轴上的初始加速度分别为多少？

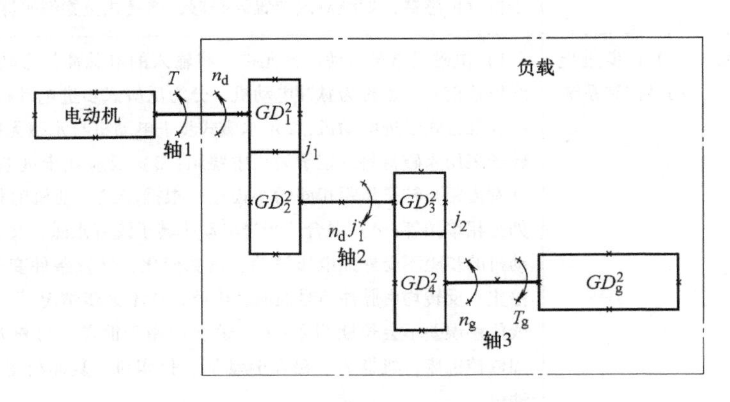

图 1-21　多轴电力传动系统

1-6　如图 1-22 所示，某晶闸管–电动机转速单闭环调速起重系统，重物 $G=20000$N，匀速下放速度 $v=0.9$m/s，齿轮的速比分别为 $j_1=6$、$j_2=10$，齿轮的效率分别为 $\eta_1=0.90$、$\eta_2=0.95$，卷筒的效率为 $\eta_3=0.9$，卷筒的直径 $D=0.4$m，电动机的飞轮力矩为 9.8N·m²，四个齿轮的飞轮力矩分别为 0.98N·m²、19.6N·m²、4.9N·m²、4.9N·m²，卷筒的飞轮力矩为 9.8N·m²。忽略所有动滑轮、静滑轮的摩擦和重量。

（1）说明该系统的负载类型及负载特性；

（2）试计算电动机轴上的负载转矩 T_L 和电动机主轴的总飞轮力矩；

（3）如果电动机减速时为匀减速，减速时间 $t_{st}=10.5s$，试计算电动机的电磁转矩，并确定电磁转矩的方向。

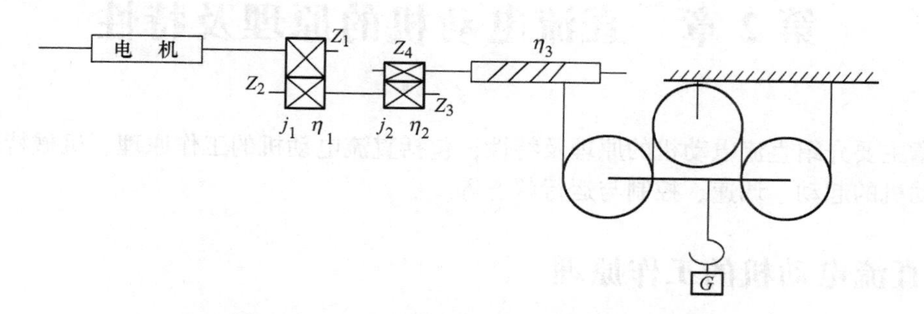

图 1-22 晶闸管-电动机转速单闭环调速起重系统

第 2 章　直流电动机的原理及特性

本章主要介绍直流电动机的原理及特性，包括直流电动机的工作原理、机械特性，以及直流电动机的起动、调速、控制与运行状态等。

2.1　直流电动机的工作原理

2.1.1　直流电动机的基本结构

1. 直流电动机的用途

直流电动机将直流电能转变为机械能，主要用于对调速要求较高的生产机械上，如轧钢机、电车、电气铁道牵引、挖掘机械及纺织机械等。

直流发电机将机械能转变为直流电能，可作为直流电动机、交流发电机的励磁直流电源。

直流电动机的特点见表 2-1。

表 2-1　直流电动机的特点

	调速范围	转　矩	可控性	换　向
优点	广、易于平滑调速	起动、制动、过载转矩大	易于控制、可靠性较高	
不足				限制了直流电动机极限容量，增加了维护工作量

2. 直流电动机的结构构成

直流发电机与直流电动机在结构上无明显区别。图 2-1 所示为一台两极直流电动机从面对轴端看的剖面图。直流电动机主要由定子和转子构成，定子和转子靠两个端盖连接，两个端盖分别固定在定子机座的两端，支撑转子，起保护定子、转子的作用。

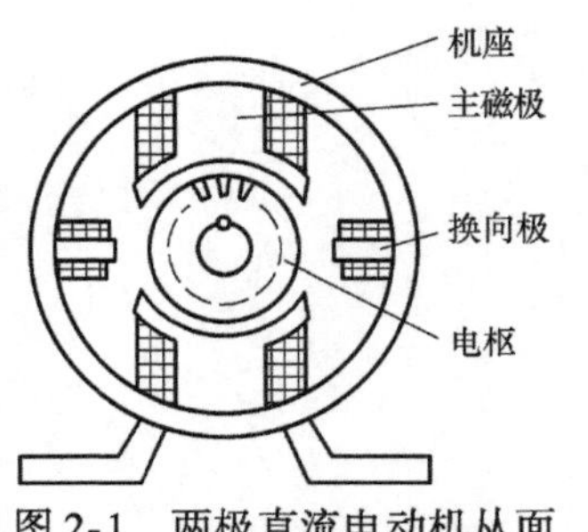

图 2-1　两极直流电动机从面对轴端看的剖面图

1）定子，主要包括机座、主磁极、换向极和电刷装置等。

① 机座，采用整体机座，起导磁和机械支撑作用，是主磁路的一部分，称为定子磁轭。一般多采用导磁效果较好的铸钢材料制成，在小型直流电动机中也有用厚钢板的。此外，主磁极、换向极以及两个端盖（中、小型电动机）都固定在电动机的机座上，依赖于机座的机械支撑。

② 主磁极，又称为主极，其作用是在电枢表面外的气隙空间产生一定形状分布的气隙磁通密度。

绝大多数直流电动机的主磁极都是由直流电流励磁的，所以，主磁极上还装有励磁线圈。小容量直流电动机主磁极采用永久磁铁，常常称为永磁直流电动机。

励磁线圈分为并励和串励两种形式，其中，并励线圈匝数多、导线细；串励线圈匝数少、导线粗。磁极上的各个励磁线圈可以分别连成并励绕组和串励绕组。

为了让气隙磁通密度沿电枢的圆周方向气隙空间里分布更加合理，主磁极铁心设计成特殊形状，其中，较窄部分叫极身、较宽部分叫极靴。

③ 换向极，又称为附加极，安装在1kW以上直流电动机的相邻两主磁极之间，以改善直流电动机的换向。其形状比主磁极简单，一般采用整块钢板制成，在换向极的外面套有换向极绕组，与电枢绕组串联，流过的是电枢电流，匝数少、导线粗。

④ 电刷，把电动机转动部分的电流引出到静止的电枢电路或反过来将静止的电枢电路里的电流引入旋转的电路里。

电刷装置需要与换向器配合，才能使交流电动机获得直流电动机的效果。电刷放在电刷盒里，用弹簧压紧在换向器上，电刷上有个铜辫，用于引入、引出电流。

2）转子，主要包括电枢铁心、电枢绕组、换向极、风扇、转轴及轴承等，如图2-2所示。

① 电枢铁心，直流电动机主磁路的一部分，电枢旋转时，铁心中磁通方向发生变化，会在铁心中引起涡流与磁滞损耗。通常采用0.5mm厚的低硅硅钢片或冷轧硅钢片冲成一定形状的冲片，然后将这些冲片两面涂上漆再叠装起来形成电枢铁心，安装在转轴上。电枢铁心沿圆周上有均匀分布的槽，里面可嵌入电枢绕组。

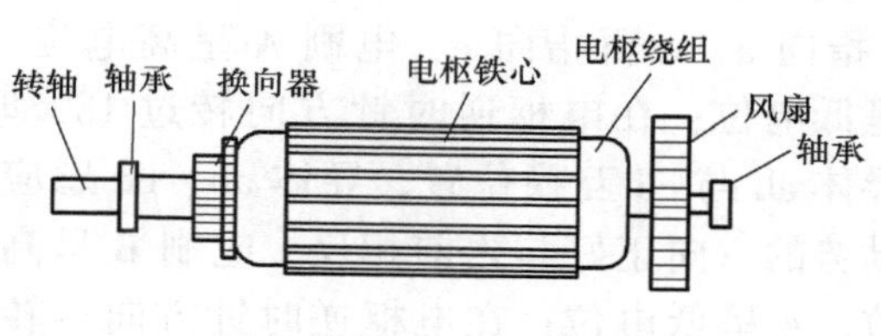

图2-2　直流电动机电枢

② 电枢绕组，利用包有绝缘的导线绕制成一个个电枢线圈（也称为元件），每个元件有两个出线端。电枢线圈嵌入电枢铁心的槽中，每个元件的两个出线端都与换向器的换向片相连，连接时都有一定的规律，构成电枢绕组。

③ 换向器，安装在转轴上，主要由许多换向片组成，每两个相邻的换向片中间是绝缘片，换向片数与线圈元件数相同。

3. 直流电动机的励磁方式

1）他励式。直流电源独立供电，永磁直流电动机就属于这一类，主磁场由永久磁铁建立，与电枢电流无关。

2）并励式。励磁绕组与电枢绕组并联，励磁绕组上的电压与电枢绕组的端电压相同。

3）串励式。励磁绕组与电枢绕组串联，励磁电流与电枢绕组电流相等，或等于电枢电流的分流。

4）复励式。主磁极铁心上装有两套励磁绕组（串励、并励），分别与电枢绕组并联、与电枢绕组串联。复励式分为积复励式和差复励式两种，前者指的是串励绕组与并励绕组产生的磁通势方向相同，后者指的是串励绕组与并励绕组产生的磁通势方向相反。

2.1.2　直流电动机的基本原理

直流电动机使电动机的绕组在直流磁场中旋转感应出交流电，再经过机械整流得到直流电。整流方式包括电子式和机械式两种类型。

1. 交流发电机物理模型

图2-3所示为交流发电机物理模型，其中，N、S为主磁极，固定不动，abcd是安装在可以转动的圆柱体（称为电枢）上的一个线圈，该线圈的两端分别接到称为集电环的两个圆环上。在每个集电环上放上固定不动的电刷A、B，通过A、B将旋转的电路（线圈abcd）与外面静止的电路相连。

1）当原动机拖动电枢以恒定转速n逆时针方向旋转时，根据电磁感应定律知，在线圈abcd中的感应电动势大小为

$$e = Blv \tag{2-1}$$

式中 e——感应电动势（V）；

B——导体所在处的磁通密度（Wb/m^2）；

l——导体ab或cd的长度（m）；

v——导体ab或cd与B之间的相对线速度（m/s）。

2）采用右手定则判定感应电动势的方向，即导体ab、cd感应电动势的方向分别由b指向a、d再指向c，电刷A呈高电位、B呈低电位；在电枢逆时针方向转过180°时，导体ab与cd互换位置，导体ab、cd感应电动势的方向正好与之前相反，电刷B呈高电位、A呈低电位；在电枢逆时针方向再转过180°时，导体ab、cd感应电动势的方向又发生变化，电刷A呈高电位、B呈低电位。可见，电枢每转一周，线圈abcd中感应电动势方向交变一次。

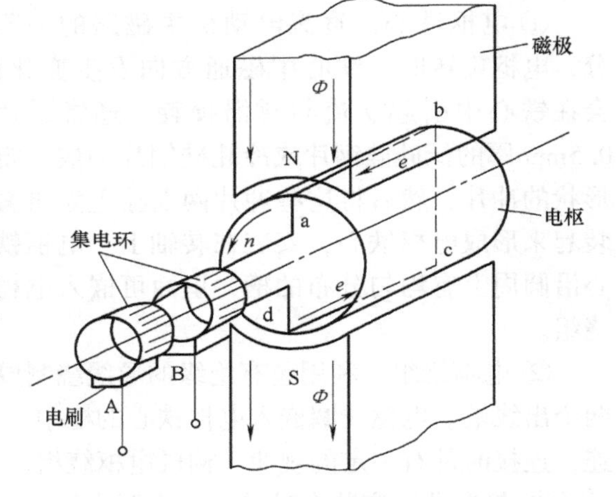

图2-3 交流发电机物理模型

2. 直流发电机和直流电动机物理模型

（1）直流发电机物理模型

图2-4所示为直流发电机物理模型，由两个相对放置的导电片（或称换向器）代替图2-3中的两个集电环，换向器之间用绝缘材料隔开，并分别连接到线圈abcd的一端，电刷放在换向器上并固定不动。

1）由原动机拖动，发出直流电流，为大型交流发电机提供直流励磁电流。

2）电枢旋转、电刷固定，根据右手定则确定图中感应电动势方向，电刷A呈正极性、电刷B呈负极性；在线圈逆时针方向转过180°时，导体ab位于S极下、导体cd位于N极下，各导体中感应电动势都分别改变了方向。

3）换向器起整流作用，与线圈一道旋转，本来与电刷B接触的那个换向器现在却与电刷A接触了，与电刷A接触的那个换向器现在却与电刷B接触了，显然，电刷A仍呈正极性、电刷B呈负极性，在电刷A、B两端获得了直流电动势。

（2）直流电动机物理模型

图2-5所示为直流电动机物理模型，有别于直流发电机模型。

1）直流电动机适合用于拖动各种生产机械。

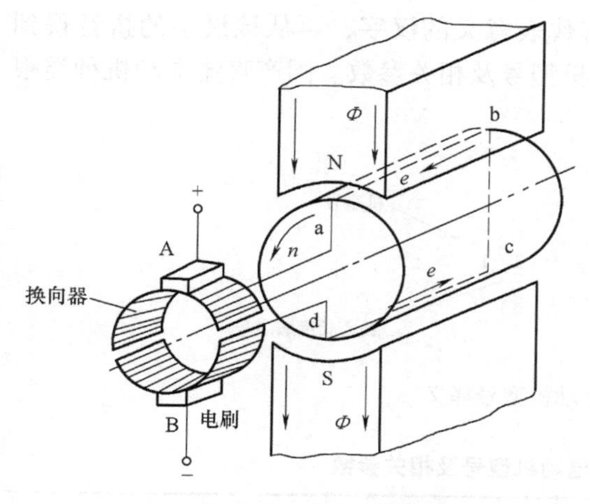

图 2-4　直流发电机物理模型

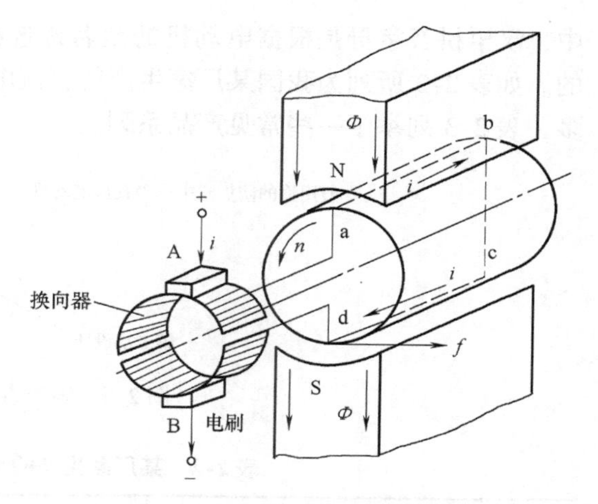

图 2-5　直流电动机物理模型

2）直流电源加在电刷 A、B 上，线圈 abcd 中有电流流过，根据左手定则判定线圈的运动方向如图 2-5 所示。导体 ab、cd 上受到的电磁力 f 为

$$f = Bli \tag{2-2}$$

式中　i——流过导体的电流（A）；

l——导体 ab 或 cd 的长度（m）；

B——导体所在处的磁通密度（Wb/m^2）。

3）换向器，将外电路的直流电流改变为线圈内的交变电流，起逆变作用。虽然电枢线圈里的电流方向是交变的，但产生的电磁转矩却是单方向的，即

$$T = C_T \Phi I_a \tag{2-3}$$

式中　Φ——电动机每极磁通量；

C_T——转矩常数，$C_T = 9.55C_e$，C_e 为电动势常数，与电动机结构有关；

I_a——电枢电流。

4）感应电动势，直流电动机运行时，电枢导体切割气隙磁场，在电枢绕组中将产生感应电动势，电枢绕组电刷两端产生的感应电动势为

$$E_a = C_e \Phi n \tag{2-4}$$

（3）直流电动机额定数据

直流电动机额定数据包括额定功率 P_N(W)、额定电压 U_N(V)、额定电流 I_N(A)、额定转速 n_N(r/min)、励磁方式和额定励磁电流 I_{fN}(A)。此外，还包括没有标注在铭牌上的物理量，如额定运行状态的额定转矩 T_{2N}、额定效率 η_N 等。

直流发电机的额定容量指的是电刷端的输出功率，$P_N = U_N I_N$；直流电动机的额定容量指的是其转轴上输出的机械功率，$P_N = U_N I_N \eta_N$；额定转矩为

$$T_{2N} = P_N/\Omega_N = P_N/(2\pi n_N/60) = 9.55P_N/n_N \tag{2-5}$$

式中　T_{2N}——额定转矩（N · m）；

P_N——额定功率（kW）；

n_N——额定转速（r/min）。

国产电动机产品型号一般采用大写汉字拼音字母和阿拉伯数字表示，如图 2-6 所示。其

中，汉语拼音字母是根据电动机的全名称选择有代表意义的汉字，再从该汉字的拼音得到的。如表 2-2 所列为我国某厂家生产的直流电动机型号及相关参数。国产直流电动机种类很多，表 2-3 列举了一些常见产品系列。

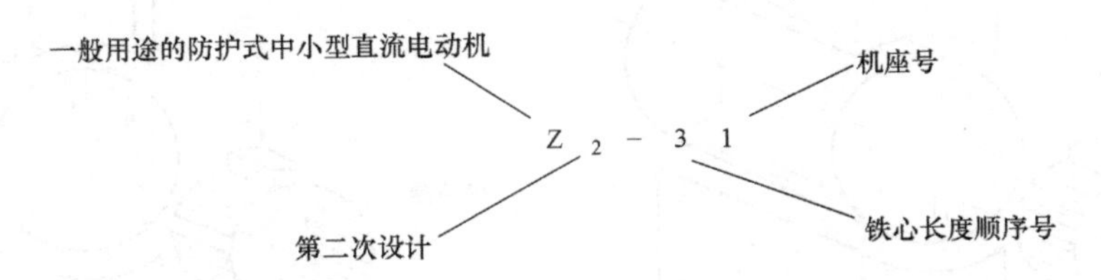

图 2-6 国产直流电动机型号释义

表 2-2 某厂家生产的直流电动机型号及相关参数

电动机型号	额定功率/kW	额定电压/V	额定转速/(r/min)	调速范围/(r/min)	其 他
Z_2-72	22	440	1500	1000 ~ 1500	一般用途的中、小型直流电动机
$Z_4-160-11$	22	440	1500	1000 ~ 1500	一般用途的中、小型直流电动机

表 2-3 国产直流电动机常见产品系列

系 列	说 明
Z_2	一般用途的中、小型直流电动机
Z	一般用途的大、中型直流电动机
ZT	恒功率且调速范围比较大的拖动系统用的直流电动机
ZZJ	冶金辅助拖动机械用的冶金起重直流电动机
ZQ	电力机车、工矿电动车和蓄电池供电车用的直流牵引电动机
ZH	船舶上各种辅助机械用的船用直流电动机
ZA	用于矿井和有易爆气体场所的防爆安全型直流电动机
ZU	用于龙门刨床的直流电动机
ZKJ	冶金、矿山挖掘机用的直流电动机

2.2 直流电动机的机械特性

直流电动机的机械特性表示其转矩-转速特性，即 $n=f(T)$。

2.2.1 他励直流电动机的机械特性

由式（2-3）、式（2-4），知：

$$n=E_a/(C_e\Phi)=(U-I_aR_a)/(C_e\Phi)=U/(C_e\Phi)-R_aT/(C_eC_T\Phi^2)=n_0-\beta T \quad (2\text{-}6)$$

式中 n_0——理想空载转速，$n_0=U/(C_e\Phi)$；

β——机械特性斜率，$\beta=-R_a/(C_eC_T\Phi^2)$。

当U、Φ、R_a不变时，式（2-6）为直线方程，因$R_a << C_e C_T \Phi^2$，故在正常运行范围内$\Delta n = \beta T$数值较小，机械特性是一条稍微下斜的直线，如图2-7所示。

若不考虑磁饱和的影响，机械特性具有硬特性特征，即随着电磁转矩的增加，转速只有微小变化；若考虑磁饱和的影响，直流电动机具有去磁作用，随着负载加大，电枢电流增大，去磁作用增强，使得Φ略为减小，导致n_0增大，同时，βT略有增加但不如n_0变化的影响大，因此对直流电动机的机械特性影响不大。

并励直流电动机的机械特性和他励直流电动机的机械特性相似，不同之处在于当电源电压U变化时，要想使励磁电流I_f保持不变，就需要调节励磁回路的串联电阻，否则随着电源U的改变，将使Φ、n_0和β也发生变化，可见，其机械特性与他励直流电动机的机械特性存在明显区别。

（1）固有机械特性

当电动机电枢两端的电源电压为额定电压、气隙磁通量为额定值、电枢回路不串接电阻R，即$U = U_N$、$\Phi = \Phi_N$、$R = 0$时，直流电动机的机械特性称为固有机械特性，如图2-8所示。此时，其数学表达式为

$$n = U_N/(C_e \Phi_N) - R_a T/(C_e C_T \Phi_N^2) \tag{2-7}$$

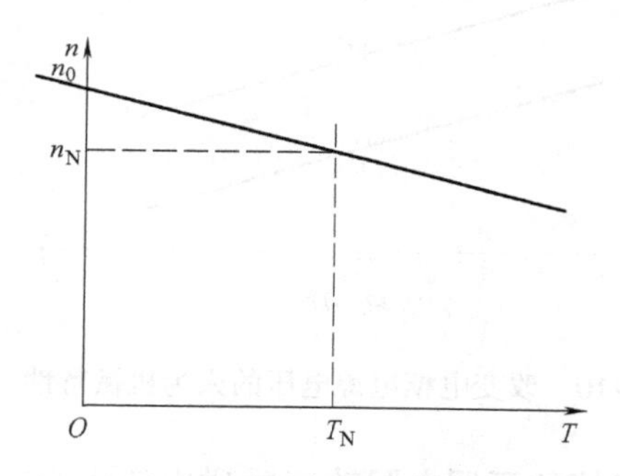

图2-7　他励直流电动机的机械特性

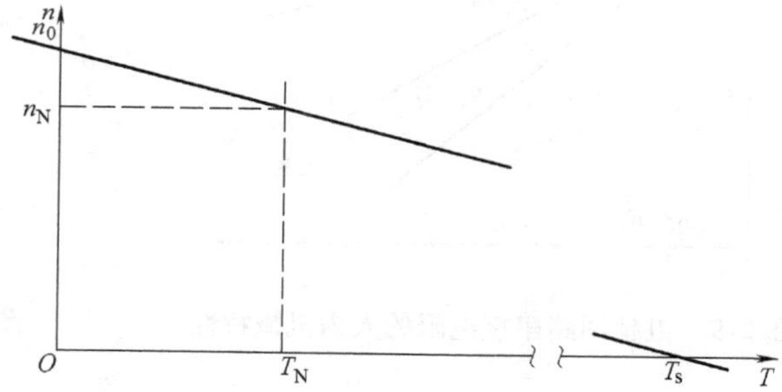

图2-8　他励直流电动机的固有机械特性

根据图2-8，直流电动机固有机械特性具有以下特征。

1）固有机械特性为一条下斜直线。

2）硬特性，此时$\beta = R_a/(C_e C_T \Phi_N^2)$较小。

3）$T = 0$，$n_0 = U_N/(C_e \Phi_N)$为额定理想空载转速，$I_a = 0$，$E_a = U_N$。

4）$T = T_N$，$n = n_N$，额定转速降$\Delta n_N = n_0 - n_N = \beta T_N$。

5）额定电压下刚起动时，$n = 0$，$E_a = C_e \Phi_N n = 0$，此时电枢电流为$I_a = U_N/R_a = I_s$，称为起动电流，电磁转矩$T = C_T \Phi_N I_s = T_s$，称为起动转矩。由于R_a很小，起动电流I_s、起动转矩T_s很大，比电枢额定电流、额定转矩大几十倍。因此，往往要求他励、并励直流电动机不得在额定电压下直接起动，为限制起动电流，需要在电枢回路串接合适的电阻，待起动结束后再把所串接的电阻切除掉。

6）当$T < 0$时，$n > n_0$，$I_a < 0$、$E_a > U_N$，此时电动机运行在发电机状态。

（2）人为机械特性

根据生产机械的需要，人为调整直流电动机的电源电压、励磁电流、电枢回路串接电阻等参数，直流电动机的机械特性会相应发生变化，称为人为机械特性。

1）电枢回路串接电阻，其机械特性表达式为

$$n = E_a/(C_e\Phi) = U_N/(C_e\Phi_N) - (R_a + R)T/(C_e C_T \Phi_N^2) \tag{2-8}$$

式中　R——电枢回路串接电阻。

相应的人为机械特性如图 2-9 所示，其特点为理想空载转速 n_0 不变，与固有机械特性相同；斜率 β 随（$R_a + R$）的增大成比例增加，是一组过 n_0 的放射状直线。

2）改变电枢电源电压，其机械特性表达式为

$$n = E_a/(C_e\Phi) = U/(C_e\Phi_N) - R_a T/(C_e C_T \Phi_N^2) \tag{2-9}$$

相应的人为机械特性如图 2-10 所示，恒转矩负载，U 的变化值不高于 U_N，其特点为斜率 β 不变，与固有机械特性相同，各条人为特性曲线相互平行，硬特性不变；理想空载转速 n_0 与 U 成正比。

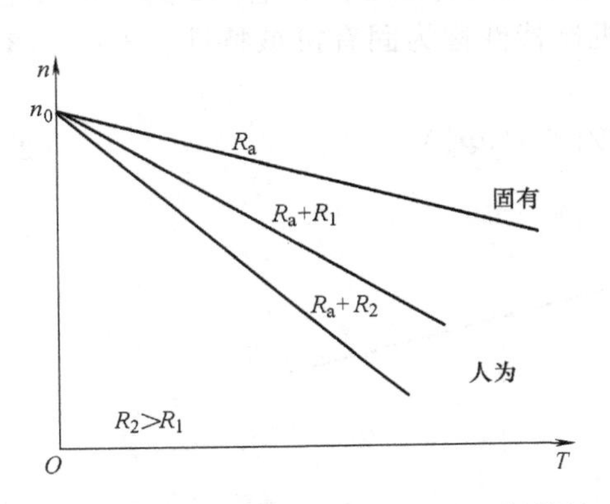

图 2-9　电枢回路串接电阻的人为机械特性

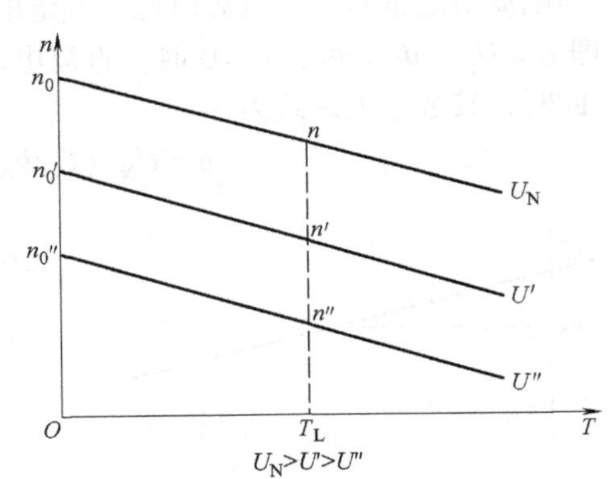

图 2-10　改变电枢电源电压的人为机械特性

3）减小气隙磁通量，即在励磁回路中通过调节串接的可调电阻改变励磁电流大小，最终改变气隙磁通量 Φ，其机械特性表达式为

$$n = E_a/(C_e\Phi) = U_N/(C_e\Phi) - R_a T/(C_e C_T \Phi^2) \tag{2-10}$$

相应的人为机械特性如图 2-11 所示，因在额定励磁电流时电动机的磁路已接近饱和，在额定励磁电流基础上继续增大，气隙磁通量 Φ 增加不多，故改变气隙磁通量 Φ 一般都指减少磁通量，即减弱磁通。U 的变化值不高于 U_N，具有特点：$n_0 \propto 1/\Phi$，弱磁通使得 n_0 升高，具有非线性特征，机械特性变软；$\beta \propto 1/\Phi^2$，弱磁通使得 β 加大，具有非线性特征，机械特性变软；人为机械特性是一组不平行、非放射状直线，磁通减弱，人为机械特性上移、变软。

在电枢回路串接电阻和减弱磁通，电动机的人为机械特性都会变软。实际上，由于电枢反应表现为去磁效应，使得电动机的机械特性出现图 2-12 所示上翘现象。对于容量较小的直流电动机，电枢反应引起的去磁现象不严重，对机械特性的影响不大，可以忽略；对于大容量的直流电动机，为了补偿电枢反应去磁效应，采取在主磁极增加一个绕组（称为稳定绕组），该绕组里的电枢电流产生的磁通可以补偿电枢反应的去磁部分，避免电动机机械特性出现上翘现象。

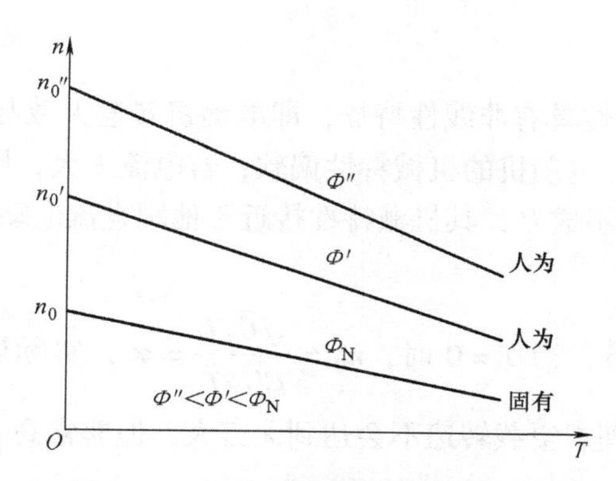

图 2-11　他励直流电动机减弱磁通的人为机械特性

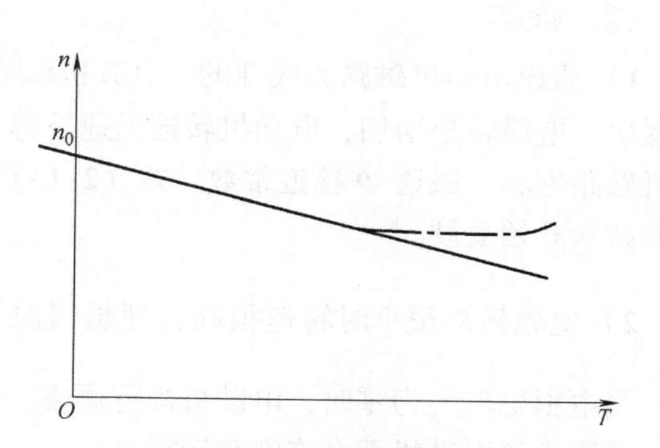

图 2-12　电枢反应有去磁效应时的人为机械特性

2.2.2　串励直流电动机的机械特性

（1）机械特性

如图 2-13 所示，串励直流电动机的电枢电流与励磁电流相等，即 $I_a=I_f$。若不考虑磁饱和，励磁电流 I_f 与 Φ 呈线性关系，即 $\Phi=k_fI_f=k_fI_a$，k_f 为比例系数。电动机运行时，电枢电流 I_a 随负载变化，Φ 也随之变化。电动机转速为

$$n=E_a/(C_e\Phi)=(U-I_aR_a')/(C_e\Phi)=U/(C_e'I_a)-R_a'/C_e' \tag{2-11}$$

式中　$C_e'=C_ek_f$；

R_a'——串励直流电动机电枢回路总电阻，包括串接电阻 R 和串励绕组的电阻 R_f，$R_a'=R_a+R+R_f$。

电磁转矩为

$$T=C_T\Phi I_a=C_T'I_a^2 \tag{2-12}$$

式中　$C_T'=C_Tk_f$。

将式（2-12）中的 I_a 代入式（2-11），得

$$n=\frac{\sqrt{C_Tk_f}U}{C_ek_f}\frac{1}{\sqrt{T}}-\frac{R_a+R_f+R}{C_ek_f} \tag{2-13}$$

式（2-13）就是串励直流电动机的机械特性方程式，其机械特性曲线如图 2-14 所示。

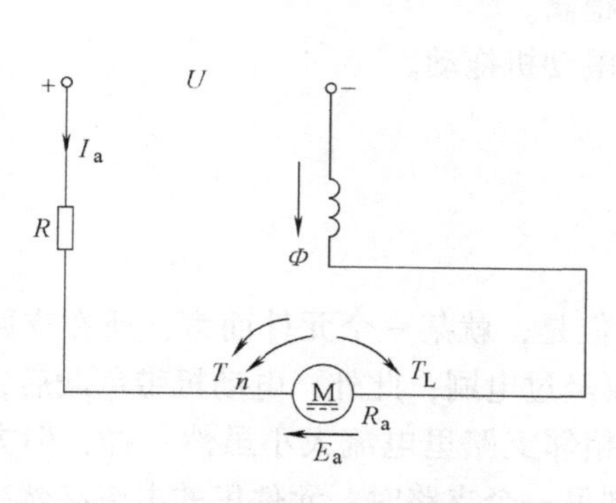

图 2-13　串励直流电动机接线图

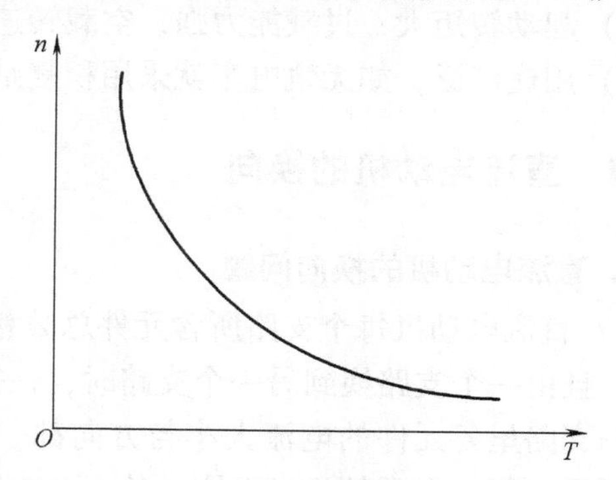

图 2-14　串励直流电动机的机械特性

（2）特点

1）假设电动机磁路为线性的，且其机械特性具有非线性特征，即电动机转速大致与$\sqrt{T}$成反比，电磁转矩增加，电动机转速迅速下降，电动机的机械特性偏软；若电流太大，则电动机磁路饱和，磁通 Φ 接近常数，式（2-13）不成立，其机械特性接近于他励直流电动机，开环特性开始变硬。

2）电磁转矩很小时转速很高，理想情况下，当 $T=0$ 时，$n_0=\dfrac{\sqrt{C'_T}U}{C'_{e'}\sqrt{T}}=\infty$；实际运行时，当电枢电流 I_a 为零时，电动机尚有剩磁，理想空载转速不会达到无穷大，但非常高。因此，串励直流电动机不允许空载运行。

3）电磁转矩 T 与电枢电流 I_a^2 成正比，故串励直流电动机起动转矩大，过载能力强。

2.2.3 复励直流电动机的机械特性

图 2-15 所示为复励直流电动机接线图，若并励与串励两个励磁绕组的极性相同，则称为积复励；极性相反，则称为差复励。差复励电动机很少采用，多数为积复励电动机。

积复励直流电动机的机械特性介于他励与串励直流电动机机械特性之间，如图 2-16 所示，其特点如下。

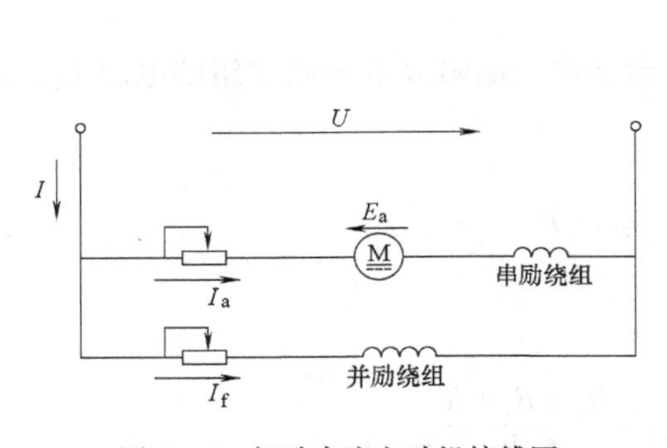

图 2-15　复励直流电动机接线图

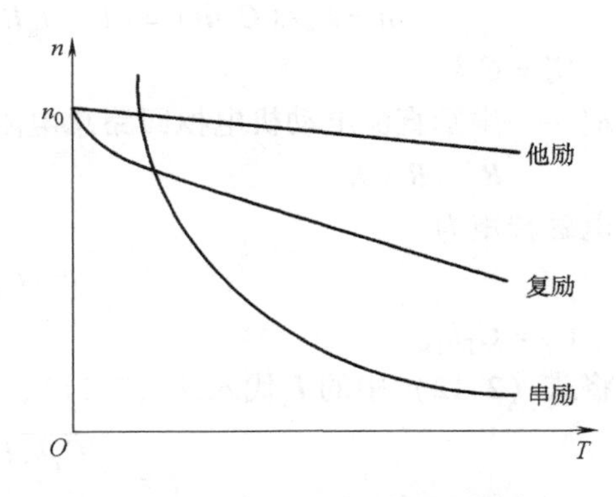

图 2-16　直流电动机的机械特性

1）起动转矩大、过载能力强，空载转速不是很高。

2）用途广泛，如无轨电车就采用积复励直流电动机拖动。

2.2.4 直流电动机的换向

1. 直流电动机的换向问题

1）直流电动机每个支路所含元件总数相等，但是，就某一个元件而言，所在支路常常变化，且由一个支路换到另一个支路时，往往需要经过电刷；此外，电动机带负载后，电枢中同一支路里各元件的电流大小与方向都一样，相邻支路里电流大小虽然一样，但方向相反。可见，某一个元件经过电刷，从一个支路换到另一个支路时，元件里的电流必然变换方向。这就是直流电动机的换向问题。

2）换向问题复杂，换向不良会在电刷与换向片之间产生火花，火花达到一定程度时，可能损坏电刷和换向器表面，使得电动机无法正常工作。引起火花的原因除了电磁外，还有换向器偏心、换向片绝缘突出、电刷与换向器接触不好等机械因素，以及换向器表面氧化膜破坏等化学因素。

2. 直流电动机的换向极

为了消除电磁引起火花，通过增加图 2-17 中 N_i、S_i所示换向极，减小换向元件的自感电动势、互感电动势和切割电动势，达到改善换向的目的。如 1kW 以上的直流电动机都装有换向极。

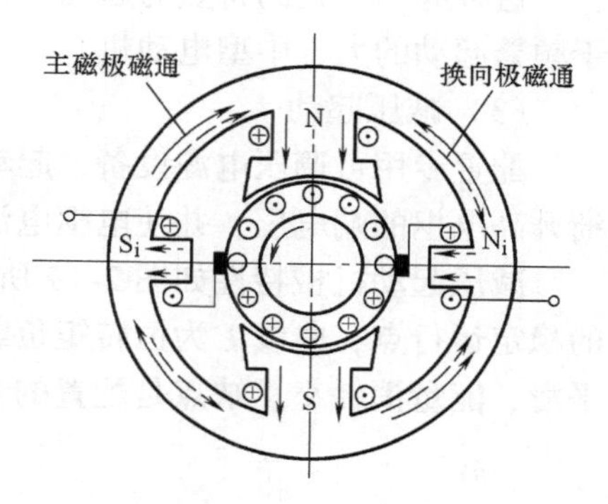

图 2-17　换向极电路与极性

1）换向极装在主磁极之间，换向极绕组产生磁通势的方向与电枢反应磁通势方向相反，大小比电枢反应磁通势大，以抵消电枢反应磁通势，剩余的磁通势在换向元件里产生感应电动势，抵消换向元件的自感电动势和互感电动势，可以消除电刷下的火花，改善换向。

2）换向极极性确定原则，换向极绕组产生的磁通势方向与电枢反应磁通势方向相反，通过将换向极绕组与电枢绕组串联，其中都流过同一个电枢电流。可见，对于直流发电机，顺着电枢旋转方向看，换向极极性应和下面主磁极极性一致；针对直流电动机，应与主磁极极性相反。一台直流电动机按照发电机确定换向极绕组的极性后，运行于电动机状态时，不必做任何改动，因为电枢电流和换向极电流同为一个电流。

2.3　直流电动机的起动、调速、电气控制与运行状态

2.3.1　直流电动机的起动

1. 起动的基本要求

直流电动机接上电源之后，电动机转速从零到达稳定转速的过程称为起动过程，直流电动机的起动要求如下。

1）足够大的起动转矩，即 $T_s \geqslant (1.1 \sim 1.2) T_L$。

2）起动电流小，即 $I_s \leqslant (2.0 \sim 2.5) I_N$。

3）起动设备简单、可靠、经济。

2. 起动方式

（1）直接起动

起动时，$n=0$，$E_a = C_e \Phi n = 0$，电源电压全部加在电枢电阻上，电枢电阻 R_a很小，$I_s = U/R_a$很大，甚至达到额定电流 I_N的十多倍或几十倍，造成换向困难、出现强烈的火花；此外，起动转矩 $T_s = C_T \Phi I_s$过大，造成机械冲击，易使设备受损。因此，直流电动机一般不允许直接起动，必须配置起动设备。

（2）电枢回路串接电阻起动

通过在直流电动机电枢回路中串接电阻 R，起动电流 $I_s = U/(R_a + R)$，这时可以根据 T_L大小，以及起动的基本要求确定所串接电阻 R 的数值。为了保证起动过程具有较大的电

磁转矩，可采用分级可变电阻，起动过程逐渐短接且起动完成后全部短接起动电阻，其机械特性如图2-18所示。其中，A点为起动开始的起点，B点为起动结束后的稳定运行点，曲线1为恒转矩负载曲线，曲线2为起动切换负载曲线。

这种起动方式的特点为起动设备简单、操作方便；不足是起动过程能量消耗大，不适合于频繁起动的大、中型电动机。

(3) 减压起动

配置专用可调压电源设备，起动时电动机电枢的端电压很低，随着电动机转速增加，逐渐升高电枢的端电压，并使电枢电流限制在一定范围之内，最后再升高到额定电压 U_N。

减压起动机械特性如图2-19所示，其中，A点为起动开始的起点，B点为起动结束后的稳定运行点，曲线1为恒转矩负载曲线，曲线2为起动切换负载曲线，其特点为起动过程平滑、能量消耗小，缺点是配置的专用可调压电源设备费用高。

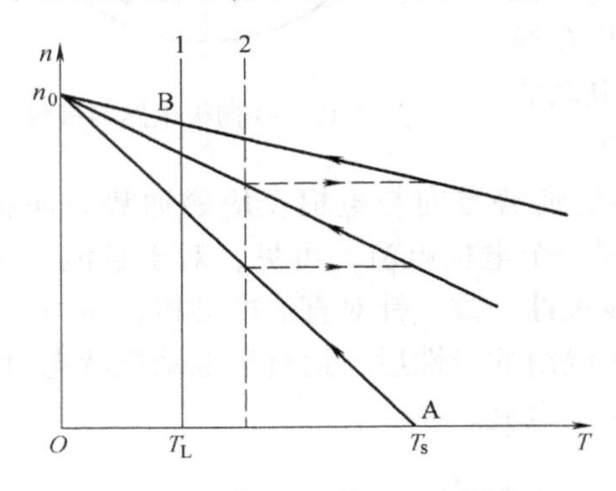

图2-18 电枢回路串电阻起动机械特性

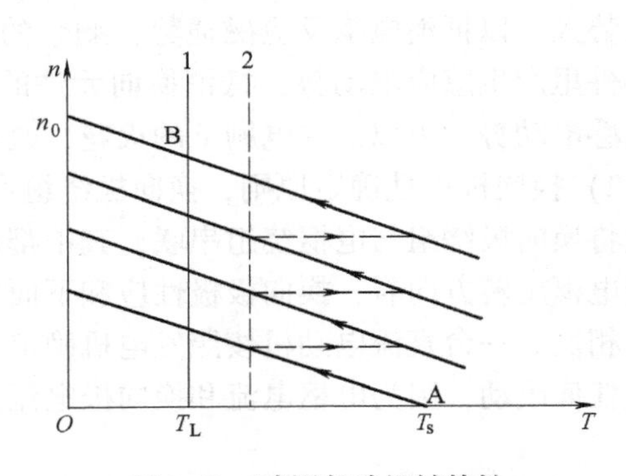

图2-19 减压起动机械特性

2.3.2 直流电动机的调速

1. 调速方式

根据直流电动机的转速公式，可见，其调速方式有电枢串电阻调速、电枢电源电压调速和弱磁调速三种。

$$n=[U-I_a(R_a+R)]/(C_e\Phi)$$

(1) 电枢串电阻调速

他励、并励直流电动机拖动负载运行时，保持电源电压及励磁电流不变、为额定值，在电枢回路串接不同的电阻值，电动机运行在不同的转速，如图2-20所示。电动机的机械特性斜率随电枢回路串接电阻 R 变化，调速范围只能在基速（运行于固有机械特性上的转速）与零转速之间调节。

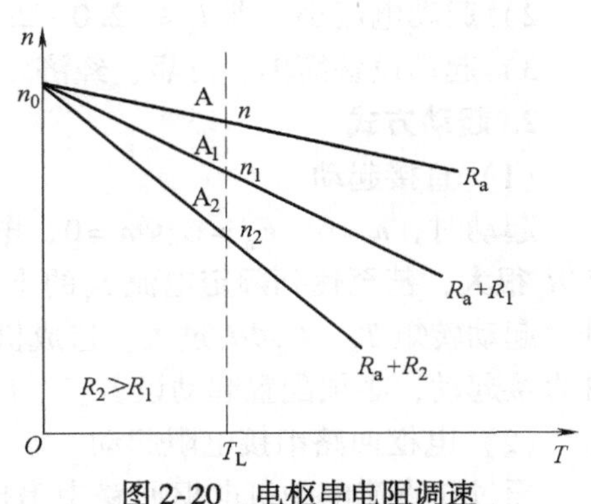

图2-20 电枢串电阻调速

电枢串电阻调速，保持电动机励磁磁通恒定不变，对于恒转矩负载，$T=C_T\Phi_N I_a=T_L$，电枢电流 I_a 大小与电枢串接电阻、电动机转速无关。可见，电枢电流 I_a 的大小取决于负载转矩 T_L。虽然 I_a 的大小不变，转速越低，串接的电阻损耗 I_a^2R 越大，因此，电动机效率越低。

这种调速方法的特点是设备简单、调节方便；缺点为调速范围限于在基速与零速之间调节，调速效率较低，电枢回路串接电阻后使得电动机机械特性变软，负载变化引起电动机产生较大的转速变化，转速稳定性差。

（2）改变电枢电源电压调速

直流电动机电枢回路不串接电阻，单独由一个可调节的直流电源供电，最高电压不超过额定电压；励磁绕组由另一电源供电，一般保持励磁磁通为额定值。图 2-21 为驱动恒转矩负载，改变电枢电源电压调速机械特性曲线。可见，电枢电源电压越低，转速就越低；通过改变电枢电源电压，调速范围限于基速与零转速之间。

这种调速方式的特点为改变电枢电源电压，电动机机械特性硬度不变，电动机低速稳定性好；若电枢电源电压能够连续调节，则能够实现无级调节电动机转速，且平滑性好、调速效率高，而被广为采用。不足是调压设备的投资费用较高。

（3）弱磁调速

保持直流电动机电枢电源电压不变、电枢回路不串接电阻，电动机拖动负载转矩小于额定转矩时，减小直流电动机励磁磁通，可以使电动机转速升高，其机械特性如图 2-22 所示。可见，其调速范围在基速与允许最高转速之间，调速范围有限。

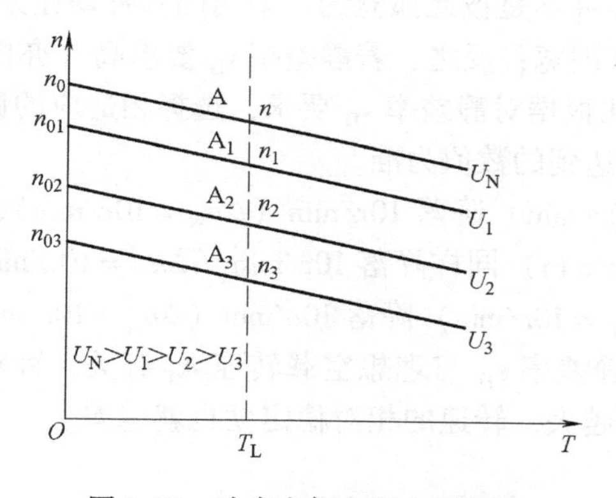

图 2-21　改变电枢电源电压调速

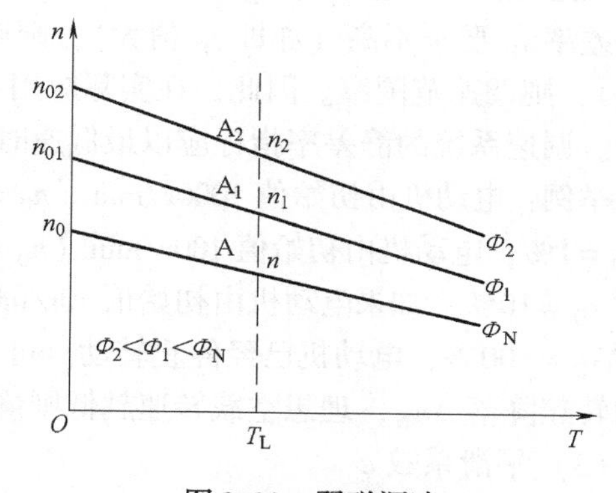

图 2-22　弱磁调速

针对恒转矩负载，采用弱磁调速，因 $T = C_T\Phi I_a = T_L$，磁通减小，I_a 势必增大，因此，需要注意避免电枢电流过载。

针对恒功率负载，即 $P_L = T_L\Omega =$ 常数，电磁功率 $P_M = T\Omega = U_NI_a - I_a^2R = T_L\Omega =$ 常数，采用弱磁调速时，转速升高，同时电磁转矩减小，使得电枢电流 $I_a =$ 常数，从而避免出现电枢电流过载现象。

这种调速方式的特点为设备简单、调节方便，运行效率高，适合恒功率负载。不足之处是励磁过弱时，机械特性变软，转速稳定性差；拖动恒转矩负载，可能出现电枢电流过载现象。

实际运行中，往往采用改变电枢电源电压调速及弱磁调速相结合的调速方法，保证调速范围宽、电动机无级调速，损耗较小、运行效率较高，能满足生产机械调速要求。

2. 调速性能指标

（1）调速范围 D

调速范围指电动机在额定负载下调速时，其最高转速与最低转速之比，即

$$D = n_{max}/n_{min} \tag{2-14}$$

式中　n_{max}——最高转速，受电动机换向及机械强度限制；

n_{min}——最低转速，受转速相对稳定性（静差率）限制。

（2）静差率 s_D

静差率是当系统在某一转速下运行时，负载由理想空载增加到额定值时所对应的转速降落 Δn_N（额定速降）与理想空载转速 n_0之比，即

$$s_D = \frac{\Delta n_N}{n_0} = \frac{\Delta n_N}{n_{0min}} = \frac{\Delta n_N}{n_{min} + \Delta n_N} \tag{2-15}$$

式中，$\Delta n_N = n_0 - n_N$。

可见，在 n_0相同时，机械特性越硬，额定负载时转速降越小、s_D 越小，则转速稳定性越好，负载波动引起的转速变化越小。

静差率 s_D与机械特性硬度是有区别的。一般调压调速系统在不同转速下的机械特性是互相平行的，若硬度特性一样，则理想空载转速越低时，静差率越大，转速的相对稳定度也就越差。

调速范围 D 与静差率 s_D 指标有时是矛盾的，并不是彼此孤立的。采用同一种调速方法，若静差率 s_D 要求不高（亦即 s_D 值大），则调速范围宽；反之，若静差率 s_D 要求高（亦即 s_D 值小），则调速范围窄。因此，在实际应用中往往根据对静差率 s_D 要求，选择相适应的调速方法。调速系统的静差率指标应以最低速时所能达到的数值为准。

举例：电动机由初始值 1000r/min（$n_0 = 1000$r/min）降落 10r/min（$\Delta n_N = 10$r/min），此时 $s_D = 1\%$；电动机由初始值 100r/min（$n_0 = 100$r/min）同样降落 10r/min（$\Delta n_N = 10$r/min），此时 $s_D = 10\%$；如果电动机由初始值 10r/min（$n_0 = 10$r/min）降落 10r/min（$\Delta n_N = 10$r/min），此时 $s_D = 100\%$，电动机已经停止转动。可见，静差率 s_D 与理想空载转速 n_0 有关，针对同样的转速降落 Δn_N，理想空载转速越低则静差率越大，转速的相对稳定度也就越差。

（3）平滑系数 φ

调速平滑性指相邻两级转速的接近程度，用平滑系数 φ 表示为

$$\varphi = n_i/n_{i-1} \tag{2-16}$$

φ 接近于 1，则表明调速的平滑性越好。

若连续可调，则其级数趋于无穷大，称为无级调速，平滑性最好。若为非连续调节，则其级数有限，称为有级调速，平滑性较差。

（4）恒转矩调速与恒功率调速方式

恒转矩调速方式的特点为保持电枢电流 $I_a = I_N$不变，电动机的电磁转矩恒定不变，如他励直流电动机电枢串电阻、改变电枢电压调速方式就属于这种类型。

恒功率调速方式的特点为电枢电流 $I_a = I_N$不变，电动机的电磁功率恒定不变，如他励直流电动机弱磁调速方式就属于这种类型。

（5）调速经济性

表 2-4 所列为各种调速方式的经济性比较表。

表 2-4　调速经济性比较表

调速方式	调速方向	静差率 s_D	调速范围 D（s_D 一定时）	调速平滑性	适应负载类型	设备投资	电能损耗	备注
电枢串电阻	基速以下	大	小	差，有级调速	恒转矩负载	少	多	恒转矩调速
改变电枢电源电压	基速以下	小	较大	好，无级调速	恒转矩负载	多	较少	恒转矩调速
弱磁	基速以上	较小	小	好，无级调速	恒功率负载	较多	少	恒功率调速

3. 调速范围 D、静差率 s_D 和额定速降 Δn_N 之间的关系

假设电动机的额定转速 n_N 为最高转速，转速降落为 Δn_N，基于最低速时的静差率原则，由式（2-15）求得最低转速为

$$n_{min}=\frac{\Delta n_N}{s_D}-\Delta n_N=\frac{(1-s_D)\Delta n_N}{s_D}$$

同理，调速范围为

$$D=\frac{n_{max}}{n_{min}}=\frac{n_N}{n_{min}}=\frac{s_D n_N}{(1-s_D)\Delta n_N}$$

$$s_D=\frac{D\Delta n_N}{D\Delta n_N+n_N}$$

可见，调速系统的调速范围 D、静差率 s_D 和额定速降 Δn_N 应满足一定的关系。对于同一个调速系统，Δn_N 值一定，如果对静差率要求越严，即要求 s_D 值越小时，系统能够允许的调速范围值也越小。因此，确定一个调速系统的调速范围，实质是指在最低速时还能满足所需静差率的转速可调范围。

算例：某直流调速系统电动机额定转速 n_N 为 1430r/min，额定速降 Δn_N 为 115r/min。计算：

1）若要求静差率 $s_D \leqslant 30\%$，调速范围是多少？

2）若要求静差率 $s_D \leqslant 20\%$，调速范围是多少？

3）若要求调速范围 $D=10$，静差率是多少？

解：

1）$s_D \leqslant 30\%$ 时，调速范围为

$$D\leqslant\frac{s_D n_N}{(1-s_D)\Delta n_N}=\frac{0.3\times1430}{(1-0.3)\times115}=5.3$$

2）$s_D \leqslant 20\%$ 时，调速范围为

$$D\leqslant\frac{s_D n_N}{(1-s_D)\Delta n_N}=\frac{0.2\times1430}{(1-0.2)\times115}=3.1$$

3）调速范围 $D=10$，则静差率为

$$s_D=\frac{D\Delta n_N}{D\Delta n_N+n_N}=\frac{10\times115}{10\times115+1430}=44.6\%$$

2.3.3　直流电动机的电气控制

直流电动机的电气控制，即通过改变电动机电磁转矩 T，使其与电动机转速 n 方向相

反，达到制动电动机的目的，包括迅速减速（制动过程）、限制位能性负载下降速度（制动运行）两种形式。直流电动机制动方式有能耗制动、反接制动、倒拉反转制动和回馈制动等形式。

1. 能耗制动

（1）能耗制动原理

图2-23所示为他励直流电动机能耗制动原理图，电动运行时接触器KM常开触点1、2闭合，常闭触点3断开，电动机处于正向电动稳定运行状态，电动机电磁转矩 T 与转速方向相同；能耗制动时，接触器KM常开触点1、2断开，常闭触点3闭合，电动机电枢与能耗电阻 R_H 连接，电枢电源电压 $U=0$，由于机械惯性作用，制动初始瞬间转速 n 不能突变，仍然保持原来的方向和大小，电枢感应电动势 E_a 也保持原来的大小和方向，电枢电流为

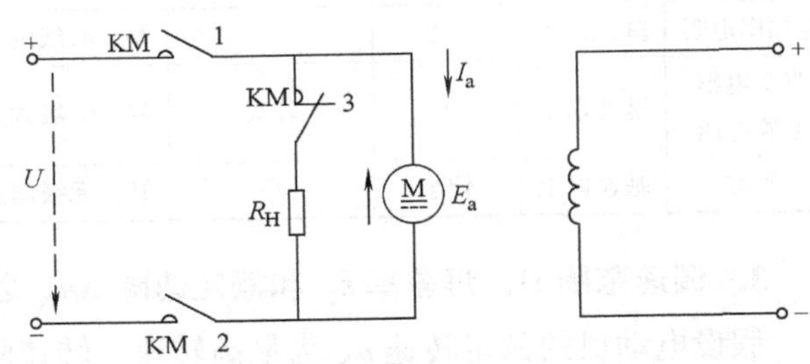

图2-23　他励直流电动机能耗制动原理图

$$I_a=(U-E_a)/(R_a+R_H)=-E_a/(R_a+R_H) \tag{2-17}$$

由式（2-17）可见，I_a 变为负值，与电动机原来电动运行的方向相反，即电动机电磁转矩 T 与转速方向相反，起制动作用。

由于动态转矩 $(T-T_L)=-|T|-T_L<0$，系统减速，E_a 逐渐减小，直至 $n=0$ 停车。从能耗制动开始到迅速减速、停车的过渡过程称为能耗制动过程。期间，电动机惯性旋转，电枢切割磁场将机械能转换为电能，再通过 (R_a+R_H) 以发热形式消耗掉。

（2）能耗制动机械特性

能耗制动的机械特性方程为

$$n=E_a/(C_e\Phi_N)=[U-I_a(R_a+R_H)]/(C_e\Phi_N)=-(R_a+R_H)T/(C_eC_T\Phi_N^2)=-\beta_H T \tag{2-18}$$

式中　β_H——能耗制动机械特性的斜率，$\beta_H=(R_a+R_H)/(C_eC_T\Phi_N^2)$。

相应的机械特性曲线如图2-24所示，可见：

1）能耗制动开始时，因机械惯性电动机转速不发生突变，电动机由机械特性1的点A移至机械特性2的点B，其中，机械特性2与机械特性3平行（斜率相等），机械特性3类似电动机电枢串电阻 R_H 的机械特性（相对于机械特性1）。

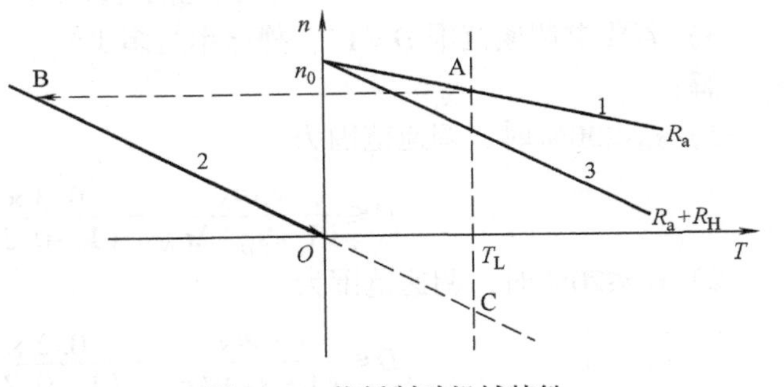

图2-24　能耗制动机械特性

2）电动机由B点沿机械特性2速度下降，直至坐标原点，针对反抗性负载，此时，$n=0$，$T=0$，系统停车，其中，B至坐标原点即为能耗制动过程。

3）若拖动的是位能性恒转矩负载，在坐标原点，$n=0$，$T=0$，$(T-T_L)=-T_L<0$，由于位能性恒转矩负载的作用，电动机继续减速，出现反转，沿机械特性2反向运转至C点稳定运行，此时，$T=T_L$ 为正，n 为负，E_a 为负，I_a 为正，T 为制动性转矩，称为能耗制动运行。

4）能耗制动电阻 R_H 计算，根据最大制动转矩值 T_{max}，得

$$R_H = E_a/I_a - R_a = C_e\Phi_N n(9.55C_e\Phi_N)/T_{max} - R_a \tag{2-19}$$

2. 反接制动

（1）反接制动原理

反接制动时，电动机电源电压反接，同时接入反接制动电阻 R_F，此时，电枢电压为 $-U_N$，由于机械惯性作用，制动初始瞬间转速 n 不能突变，仍然保持原来的方向和大小，电枢感应电动势 E_a 也保持原来的大小和方向，电枢电流为

$$I_a = (-U_N - E_a)/(R_a + R_F) = -(U_N + E_a)/(R_a + R_F) \tag{2-20}$$

由式（2-20）可见，I_a 变为负值，与电动机原来运行的方向相反，即电动机电磁转矩 T 与转速方向相反，起制动作用。

由于动态转矩 $(T-T_L) = -|T| - T_L < 0$，系统减速，E_a 逐渐减小，系统减速直至 $n=0$ 停车，此时，立即断开电动机电源，反接制动停车过程结束。反接制动过程，电动机电枢电压反接，电枢电流反向，电源输入功率 $P_I = U_N I_a > 0$，电磁功率 $P_M = E_a I_a < 0$，机械功率转换为电功率，电源输入功率、机械转换的电功率通过 $(R_a + R_F)$ 以发热形式消耗掉。

（2）反接制动机械特性

反接制动机械特性方程为

$$n = -U_N/(C_e\Phi_N) - (R_a + R_F)T/(C_e C_T \Phi_N^2) = -n_0 - \beta_F T \tag{2-21}$$

式中　β_F——机械特性斜率，$\beta_F = (R_a + R_F)/(C_e C_T \Phi_N^2)$。

相应的机械特性曲线如图 2-25 所示，可见：

1）反接制动开始时，因机械惯性电动机转速不发生突变，电动机由机械特性 1 的点 A 移至机械特性 2 的点 B，其中，机械特性 2 与机械特性 3 平行（斜率相等），机械特性 3 类似电动机电枢串接电阻 R_F 的机械特性（相对于机械特性 1）。

2）电动机由 B 点沿机械特性 2 速度下降，直至点 C，此时，$n=0$，立即断开电动机电源，系统反接制动停车，其中，B 至 C 点即为反接制动过程。

3）若拖动的是反抗性恒转矩负载，反接制动到达 C 点时，$n=0$，$T \neq 0$，不立即断开电动机电源，因 $T < -T_L$（即 $T-(-T_L) < 0$），由于反抗性恒转矩负载的作用，电动机继续减速，出现反转（反向起动），沿机械特性 2 反向运转至 D 点稳定运行。

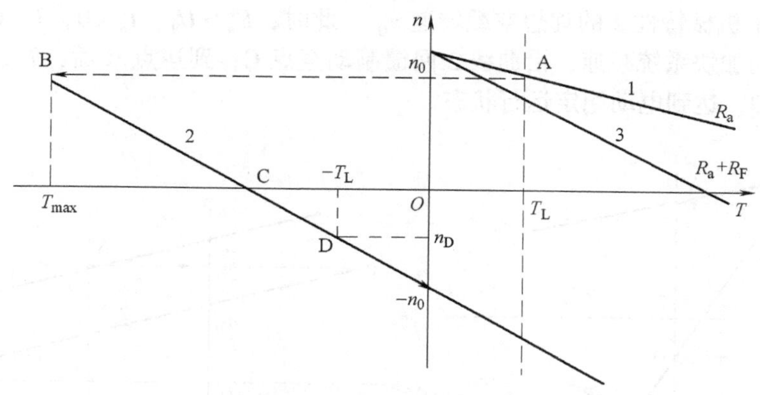

图 2-25　反接制动机械特性

4）能耗制动电阻 R_F 计算式为

$$R_F \geqslant (U_N + E_a)/I_{amax} - R_a = 2U_N/(1.5 \sim 2.5)I_N - R_a \tag{2-22}$$

3. 倒拉反转制动

（1）倒拉反转制动原理

他励直流电动机拖动位能性恒转矩负载处于正向电动运行状态，电枢回路串接电阻 R_D 引起转速降低。当 R_D 大到一定程度时，如图 2-26 所示，电动机出现反转状态（$n<0$，$E_a<0$），并稳定在工作点 D。此时，电枢电流为

$$I_a = (U_N - E_a)/(R_a + R_D) = (U_N + |E_a|)/(R_a + R_D) \tag{2-23}$$

可见，$I_a>0$，$T>0$，电动机靠位能性负载拉着反转，T 为制动性转矩，称为倒拉反转制动运行状态。此时，$U_N>0$、$I_a>0$，电源输入功率为正，电磁功率为负，表明电动机从电源吸收电能，同时，又将机械能转换为电能，并消耗在电枢回路电阻（R_a+R_D）上。

（2）倒拉反转制动机械特性

倒拉反转制动机械特性方程为

$$n = U_N/(C_e\Phi_N) - (R_a + R_D)T/(C_eC_T\Phi_N^2) = n_0 - \beta_D T \tag{2-24}$$

式中 β_D——机械特性斜率，$\beta_D = (R_a + R_D)/(C_eC_T\Phi_N^2)$。

相应的机械特性如图 2-26 所示，可见：电阻 R_D 值越大，机械特性就越软，反向转速就越高。倒拉反转制动运行常用于重物低速下放的场合。

4. 回馈制动

（1）回馈制动原理

他励直流电动机处于正向运行状态，由于某种原因，如弱磁调速时转速由高速向下调节，通过改变电枢电压调速时突然降低电枢电压，出现转速 $n>0$ 且 $n>n_0$，此时，$E_a>U_N$，$I_a<0$，$T<0$，T 为制动性转矩，电磁功率、输入功率均为负，表明机械功率转换为电功率，电动机不从电源获取电功率，而是将机械能转换为电能并回馈到电源，这种制动方式称为回馈制动或再生制动。

（2）回馈制动机械特性

1）弱磁调速降低电枢电压机械特性。如图 2-27 所示，突然降低电枢电压，假定在额定电压 U_N 下，恒转矩负载为 T_L，电动机稳定运行在曲线 1 点 A，当电枢电压下降为 U_1 时，机械特性由曲线 1 变为曲线 2，因电动机机械惯性，转速不会发生突变，工作点由 A 变为 B，点 B 的转速高于机械特性 2 的理想空载转速 n_{01}，此时，$E_a>U_1$，$I_a<0$，$T<0$，T 为制动性转矩，回馈制动加快系统减速，沿曲线 2 回馈制动至点 C；到达点 C 后，$T<T_L$，系统继续减速，直到点 D，达到电动稳定运行状态。

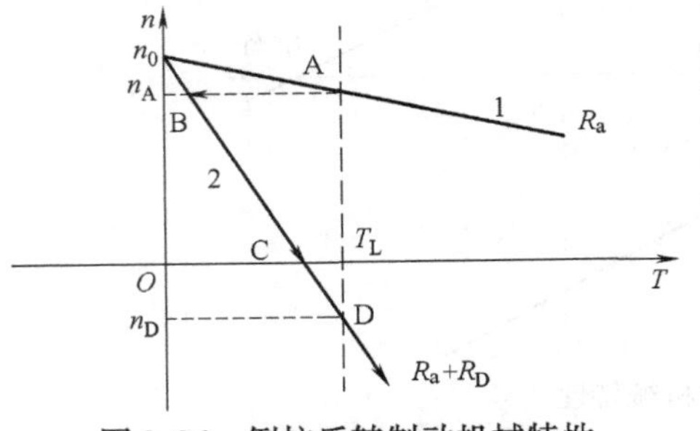

图 2-26 倒拉反转制动机械特性

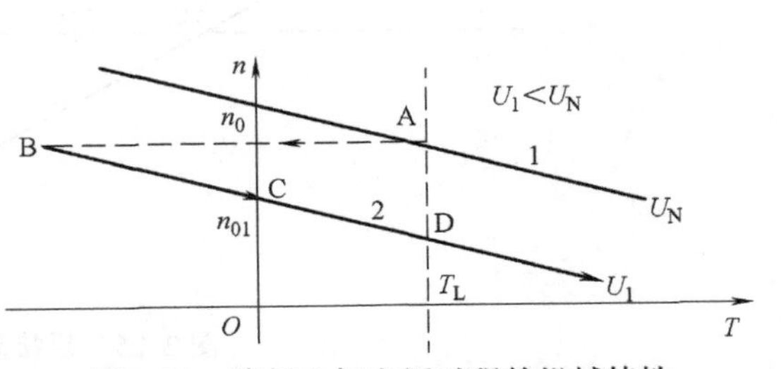

图 2-27 降低电枢电压过程的机械特性

2）电动机拖动位能性负载、电枢电压反接反向回馈制动机械特性。如图2-28所示，负载下放时，电枢电压反向，稳定运行于工作点A，A点的转速$|n|$高于该电枢电压——U_1机械特性的理想空载转速$|n_{01}|$，此时，$|E_a|>|U_1|$，$I_a>0$，$T>0$，T为制动性转矩，电动机反向回馈制动稳定运行。

3）正向回馈制动机械特性。如图2-29所示，电车下坡时电动机处于正向回馈制动运行状态。平地时，负载转矩（摩擦性阻转矩）为T_{L1}，电动机处于正向电动运行状态（工作点A）；下坡时，位能性拖动负载为T_{L2}，此时，电车处于正向回馈制动运行状态（工作点B），$n>0$，$T<0$且$T=T_{L2}$，电车恒速行驶。

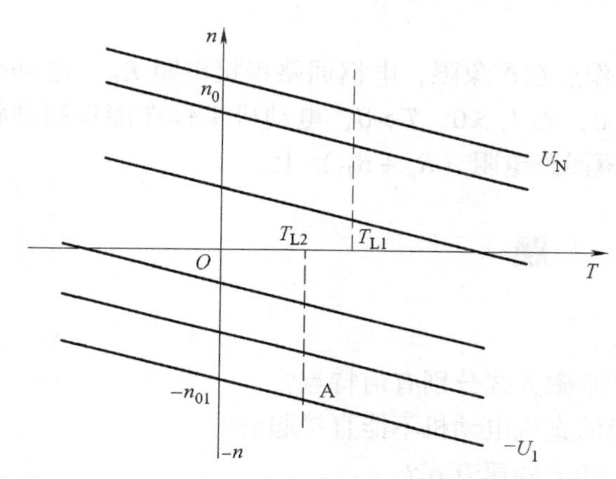

图2-28　反向回馈制动运行的机械特性

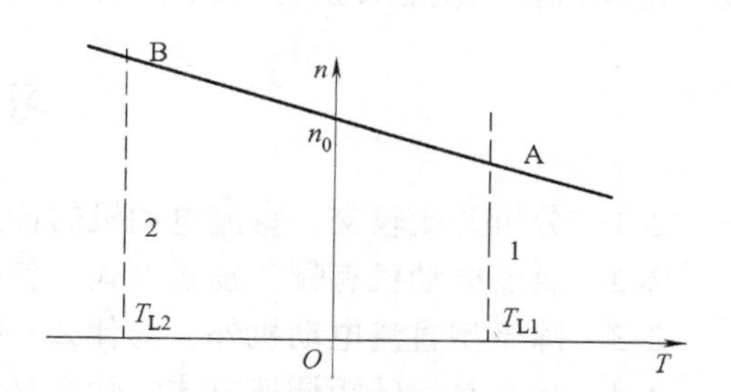

图2-29　正向回馈制动运行的机械特性

2.3.4　直流电动机的运行状态

直流电动机的运行状态如图2-30所示，按照电磁转矩T与转速n的方向是否相同，分为电动运行状态和制动运行状态。

1. 电动运行状态

电动机的机械特性和稳定工作点在Ⅰ、Ⅲ象限，特点为T、n方向相同，从电源吸收能量。

1）正向电动状态，在工作点A、B，$U>0$，$n>0$且$n<n_0$，则$I_a>0$、$T>0$，电动机工作在正向电动状态。

2）反向电动状态，在工作点C、D，$U<0$，$n<0$且$|n|<|n_0|$，则$I_a<0$、$T<0$，电动机则工作在反向电动状态。

2. 制动运行状态

电动机的机械特性和稳定工作点在Ⅱ、Ⅳ象限，特点为T、n方向相反，不从电源吸收

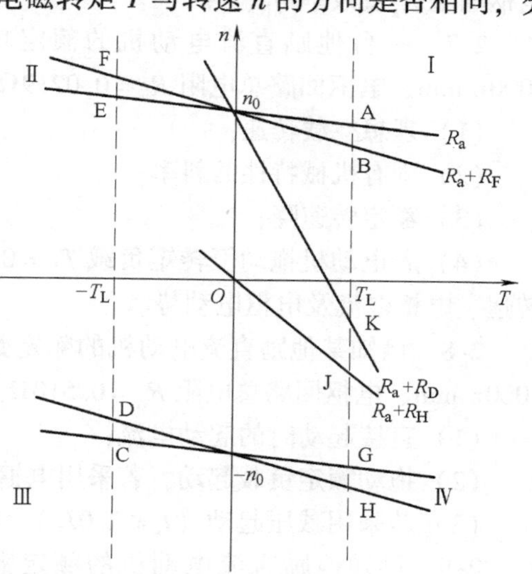

图2-30　直流电动机的运行状态

能量。

1）$U>0$，正向回馈制动状态（如E、F点）或倒拉反转状态（如K点）。

① 工作点在Ⅱ象限内，如图中E、F点。此时，$n>0$且$n>n_0$，则$I_a<0$、$T<0$，电动机工作在正向回馈制动状态，电动机将机械能转换为电能并回馈到电源。

② 工作点在Ⅳ象限内，如图中K点，电枢回路串接足够大的电阻R_D，电动机在位能负载转矩作用下反转——倒拉反转状态。此时，$n<0$，$I_a>0$，$T>0$，电动机从电源吸收电能，同时，又将机械能转换为电能，这些电能都消耗在电枢回路电阻（R_a+R_D）上。

2）$U<0$，反向回馈制动状态（如G、H点）。工作点在Ⅳ象限，此时，$n<0$且$|n|>n_0$，则$I_a>0$、$T>0$，电动机工作在反向回馈制动状态，电动机将机械能转换为电能并回馈到电源。

3）$U=0$，能耗制动状态（如J点）。工作点在Ⅳ象限，电枢回路串接电阻R_H，电动机在位能性负载转矩的作用下反转。此时，$n<0$，则$I_a>0$、$T>0$，电动机工作在能耗制动状态，电动机将机械能转换为电能并消耗在电枢回路电阻（R_a+R_H）上。

习　题

2-1　分析并比较交、直流电动机的特点。

2-2　直流电动机有哪些励磁方式？各种励磁方式分别有何特点？

2-3　除微型直流电动机外，为什么一般的直流电动机不能直接起动？

2-4　什么是恒转矩调速方式？什么是恒功率调速方式？

2-5　请说明直流电动机处于倒拉反转运行的功率关系，并比较与能耗制动、反接制动情况下的异同。

2-6　某台他励直流电动机的数据为$P_N=15\text{kW}$、$U_N=220\text{V}$、$n_N=1000\text{r/min}$、$P_{Cu\,a}=1210\text{W}$、$P_0=950\text{W}$，忽略杂散损耗。请计算额定运行时电机的电磁转矩T_N、电磁功率P_M、电枢电阻R_a及效率η_N。

2-7　一台他励直流电动机的额定功率$P_N=100\text{kW}$、$U_N=220\text{V}$、$I_N=510\text{A}$、$n_N=1000\text{r/min}$、电枢回路总电阻$R_a=0.0219\Omega$，忽略磁路饱和影响。求：

（1）理想空载转速；

（2）固有机械特性的斜率；

（3）额定转速降；

（4）若电动机拖动恒转矩负载$T_L=0.84T_N$运行（T_N为额定输出转矩），计算电动机的转速、电枢电流及电枢电动势。

2-8　已知某他励直流电动机的额定数据为$P_N=30\text{kW}$、$U_N=440\text{V}$、$I_N=78.7\text{A}$、$n_N=1000\text{r/min}$、电枢回路总电阻$R_a=0.510\Omega$。求：

（1）直接起动时的起动电流；

（2）拖动额定负载起动，若采用电枢回路串电阻起动（$I_s\leqslant2.0I_N$），应串接多大电阻？

（3）若采用减压起动（$I_s\leqslant2.0I_N$），电压应降到多大？

2-9　已知他励直流电动机的额定数据为$P_N=17\text{kW}$、$U_N=110\text{V}$、$I_N=186\text{A}$、$n_N=1500\text{r/min}$、电枢回路总电阻$R_a=0.029\Omega$，电动机在额定转速下拖动额定恒转矩负载运

行。求：

（1）电枢电压降低到90V，但电动机转速还来不及变化的瞬间，电动机的电枢电流及电磁转矩各为多少？

（2）电压调低后电动机稳定运行转速是多少？

（3）若电枢电压保持额定不变，仅把磁通减少到$0.8\Phi_N$，此时电动机运行转速是多少？电枢电流为多大？若电枢电流不允许超过额定值，电动机所允许拖动的负载转矩应为多大？

2-10　一台他励直流电动机的额定功率$P_N=75\text{kW}$、额定电压$U_N=220\text{V}$、额定电流$I_N=385\text{A}$、额定转速$n_N=1000\text{r/min}$、电枢回路总电阻$R_a=0.01824\Omega$，电动机拖动反抗性负载转矩运行于正向电动状态时，$T_L=0.86T_N$。求：

（1）采用能耗制动停车，并且要求制动开始时最大电磁转矩为$2.2T_N$，电枢回路应串接多大电阻？

（2）采用反接制动刹车，要求制动开始时最大电磁转矩不变，电枢回路应串接多大电阻？

（3）采用反接制动，若转速接近零时不及时切断电源，问电动机最后的运行结果如何？

2-11　某龙门刨床工作台，采用直流晶闸管-电动机调速系统（V-M调速系统），已知他励直流电动机$P_N=30\text{kW}$，$U_N=220\text{V}$，$I_{dN}=160\text{A}$，$n_N=1000\text{r/min}$，主电路总电阻$R=0.25\Omega$，$C_e\Phi=0.204\text{V}\cdot\text{min/r}$，求：

（1）电流连续时，额定负载下的转速降落Δn_N是多少？

（2）开环系统机械特性连续段，在额定负载、额定转速下的静差率是多少？

（3）若要满足调速比$D=20$，静差率$s_D\leqslant 10\%$，额定负载下的转速降落Δn_N又是多少？

第3章　交流电动机的原理及特性

本章主要介绍了交流电动机的原理及特性，包括三相异步电动机的工作原理、机械特性及其起动、调速、电气控制与运行状态；同时，还介绍了单相异步电动机的组成、种类及特点，同步电动机的工作原理与机械特性，分析、总结了交、直流电动机的特点及其发展态势。

3.1　三相异步电动机的工作原理

交流异步电动机具有结构简单、体积小、重量轻、价格便宜、维护方便等特点，在生产和生活中得到了广泛应用。现代生产机械大都采用交流电动机驱动，尤其在大容量、高压、高速驱动应用场合，采用交流电动机驱动方式的约占2/3以上，且此比例越来越大，其市场占有量始终位居第一位。

常用的交流电动机主要分为异步电动机和同步电动机两类。其中，异步电动机包括三相异步电动机和单相异步电动机，三相异步电动机又分为笼型（普通笼型、高起动转矩式、多速电动机）和绕线转子两种类型，高起动转矩式异步电动机包括高转差率式、深槽式、双笼型，异步电动机适用于如通风机、机床、水泵驱动等；同步电动机包括凸极式、隐极式、永磁等，用于中大功率、恒转速、长期工作的压缩机驱动（如空调压缩机采用的永磁同步电动机驱动）等。表3-1列举了交、直流电动机的主要性能特点。

表3-1　交、直流电动机主要性能特点

电动机种类		主要性能特点
直流电动机	他励、并励	机械特性硬，起动转矩大，调速性能好
	串励	机械特性软，起动转矩大，调速方便
	复励	机械特性软硬适中，起动转矩大，调速方便
三相异步电动机	普通笼型	机械特性硬，起动转矩不太大
	高起动转矩	起动转矩大
	多速	多速（2～4速）
	绕线转子	机械特性硬，起动电流可控，调速方式较笼型电动机多，调速性能较笼型电动机好
三相同步电动机		转速不随负载变化，功率因数可调
单相异步电动机		功率小，机械特性硬
单相同步电动机		功率小，转速恒定

3.1.1　三相异步电动机的基本结构

1. 基本结构

三相异步电动机主要由定子和转子组成，前者静止不动，后者做旋转运动，两者之间是空气隙，其结构如图3-1所示。其中，因转子构造不一样，将三相交流异步电动机分为笼型和绕线转子两种，前者转子绕组自身短接，具有结构简单、价格便宜、运行可靠、维护方便特点，在生产机械中广为采用；后者转子绕组通过集电环与外部电气设备连接，可以通过在转子侧引入控制变量实现调速，如串接电阻调速、串接与转子同频率的附加电动势的串级调速。为便于比较，表3-2列举了三相交流异步电动机、直流电动机结构对比。

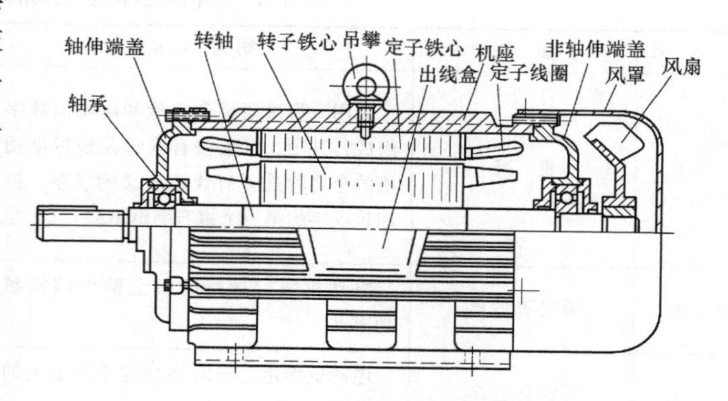

图3-1　三相异步电动机结构

表3-2　三相交流异步电动机、直流电动机结构对比

电动机类型	定　子	转　子	备　注
三相交流异步电动机	机座——固定、支撑定子铁心 定子铁心——电动机磁路一部分，采用0.5mm厚电工硅钢片叠压而成 定子绕组——按照一定连接方式安放在定子槽内，采用单层或双层绕组	转子铁心 转子绕组——其中，绕线转子绕组与定子绕组相似，磁极对数与定子绕组相同；笼型为自行闭合的短路绕组 转轴 轴承 风扇	空气隙影响电动机运行性能，空气隙小利于减小电动机励磁电流、提高功率因数，较同步电动机小。一般在0.2～1.5mm
直流电动机	机座——固定、支撑定子铁心 主磁极——直流电流励磁（励磁线圈），或永久磁铁，其中，并励方式线圈匝数多、导线细，串励方式线圈匝数少、导线粗 换向极——与电枢绕组相串联，流过电枢电流，匝数少、导线粗 电刷——电流引入电枢电路，或由电枢电路引出到电路	电枢铁心 电枢绕组 换向器 风扇 转轴 轴承	按励磁方式，分为他励、并励、串励、复励直流电动机

2. 额定数据

三相异步电动机铭牌上通常标有的数据列于表3-3中。我国生产的三相异步电动机有多种型号，通常由产品代号、规格代号、特殊环境代号及补充代号四部分组成。每一种型号代表一个系列三相异步电动机的产品，同一系列的结构、形状基本相同，零部件通用性很强，容量是按一定比例递增的。

表 3-3　三相异步电动机铭牌数据

序　号	参　数	物 理 意 义	单 位	备　注
1	型　号	采用大写汉语拼音字母和阿拉伯数字组成，其中，汉语拼音字母是根据电动机的全名称选择有代表意义的汉字，再用该汉字的第一个拼音字母组成		例如，Y-112M-4，Y 指异步电动机，112 指机座中心高度 112mm，M 为机座类别（L 长机座、M 中机座、S 短机座），4 为磁极数
2	额定功率 P_N	电动机额定运行时轴上输出的机械功率	kW	
3	额定电压 U_N	电动机额定运行时加在定子绕组上的线电压	V	
4	额定电流 I_N	电动机在额定电压下且轴上输出额定功率时，输入定子绕组的线电流	A	
5	额定频率 f_N	使电动机产生额定同步转速的电源频率，我国工业用电频率 50Hz	Hz	
6	额定功率因数 $\cos\varphi_N$	电动机额定负载运行时，定子边的功率因数		
7	额定转速 n_N	电动机在额定频率、额定电压下，且轴端输出额定功率时，转子的转速	r/min	
8	绝缘等级与温升	按照不同耐热能力，绝缘材料分为一定等级；温升为电动机运行时其发热部件的温度高出周围环境温度的值		我国规定环境最高温度为 40℃
9	额定转矩 T_N	在额定电压、额定负载下电动机转轴上产生的电磁转矩，$T_N = 9550P_N/n_N$	N · m	
10	其他（工作方式、连接方法等）	定子绕组接法、工作方式、重量；转子绕组接法、转子绕组额定电动势 E_{2N}、额定电流 I_{2N}		转子绕组额定电动势 E_{2N} 为定子绕组加额定电压、转子绕组开路时集电环之间的电动势

（1）产品代号

产品代号由 Y + 特点代号组成，特点代号选用产品名称中最具代表含义的汉语拼音的第一个大写字母来表示，常用三相异步电动机的产品代号见表 3-4。

表 3-4　常见的异步电动机产品系列及代号

序　号	产 品 代 号	产 品 名 称	代号汉字意义
1	Y	三相笼型异步电动机	异
2	YS	分马力三相异步电动机	异三
3	YR	绕线转子三相异步电动机（大中型）	异绕
4	YLS	立式三相异步电动机（大中型）	异立三
5	YRL	绕线转子立式三相异步电动机（大中型）	异绕立
6	YK	大型二极（快速）三相异步电动机	异（二）

（续）

序　　号	产品代号	产品名称	代号汉字意义
7	YRK	大型绕线转子二极（快速）三相异步电动机	异绕（二）
8	YU	电阻起动单相异步电动机	异（组）
9	YC	电容起动单相异步电动机	异（容）
10	YD	多速异步电动机	异多
11	YY	电阻运转单相异步电动机	异运
12	YL	双值电容单相异步电动机/立式笼型异步电动机	异（双）/异立
13	YJ	罩极单相异步电动机/精密机床用异步电动机	异极/异精
14	YJF	罩极单相异步电动机（方行）	异极方
15	YX	三相异步电动机（高效率）	异效
16	YUX	电阻起动单相异步电动机（高效率）	异阻效
17	YCX	电容起动单相异步电动机（高效率）	异容效
18	YYX	电容运转单相异步电动机（高效率）	异运效
19	YLX	双值电容单相异步电动机（高效率）	异（双）效
20	YQ	三相异步电动机（高起动转距）	异起
21	YH	高转差率（滑差）三相异步电动机	异滑
22	YZ	起重冶金用笼型异步电动机	异重
23	YZR	起重冶金用绕线转子异步电动机	重绕
24	YM	木工用异步电动机	异木

（2）规格代号

规格代号用中心高、机座号、铁心长度及极数来表示。对于小型三相异步电动机，规格代号用中心高（mm）、机座号（字母代号）、铁心长度（数字代号）、极数（数字）表示；对于大中型三相异步电动机，规格代号用中心高（mm）、铁心长度（数字代号）、极数（数字）表示。其中，机座号字母S表示短机座、M表示中机座、L表示长机座，铁心长度数字代号1表示短铁心、2表示长铁心。

（3）特殊环境代号

特殊环境代号用英文字母来表示，其具体含义见表3-5。

表3-5　三相异步电动机的特殊环境代号

序号	代号	特殊环境条件
1	G	高原用
2	H	船用
3	W	户外用
4	F	化工防腐用
5	T	热带用
6	TH	湿热带用
7	TA	干热带用

（4）补充代号

补充代号由生产厂家在产品标准中规定。

3.1.2 三相异步电动机的基本原理

1. 异步电动机笼型转子转动模型

如图3-2所示，马蹄形磁铁与手柄连接，磁铁上方为N极、下方为S极，两磁极间放置一个可以自由转动的笼型转子，磁极与此笼型转子之间无机械连接。当手柄带动磁铁旋转时，转子也跟着磁铁一起转动，磁铁旋转越快、转子转速越快，反之，磁铁旋转越慢、转子转速越慢；当磁铁反向旋转时，转子也反向旋转。笼型异步电动机转子转动模型表明，因旋转磁场的作用，转子随旋转磁场的方向转动。

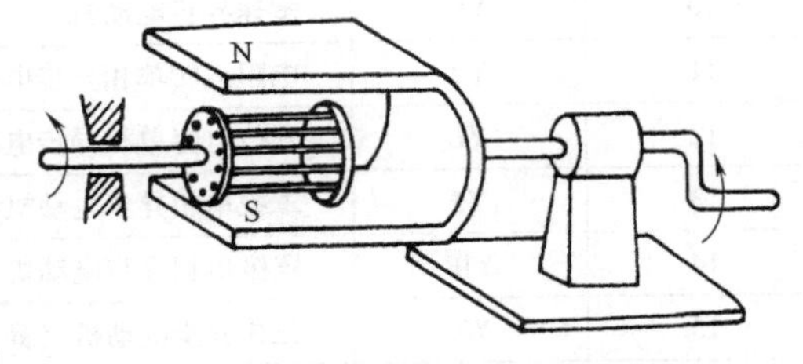

图3-2 异步电动机笼型转子转动示意图

2. 旋转磁场的产生

（1）工作原理

三相异步电动机的定子通入三相对称电流，电动机内形成了一个旋转磁场。如图3-3所示，旋转磁场的方向为逆时针旋转，若转子不转，笼型转子导条与旋转磁场有相对运动，导条中产生感应电动势 e，其方向由右手定则确定。旋转磁场的转速为

$$n_1 = 60\,f_1/p \tag{3-1}$$

式中 p——磁极对数；

f_1——电源频率（Hz）；

n_1——旋转磁场的转速，也称为同步转速（r/min）。我国电网频率 f_1 为50Hz，当磁极对数为1、2、3、4、5时，相应的同步转速 n_1 为3000r/min、1500r/min、1000r/min、750r/min、600r/min。

转子导条彼此在端部短路，导条中产生电流 i，不考虑电动势与电流的相位差，该电流方向与电动势方向一致，此时，导条在旋转磁场中受力 f（受力方向由左手定则确定），产生电磁转矩 T，转子回路切割磁力线，其转动方向与旋转磁场一致，并使转子沿该方向旋转。

转子转速为 n，当 $n < n_1$ 时，表明转子导条与磁场存在相对运动，产生的电动势、电流及受力方向与转子不转时相同，电磁转矩 T 为逆时针方向，转子继续旋转，并稳定运行在 $T = T_L$ 情况下。

（2）转差率

由图3-3可知，当电动机转子的转速 n 等于同步转速 n_1 时，转子与旋转磁场之间无相对运动，转子导体不切割旋转磁场，转子不产生感应电动势，因此，无转子电流和电磁转矩，这样，转子就无法继续转动。因此，异步电动机的转子转速往往要比同步转速低一些，二者不能同步旋转，以确保转子感应电动势，产生转子感应电流和电磁转矩。

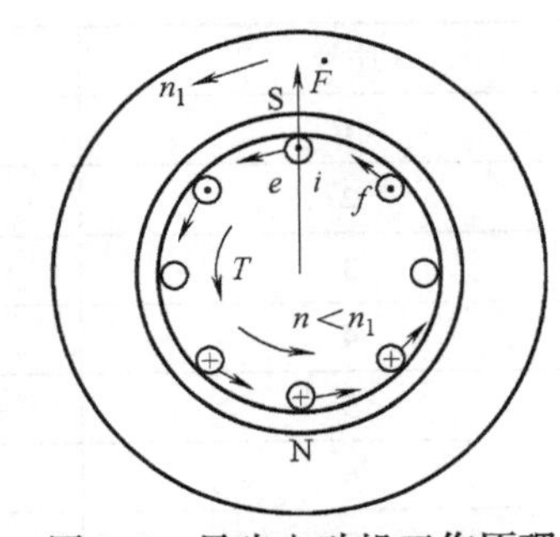

图3-3 异步电动机工作原理

异步电动机采用转差率 s 表示转子转速 n 与同步转速 n_1

之间存在的差异，即

$$s=\frac{n_1-n}{n_1} \tag{3-2}$$

由式（3-2）可见，转差率越小，表明电动机转子转速越接近同步转速，电动机效率越高。电动机起动时，$n=0$，$s=1$。通常，三相异步电动机的额定转速很接近同步转速，其额定负载时的转差率为 0.01 ~0.06。

3. 三相异步电动机等效电路、功率和转矩

（1）三相异步电动机 T 型等效电路

三相异步电动机定子绕组接上三相电源，定子三相电流产生旋转磁场，其磁通通过定子和转子铁心而闭合。

旋转磁场在转子每根导体中感应出电动势，同时，在定子每根绕组中也感应出电动势。三相异步电动机运行时，转子绕组中也流过电流，此时，三相异步电动机中的旋转磁场是由定子电流、转子电流共同产生的。

图 3-4 所示为绕线转子三相异步电动机定、转子电路，其中，定子、转子绕组均为Y联结。$\dot{U}_1$、$\dot{E}_1$、$\dot{I}_1$ 分别是定子绕组一相（A_1相）的相电压、相电动势和相电流，$\dot{U}_2$、$\dot{E}_2$、$\dot{I}_2$ 分别是转子绕组一相（A_2相）的相电压、相电动势和相电流。图中箭头的指向表示各量的正方向。

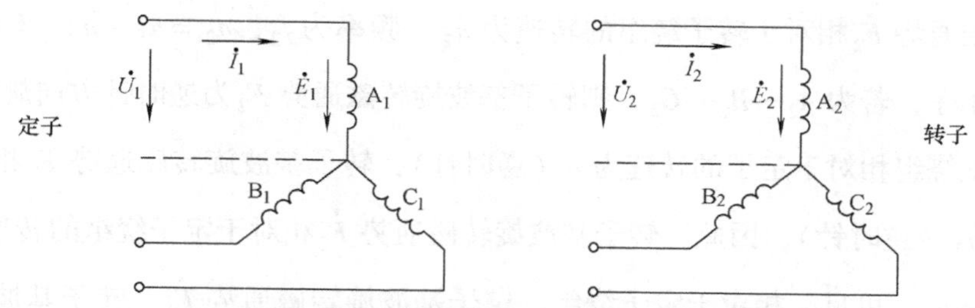

图 3-4 绕线转子三相异步电动机定、转子电路

1）定子电路

定子每相电路的电压方程为

$$\begin{aligned}\dot{U}_1&=-\dot{E}_1+\dot{I}_1r_1-\dot{E}_{s1}=-\dot{E}_1+\dot{I}_1r_1+\mathrm{j}\dot{I}_1x_1\\&=-\dot{E}_1+\dot{I}_1(r_1+\mathrm{j}x_1)=-\dot{E}_1+\dot{I}_1z_1\end{aligned} \tag{3-3}$$

式中 r_1——定子每相绕组的电阻；

x_1——定子每相绕组的漏电抗；

z_1——定子每相绕组的阻抗，$z_1=r_1+\mathrm{j}x_1$；

E_1——定子每相绕组感应电动势的有效值。

若 $-\dot{E}_1$用励磁电流 $\dot{I}_0$ 在励磁阻抗 z_m上的电压降表示，则

$$-\dot{E}_1=\dot{I}_0z_m=\dot{I}_0(r_m+\mathrm{j}x_m) \tag{3-4}$$

式中 r_m——励磁电阻；

x_m——励磁电抗。

定子每相电路的电压方程又可以表示为

$$\dot{U}_1 = \dot{I}_0 z_m + \dot{I}_1 z_1 \tag{3-5}$$

2）转子电路

转子每相电路的电压方程为

$$\dot{E}_2 = \dot{I}_2 (r_2 + jx_2) = \dot{I}_2 z_2 \tag{3-6}$$

式中　r_2——转子每相绕组的电阻；

x_2——转子每相绕组的漏电抗，与转子频率f_2成正比；

z_2——转子每相绕组的阻抗，$z_2 = r_2 + jx_2$。

E_2——转子每相绕组感应电动势的有效值。

E_2与转子频率f_2有关，f_2的计算式为

$$f_2 = p\frac{n_1 - n}{60} = ps\frac{n_1}{60} = sf_1 \tag{3-7}$$

式（3-7）表明，转子频率f_2与转差率s有关，即与电动机转速有关。

3）T型等效电路

定子基波旋转磁通势$\dot{F}_1$相对于定子绕组的转速为同步转速n_1（频率为f_1），转向取决于定子绕组电流相序，若为$A_1 \to B_1 \to C_1$，则定子基波旋转磁通势$\dot{F}_1$为逆时针方向旋转。同理，转子基波旋转磁通势$\dot{F}_2$相对于转子绕组的转速为n_2（频率为f_2，$n_2 = n_1 - n$），转向取决于转子绕组电流相序，若为$A_2 \to B_2 \to C_2$，则转子基波旋转磁通势$\dot{F}_2$为逆时针方向旋转。

由于转子绕组相对于定子的转速为n（逆时针），转子基波旋转磁通势$\dot{F}_2$相对于转子绕组的转速为n_2（逆时针），因此，转子基波旋转磁通势$\dot{F}_2$相对于定子绕组的转速为$n + n_2 = n + (n_1 - n) = n_1$。可见，相对于定子绕组，定子基波旋转磁通势$\dot{F}_1$、转子基波旋转磁通势$\dot{F}_2$都以相同的转速$n_1$逆时针方向旋转，稳定运行时，$\dot{F}_1$、$\dot{F}_2$在空间上前后位置相对固定，可以合成为总的磁通势$\dot{F}_0$（励磁磁通势），称为定子、转子磁通势平衡方程，即

$$\dot{F}_1 + \dot{F}_2 = \dot{F}_0 \tag{3-8}$$

由式（3-8）可见，励磁磁通势$\dot{F}_0$对应于励磁电流，三相异步电动机定、转子之间并没有电路的直接联系，而是依靠磁场联系，即定、转子之间依靠磁通势的平衡建立联系。

进行等效变换，假设保持转子基波旋转磁通势$\dot{F}_2$不变，将异步电动机原来的转子用新转子替代，该新转子特点为不转动，相数、匝数、基波绕组系数相同；同时，新转子每相感应电动势为$\dot{E}'_2$、电流为$\dot{I}'_2$、转子漏阻抗为$z'_2 = r'_2 + jx'_2$。这时，三相异步电动机的基本方程变为

$$\dot{U}_1 = -\dot{E}_1 + \dot{I}_1 (r_1 + jx_1) \tag{3-9}$$

$$\dot{E}_1 = -\dot{I}_0 (r_m + jx_m) \tag{3-10}$$

$$\dot{I}_1+\dot{I}_2'=\dot{I}_0 \tag{3-11}$$

$$\dot{E}_2'=\dot{E}_1 \tag{3-12}$$

$$\dot{E}_2'=\dot{I}_2'\left(\frac{r_2'}{s}+\mathrm{j}x_2'\right) \tag{3-13}$$

式（3-13）中，转子回路电阻$\frac{r_2'}{s}$可以分解成两部分，即

$$\frac{r_2'}{s}=r_2'+\frac{1-s}{s}r_2' \tag{3-14}$$

可见，第一部分 r_2'是转子绕组一相的实际电阻，第二部分相当于在转子一相回路里多串接了一个等于$\frac{1-s}{s}r_2'$的附加电阻，相应的 T 型等效电路如图 3-5 所示。

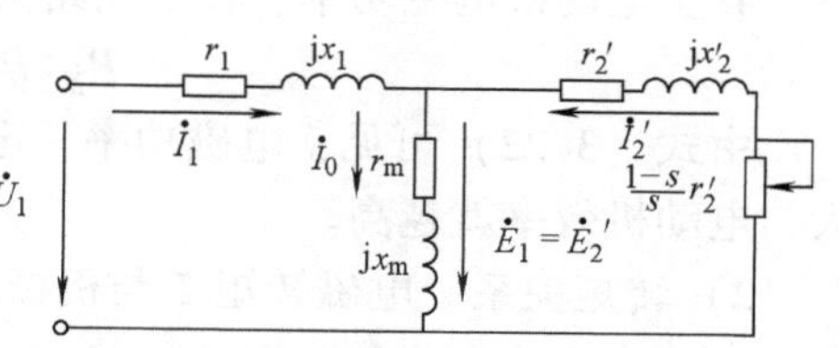

图 3-5　三相异步电动机 T 型等效电路

（2）三相异步电动机的功率和转矩

1）功率关系。当三相异步电动机以转速 n 稳定运行时，三相异步电动机的功率流如图 3-6 所示。

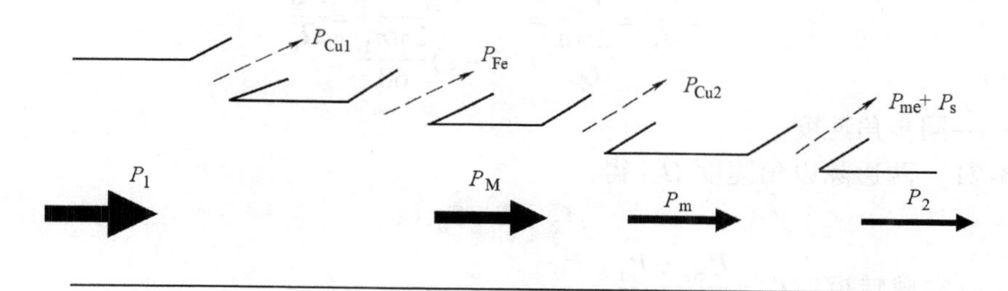

图 3-6　异步电动机功率流

P_1——异步电动机从电源输入的功率，即

$$P_1=3U_1I_1\cos\varphi_1 \tag{3-15}$$

P_{Cu1}——定子铜损耗，即

$$P_{\mathrm{Cu1}}=3I_1^2r_1 \tag{3-16}$$

P_{Fe1}——定子铁损耗，通常，转子铁损耗很小，可忽略不计，因此，电动机的铁损耗只有定子铁损耗，即

$$P_{\mathrm{Fe}}=P_{\mathrm{Fe1}}=3I_0^2r_\mathrm{m} \tag{3-17}$$

P_M——转子回路电磁功率，等于转子回路全部电阻上的损耗，即

$$P_\mathrm{M}=P_1-P_{\mathrm{Cu1}}-P_{\mathrm{Fe}}=3I_2'^2\left(r_2'+\frac{1-s}{s}r_2'\right)=3I_2'^2\frac{r_2'}{s} \tag{3-18}$$

P_{Cu2}——转子铜损耗，即

$$P_{\mathrm{Cu2}}=3I_2'^2r_2'=sP_\mathrm{M} \tag{3-19}$$

P_m——传输给电动机转轴上的机械功率，即等效电阻$\frac{1-s}{s}r_2'$上的损耗：

$$P_{\mathrm{m}} = P_{\mathrm{M}} - P_{\mathrm{Cu2}} = 3I_2'^2\frac{1-s}{s}r_2' = (1-s)P_{\mathrm{M}} \tag{3-20}$$

P_{me}——机械损耗，由轴承、风阻等摩擦阻转矩引起。

P_{s}——附加损耗，采用估算办法，如大型异步电动机，P_{s}约为输出额定功率的0.5%；小型异步电动机，满载时P_{s}为输出额定功率的1%～3%，甚至更大。

P_2——转动轴输出功率，即

$$\begin{aligned} P_2 &= P_{\mathrm{m}} - P_{\mathrm{me}} - P_{\mathrm{s}} \\ &= P_1 - P_{\mathrm{Cu1}} - P_{\mathrm{Fe}} - P_{\mathrm{Cu2}} - P_{\mathrm{me}} - P_{\mathrm{s}} \end{aligned} \tag{3-21}$$

异步电动机电磁功率、转子回路铜损耗、机械功率的关系为

$$P_{\mathrm{M}} : P_{\mathrm{Cu2}} : P_{\mathrm{m}} = 1 : s : (1-s) \tag{3-22}$$

由式（3-22）可见，电磁功率一定，转差率s越小，转子回路铜损耗越小，机械功率越大，电动机效率就越高。

2）转矩关系。电磁转矩T与机械功率、角速度的关系为

$$T = \frac{P_{\mathrm{m}}}{\Omega}$$

电磁转矩T与电磁功率的关系为

$$T = \frac{P_{\mathrm{m}}}{\Omega} = \frac{P_{\mathrm{m}}}{\frac{2\pi n}{60}} = \frac{P_{\mathrm{m}}}{(1-s)\frac{2\pi n_1}{60}} = \frac{P_{\mathrm{M}}}{\Omega_1} \tag{3-23}$$

式中　Ω_1——同步角速度。

式（3-21）两边除以角速度Ω，得

$$T_2 = T - T_0 \tag{3-24}$$

式中　T_0——空载转矩，$T_0 = \frac{P_{\mathrm{me}} + P_{\mathrm{s}}}{\Omega} = \frac{P_0}{\Omega}$；

T_2——输出转矩。

3.2　三相异步电动机的机械特性

3.2.1　三相异步电动机的机械特性表达式

三相异步电动机的机械特性指在电源电压U_1、电源频率f_1及电动机参数固定的条件下，其电磁转矩T与转子转速n之间的关系，可用函数关系式表示为$T=f(n)$或$T=f(s)$；用曲线可以表示为T-n曲线或T-s曲线。

1. 参数表达式

根据式（3-18）、式（3-23），得

$$T = \frac{P_{\mathrm{M}}}{\Omega_1} = \frac{3I_2'^2\frac{r_2'}{s}}{\frac{2\pi n_1}{60}} \tag{3-25}$$

根据图3-5所示三相异步电动机T型等效电路，近似求取转子电流有效值为

$$I_2' \approx \frac{U_1}{\sqrt{\left(r_1 + \frac{r_2'}{s}\right)^2 + (x_1 + x_2')^2}} \tag{3-26}$$

将式（3-26）代入式（3-25）得三相异步电动机的机械特性表达式：

$$T = \frac{3U_1^2 \frac{r_2'}{s}}{\frac{2\pi n_1}{60}\left[\left(r_1 + \frac{r_2'}{s}\right)^2 + (x_1 + x_2')^2\right]} = \frac{3pU_1^2 \frac{r_2'}{s}}{2\pi f_1\left[\left(r_1 + \frac{r_2'}{s}\right)^2 + (x_1 + x_2')^2\right]} \tag{3-27}$$

由式（3-27）可见，三相异步电动机在电源电压 U_1、电源频率 f_1 及电动机参数 r_1、r_2'、x_1、x_2'都确定的情况下，改变 s，就可以计算电磁转矩 T。

2. 三相异步电动机的运行状态及机械特性上的特殊点

（1）三相异步电动机的运行状态

由式（3-27）得到图 3-7 所示三相异步电动机的 T-s 曲线，具有非线性特征，反映了电动机不同的工作状态。

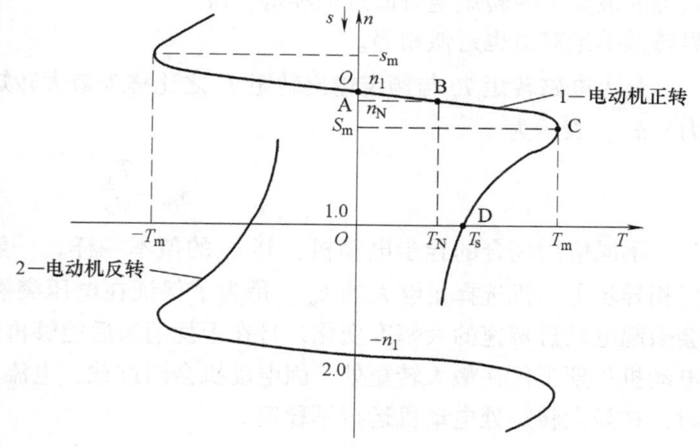

图 3-7　三相异步电动机的机械特性

1）当 $0 < s \leqslant 1$ 或 $0 \leqslant n < n_1$ 时，在第Ⅰ象限，处于电动运行状态，T、n 都为正，正常运行时，转速在同步转速 n_1 与额定转速 n_N之间。

2）当 $s < 0$ 或 $n > n_1$时，在第Ⅱ象限，处于回馈制动运行状态（亦称异步发电状态），如图 3-8a 所示，T 为负、n 为正。

3）当 $s > 1$ 或 $n < 0$ 时，在第Ⅳ象限，处于制动状态，如倒拉反转状态，如图 3-8b 所示，T 为正、n 为负。

其中，在运行点 A 处，$n = n_1$、$T = 0$，为理想空载运行点；B 点为额定运行点，电磁转矩、转速均为额定值；点 C 处为电磁转矩最大点；点 D 处，$n = 0$，电磁转矩称为堵转转矩 T_s。

（2）三相异步电动机机械特性上的特殊点

1）最大转矩 T_m。式（3-27）对 s 求导，并令$\frac{dT}{ds} = 0$，可得到

$$s_m = \pm \frac{r_2'}{\sqrt{r_1^2 + (x_1 + x_2')^2}} \tag{3-28}$$

$$T_{\mathrm{m}}=\pm\frac{1}{2}\frac{3pU_1^2}{2\pi f_1\left[\pm r_1+\sqrt{r_1{}^2+(x_1+x_2')^2}\right]} \tag{3-29}$$

式中　s_{m}——最大转差率（或称为临界转差率），r_2'越大，s_{m}越大；

"+"——适用于电动机状态；

"-"——适用于发电状态；

T_{m}——最大转矩，与定子电压U_1^2成正比、与r_2'无关。

一般情况下，$r_1{}^2$值不超过$(x_1+x_2')^2$的5%，因此，可以忽略其影响，s_{m}、T_{m}可近似为

$$s_{\mathrm{m}}\approx\pm\frac{r_2'}{x_1+x_2'} \tag{3-30}$$

$$T_{\mathrm{m}}\approx\pm\frac{1}{2}\frac{3pU_1^2}{2\pi f_1(x_1+x_2')} \tag{3-31}$$

可见，三相异步电动机机械特性具有对称性，其中，异步发电机状态与电动机状态的最大电磁转矩绝对值近似相等，临界转差率绝对值也近似相等。

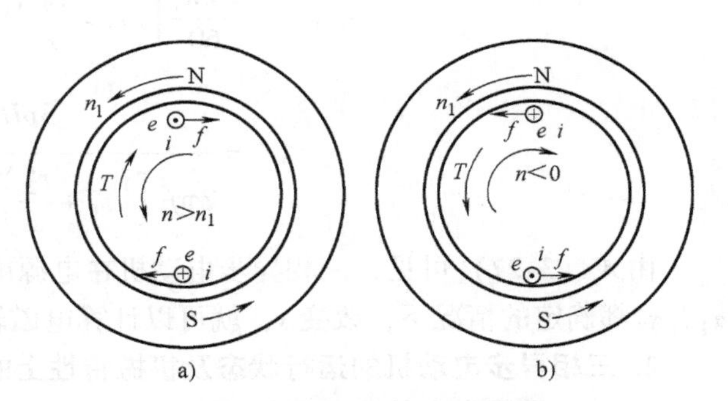

图3-8　三相异电动机制动电磁转矩

最大电磁转矩T_{m}与额定输出转矩T_{N}之比称为最大转矩倍数（也称为过载倍数或过载能力）k_{m}，表示为

$$k_{\mathrm{m}}=\frac{T_{\mathrm{m}}}{T_{\mathrm{N}}} \tag{3-32}$$

不同应用场合的异步电动机，其k_{m}的值不一样。一般三相异步电动机$k_{\mathrm{m}}=1.6\sim2.3$，三相异步电动机选择足够大的$k_{\mathrm{m}}$，是为了保证在电压突然降低或负载转矩突然增大时，不会引起电动机转速的大幅度变化，且在干扰消失后能够再恢复正常运行。但是，绝对不允许电动机长期工作在最大转矩处，因电动机会因过载、电流太大、温升超出允许值而烧毁。同时，在最大转矩处电动机运行不稳定。

2）堵转转矩T_{s}（也称为起动转矩）。当$s=1$或$n=0$时，$T=T_{\mathrm{s}}$。代入式（3-27），得

$$T_{\mathrm{s}}=\frac{3pU_1^2r_2'}{2\pi f_1\left[(r_1+r_2')^2+(x_1+x_2')^2\right]} \tag{3-33}$$

将堵转转矩T_{s}与额定输出转矩T_{N}之比称为堵转转矩倍数k_{s}，表示为

$$k_{\mathrm{s}}=\frac{T_{\mathrm{s}}}{T_{\mathrm{N}}} \tag{3-34}$$

k_{s}的大小反映了电动机起动负载的能力，该值越大，电动机起动越快，同时，也会相应增加电动机的成本。因此，往往根据实际需要选取k_{s}，如，一般异步电动机的$k_{\mathrm{s}}=0.8\sim1.2$。

对于绕线转子三相异步电动机，可以通过在转子回路中串接电阻r_{s}来改变堵转转矩T_{s}大小。一般而言，r_{s}增大，s_{m}也增大，T_{m}不变，但是，T_{s}变化，即$s_{\mathrm{m}}<1$时，r_{s}增大、T_{s}增大；$s_{\mathrm{m}}=1$时，$T_{\mathrm{s}}=T_{\mathrm{m}}$；$s_{\mathrm{m}}>1$时，$r_{\mathrm{s}}$增大、$T_{\mathrm{s}}$减小。

3.2.2 三相异步电动机的固有机械特性与人为机械特性

（1）固有机械特性

当三相异步电动机的定子加额定电压、额定频率，转子回路本身短路，定、转子回路不另串接电阻或电抗时，电动机的机械特性称为固有机械特性，如图 3-7 所示。其中，曲线 1 是基波磁通势正转时的机械特性；曲线 2 是基波磁通势反转时的机械特性。

其中，在同步转速点 A 处，$n=n_1$、$T=0$，为理想空载运行点；额定工作点 B 处，电磁转矩、转速均为额定值；最大电磁转矩点 C 处，电磁转矩最大；起动点 D 处，$n=0$，电磁转矩称为堵转转矩 T_s。

（2）人为机械特性

由式（3-27）可见，异步电动机电磁转矩 T 与 s、U_1、f_1、p、r_1、r_2'、x_1、x_2' 有关，人为改变这些参数，就可以得到不同的人为机械特性。

1）降低定子电压 U_1，如图 3-9 所示，受影响的变量包括 T、T_m、T_s，不受影响的变量包括 n_1、s_m。

降低定子电压 U_1 的运行过程：额定负载下运行在额定运行点 A。由于多种原因引起电源电压降低，额定负载转矩保持不变，这时，电动机不能长期运行，以避免铜损耗增加太多，造成电动机发热，甚至烧坏。因为定子电压 U_1 降低后，气隙主磁通 Φ_1 减小，但转子功率因数 $\cos\varphi_2$ 变化不大，根据电磁转矩公式 $T=C_{Tj}\Phi_1 I_2\cos\varphi_2$，要维持电磁转矩与负载转矩的平衡关系，势必要增大 I_2，同时 I_1 也增大，超过额定值，造成电动机不能长时间连续运行。反之，轻载运行情况下，降低定子电压 U_1，气隙主磁通 Φ_1 减小，电动机铁损耗减小，利于节能。

2）定子回路串接三相对称电阻 r_f，如图 3-10 所示，受影响的变量包括 T_m、T_s、s_m，随 r_f 增加而减小；不受影响的变量为 n_1。

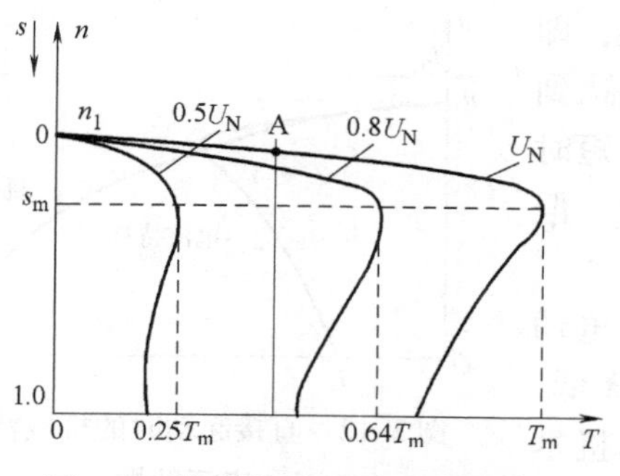

图 3-9 降低定子电压 U_1 时的人为机械特性

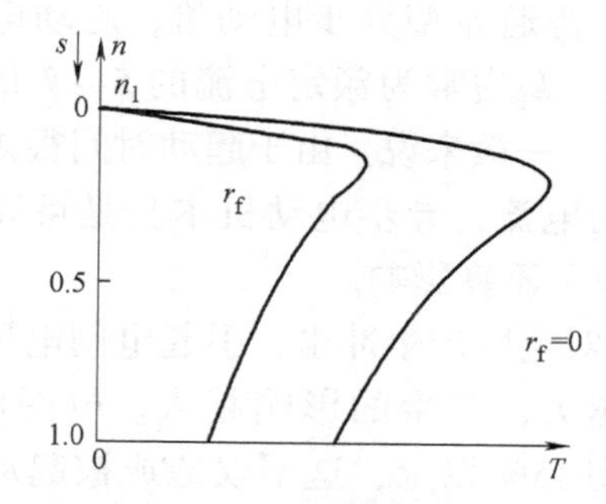

图 3-10 定子回路串接三相对称电阻时的人为机械特性

3）定子回路串接三相对称电抗 x_f，其人为机械特性与定子回路串接三相对称电阻相似，受影响的变量包括 T_m、T_s、s_m，随 x_f 增加而减小；不受影响的变量为 n_1。该方法不消耗有功功率，因此，较定子串接电阻的方法节能，但串接的电抗器成本高。

4）转子回路串接三相对称电组 r_s，如图 3-11 所示，不受影响的变量包括 n_1、T_m；受影响的变量包括 T_s、s_m，随 r_s 增加而增大；但当 $s_m>1$ 时，T_s 随 r_s 增加反而减小，$T_s<T_m$；$s_m=1$ 时，$T_s=T_m$。该方法适用于绕线转子异步电动机的起动、调速。

此外，还可以采取其他方法，如绕线转子异步电动机转子串频敏变阻器、改变异步电动机定子绕组磁极对数、改变定子电源频率等，获得相应的人为机械特性。

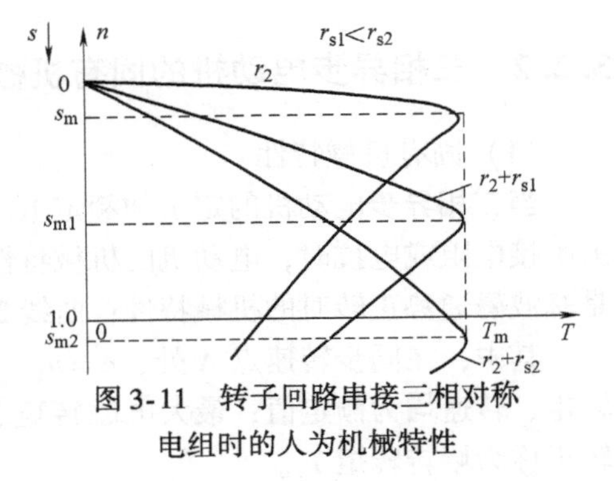

图 3-11　转子回路串接三相对称电组时的人为机械特性

3.3　三相异步电动机的起动、调速、电气控制与运行

3.3.1　三相笼型及绕线转子异步电动机的起动

1. 起动过程及特点

（1）异步电动机的起动过程

当异步电动机接上三相对称电源时，若电磁转矩大于负载转矩，电动机就开始转动起来，并加速到某一转速下稳定运行，异步电动机由静止状态到稳定运行状态称为异步电动机的起动过程。

在额定电压下直接起动异步电动机，起动瞬间气隙主磁通 Φ_1 减小到额定值的 1/2，转子功率因数 $\cos\varphi_2$ 很低，根据 $T=C_{Tj}\Phi_1 I_2\cos\varphi_2$，$C_{Tj}$ 称为转矩系数，堵转电流 I_s（也称为起动电流）势必增大，但 T_s 并不大，如图 3-12 所示。如普通笼型三相异步电动机，$I_s=(4\sim7)I_N$，$T_s=(0.9\sim2.2)T_N$。

（2）起动电流 I_s

对于普通笼型异步电动机，起动电流很大，即 $k_I=I_s/I_N$，k_I 通常为额定电流的 5～7 倍，甚至达到 8～12 倍。一般来说，由于起动时间很短，对于短时间过大的电流，异步电动机本身是可以承受的，但会造成以下不良影响。

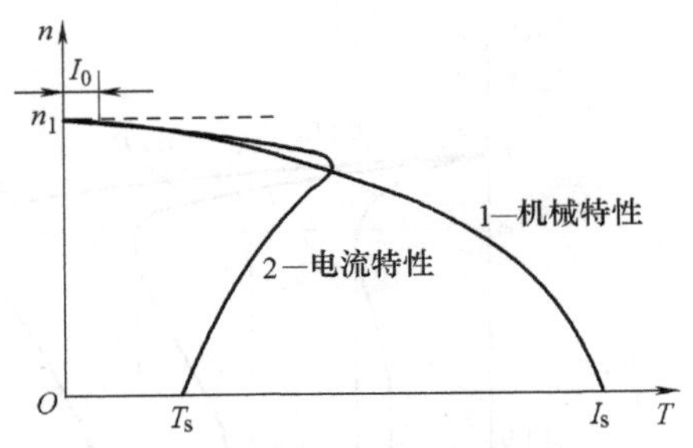

图 3-12　直接起动时的机械特性与电流特性

1）对电网产生冲击，引起电网电压降低。电动机容量越大，产生的影响越大。电网电压的降低，可能达到 15% 以上，这不仅造成被起动的电动机本身的起动转矩减小，甚至无法起动，而且影响到其他用电设备的正常运行，如电灯不亮、接触器释放、数控设备出现异常、带重载运行的电动机停转等，甚至变电所会因欠电压保护动作造成停电事故等。

2）对于频繁起动的电动机，会造成电动机过热，影响其使用寿命。

3）起动瞬间负载冲击，电动机绕组（特别是端部）受到较大的电动力作用发生变形。因此，较大容量的异步电动机是不允许直接起动的。

（3）起动转矩 T_s

普通笼型异步电动机起动转矩 T_s 的倍数定义为 $k_s = T_s/T_N$。异步电动机起动时电磁转矩计算公式 $T = C_{Tj}\Phi_1 I_2\cos\varphi_2$，可见：

1）起动时转差率 $s=1$，转子功率因数角 $\varphi_2 = \arctan\frac{sx'_2}{r'_2}$ 最大，$\cos\varphi_2$ 最低，为0.3左右，转子电流有功分量 $I_2\cos\varphi_2$ 不太大。

2）由于起动电流很大，定子绕组漏阻抗压降增大，使定子电动势减小，因此，主磁通 Φ_1 也减少，起动时的 Φ_1 值是额定运行时的一半。

可见，相对于直流电动机，异步电动机起动转矩较小。实际应用中，通常需要采取一定的措施，如通过选择起动方式来改善异步电动机的起动性能。

2. 起动要求

起动转矩、起动电流是衡量电动机起动性能的主要技术指标，生产机械对三相异步电动机起动性能的具体要求如下。

1）起动转矩足够大，通常满足 $T_s=(1.4\sim2.2)T_N$，$T_s \geqslant 1.1T_L$ 基本要求，以保证生产机械的正常起动。

2）起动电流尽可能小，通常满足 $I_s=(5\sim7)I_N$。

3）其他，如起动设备起动操作方便、简单、经济，起动过程消耗的能量小、功率损耗小。

3. 起动方法

笼型三相异步电动机的起动方式分为传统起动方法和软起动方法，见表3-6。

表3-6 笼型三相异步电动机几种起动方式比较

技术参数	传统起动方式				软起动方式
	直接起动	自耦变压器减压起动	定子串电阻减压起动	Y/△减压起动	
起动电流/直接起动电流	1	0.3~0.6	0.58~0.70	1/3	可设定，最大0.9
起动转矩/直接起动转矩	1	0.3~0.64	0.33~0.49	1/3	可设定，最大0.8
转矩级数	1	4、3、2	3、2	2	连续无级
接到电动机的线数	3	3	3	6	3
线电流过载倍数	$(5\sim7)I_N$	$(1.5\sim3.2)I_N$	$(3\sim3.5)I_N$	$(1.65\sim4.04)I_N$	$(1\sim5)I_N$

（1）传统起动方法

传统起动方法包括星/三角形减压起动（Y/△减压起动）、自耦变压器减压起动、串联电抗器减压起动和延边三角形减压起动等，这些方法控制电路简单，能够减小起动电流。但是，起动转矩也同时减小，且在切换瞬间产生二次冲击电流，产生破坏性的动态转矩，引起的机械振动对电动机转子、轴连接器、中间齿轮动态转矩以及负载等都是非常有害的。

1）直接起动。是否可以在额定电压下起动，主要考虑以下因素，即电动机与变压器的容量比、电动机与变压器间的线路长度、其他负载对于电压稳定性的要求、起动是否频繁、拖动系统的转动惯量大小等。

2）Y/△减压起动。针对正常运行时定子绕组采用△联结的三相笼型异步电动机，可以采用Y/△减压起动方式，即起动时，定子绕组采用Y联结，运行时再改接成△联结。其特点为设备简单、经济，但电压不能调节；仅仅适合运行时定子绕组为△联结的异步电动机；起动转矩小，适合空载或轻载起动。

3）自耦变压器减压起动。其特点为电动机定子电压下降到直接起动的K_J倍；冲击电流为直接起动的K_J^2倍；起动转矩为直接起动的K_J^2倍；灵活，但价高、体积大，不适合频繁起动。

4）定子回路串接电抗器减压起动。其特点为降低起动电流，不消耗电能，起动转矩下降很多，价高。

（2）软起动方法

软起动方法的研究起源于20世纪50年代，并于70年代末到80年代初投入市场应用。软起动器的调压装置在规定起动时间内，自动地将起动电压连续、平滑地上升，直到额定电压。软起动器的限流特性可以有效限制浪涌电流，避免不必要的冲击转矩以及对配电网络的电流冲击，有效地减少线路刀开关和接触器的误触发动作；针对频繁起停的电动机，可有效控制其温升并延长使用寿命。

软起动器主电路采用反并联晶闸管模块，通过控制导通角的大小，调节电动机起动电流变化，如大小、起动方式，减小起动功率损耗。软起动器的功能还包括电动机软停车、软制动、过载和断相保护，以及轻载节能运行；可设置软起动方式，包括斜坡电压软起动、恒流软起动、斜坡恒流软起动（先斜坡增加，达到I_{sm}时保持恒定，适用于空载或轻载起动）、脉冲恒流软起动（起动初始阶段为一个较大的起动冲击电流，产生起动冲击转矩克服静摩擦阻转矩）。不足之处是起动过程会产生谐波，影响电网电能质量。

4. 高起动转矩异步电动机

三相异步电动机减压起动方式有助于降低起动电流，但同时也减小了起动转矩，起动性能不理想。为了改善起动性能，可通过在电动机转子绕组和转子槽形结构上进行改进设计，来获得高起动转矩。

（1）高转差率异步电动机

如图3-13所示，高转差率异步电动机、起重与冶金用异步电动机、力矩异步电动机都属于这种类型。其中，高转差率异步电动机适合拖动飞轮力矩较大和不均匀冲击负载及反转次数较多的机械设备，如锤击机、剪切机、冲压机以及小型运输机械等；起重与冶金用三相异步电动机用于起重、冶金设备，常常处于频繁起动和制动工作环境；力矩异步电动机的最大转矩约在$s=1$处，能在堵转到接近同步转速范围内稳定运行，转速随负载大小变化，适用于恒张力、恒线速传动设备，如卷扬机。不足之处是电动机运行时的效率降低。

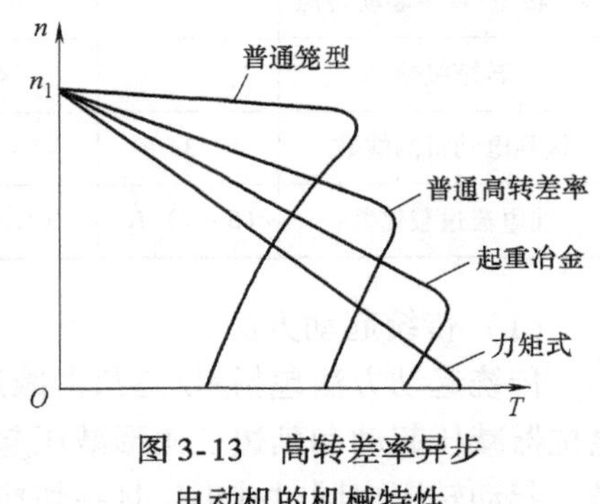

图3-13　高转差率异步电动机的机械特性

（2）深槽式笼型异步电动机

如图3-14所示，其转子槽形窄而深，当转子导条中有电流流过时，槽中漏磁通分布如

图 3-14a 所示，可见，槽底部分导体磁通比槽口部分导体磁通要多。

电动机开始起动时，$s=1$，转子电流频率 $f_2=sf_1=f_1$，为电源频率，转子漏电抗比较大，漏磁通也按此频率变化，此时槽底部分的漏电抗变大，槽口部分的漏电抗变小。起动时，转子漏阻抗比转子电阻大，在感应电动势的作用下，转子电流的大小取决于转子漏电抗。由于槽底与槽口漏电抗相差甚远，槽导体中电流分布极不均匀，电流集中在槽口部分，出现如图 3-14b 中曲线 1 所示的电流趋肤效应现象。

电动机正常运行时，s 很小，转子电流频率 $f_2=sf_1$ 也很低，转子漏电抗很小，在感应电动势作用下，转子电流的大小取决于转子电阻，槽导体中电流分布均匀，趋肤效应不明显，如图 3-14b 中曲线 2 所示。

图 3-15 所示为深槽式笼型异步电动机的机械特性。电动机刚起动时，趋肤效应使导条内电流比较集中在槽口，相当于减少了导条的有效截面积，转子电阻增大；随着转速 n 的升高，趋肤效应逐渐减弱，转子电阻逐渐减小直到转子电阻自动变回到正常运行值。可见，深槽式笼型异步电动机的特点为起动时转子电阻加大、运行时恢复正常值，增加了电动机起动转矩，正常运行时转差率不大，电动机效率不降低；同时，其转子槽漏抗较大。不足是降低了电动机的功率因数，减小了最大转矩。

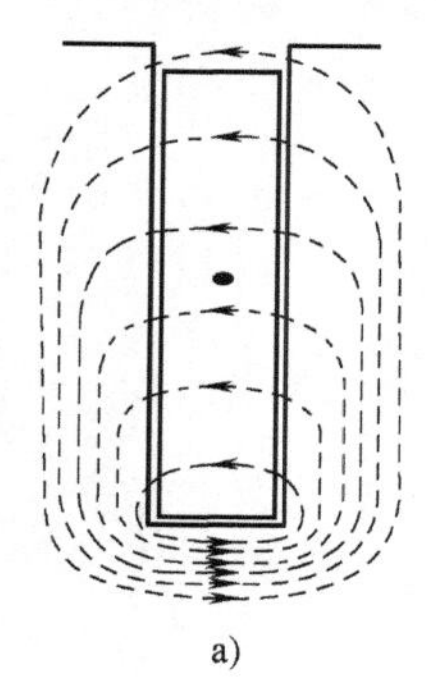

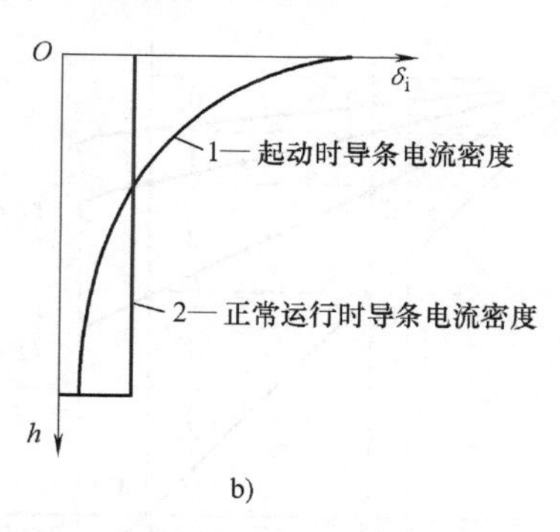

图 3-14　深槽式笼型异步电动机
a）槽漏磁通分布　b）电流密度

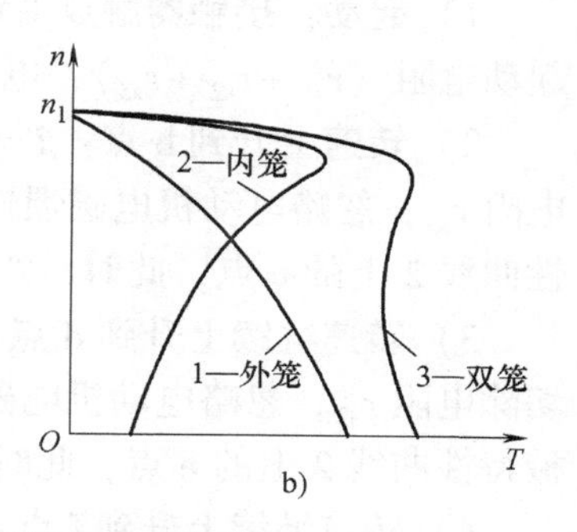

图3-15　深槽式笼型异步电动机机械特性

（3）双笼型异步电动机

如图 3-16a 所示，双笼型异步电动机的转子上装有两套并联的笼条。其中，外笼导条截面积小，采用电阻率较高的黄铜制成，电阻较大；内笼导条截面积大，采用电阻率较低的纯铜制成，电阻较小。电动机运行时，导条内有交流电流通过，内笼漏磁链多、漏电抗较大；外笼漏磁链少、漏电抗较小。

电动机起动时，转子电流频率较高，电流的分配主要取决于电抗。内笼电抗大、电流小，外笼电抗小、电流大。因起动时外笼起主要作用，称为起动笼，其机械特性如图 3-16b 中曲线 1 所示。正常运行时，转子电流频率很

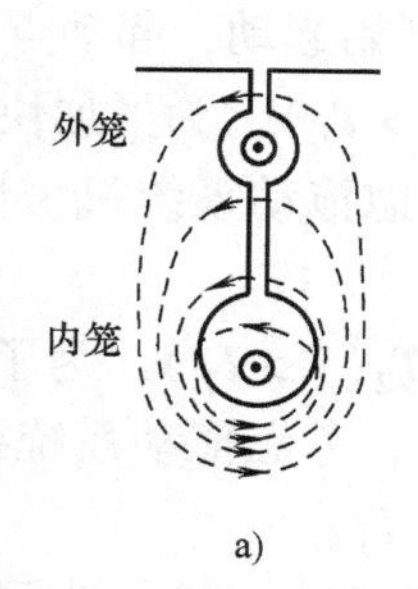

图 3-16　双笼型异步电动机
a）转子槽与槽漏磁通　b）机械特性

低，电流分配取决于电阻，因内笼电阻小、电流大，外笼电阻大、电流小，此时，内笼起主要作用，称为运行笼，其机械特性如图 3-16b 中曲线 2 所示。图 3-16b 中曲线 3 所示为双笼型异步电动机的机械特性，起动转矩增大，但是，相比普通异步电动机转子漏电抗大、功率因数稍低、效率几乎一样，适用于高转速大容量电动机，如压缩机、粉碎机、小型起重机、柱塞式水泵等。不足之处是电动机的功率因数降低了。

5. 绕线转子三相异步电动机的起动

绕线转子三相异步电动机的转子回路可以外串三相对称电阻，以增大电动机的起动转矩。选择外串电阻 r_s 的大小，减小起动电流、增大起动转矩。在起动结束后，再切除外串电阻，电动机的效率不受影响。因此，绕线转子三相异步电动机可以应用于重载和频繁起动的生产机械上。绕线转子三相异步电动机主要有两种外串电阻起动方法。

（1）转子回路串电阻起动

分级起动并逐级切换电阻。图 3-17 所示为绕线转子三相异步电动机转子串电阻分级起动接线图与机械特性，起动过程分析如下。

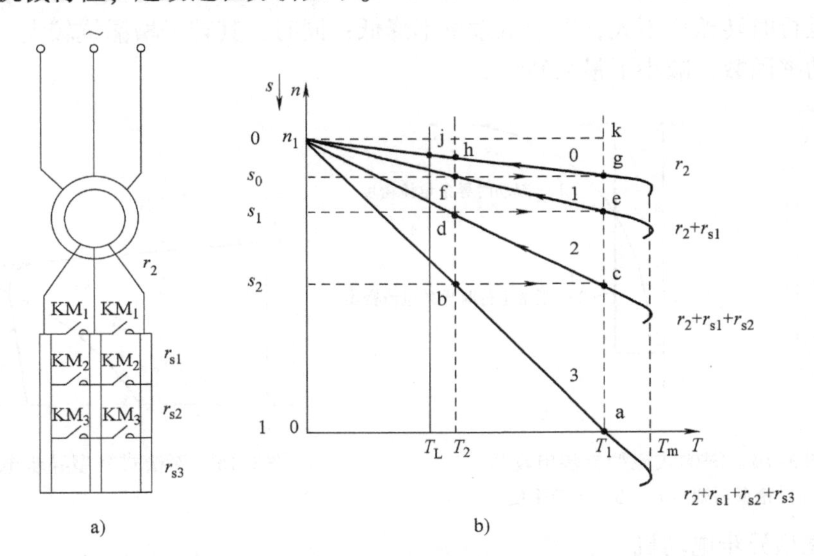

图 3-17　绕线转子异步电动机转子串电阻分级起动

a）接线图　b）机械特性

1）起动：接触器触点 KM_1、KM_2、KM_3 断开，电动机定子接额定电压。转子每相串接起动电阻（$r_{s1}+r_{s2}+r_{s3}$），电动机开始起动，起动点为曲线 3 的 a 点，起动转矩 $T_1<T_m$。

2）转速上升到 b 点：$T=T_2(T>T_L)$，为了加快起动过程，接触器触点 KM_3 闭合，切除电阻 r_{s3}，忽略电动机电磁惯性、考虑拖动系统机械惯性，则电动机运行点由 b 变到机械特性曲线 2 上的 c 点，此时，$T=T_1$。

3）转速继续上升到 d 点：$T=T_2(T>T_L)$，为了加快起动过程，接触器触点 KM_2 闭合，切除电阻 r_{s2}，忽略电动机电磁惯性、考虑拖动系统机械惯性，则电动机运行点由 d 变到机械特性曲线 2 上的 e 点，此时，$T=T_1$。

4）转速继续上升到 f 点：$T=T_2(T>T_L)$，为了加快起动过程，接触器触点 KM_1 闭合，切除电阻 r_{s1}，忽略电动机电磁惯性、考虑拖动系统机械惯性，则电动机运行点由 f 变到机械特性曲线 2 上的 g 点，此时，$T=T_1$。

5）转速继续上升，经过 h 点最后稳定运行在 j 点。

至此，转子回路外串电阻分三级切除，称为三级起动。其中，T_1为最大起动转矩；T_2为最小起动转矩或切换转矩。

（2）转子串接频敏变阻器起动

频敏变阻器的阻值随转子转速升高自动减小（自动变阻），可以限制起动电流、增大起动转矩，使起动平稳。

频敏变阻器是一个三相铁心线圈，其铁心由实心铁板或钢板叠成，板的厚度为 30～50mm，每一相的等效电路与变压器空载运行时的等效电路一致。起动时，电动机转子串接频敏变阻器，起动结束后，再切除频敏变阻器，电动机进入正常运行。

忽略绕组漏阻抗，频敏变阻器的励磁阻抗 Z_P为励磁电阻 r_P与励磁电抗 x_P串联组成，即 $Z_P=r_P+jx_P$。频敏变阻器与一般的励磁变压器不一样，具有以下特点：在高频时，如 50Hz，励磁电阻 r_P比励磁电抗 x_P大（$r_P>x_P$），同时，频敏变阻器的励磁阻抗比普通变压器的励磁阻抗小得多，因此，串接在转子回路，既限制了起动电流，又不至于使起动电流过小而减小起动转矩。

1）绕线转子三相异步电动机转子串接频敏变阻器起动时：$s=1$，转子回路电流的频率为f_1。因 $r_P>x_P$，表明转子回路主要串接了电阻，且 $r_P>>r_2$，使得转子回路功率因数大大提高，限制了起动电流、转矩增大，但因存在 x_P，电动机最大转矩稍有下降。

2）绕线转子三相异步电动机转子串接频敏变阻器起动过程：转速升高，转子回路电流频率 sf_1逐渐减小，r_P、Z_P减小，电磁转矩保持较大值。起动结束后，sf_2、Z_P很小，频敏变阻器不起作用。

如图 3-18 所示，根据频敏变阻器在 50Hz 时 r_P较大、1～3Hz 时 $Z_P\approx 0$，有关参数随频率变化特点，可以获得起动转矩接近最大转矩的人为机械特性。

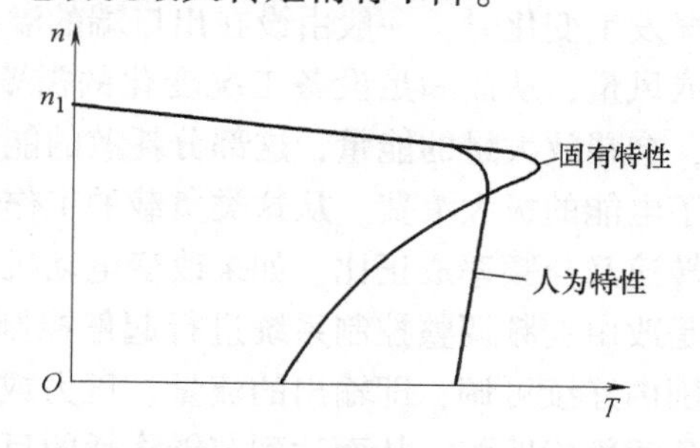

图 3-18　转子串接频敏变阻器起动的机械特性

3.3.2　三相异步电动机的调速

1. 调速原理

三相异步电动机的转速表达式为

$$n=n_1(1-s)=\frac{60f_1}{p}(1-s) \tag{3-35}$$

根据式（3-35），异步电动机的基本调速方法一般分为改变同步转速、不改变同步转速（即改变转差率调速）两类。其中，改变同步转速调速包括变频调速（改变f_1）、变极调速（改变磁极对数 p），不改变同步转速（变转差率调速，改变电动机转差率 s），如绕线转子异步电动机转子回路串电阻（转子串电阻调速）、绕线转子异步电动机转子回路串电动势（串级调速）、定子回路串电抗、改变电动机定子电源电压（电压调速）。图 3-19 所示为异步电动机各种调速方法及其人为机械特性。其中，T_L是负载转矩；电压调速、变频调速是无级调速，转子回路串电阻调速、变极调速是有级调速。

电磁调速电动机不属于上述基本调速方法。

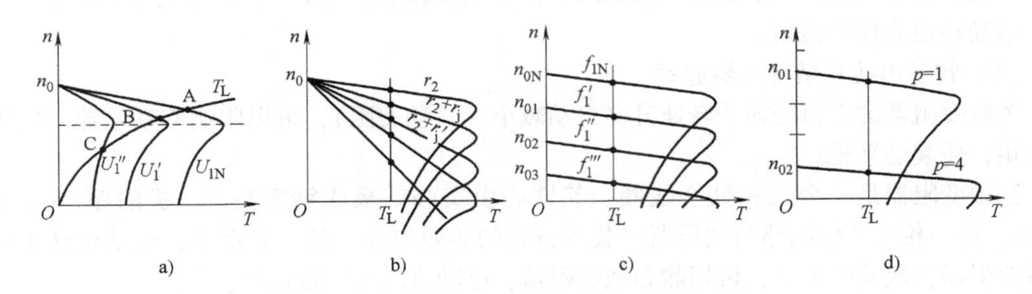

图3-19　异步电动机各种调速方法及其人为机械特性

a）改变输入电压 U_1　b）绕线式转子回路串电阻　c）改变电源频率 f_1　d）改变磁极对数 p

2. 调速方法

（1）变频调速

现代工业企业使用的耗电设备中，风机、水泵、空压机、液压油泵、循环泵等电动机类负载占绝大多数。由于受到技术条件限制，这类负载的流量、压力或风量控制系统几乎全部是阀控系统，即电动机由额定转速驱动运转，系统提供的流量、压力或风量恒定。当设备工况发生变化时，一般由设在出口端的溢流阀、溢压阀或比例调节阀等来调节负载流量、压力或风量，从而满足设备工况变化的需要。而经溢流阀、溢压阀或比例调节阀溢流、溢压后，会释放大量的能量，这部分耗散的能量实际上是电动机从电网吸收能量中的一部分，造成了电能的极大浪费。从这类负载的工作特性可知，其电动机功率与转速的三次方成正比，而转速又与频率成正比。如果改变电动机的工作方式，使其不总是在额定工作频率下运转，而是改由变频调整控制系统进行起停控制和运行调整，则其转速就可以在0～2900r/min的范围内连续可调，即输出的流量、压力或风量也随之可在0～100%范围内连续可调，使之与负载精确匹配，从而达到节能降耗的目的。

我国实际应用中的电动机同国外相比差距很大，国产机组效率为75%，比国外低10%；系统运行效率为30%～40%，比国际先进水平低20%～30%。因此，我国中小型电动机具有极大的节能潜力，推行电动机节能势在必行。由于异步电动机具有结构简单、制造方便、价格低廉、坚固耐用、运行可靠，可用于恶劣的环境等优点，在工农业生产中得到了广泛的应用。特别是对各行各业的泵类和风机的拖动上非彼莫属，因此，拖动泵类和风机的电动机节能工作备受重视。

相对于其他调速方式（如减压调速、变极调速、滑差调速、交流串级调速等），变频调速性能稳定、调速范围广、效率高，随着现代控制理论和电力电子技术的发展，交流变频调速技术日臻完善，已成为交流电动机调速的最新潮流。变频调速装置（变频器）已在工业领域得到广泛应用。使用变频器调速信号传递快、控制系统时滞小、反应灵敏、调节系统控制精度高、使用方便，有利于提高产量、保证质量、降低生产成本，因而使用变频器现已成为工业企业实施节能降耗的首选产品。

变频电动机节电器是一种新一代电动机专用控制产品，基于微处理器数字控制技术，通过其内置的专用节电优化控制软件，动态调整电动机运行过程中的电压和电流，在不改变电动机转速的条件下，保证电动机的输出转矩与负荷需求精确匹配，从而有效避免电动机因输出转矩过大造成的电能浪费。

（2）变频调速节电原理

电动机的额定频率称为基频，变频调速分为从基频向上调、从基频向下调两类。下面主要分析两类典型负载应用的节电原理。

1）基频向下调速，适合恒转矩负载类应用。恒转矩负载即不管转速如何变化，负载转矩是恒定的，即

$$P_2 = kT_L n \tag{3-36}$$

式中 k——系数。

可见，轴功率与电动机的转速成正比，当由于工艺的需要而调整电动机转速时，自然可以获得相应比例的节电效果。

三相异步电动机运行时，降低电源频率 f_1，保持 U_1 不变，势必增加 Φ_1，引起电动机磁路过于饱和，励磁电流急剧增加，电动机无法运行。因此，降低电源频率 f_1，需要同时降低电源电压 U_1，实施恒压频比控制。

① E_1/f_1 = 常数，Φ_1 保持不变，为恒磁通控制方式。电动机电磁转矩为

$$T \approx C''_T f_1 s \tag{3-37}$$

式中 C''_T——常数。

由式（3-37）可见，T 不变，则 $s \propto \frac{1}{f_1}$，且

$$\Delta n = sn_1 = \frac{T}{C''_T f_1} \frac{60 f_1}{p} = \frac{60T}{C''_T p} \tag{3-38}$$

式（3-38）表明，针对恒转矩负载，不管 f_1 如何变化，Δn 都相等，即机械特性是相互平行的，最大转矩 T_m 不变，对应的 s_m 满足 $s_m \propto \frac{1}{f_1}$。

② U_1/f_1 = 常数，近似恒磁通控制方式。最大转矩 T_m 变化，低频时，T_m 下降多，可能出现带不动负载的现象。

2）基频向上调速，适合变转矩负载（恒功率）类应用。离心风机、泵类是典型的变转矩负载，其工作特点为大多数长期连续运行，由于负载转矩与转速的二次方成正比，所以一旦转速超过额定转速，就会造成电动机的严重过载。因此，风机、泵类一般不能超过额定功率运行。

基频向上提高频率，保持电源电压 $U_1 = U_N$ 不变，f_1 越高，磁通 Φ_1 越小，类似他励直流电动机弱磁调速方法。频率越高，T_m 越小、s_m 越小。保持工作电流不变，异步电动机电磁功率基本不变。

（3）变极调速

通过改变三相异步电动机定子绕组的接线方式来改变电动机的磁极对数 p，可以改变同步转速 n_1，从而调节电动机转速。三相笼型异步电动机的定子绕组，如果仅改变每相绕组中半相绕组的电流方向，则电动机的磁极对数成倍变化，同步转速也成倍改变，因此，电动

机运行的转速也接近成倍变化。由于绕线转子异步电动机转子磁极对数不能自动随定子磁极对数变化，而同时改变定子和转子绕组磁极对数比较麻烦，因此，绕线转子异步电动机一般不采用变极调速方式。

此外，为了保证变极调速前后电动机的转向不变，当改变定子绕组的接线时，必须同时改变电源的相序。实现变极的接线方式有多种，包括Y-YY、△-YY等。

1）Y-YY变极联结。Y联结时，每相的两个半相绕组正向串联，磁极对数为 $2p$、同步转速为 n_1；YY联结时，每相的两个半相绕组反向并联，磁极对数为 p、同步转速为 $2n_1$。同时，改变任意两相电源的相序。假定异步电动机变极调速运行时，电动机的功率因数、效率保持不变，各半相绕组允许流过的额定电流为 I_1，Y联结、YY联结时电动机的输出功率与转矩分别为

$$P_{\mathrm{Y}}=\sqrt{3}U_{\mathrm{N}}I_1\cos\varphi_1\eta \tag{3-39}$$

$$T_{\mathrm{Y}}=9.55\frac{P_{\mathrm{Y}}}{n_{\mathrm{Y}}}\approx 9.55\frac{P_{\mathrm{Y}}}{n_1} \tag{3-40}$$

$$P_{\mathrm{YY}}=\sqrt{3}U_{\mathrm{N}}(2I_1)\cos\varphi_1\eta=2P_{\mathrm{Y}} \tag{3-41}$$

$$T_{\mathrm{YY}}\approx 9.55\frac{P_{\mathrm{YY}}}{2n_1}=9.55\frac{2P_{\mathrm{Y}}}{2n_1}=T_{\mathrm{Y}} \tag{3-42}$$

式（3-42）表明，Y-YY变极调速属于恒转矩调速方式。

2）△-YY变极联结。△联结时，每相的两个半相绕组正向串联，磁极对数为 $2p$、同步转速为 n_1；YY联结时，每相的两个半相绕组反向并联，磁极对数为 p、同步转速 $2n_1$。同时，改变任意两相电源的相序。假定异步电动机变极调速运行时，电动机的功率因数、效率保持不变，各半相绕组允许流过的额定电流为 I_1，△联结、YY联结时电动机的输出功率与转矩分别为

$$P_{\triangle}=\sqrt{3}U_{\mathrm{N}}(\sqrt{3}I_1)\cos\varphi_1\eta \tag{3-43}$$

$$T_{\mathrm{Y}}=9.55\frac{P_{\mathrm{Y}}}{n_{\mathrm{Y}}}\approx 9.55\frac{P_{\mathrm{Y}}}{n_1} \tag{3-44}$$

$$P_{\mathrm{YY}}=\sqrt{3}U_{\mathrm{N}}(2I_1)\cos\varphi_1\eta=\frac{2}{\sqrt{3}}P_{\triangle} \tag{3-45}$$

$$T_{\mathrm{YY}}\approx 9.55\frac{P_{\mathrm{YY}}}{2n_1}=9.55\frac{\frac{2}{\sqrt{3}}P_{\triangle}}{2n_1}=\frac{1}{\sqrt{3}}T_{\triangle} \tag{3-46}$$

式（3-46）表明，△-YY变极调速不属于恒转矩调速方式，而近似为恒功率调速方式。

上述Y-YY、△-YY变极联结的电动机都是双速电动机，其磁极对数成倍变化，电动机的转速也是成倍变化的。还有更加复杂的变极联结，使得一套绕组获得非整数倍比的以及三种、三种以上的磁极对数。

（4）转子串电阻调速

转子串电阻调速属于恒转矩调速方式。在保持 $T=T_{\mathrm{L}}$ 调速过程，从定子传送到转子的电磁功率 $P_{\mathrm{M}}=T\Omega_1$ 不变，但传送到转子后，P_{m}、P_{Cu2} 两部分功率的分配关系发生变化，即

$$P_M = P_m + P_{Cu2} = (1-s)P_M + sP_M \tag{3-47}$$

式（3-47）表明，转速越低时，s 越大，则机械功率 P_m 部分变小，而转子铜损耗 P_{Cu2} 增大，损耗大、效率低。基速向下调速时，主要依靠转子回路串接的电阻多消耗转差功率 $P_s = sP_M$，少输出机械功率 P_m，使电动机转速降低。如图 3-17 所示，转子串电阻调速的特点如下。

1）转子串电阻，同步转速 n_1 不变，最大转矩 T_m 也不变。

2）转子串电阻越大，机械特性越软。

3）转子串电阻，临界转差率 s_m 变化，当 $s_m < 1$ 时，串接电阻越大，堵转转矩越大；当 $s_m > 1$ 时，串接电阻越大，堵转转矩越小。

4）优点是调速设备简单、投资不高、易于实现。缺点是有级调速、调速平滑性差，空载或轻载时转速变化不大；低速时转子铜损耗大、效率低，机械特性较软。

（5）串级调速

如图 3-20 所示，串级调速类似转子串电阻调速方式，在转子回路串接一个频率与转子频率 f_2 相同、相位与转子电动势 $\dot{E}_{2S}$ 相反的附加电动势 $\dot{E}_f$ 来吸收转差功率，减少输出的机械功率，达到降低转速的目的。此时，转差功率由提供附加电动势 $\dot{E}_f$ 的装置回收利用，达到节能的目的。串接的附加电动势 $\dot{E}_f$ 的相位与转子电动势 $\dot{E}_{2S}$ 也可以相同，但频率必须与转子频率 f_2 相同。

串级调速的特点为效率高、机械特性硬，可实现无级调速、调速平滑性好；缺点是调速设备成本高，低速时过载能力弱、系统的功率因数较低。因此，串级调速适合应用于调速范围不大的场合，如水泵、风机以及矿井提升机械调速。

图 3-21 所示为交流励磁双馈风力发电系统原理图。采用的交流励磁双馈发电机，定子绕组与电网直接相连，转子绕组通过变换器供以频率、幅值、相位和相序都可以改变的三相低频励磁电流。由于风速变化引起发电机转速改变时，通过变换器调节发电机转子的励磁电流频率来改变转子磁势的旋转速度，使转子磁动势相对于定子的转速始终是同步的，保持定子感应电动势频率为定值，发电系统变速恒频运行。通过控制双馈发电机转差频率实现了双馈调速。双馈发电机在稳定运行时，定子旋转磁动势与转子旋转磁动势都是相对静止、同步旋转的，因此当双馈发电机稳定运行时，其定、转子旋转磁场相对静止，即

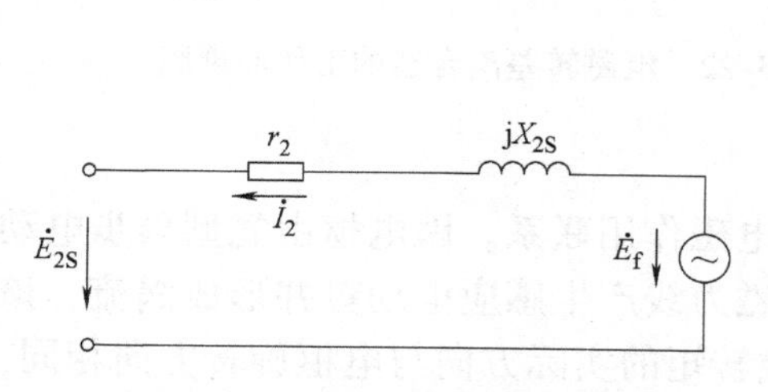

图 3-20　转子串电动势的一相电路

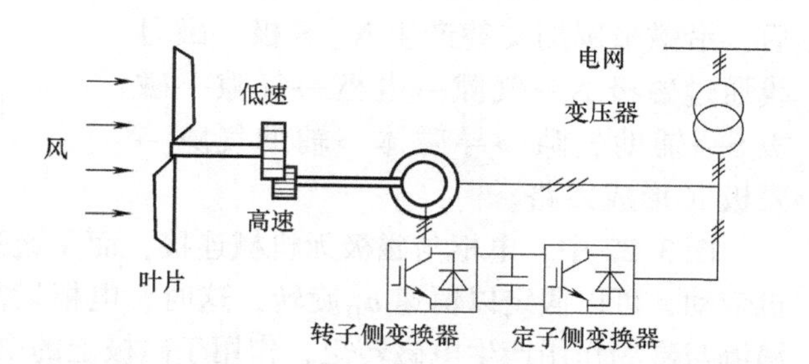

图 3-21　交流励磁变速恒频双馈风力发电系统原理图

$$n_1 = n_2 + n \tag{3-48}$$

$n_1 = 60f_1/p$，$n_2 = 60f_2/p$，式（3-48）可写为

$$\frac{np}{60}+f_2=f_1 \tag{3-49}$$

式中　n——发电机转速。

当发电机转速变化时，可以通过调节转子励磁电流频率f_2来维持定子输出频率恒定，实现变速恒频运行，无须像恒速恒频异步发电机那样，转子转速必须等于同步转速。

1）当发电机处于亚同步运行时，$f_2>0$，即取“+”号，电网通过转子侧变流器向双馈发电机转子提供正序低频交流励磁和滑差功率。

2）发电机处于超同步运行时，$f_2<0$，即取“-”号，电网通过转子侧变流器向双馈发电机转子提供负序低频交流励磁，同时，双馈发电机转子经定子侧变流器向电网馈入滑差功率。

3）当发电机同步运行时，$f_2=0$，双馈发电机与变流器间无功率交换，转子进行直流励磁。

(6) 电压调速

如图3-19a所示为异步电动机电压调速机械特性，其中，$U_{1N}>U_1'>U_1''$。针对通风机负载，在不同的电压下稳定工作点分别为A、B、C。可见，当定子电压降低时，电动机转速相应下降，达到调速的目的。电压调速的特点如下。

1）对于通风机类负载，调速范围大，但在低转速时，Φ_1较小、$\cos\varphi_2$降低，转子电流I_2较大，转子铜损耗增大，电动机发热严重，因此，电动机不能在低速下长期运行。

2）对于恒转矩负载，调速范围很小，因此，实用价值不大。

(7) 电磁调速电动机

电磁调速电动机又称为滑差电动机，由三相笼型异步电动机、电磁转差离合器、测速发电机和控制装置等组成，其中，三相笼型异步电动机为电磁调速电动机的驱动电动机；电磁转差离合器主要由电枢和磁极两部分组成，电枢和磁极之间为气隙，电枢与磁极能够各自独立旋转。电磁转差离合器的工作原理如图3-22所示，励磁绕组通入直流电流后，沿磁极圆周交替产生N、S极，磁力线通过磁极N→气隙→电枢→气隙→磁极S→辅助气隙→导磁体→辅助气隙→磁极N形成回路。

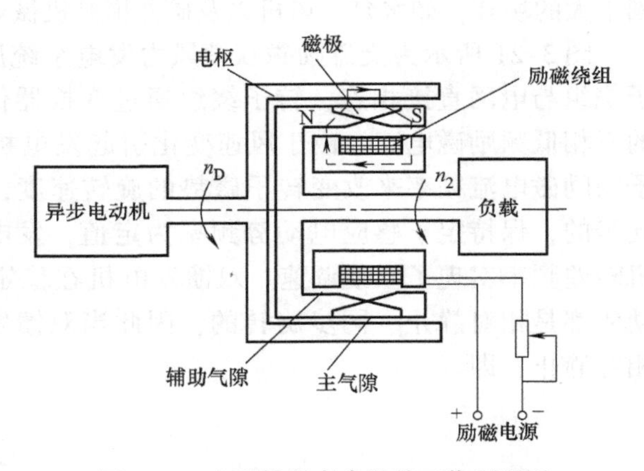

图3-22　电磁转差离合器的工作原理图

图3-22中，电枢与磁极无机械连接，而是通过电磁作用联系。因电枢由笼型异步电动机带动，可以假定以恒速n_D旋转，这时，电枢切割磁力线产生感应电动势并形成涡流，该涡流与磁场作用产生电磁转矩，作用于磁极上的电磁转矩的实际方向与电枢旋转方向相同，结果是使得磁极跟着电枢同方向旋转。

磁极的转速n_2就是电磁转差离合器的转速，也就是电磁调速电动机的输出转速，n_2的大小取决于磁极电磁转矩的大小，即取决于励磁电流的大小。当负载转矩恒定时，励磁电流越大，n_2越大，但n_2始终低于电枢转速n_D，因为没有转差（n_2-n_D），电枢就不会有感应电动势，就不会有涡流，也就没有电磁转矩了。

电磁调速电动机的原动机为笼型异步电动机，在额定转矩范围内，其转速变化不大，所以，电磁调速电动机的机械特性取决于电磁转差离合器的机械特性，如图3-23所示。其中，理想空载转速就是异步电动机的转速n_D，随着负载转矩的增大，输出转速n_2下降较多，即特性较软；励磁电流I_L越小，机械特性越软，且存在一个小的失控区。

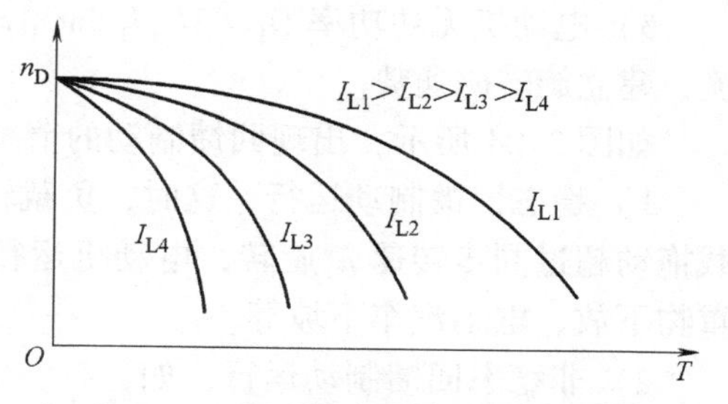

图3-23　电磁转差离合器的机械特性

3.3.3　三相异步电动机的电气控制

若三相异步电动机的电磁转矩T与转速n方向相反，则电动机处于制动状态，这时，T为制动转矩，起反抗旋转的作用；同时，电动机从轴上吸收机械能、转换为电能，回馈给电网，或者消耗在转子回路。通过控制三相异步电动机可以使系统迅速减速及停车，或者限制位能性负载下放速度，使电动机处于某一稳定制动运行状态，电动机的转矩T与负载转矩相平衡，系统保持匀速运行。

三相异步电动机的制动方法有回馈制动、反接制动、能耗制动三种，相应的运行状态有回馈制动状态、反接制动状态、能耗制动状态。

1. 回馈制动

电动机转速超过同步转速n_1，即$n>n_1$，异步电动机处于回馈制动状态，如图3-24所示。此时，$s<0$，等效电路中的$\frac{1-s}{s}r_2'$变为负，具有以下特点。

1）电动机输出机械功率$P_m=3I_2'^2\frac{1-s}{s}r_2'<0$。

2）定子转换到转子的电磁功率$P_M=3I_2'^2\frac{r_2'}{s}<0$。

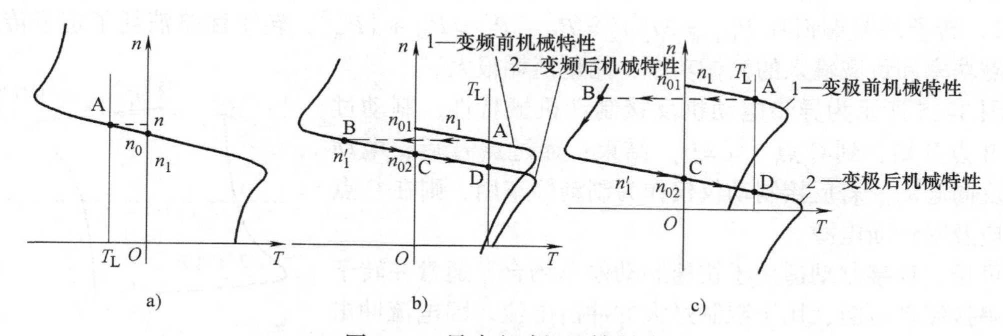

图3-24　异步电动机回馈制动

a）负载带动电动机发电　b）变频调速时的回馈制动　c）变极调速时的回馈制动

3）$P_m<0$ 及 $P_M<0$，电动机不输出机械功率，负载向电动机输入机械功率。

4）电动机有功功率 $P_1=3U_1I_1\cos\varphi_1<0$，电动机向电网输出有功功率。

5）电动机无功功率 $Q_1=3U_1I_1\sin\varphi_1>0$，电动机需要从电网吸收无功，输入无功励磁电流，建立旋转磁通势。

如图3-24所示，出现回馈制动的情况有两种。

1）稳态回馈制动运行，这时，负载转矩是与旋转方向同向的拖动性转矩，电动机由负载拖动超过同步转速 n_1 旋转，电动机运行在Ⅱ象限，并稳定运行在图3-24a中的A点，如重物下放、电动汽车下坡等。

2）非稳态回馈制动运行，如

① 变频调速时，电动机原来运行于图3-24b中的A点，若突然降低变频器输出频率，同步转速由 n_1 变为 n_1'，由于转速不能突变，电动机的运行点由点A跳至点B，电动机转矩由正（拖动转矩）变为负（制动转矩），负载转矩仍为阻转矩（在Ⅰ象限），系统减速，从B点沿曲线2减速，经过点C，直到D点稳定运行，其中，BC段运行为回馈制动，CD段为电动。

② 变极调速时，图3-24c中电动机由少极数运行稳定点A转为多极数运行时，工作点跳至B点，电动机在BC段运行为回馈制动状态、CD段为电动状态。变极回馈制动常用于双速电梯减速制动、多速离心机减速制动停车等场合。

2. 反接制动

电动机稳定运行，突然改变其三相电源相序，则会产生制动，称为反接制动。反接制动时，同步转速为 $-n_1$，转差率 $s=\dfrac{-n_1-n}{-n_1}>1$，异步电动机等效电路中 $\dfrac{1-s}{s}r_2'$ 为负值，具有以下特点。

1）电动机输出机械功率 $P_m=3I_2'^2\dfrac{1-s}{s}r_2'<0$。

2）定子到转子的电磁功率 $P_M=3I_2'^2\dfrac{r_2'}{s}>0$。

3）$P_m<0$ 及 $P_M>0$，电动机不输出机械功率，而是输入机械功率，定子向转子传递电磁功率。

4）转子回路铜损耗 $P_{Cu2}=3I_2'^2r_2'=P_M-P_m=P_M+|P_m|$，转子回路消耗了定子传送来的电磁功率和负载输入的机械功率，能量消耗很大。

图3-25所示为异步电动机反接制动机械特性，制动过程从B点开始，到C点（$n=0$）结束；通过点C后，电动机将反向起动。若反接制动仅仅作为制动停车用，则在C点附近应及时切断电源。

可见，反接制动适用于快速制动停车场合，通常在转子回路串接制动电阻，用于限制过大的冲击电流。因电流冲击较大，该方法一般只能用于小容量异步电动机。

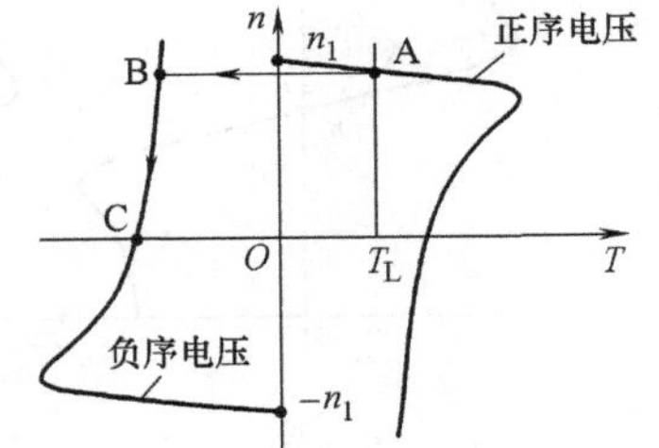

图3-25　异步电动机反接制动

3. 倒拉反转

绕线转子异步电动机拖动位能性恒转矩负载（如吊起的重物）下放时，当在转子回路串电阻时转速下降，该电阻值超过某数值后，电磁转矩 $T<T_L$ $(0<s<1)$，电动机反转（位能性负载拉着电动机反转）。

如图3-26所示，在转子回路中串接电阻r_j来控制下放速度。串接r'_j后人为机械特性变成曲线3，并稳定运行在点B。此时，电动机电磁转矩 $T>0$、转速 $n<0$，电动机在第Ⅳ象限倒拉反转制动区运行。

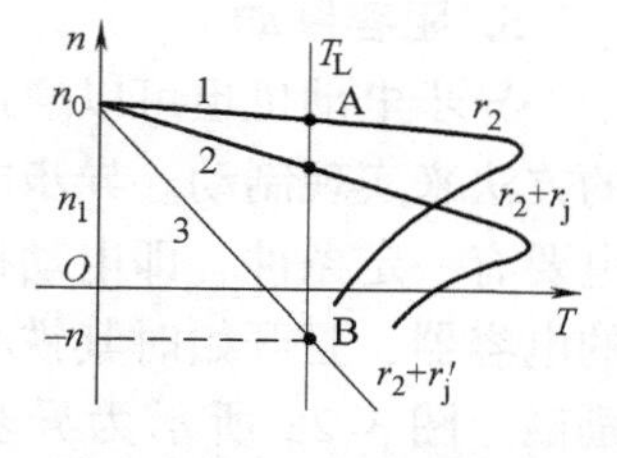

图3-26　异步电动机的倒拉反转制动

4. 能耗制动

（1）能耗制动原理

如图3-27所示，交流接触器KM_1合上、KM_2断开时，电动机定子绕组接在交流电源上，电动机正向电动运行；在电动机做正向电动运转时，若交流接触器KM_1断开、KM_2合上，定子绕组不接交流电源，而是将两相绕组接到直流电源上，电动机处于制动状态，此时，在定子绕组中流过一恒定的直流电流，在电动机中建立一个相对于定子位置固定、大小不变的恒定磁场，该磁场相对于正向旋转的转子而言，是一个反向旋转磁场，该磁场在转子中感应出的电流所产生的转矩方向是反向的，即为制动性转矩。

（2）能耗制动机械特性

图3-27b所示为机械特性。电动运行时，电动机稳定运行在点A；电动机定子通入直流，相当于通入频率f_1等于零的交流，这时，电动机的机械特性是过原点的曲线，其最大转矩的大小取决于直流电压的大小，机械特性为曲线2，电动机的工作点由点A跳到点B，系统将从B点开始沿曲线2减速，直到坐标轴原点电动机停转。制动时，电动机输入的机械能全部转换成转子的电能，最终全部消耗在转子回路的电阻上。

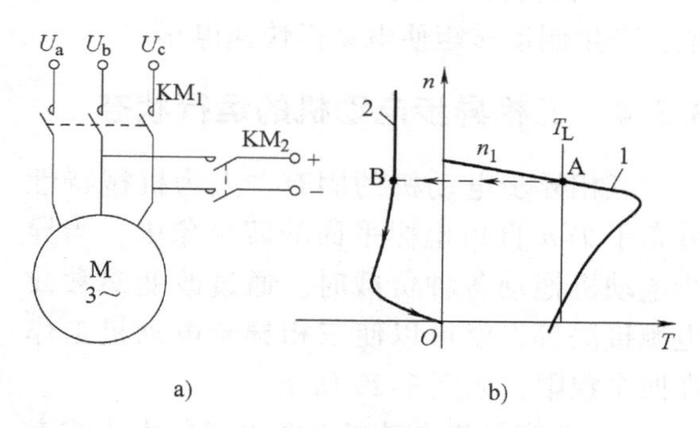

图3-27　异步电动机的能耗制动

a）接线电路原理图　b）机械特性曲线

能耗制动机械特性的特点如下。

1）T-n曲线过坐标原点。

2）通入定子的直流电流大小不变，T_m不变，但当转子回路的电阻增大时，T_m对应的转速增加。

3）转子回路电阻不变，增大直流电流，T_m相应增大，n_m不变。

4）若拖动位能性负载，当转速减速到零时若要停车，必须用机械抱闸将电动机轴刹住；否则，电动机将在位能性负载转矩拖动下反转，直到新的稳定运行点（$T=T_L$），电动机处于稳定的能耗制动运行状态，使负载保持均匀下降。通过调节在转子回路中串接电阻的大小，可以控制位能性负载作用下重物的下放速度，电阻越大，下放速度越快；改变定子直流电流，可以改变制动转矩大小。应在获得较大的制动转矩的同时，避免定、转子回路电流过大而使绕组过热。通常，对于笼型异步电动机，取直流电流 $I=(3.5\sim4)I_0$，其中，I_0为电动机空载电流；针对绕线转子异步电动机，取 $I=(2\sim3)I_0$，转子回路串接电阻 $R_\Omega=(0.2\sim0.4)\dfrac{E_{2N}}{\sqrt{3}I_{2N}}$。

5. 阻容制动

异步电动机也可以通过将电能消耗在外接电阻上的方法来实现制动。异步电动机进入独立（无源）发电要有一定条件，即电动机要旋转，还要有外部并联的电容器，且开始时其铁心要有剩磁或有外部的初始励磁。图 3-28 所示为异步电动机阻容制动原理图，接触器 KM_1 合上、KM_2 断开时，电动机由交流电源供电，电动机正常旋转；KM_1 断开、KM_2 合上时，在剩磁及电容作用下，异步电动机自励发电，把机械能转换成电能而消耗在外接电阻 R 上，电动机运行在阻容制动状态。

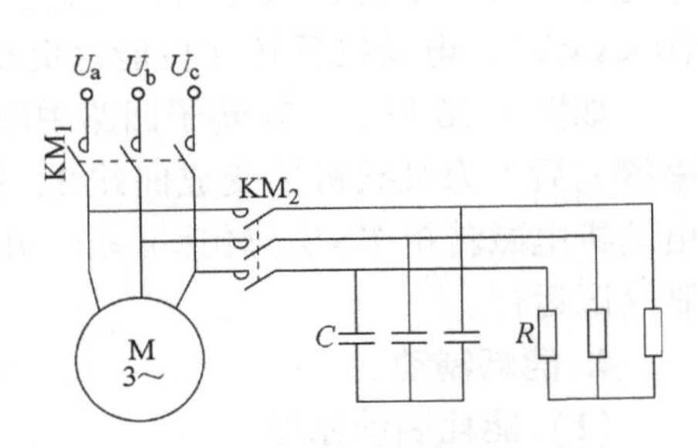

图 3-28 异步电动机阻容制动原理图

6. 软停车与软制动

1）软停车，指电动机的工作电压由额定电压逐步减少到零的停车方法，如逐渐改变晶闸管的导通角 α，使得电动机的工作电压逐步降低。

2）软制动，指采用能耗制动方式，即停止给定子提供交流电源，改为由直流电源供电，产生制动转矩使电动机快速停车。

3.3.4 三相异步电动机的运行状态

三相异步电动机的固有、人为机械特性分布于 T-n 直角坐标平面的四个象限。当异步电动机拖动各种负载时，通过改变参数或电源接法等，就可以使三相异步电动机工作在四个象限，如图 3-29 所示。

1）改变异步电动机电源电压的大小或者相序。

2）改变异步电动机定子回路串接阻抗的大小。

3）改变转子回路串接电阻的大小。

4）改变定子磁极数。

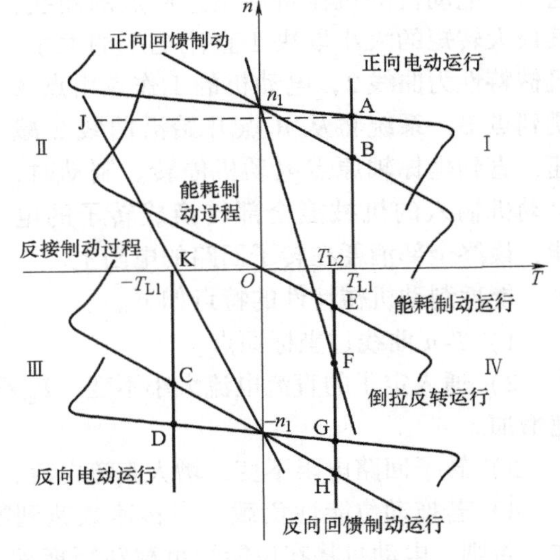

图 3-29 三相绕线转子异步电动机的各种运行状态

1. 电动运行状态

电动机电磁转矩 T、转速 n 方向相同，从电源吸收能量，工作点位于第Ⅰ（正向电动运行）、Ⅲ象限（反向电动运行）。

1）第Ⅰ象限，$T>0$、$n>0$，正向电动运行，稳定点 A、B 为正向电动运行点。

2）第Ⅲ象限，$T<0$、$n<0$，反向电动运行，稳定点 C、D 为反向电动运行点。

2. 制动运行状态

电动机电磁转矩 T、转速 n 方向相反，不从电源吸收能量，工作点位于第Ⅱ、Ⅳ象限。

1）第Ⅱ象限，$T<0$、$n>0$，J、K 段为反接制动过程。

2）第Ⅳ象限，$T>0$、$n<0$，G、H 为反向回馈制动运行点，E 为能耗制动运行点，F 为倒拉反转运行点。

3.4 单相异步电动机

3.4.1 单相异步电动机的组成

单相异步电动机的定子采用两相绕组（主级绕组或工作绕组，辅级绕组或起动绕组），轴线一般在空间上相差90°电角度，转子则采用笼型转子。

单相异步电动机分为以下几种：单相电阻分相起动异步电动机、单相电容分相起动异步电动机、单相电容运转异步电动机、单相电容起动与运转异步电动机和单相罩极异步电动机。

3.4.2 单相异步电动机的种类及特点

1. 单相电阻分相起动异步电动机

（1）工作原理

单相电阻分相起动异步电动机定子上有两套绕组：工作绕组 M、起动绕组 A。起动过程中，绕组 M、A 同时工作，当转速达到75% ~80% 同步转速时，起动开关断开、起动绕组脱离电源，由工作绕组单独工作。其特点为起动绕组电阻大、电抗小，产生椭圆形旋转磁场，使得两相绕组的电流相位分开。

（2）机械特性

1）脉动磁通势产生正转、反转电磁转矩特性曲线。

2）$n=0$（$s=1$）、$T=0$，无起动转矩，电动机不能起动。

3）$n>0$（$0<s<1$），第Ⅰ象限工作，拖动性转矩。

4）$n<0$（$0<s<1$），第Ⅲ象限工作，拖动性转矩。

5）理想空载转速（$T=0$）点 n_1'要比同步转速 n_1小。

6）起动转矩小、电流大。

2. 单相电容分相起动异步电动机

（1）工作原理

单相电容分相起动异步电动机定子上有两套绕组：工作绕组 M、起动绕组 A，起动绕组串接了一个电容。起动过程中，绕组 M、A 同时工作，当转速达到 75% ~80% 同步转速时，起动开关断开、起动绕组脱离电源，由工作绕组单独工作。

（2）特点

起动绕组电路阻抗呈容性，电流超前于电压；工作绕组电路阻抗为感性，电流滞后于电压；起动转矩大、起动电流小。

3. 单相电容运转异步电动机

单相电容运转异步电动机起动绕组串接的电容始终处于工作状态，特点为起动转矩小、起动电流大，适合轻载起动和长期运行的负载。

4. 单相电容起动与运转异步电动机

单相电容起动与运转异步电动机起动绕组串接两个并联的电容，即起动时投运电容（$C+C_s$），运行时投运电容 C，确保起动与运行时旋转磁通势接近圆形，以获得理想的起动和运行性能。

5. 单相罩极异步电动机

单相罩极异步电动机具有结构简单、制造方便、价格低廉的特点；不足之处是效率低、功率因数低、起动转矩小。

3.5 同步电动机

同步电动机用于某些大型生产机械的电力传动系统中，或专门用于改善电网功率因数。

3.5.1 同步电动机的工作原理与机械特性

1. 结构与工作原理

同步电动机定子与三相异步电动机基本相同，为三相对称结构；转子为磁极，按照转子结构形式分为凸极式和隐极式两种，凸极式适用于低速运行，隐极式适用于高速运行。励磁方式有直流励磁、永磁两种。其中，直流励磁的直流电流经过电刷和集电环输入励磁绕组，使转子磁极依次产生 N、S 极；常用的永磁体材料主要包括稀土永磁体、铝镍钴和铁氧体。

三相同步电动机定子绕组通以三相对称电流时，在定子绕组产生基波旋转磁场，其旋转同步转速为

$$n_1=60f_1/p \tag{3-50}$$

转子励磁绕组通以直流励磁电流，转子就产生 N、S 相间的磁极。直流励磁电流不变，磁极极性和磁场大小不变，且磁极对数与定子基波旋转磁场的磁极对数相同。在这两个磁场的作用下，转子被定子基波旋转磁场牵引着以同步转速一起旋转，转子转速 $n=n_1$，亦即转子以同步转速旋转。

2. 机械特性

同步电动机的磁极对数 p 和电源频率 f_1 一定时，转子转速 $n=n_1$ 为常数。同步电动机具有恒转速特性，即转速不随负载转矩改变，其机械特性如图 3-30 所示，具有以下特点。

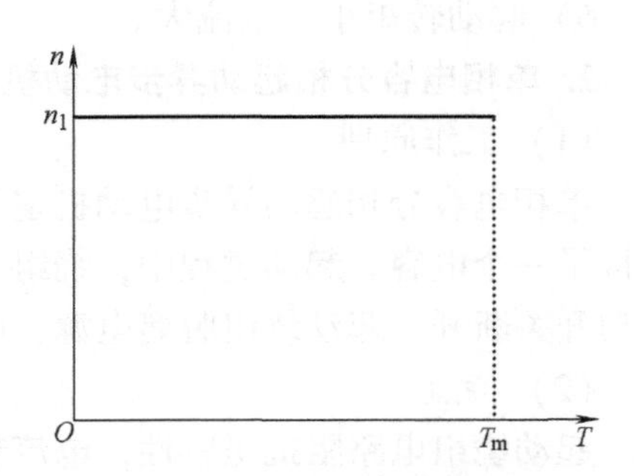

图 3-30 同步电动机的机械特性

1）恒转速，转速不随负载转矩改变。

2）存在最大转矩 T_m，当负载转矩突然增大而超过 T_m 时，电动机就会失去同步而不能运行。同步电动机的过载倍数 $k_m=T_m/T_N$，一般取 $k_m=2\sim3.5$。

3）同步电动机本身没有起动转矩，需要通过起动装置才能起动，常用的起动方法包括

辅助电动机起动法、异步起动法和变频起动法。

3. 永磁同步电动机

采用永磁体代替电励磁，省去了励磁绕组、励磁电源（直流励磁）、集电环和电刷，具有无励磁损耗、效率较高的特点。表 3-7 比较了永磁同步电动机、无刷直流电动机的特点。

表 3-7　永磁同步电动机、无刷直流电动机的特点

类　型	转　子	定　子	区　别
永磁同步电动机	永磁体	对称交流电	感应电动势、电流均为正弦波
无刷直流电动机	永磁体	对称交流电	感应电动势为阶梯波、电流为方波

3.5.2　同步电动机的起动方法

（1）辅助电动机起动法

采用相同磁极数异步电动机作为辅助电动机，容量为主机的 5% ~15%，或采用直流励磁机作为辅机。起动过程为起动辅机、拖动主机接近同步转速，采用自整步法将同步电动机投入电网，切除辅机。

（2）异步起动法

在转子磁极上装有与笼型绕组相似的起动绕组。当同步电动机定子绕组接到电源上时，起动绕组就会产生起动转矩，使电动机能自起动，该过程与异步电动机的起动过程完全一致。当转速达到同步转速的 95% 时，励磁绕组通直流电流，转子则自动牵入同步，以同步转速运行。

起动同步电动机时，励磁绕组不能开路，也不能短路，往往需要在其励磁绕组串接 5 ~ 10 倍于励磁绕组电阻的附加电阻；起动到接近同步转速时，再把所串接的电阻切除，通以直流电，使电动机自动进入同步运行状态，完成起动全过程。

（3）变频起动法

采用变频电源，刚起动时，转子先施加励磁电流，定子通以低频三相电流，转速低；逐渐增大定子电源频率，转速增大，达到额定转速时，起动结束。

3.5.3　功角特性与功率因数调节

1. 功率与转矩的关系

同步电动机的感应电动势由直流励磁磁场与定子旋转磁场共同作用产生。同步电动机从电源吸收的有功功率为输入功率，即

$$P_1 = 3UI\cos\varphi \tag{3-51}$$

同步电动机定子绕组的铜损耗为

$$P_{Cu} = 3I^2 r_1 \tag{3-52}$$

同步电动机的电磁功率为

$$P_M = P_1 - P_{Cu} \tag{3-53}$$

同步电动机的输出功率为

$$P_2 = P_M - P_{Fe} - P_{me} = P_M - P_0 \tag{3-54}$$

式中 $P_0 = P_{Fe} + P_{me}$——空载损耗。

式（3-54）两边同除以同步机械角速度 $\Omega_1 \left(= \dfrac{2\pi n_1}{60} \right)$，得到同步电动机的转矩平衡方程式

$$\frac{P_2}{\Omega_1} = \frac{P_M}{\Omega_1} - \frac{P_0}{\Omega_1}$$

即

$$T_2 = T - T_0 \tag{3-55}$$

式中 T_2——输出转矩；

T——电磁转矩；

T_0——空载转矩。

2. 功角特性

忽略同步电动机定子电阻，$P_M = P_1 = 3UI\cos\varphi$。接在电网上运行的同步电动机，其电源电压 U、电源频率 f_1 等基本保持不变，如果电动机的励磁电流 i_f 保持不变，对应的感应电动势 E_0 的大小也不变。因此，电磁功率 P_M 的大小随 θ 角变化，两者间的函数关系称为同步电动机的功角特性。

电磁功率分为两项：第一项与励磁产生的电动势 E_0 成正比，与励磁电流的大小有关，称为励磁电磁功率；第二项与励磁电流大小无关，这是因为电动机的转子为凸极式结构所引起的，称为凸极电磁功率。即

$$T = 3\frac{E_0 U}{\Omega_1 x_d}\sin\theta + \frac{3U^2(x_d - x_q)}{\Omega_1 2x_d x_q}\sin 2\theta \tag{3-56}$$

式中 x_d——纵轴同步电抗，$x_d = x_{ad} + x_1$，x_{ad} 为凸极同步电动机的纵轴电枢反应电抗；

x_q——横轴同步电抗，$x_q = x_{aq} + x_1$，x_{aq} 为凸极同步电动机的横轴电枢反应电抗。

3. 功率因数调节

同步电动机接在电源上，当电源电压 U、频率 f_1 不变，负载转矩 T_L 不变时，可以通过改变励磁电流 i_f 来调节功率因数。以隐极同步电动机为例，分析改变同步电动机励磁电流，其功率因数变化情况。

1）正常励磁电流。定子电流与定子电压同相，同步电动机功率因数 $\cos\varphi = 1$，这时，同步电动机从电网只吸收有功功率、不吸收无功功率，类似纯电阻负载。

2）欠励状态。励磁电流比正常值小，同步电动机从电网吸收有功功率、滞后性无功功率，类似感性负载，很少采用这种方式。

3）过励状态。励磁电流比正常值大，同步电动机从电网吸收有功、超前的无功功率，类似容性负载，有利于改善电网的功率因数。

因此，同步电动机拖动负载运行时，一般励磁电流要过励，至少要求运行在正常励磁状态，而不允许运行在欠励状态。

3.6 交、直流电动机的特点及其发展

3.6.1 交、直流电动机的特点

1. 直流电动机的特点

(1) 优点

直流电动机因其优良的控制性能，20世纪70年代前在调速、控制等应用场合几乎成唯一选择；其机械特性、调速特性均为平行直线（各类交流电动机没有），起动转矩大、效率高、调速方便、动态特性好。

直流电动机调速的特点：具有较大的起动转矩，良好的起动、制动性能；易于在较宽范围内实现平滑调速；直流闭环控制理论和应用实践方面较为成熟。已有模拟直流调速器和直流数字调速器产品。

(2) 不足

直流电动机结构复杂，其中，定子的励磁绕组产生主磁场 [直流电流励磁（励磁线圈），或永久磁铁]，功率较大的直流电动机常常还装有换向极，以改善电动机的换向性能；转子上安放电枢绕组和换向器，直流电源通过电刷和换向器将直流电输入电枢绕组，转换成电枢绕组中的交变电流，即进行机械式电流换向。

复杂的结构限制了直流电动机体积、质量的进一步减小，尤其是电刷和换向器的滑动接触容易引起机械磨损和火花，造成直流电动机的故障多、可靠性低、寿命短、保养维护工作量大。同时，换向火花既造成了换向器的电腐蚀，还是一个无线电干扰源，会对周围的电器设备带来有害影响。电动机的容量越大、转速越高，这类问题就越严重。所以，普通直流电动机的电刷和换向器限制了直流电动机向高速、大容量方向发展。

2. 交流电动机的特点

(1) 交流异步电动机

交流异步电动机具有结构简单、工作可靠、寿命长、成本低、保养维护简便的优点；其缺点为调速性能差、起动转矩小、过载能力弱和效率低，其旋转磁场的产生需要从电网吸收无功功率，故功率因数低，轻载时该问题更加突出，增加了线路和电网的损耗。长期以来，在调速要求不高的场合，如风机、水泵、普通机床的驱动，异步电动机占有主导地位，无形中损失了大量电能。

(2) 交流同步电动机

过去很少采用同步电动机，因其不能在电网电压下自行起动，静止的转子磁极（电励磁、永磁）在旋转磁场（定子）的作用下，平均转矩为零。变频电源的应用解决了同步电动机起动、调速问题，20世纪70年代以前变频电源设备不成熟，所以，过去的电力拖动系统很少用同步电动机作原动机。在大功率范围内，偶尔也有同步电动机运行的例子，往往用来改善大企业电网功率因数。20世纪70年代以来，同步电动机的发展迅速、应用面更加广泛。

（3）异步电动机调速系统分类

针对交流异步电动机，假设 P_M 为定子传入转子的电磁功率，$P_s = sP_M$ 为转差功率，可用于衡量电动机的效率。根据转差功率 P_s 去向，异步电动机调速系统分为以下几种。

1）转差功率消耗型调速系统——变 s，通过增加转差功率降低转速，电动机的效率随之降低，如减压调速、电磁转差离合器调速、绕线式异步电动机转子串电阻调速。

2）转差功率回馈型调速系统——变 s，转差功率通过变流装置回馈电网或加以利用，转速越低，回馈功率越多，如绕线转子异步电动机转子串级调速。

3）转差功率不变型调速系统——不变 s，变同步转速 n_1，转差功率基本不变，如变极调速、变频调速。

3.6.2 交流同步电动机的发展及应用

当今，中小功率的同步电动机有很多已采用永磁式结构，永磁体取代了传统的电励磁磁极，特点为简化了结构，取消了转子的集电环和电刷，实现了无刷结构，缩小了转子体积；省去了励磁直流电源，消除了励磁损耗和发热。

1. 高性能永磁材料

永磁材料近年来的开发应用速度很快，现有稀土永磁体、铝镍钴和铁氧体三大类。

（1）稀土永磁体

典型产品有第一代钐钴 1∶5、第二代钐钴 2∶17 和第三代钕铁硼。其中，钐钴稀土永磁材料在 20 世纪 60 年代中期问世，具有与铝镍钴一样高的剩磁感应强度，矫顽力比铁氧体高，但钐稀土材料价格较高；钕铁硼稀土永磁材料在 20 世纪 80 年代初出现，具有高的剩磁感应强度、矫顽力和磁能积，适合在电动机中使用，不足是温度系数大、居里点低，容易氧化生锈而需进行涂覆处理。经过近年来的不断改进提高，这些缺点大多已被克服，如钕铁硼永磁材料最高工作温度已可达 180℃，一般也可达 150℃，已足以满足绝大多数电动机的使用要求。

（2）铝镍钴

20 世纪 30 年代研制成功的永磁材料，具有剩磁感应强度高、热稳定性好等优点，但矫顽力低、抗退磁能力差，且要用贵重的金属钴，成本高，大大限制了它在电动机中的应用。

（3）铁氧体

20 世纪 50 年代初开发的永磁材料，其最大特点是价格低廉、有较高的矫顽力，不足是剩磁感应强度和磁能积都较低。

2. 大规模集成电路、计算机技术和控制技术的发展

20 世纪 70 年代，针对交流电动机提出了矢量控制的概念，其主要思想是将交流电动机电枢绕组（定子）的三相电流通过坐标变换，分解成励磁电流分量和转矩电流分量，从而将交流电动机模拟成直流电动机来控制，可获得与直流电动机一样良好的动态调速特性。这种控制方法十分成熟，并已成功地在交流伺服系统中得到应用。

因为这种方法采用了坐标变换，所以对控制器的运算速度、数据处理能力、控制的实时性和控制精度等要求很高，单片机往往不能满足这些要求。近年来，各种集成化的数字信号处理器（DSP）发展很快，性能不断改善，软件和开发工具越来越多，甚至还研发了专门用于电动机控制的高性能、低成本的DSP、嵌入式系统等。集成电路和计算技术的发展对永磁同步电动机控制性能的改善起到了重要的推动作用。

3. 永磁同步电动机的运行控制

永磁同步电动机的运行可分为外同步和自同步两类。

(1) 外同步

用独立的变频电源给永磁同步电动机供电，同步电动机转速严格地跟随电源频率变化。此运行方式常用于开环控制，由于转速与频率的严格关系，故仅在多台电动机要求严格同步运行的场合使用。如纺织行业纱锭驱动、传送带辊道驱动等。通常选用一台较大容量的变频器，同时向多台永磁同步电动机供电。当然，变频器必须能软起动，且输出频率能由低到高逐步上升，以解决同步电动机的起动问题。例如，多台电动机同步运行、多台电动机同步传动（比例同步）要求、变频调速方案的选择以及稀土永磁同步电动机开环变频调速的应用。

高精度多电动机同步传动对电气传动的要求为“四高、一少”，即

1）四高，高同步性，要求横向转速一致、纵向比例同步；高精确性，转速稳定，目前的控制精确度可达0.1%～0.01%；高转速或甚高转速要求，在没有升速齿轮箱条件下，电动机转速高达8000～9000r/min，甚至12000r/min；高可靠性，至少保证一年安全连续运行8000h。

2）一少，少维修或免维修。

变频调速系统控制方案包括以下几种。

1）异步电动机开环变频调速VVVF+IM（异步电动机）开环控制。其具有电路简单、可靠性高特点，但转速精度难以达到0.5%～0.01%，所以一般不采用。

2）异步电动机闭环变频调速VVVF+IM（异步电动机）闭环控制。其特点为每个闭环系统可达0.5%～0.01%指标，但是多个闭环系统调整到相同的转速精度十分困难，不易实现，另外，每个闭环系统都有速度传感器，故障率会高些，不能满足可靠性指标的要求，故此方案也不宜采用。

3）永磁同步电动机开环变频调速VVVF+SM（同步电动机）开环控制。由于同步电动机转速精度仅取决于供电频率精度，与负荷变化无关，为此，通常采用高精度的变频调速器和永磁同步电动机构成系统，无须采用闭环控制，就可以保证电动机转速精度达到0.1%～0.01%。

变频调速系统主电路方案包括以下几种。

1）大容量变频调速器驱动。由一台大容量变频器来驱动多台永磁同步电动机，电动机可逐台起动或分组起动，特点为系统简单、控制方便，无须采取任何措施，就可以保证多台电动机同步运行，但存在变频器容量必须选得很大，单台电动机短路故障有可能引起变频器跳闸，造成停产等不足。

2）多台小容量变频器驱动。每一台电动机均由一台变频器驱动，一一对应，特点为一台变频器驱动一台电动机，可以实现软起动，变频器容量基本上与电动机相同，即使某台电动机发生故障时，对应变频器停止工作，不会影响整台纺丝机的正常运转，但存在总设定、总起动调节需另加环节，n台变频器输出频率会有离散性，存在一定的误差。为了能够达到转速同步，需要另外增加串行通信接口等。

3）公用直流电源的多台小容量逆变器驱动。采用公用直流小容量逆变器驱动，除了保持小容量逆变器驱动的特点外，还可以实现电动机电动状态和回馈制动状态的能量自动补偿。为保持一定的牵伸张力，被拖电动机必须处于制动状态。公用直流母排连在一起，被拖电动机作为发电机经续流二极管整流成直流回馈到直流母线，电动机不但无须从电网吸收能量，还可以将能量供给其他逆变器，既有利于直流母线电压稳定，又起到节能的作用；可以协调各台电动机停机。某台电动机停得慢时，它将变为 U-整流器 U1-U6-逆变器发电状态，使其停车加快；反之，某台电动机停得快，直流母排继续对它供电，使其停车慢些，最终各台电动机基本上一起停下来；可以防止瞬时停电带来的停役故障。变频器有一个致命弱点，即抗电网瞬时停电能力差。一般几个周波掉电（≥30～50ms）可足以使变频器停役，如果有两个独立交流电源，分别经整流器送至公用直流母排（需二极管隔离），一旦失掉一路交流电源，仍有另一路交流电源维持，不会停车。

此外，针对重要设备，还通过拖动电动机设置了“辅助运行逆变器”切换回路。

总之，多台电动机同步变频调速采用高精度的变频器、稀土永磁同步电动机、开环控制变频调速系统，并趋向采用公用直流电源的多台小逆变器的变频器方案等。

（2）自同步

自同步永磁同步电动机定子绕组产生的旋转磁场位置由永磁转子的位置决定，能自动维持与转子磁场相差90°的空间夹角，以产生最大的电动机转矩，旋转磁场的转速则严格地由永磁转子的转速决定。除仍需要逆变器开关电路外，还需要一个能检测转子位置的传感器，逆变器的开关工作，即永磁同步电动机定子绕组得到的多相电流，完全由转子位置检测装置给出的信号来控制。

定子旋转磁场由转子位置来决定的运行方式即自同步永磁同步电动机运行方式，是从20世纪60年代后期发展起来的，具有直流电动机的特性，即稳定的起动转矩、可自行起动，并可类似于直流电动机对电动机进行闭环控制。自同步永磁同步电动机已成为当今永磁同步电动机应用的主要方式。按电动机定子绕组中加入的电流形式可分为方波电动机和正弦波电动机两类。

1）方波电动机。绕组中的电流是方波形的，与有刷直流电动机工作原理完全相同，不同处在于它用电子开关电路和转子位置传感器取代了有刷直流电动机的换向器和电刷，实现了直流电动机的无刷化，同时保持了直流电动机良好的控制特性，故该类方波电动机人们习惯称为无刷直流电动机。这是当前使用最广泛的、很有前途的一种自同步永磁同步电动机。

2）正弦波电动机。其定子绕组得到的是对称三相交流电，但三相交流电的频率、相位和幅值由转子的位置信号决定；转子位置检测通常使用光电编码器，可精确地获得瞬间转子位置信息；其控制通常采用单片机或数字信号处理器作为控制器的核心单元，因其控制性能、控制精度和转矩的平稳性优于无刷直流电动机控制系统，故主要用于现代高精度的交流伺服控制系统中。

4. 永磁同步电动机在现代工业中的应用

现代工农业生产机械驱动电动机常用的有交流异步电动机、有刷直流电动机和永磁同步电动机（包括无刷直流电动机）三大类，按照不同要求，电动机驱动又分为定速驱动、调速驱动和精密控制驱动三类。

（1）定速驱动

工农业生产中有大量生产机械要求连续地以大致不变的速度、单方向运行，如风机、泵、压缩机、普通机床等，以往大多采用三相或单相异步电动机来驱动。异步电动机成本较低，结构简单牢靠，维修方便，很适合该类机械的驱动，但异步电动机效率和功率因数低、损耗大，大量电能在使用中被浪费了。其次，工农业中大量使用的风机、水泵往往亦需要调节其流量，通常是通过调节风门、阀来完成的，这其中又浪费了大量的电能。20 世纪 70 年代起，人们采用变频器调节风机、水泵中异步电动机的转速来调节其流量，获得了可观的节能效果，但变频器的成本又限制了其使用，且异步电动机本身的低效率依然存在。

例如，家用空调压缩机原先都是采用单相异步电动机、开关方式控制其运行，但存在噪声大、较高的温度变化幅度等不足。20 世纪 90 年代初，日本东芝公司首先在压缩机控制上采用了异步电动机的变频调速方法，促进了变频空调的发展。近年来，日立、三洋等公司开始采用永磁无刷电动机来替代异步电动机的变频调速，效率显著提高，节能效果更好，噪声得以进一步降低，如在相同的额定功率和额定转速下，假设单相异步电动机的体积和重量为 100%，则永磁无刷直流电动机的体积为 38.6%、重量为 34.8%，用铜量为 20.9%、用铁量为 36.5%，效率却提高了 10% 以上，且调速方便，价格和异步电动机变频调速相当。永磁无刷直流电动机在空调中的应用促进了空调机的升级换代。

再如，仪器仪表等设备上大量使用的冷却风扇，以往都采用单相异步电动机外转子结构的驱动方式，体积和重量大、效率低，近年来，已完全被永磁无刷直流电动机驱动的无刷风机所取代。现代迅速发展的各种计算机等信息设备上更是无例外地使用着无刷风机。这些年，无刷风机已形成了完整的系列，品种规格多，外框尺寸有 15mm 到 120mm 共 12 种，框架厚度有 6mm 到 18mm 共 7 种，电压规格有直流 1.5V、3V、5V、12V、24V、48V，转速范围为 2100 ~ 14000r/min，分为低转速、中转速、高转速和超高转速 4 种，寿命在 30000h 以上，电动机是外转子的永磁无刷直流电动机。

实践表明，在功率为 10kW 及以下且连续运行的场合，为减小体积、节省材料、提高效率和降低能耗等，越来越多的异步电动机驱动正被永磁无刷直流电动机替代。

而在功率较大（ >> 10kW）的场合，由于一次成本和投资较大，除了永磁材料外，还需要功率较大的驱动器，故还较少有应用，仍然以异步电动机驱动为主。

（2）调速驱动

有相当多的工作机械，其运行速度需要任意设定和调节，但速度控制精度要求并不高。这类驱动系统在包装机械、食品机械、印刷机械、物料输送机械、纺织机械和交通车辆中有大量应用。

在这类调速应用领域最初用得最多的是直流电动机调速系统，20 世纪 70 年代后，随着电力电子技术和控制技术的发展，异步电动机的变频调速迅速渗透到原来的直流调速系统的应用领域。一方面，异步电动机变频调速系统的性能价格完全可与直流调速系统相媲美，另一方面，异步电动机与直流电动机相比具有容量大、可靠性高、抗干扰、寿命长等优点，故异步电动机变频调速在许多场合迅速取代了直流调速系统。

交流永磁同步电动机由于其体积小、重量轻、高效节能等优点，越来越引起人们重视，其控制技术日趋成熟，控制器已产品化。

永磁同步电动机调速系统的应用领域正逐步扩大至中小功率异步电动机变频调速应用场景，电梯驱动就是一个典型的例子。电梯的驱动系统对电动机的加速、稳速、制动及定位都有一定的要求。早期人们采用直流电动机调速系统，20 世纪 70 年代变频技术发展成熟，异步电动机的变频调速驱动迅速取代了电梯行业直流调速系统。而这几年电梯行业中最新驱动技术就是永磁同步电动机调速系统，其体积小、节能、控制性能好，又容易做成低速直接驱动，消除齿轮减速装置；其低噪声、平层精度和舒适性都优于以前的驱动系统，适合在无机房电梯中使用。永磁同步电动机驱动系统很快得到各大电梯公司青睐，与其配套的专用变频器系列产品已有多种牌号上市。可以预见，在调速驱动的场合，将会是永磁同步电动机的天下。日本富士公司已推出系列的与永磁同步电动机产品相配的变频控制器，功率为 0.4～300kW，体积比同容量异步电动机小 1～2 个机座号，性能指标明显高于异步电动机，可用于泵、运输机械、搅拌机、卷扬机、升降机及起重机等多种场合。

(3) 精密控制驱动

1) 高精度的伺服控制系统。伺服电动机在工业自动化领域的运行控制中扮演了十分重要的角色，应用场合的不同对伺服电动机的控制性能要求也不尽相同。实际应用中，伺服电动机有各种不同的控制方式，例如转矩控制/电流控制、速度控制、位置控制等。伺服电动机系统也经历了直流伺服系统、交流伺服系统、步进电动机驱动系统，直至近年来最为引人注目的永磁电动机交流伺服系统。最近几年进口的各类自动化设备、自动加工装置和机器人等绝大多数都采用永磁同步电动机的交流伺服系统。

2) 信息技术中的永磁同步电动机。当今信息技术高度发展，各种计算机外设和办公自动化设备也随之高度发展，与其配套的关键部件微电机需求量大，精度和性能要求也越来越高。对这类微电机的要求是小型化、薄形化、高速、长寿命、高可靠、低噪声和低振动，精度要求更是特别高。例如，硬盘驱动器用主轴驱动电动机是永磁无刷直流电动机，以近 10000r/min 的高速带动盘片旋转，盘片上执行数据读写功能的磁头在离盘片表面只有 0.1～0.3μm 处做悬浮运动，其精度要求非常高。信息技术中各种设备如打印机、软硬盘驱动器、光盘驱动、传真机、复印机等所使用的驱动电动机绝大多数是永磁无刷直流电动机。

(4) 永磁同步电动机的应用前景

由于电子技术和控制技术的发展，永磁同步电动机的控制技术亦已成熟并日趋完善；以往同步电动机的概念和应用范围已被当今的永磁同步电动机大大扩展；永磁同步电动机已从小到大，从一般控制驱动到高精度的伺服驱动，从人们日常生活到各种高精尖的科技领域作为最主要的驱动电动机出现，而且应用前景越来越好。

3.6.3 开关磁阻电动机的驱动系统

1. 特点

开关磁阻电动机驱动系统（SRD）是 20 世纪 80 年代初，随着电力电子、微计算机和控制技术的迅猛发展而发展起来的一种新型交流无级调速驱动系统，主要由开关磁阻电动机（SRM）、功率变换器、控制器及位置和电流检测器组成。SRD 运行时需要实时检测的反馈量包括转子位置、转速和电流等，然后根据控制目标综合这些信息，给出控制指令，实现运行控制和保护等功能。其中，转子位置检测环节是SRD的重要组成部分，检测到的转子位置信号是各相开关器件进行正确逻辑切换的依据，也为速度控制环节提供速度反馈信号。该系统具有以下显著的优点。

1）电动机结构简单、坚固，制造工艺简单，可工作于极高速，工作可靠，能适用于各种恶劣环境甚至强振动环境。

2）损耗主要产生于定子，易于冷却，可允许有较高温升，从而能以小的体积取得较大的输出功率。

3）转矩方向与电流方向无关，可较大限度简化功率变换器，其可靠性高，系统成本低。

4）起动转矩，大于额定转矩2~3倍，起动电流小（≤30%额定电流），低速性能好。

5）在宽广的转速和功率范围内具有高效率。

6）调速范围广，调速比大于20:1，调速平滑无级。

7）在制动和电动运行时，同样具有优良的转矩输出能力和工作特性。因此，适用于频繁起动或频繁正反转运行场合，转换频率可达到1000次/h。

8）负载特性好，稳定精度高，在负载大小变化时，转速可保持不变。

这些优点使得开关磁阻电动机在家用电器、工业领域、伺服与调速系统、牵引电动机、高转速电动机方面得到了一定的应用。

对于开关磁阻电动机，应充分利用它所具有的一些特有的优越性能，如可运行于极高转速、可频繁起动和频繁正反转、过载能力强、起动转矩大而起动电流很小、可做到低转速大转矩、调速范围很宽、在宽广的转速和功率范围内具有高效率等优点，设计成满足各种特殊负载特性的专用开关磁阻电动机驱动系列产品，以替代这些场合的其他电动机，并达到高效节能的目的。

2. 不足

1）转矩脉动。开关磁阻电动机采用双凸极结构，由于受电磁特性以及开关非线性影响，传统控制策略得到的合成转矩不是一恒定的转矩，导致存在较大的脉动转矩。目前，已有许多文献涉及这个领域，取得了一定的效果。

2）对开关磁阻电动机本体，噪声是一个突出问题，随着研究的深入和开关磁阻电动机应用的日益广泛，降低开关磁阻电动机的噪声研究已取得一定的进展。

3）转子位置传感器。位置传感器是开关磁阻电动机同步运行的基础，它的各种高级控制技术都是以高精度的位置检测为首要条件。目前，普遍采用的外装光电式或磁敏式等轴位置传感器，不仅增加了系统的体积和成本，而且降低了系统的可靠性。为了消除位置传感器这一不利因素，无转子位置传感器技术成为开关磁阻电动机研究的一大热点。

4）开关磁阻电动机必须配置控制器才能运行，而笼型异步电动机，即便是变频电动机，只要接上电源就能运行。

5）大功率开关磁阻电动机（如数百千瓦以上）的发热较严重，限制了其容量的进一步加大。

习　题

3-1　三相异步电动机主要是由哪几部分组成的？它们分别起什么作用？

3-2　已知一台三相异步电动机的额定功率 $P_N = 7.5kW$、额定电压 $U_N = 380V$、额定功率因数 $\cos\varphi_N = 0.75$、额定效率 $\eta_N = 86\%$。计算其额定电流 I_N 为多少安？

3-3　异步电动机转子绕组短路并堵转时，如果定子绕组加额定电压，会有什么后果？

3-4　异步电动机的转差率 s 是如何定义的？电动机运行时，转子绕组感应电动势、电流的频率 f_2 与定子频率 f_1 是什么关系？

3-5　三相异步电动机运行时，为什么总是从电源吸收滞后的无功电流？

3-6　某三相笼型异步电动机铭牌上标注的额定电压为 380/220V，Y/△。能否接在 380V 的交流电网上空载起动？能否采用Y-△减压起动？

3-7　采用恒压频比方案在基频向下变频调速时，为什么要保持 E_1/f_1 = 常数，其机械特性有何特点？它属于什么调速方式？若采用 U_1/f_1 = 常数的方式时，它与前者有何异同？

3-8　绕线转子异步电动机反接制动时，为什么要在转子回路串接较大的电阻值？

3-9　单相异步电动机为什么设工作绕组和起动绕组，工作绕组和起动绕组各起何作用？

3-10　为改善电网的功率因数，同步电动机的励磁电流应该如何调节？

3-11　永磁同步电动机与普通同步电动机相比有何特点？

3-12　一台三相异步电动机，额定功率 $P_N = 15kW$、额定电压 $U_N = 380V$、额定转速 $n_N = 1460r/min$、额定效率 $\eta_N = 0.89$、额定功率因数 $\cos\varphi_N = 0.85$。求电动机额定运行时的输入功率 P_1 和额定电流 I_N。

3-13　一台 6 磁极数三相异步电动机，额定功率 $P_N = 30kW$、额定电压 $U_N = 380V$、额定电流 $I_N = 58.0A$，额定负载运行时，电动机的定子铜损耗 $P_{Cu1} = 878W$、铁损耗 $P_{Fe} = 636W$、转子铜损耗 $P_{Cu2} = 878W$、机械损耗 $P_{me} = 321W$、附加损耗 $P_s = 450W$。求额定负载运行时：

（1）额定转速；

（2）电磁转矩；

（3）输出转矩；

（4）空载转矩；

（5）效率。

3-14　三相笼型异步电动机 $P_N = 110kW$、定子△联结、额定电压 $U_N = 380V$、额定转速 $n_N = 740r/min$、额定效率 $\eta_N = 0.94$、额定功率因数 $\cos\varphi_N = 0.82$、堵转电流倍数 $k_1 = 6.4$、堵转转矩倍数 $k_s = 1.8$。试求：

（1）直接起动时的堵转电流和堵转转矩；

（2）若供电变压器允许起动电流限定在 480A 以内，负载起动阻转矩 $T_L = 750N \cdot m$ 时，问能否采用Y-△减压方法起动？

3-15　一台三相绕线转子异步电动机，定子绕组Y联结，其主要数据为 $P_N = 22kW$、$U_{1N} = 380V$、$I_{1N} = 49.8A$、$n_N = 710r/min$、$E_{2N} = 161V$、$I_{2N} = 90A$、$k_m = 2.8$、电动机拖动反

抗性恒转矩负载 $T_L = 0.82T_N$，要求反接制动开始时 $T = 2.0T_L$。求：

（1）转子每相串接的电阻值；

（2）若电动机停车时不及时切断电源，电动机最后结果如何？

3-16　一台三相 8 磁极数同步电动机，定子绕组Y联结、额定容量 $P_N = 500\text{kW}$、额定电压$U_N = 6000\text{V}$、额定效率 $\eta_N = 0.92$、额定功率因数 $\cos\varphi_N = 0.8$、定子每相电阻 $r_1 = 1.38\Omega$。当电动机额定运行时，求：

（1）输入功率 P_1；

（2）额定电流 I_N；

（3）电磁功率 P_M；

（4）额定输出转矩 T_N。

第 4 章　控制电机的原理及特性

本章介绍伺服电动机、力矩电动机、测速发电机、自整角机和步进电动机等控制电机的基本结构、工作原理和运行特性。

在自动控制系统中，用于检测、放大、执行和计算的这类旋转电动机称为控制电机。就电磁规律而言，控制电机和普通电动机没有本质区别。它们都是在普通电动机的理论基础上发展起来的小功率电动机。但是由于控制电动机和普通电动机的用途不同，所以对特性要求和性能评价指标有较大差别。普通电动机侧重于起动和运行时的性能指标，而控制电机的性能指标侧重于特性的精度和灵敏度、运行可靠性及特性的线性程度等方面。控制电机的容量一般在 1kW 以下，小到几微瓦。当然也有容量较大的，在大功率的自动控制系统中，控制电机的容量可达几千瓦。

随着新材料和新技术的出现，性能优越的新型控制电机不断出现，同时先进控制技术应用于传统的控制电机、新型控制电机上，控制系统的性能得以不断提高。

4.1　伺服电动机

伺服电动机亦称执行电动机，在自动控制系统中作为执行元件。它具有一种服从控制信号的要求而动作的特性，即在控制信号到来前，转子静止不动；控制信号一来，转子立即转动；当控制信号消失时，转子能即时自行停转。由于这种“伺服”的功能，因此而得名。伺服电动机的惯量小，则其时间常数小，响应速度快。伺服电动机按其使用的电源性质不同，可分为直流伺服电动机和交流伺服电动机两大类。

4.1.1　直流伺服电动机

1. 直流伺服电动机的概念

直流伺服电动机是指使用直流电源驱动的伺服电动机。它的结构与普通的小型直流电动机相同，由固定不动的定子和旋转的转子两大部分组成。其中定子由机壳、磁极和电刷装置等组成，转子由电枢铁心、电枢绕组、转向器和转轴组成。

直流伺服电动机具有良好的调速特性、较大的起动转矩、相对较大的功率以及快速响应等优点，尽管有结构复杂、成本较高的缺点，但它在国民经济中仍占有重要地位，在自动控制系统中也获得了广泛的应用。特别是近年来，由于大功率晶闸管元件及其整流放大电路的成功运用，高性能磁性材料的不断问世，以及其新的结构设计，直流伺服电动机的控制性能越来越完善。

2. 直流伺服电动机的分类

直流伺服电动机按结构可分为普通型、力矩型和低惯量型等几类。

（1）普通型直流伺服电动机

普通型直流伺服电动机的结构和普通直流电动机的结构基本相同，也是由定子、转子两大部分组成的，一般分为永磁式和电磁式两种。

定子：永磁式直流电动机的定子上装置了由永久磁钢做成的磁极，目前我国生产的 SY 系列直流伺服电动机就属于这种结构；电磁式直流伺服电动机的定子通常由硅钢片冲制叠压而成，磁极和磁矩整体相连，在磁极铁心上套有励磁绕组。目前我国生产的 SZ 系列直流伺服电动机就属于这种结构。

转子：这两种结构的直流伺服电动机的转子铁心均由硅钢片冲制而成，在转子冲片的外圆周上开有均匀分布的齿槽，和普通直流电动机转子冲片相同。在转子槽中放置电枢绕组，并经换向器、电刷引出。

（2）直流力矩电动机

直流力矩电动机是一种永磁式低速直流伺服电动机。它的工作原理和普通型直流伺服电动机毫无区别，但它们的外形却完全两样。为了使直流力矩电动机在一定的电枢体积和电枢电压下能产生较大的转矩和较低的转速，通常做成扁平式结构，电枢长度与直径之比一般仅为 0.2 左右，并选用较多的磁极对数。

（3）低惯量型直流伺服电动机

由于普通直流伺服电动机的转子带有铁心，并且在铁心上有齿槽，因而带来性能上的缺陷，影响了电动机的使用寿命，使之在应用上受到一定的限制。

低惯量型直流伺服电动机是在普通型直流伺服电动机的基础上发展起来的。主要形式有空心杯形电枢直流伺服电动机、盘形电枢直流伺服电动机和无槽电枢直流伺服电动机。

直流电动机按励磁方式不同，可分为他励直流电动机和自励直流电动机。其中，自励直流电动机又可分为并励直流电动机、串励直流电动机和复励直流电动机。而直流伺服电动机励磁方式几乎只采取他励式。

3. 直流伺服电动机的控制方式

直流伺服电动机的控制方式和普通直流电动机相同，有两种控制方式：励磁控制法和电枢电压控制法。

直流伺服电动机的励磁绕组和电枢绕组分别装在定子和转子上，工作时可以由电枢绕组励磁，用励磁绕组来进行控制，即励磁控制法；或由励磁绕组励磁，用电枢绕组来进行控制，即电枢电压控制法。两种控制方式的特性有所不同，通常应用电枢控制法。如图 4-1 所示，由励磁绕组进行励磁，即将励磁绕组接于恒定电压 U_f 的直流电源上，绕组中通过电流 I_f 以产生磁通 Φ。电枢绕组接入控制电压 U_a，作为控制绕组。控制绕组接入控制电压 U_a 之后，电动机就转动起来；控制电压消失，电动机立即停转，无自转现象。电枢控制时，直流伺服电动机的机械特性和他励直流电动机改变电枢电压时的人为机械特性相似，也是线性的。另外，励磁绕组励磁时，所消耗的功率较小，电枢回路电感小，因而时间常数小，响应迅速。这些特性非常有利于将其作为执行元件使用。

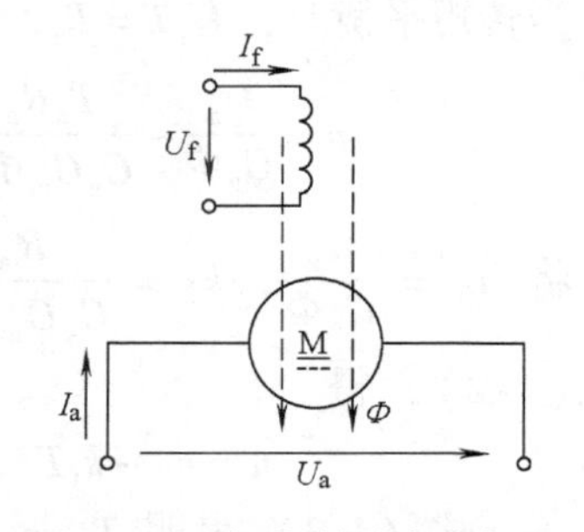

图 4-1　电枢控制时直流伺服电动机的工作原理图

4. 直流伺服电动机的特性

（1）静态特性

直流伺服电动机的静态，就是控制电压（U_a）和负载转矩（T_L）均不变的情况下，伺服电动机运行在一定转速时所对应的稳定工作状态。控制静态特性就是研究元件处于稳定状态时，各状态参量之间关系的物理规律，即一个稳态的各状态参量与另一个稳态的各状态参量之间的变化关系。

$$\begin{cases}U_a = E_a + I_aR_a \\ T = T_0 + T_L = T_c \\ E_a = C_e\Phi n = K_e n \\ T = C_m\Phi I_a = K_t I_a\end{cases} \tag{4-1}$$

式中 U_a——控制电压；

T_L——负载转矩；

T——电磁转矩；

T_c——总阻转矩；

T_0——电动机的空载阻转矩；

E_a——感应电动势；

Φ——主磁场每极下磁通；

I_a——电枢电流；

K_e——电动势常数；

K_t——转矩常数；

C_e——电动机的电动势系数；

C_m——电动机转矩系数；

n——电动机的转速。

式（4-1）描述了电动机稳态运行的物理规律，是直流伺服电动机的静态四大关系式。将式（4-1）进行简单的变换，可得

$$n = \frac{U_a}{C_e\Phi} - \frac{TR_a}{C_eC_m\Phi^2} \tag{4-2}$$

当转矩平衡时，有 $T = T_c$，所以

$$n = \frac{U_a}{C_e\Phi} - \frac{T_cR_a}{C_eC_m\Phi^2}$$

将 $n_0 = \frac{U_a}{C_e\Phi}$，$k_f = \frac{R_a}{C_eC_m\Phi^2}$ 代入式（4-2），得

$$n = n_0 - k_fT \tag{4-3}$$

式（4-3）表明 T、n 的关系为直线关系，它描述了直流伺服电动机的机械特性。又因为 n_0 与 U_a 有关，k_f 与 U_a 无关，所以当控制电压变化时，这条直线的斜率是不变的。

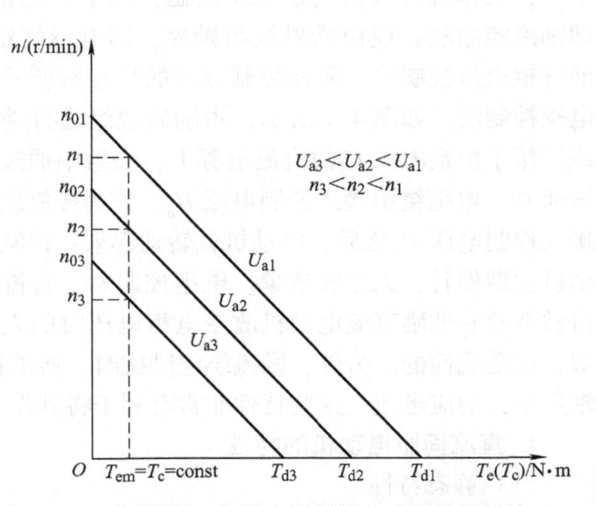

图 4-2 不同控制电压时直流伺服电动机的机械特性

由图 4-2 可以看出，直流伺服电动机在负载阻转矩 T_c 一定的条件下，稳态

转速随着控制电压的改变而变化，这个变化规律就是直流伺服电动机的控制特性。

（2）动态特性

直流伺服电动机的动态特性一般是指当改变控制电压时，电动机从原稳态到新稳态的变化过程，也就是它的状态参量（速度、感应电动势、电流等）随时间变化的规律。对于动态特性，是利用相应元件的动态方程——微分方程来研究其规律。

研究动态特性的基本步骤如下。

1）找出元件运行于过渡过程中所遵循的物理规律。用动态方程来描述这些规律。

2）根据动态方程组，消去中间变量，求取要研究的输出量和输入量关系的微分方程，并将其标准化。

3）按照初始条件解微分方程，求得相应输出量的时间函数。

4）分析上述时间函数所描述的状态参量过渡过程的特点，并画出过渡过程曲线。

下面讨论阶跃控制电压作用下直流伺服电动机转速的过渡过程。描述直流伺服电动机状态变化物理规律的动态方程组为

$$\begin{cases} U_a = e_a + R_a i_a(t) + L_a \dfrac{di_a(t)}{dt} \\ T(t) = T_c + J \dfrac{d\Omega(t)}{dt} \\ e_a(t) = K_e n(t) \\ T(t) = K_t i_a(t) \end{cases} \tag{4-4}$$

式中　J——电动机的转动惯量。

将式（4-4）经过简单的变换，得

$$i_a(t) = \frac{T_c}{K_t} + \frac{2\pi J}{60K_t}\frac{dn(t)}{dt}$$

$$\frac{di_a(t)}{dt} = \frac{2\pi J}{60K_t}\frac{d^2n(t)}{dt^2}$$

将 $i_a(t)$、$\dfrac{di_a(t)}{dt}$、$e_a(t)$代入电压平衡方程式中，消去中间变量，整理可得

$$\frac{2\pi JL_a}{60K_tK_e}\frac{d^2n(t)}{dt^2} + \frac{2\pi JR_a}{60K_tK_e}\frac{dn(t)}{dt} + n(t) = \frac{U_a}{K_e} - \frac{R_aT_c}{K_tK_e} \tag{4-5}$$

将 $\tau_e = \dfrac{L_a}{R_a}$，$\tau_m = \dfrac{2\pi JR_a}{60K_tK_e}$，$k_c = \dfrac{1}{K_e}$，$k_f = \dfrac{R_a}{K_tK_e}$代入式（4-5），可得

$$\tau_e\tau_m\frac{d^2n(t)}{dt^2} + \tau_m\frac{dn(t)}{dt} + n(t) = k_cU_a - k_fT_c \tag{4-6}$$

式中　τ_e——电磁时间常数；

τ_m——机械时间常数；

k_c——控制特性斜率；

k_f——机械特性斜率。

假设为理想空载，$T_c = 0$，将其代入式（4-6），得

$$\tau_e\tau_m\frac{d^2n(t)}{dt^2} + \tau_m\frac{dn(t)}{dt} + n(t) = k_cU_a \tag{4-7}$$

其特征方程为

$$\tau_e\tau_m p^2 + \tau_m p + 1 = 0 \tag{4-8}$$

解得

$$p_{1,2} = -\frac{1}{2\tau_e}\left(1 \mp \sqrt{1-\frac{4\tau_e}{\tau_m}}\right) \tag{4-9}$$

在 $4\tau_e < \tau_m$ 的情况下，转速的解为

$$n(t) = n_0 + A_1 e^{p_1 t} + A_2 e^{p_2 t} \tag{4-10}$$

式中　$n_0 = k_c U_a$——控制电压为 U_a 时的理想空载转速。

由于电动机的机械惯性和电磁惯性，当 $t=0$ 时，有

$$n(0)=0$$

$$i_a(0)=0$$

$$e_a(0)=0$$

$$T(0)=0$$

$$\frac{\mathrm{d}n(0)}{\mathrm{d}t}=0$$

将上述初始条件代入式（4-10），得方程组

$$\begin{cases} A_1 + A_2 + n_0 = 0 \\ A_1 p_1 + A_2 p_2 = 0 \end{cases}$$

解得

$$\begin{cases} A_1 = \dfrac{p_2}{p_1 - p_2} n_0 \\ A_2 = \dfrac{-p_1}{p_1 - p_2} n_0 \end{cases}$$

将 A_1、A_2 值代入式（4-10），整理可得直流伺服电动机转速的过渡过程方程式

$$n(t) = n_0 + \frac{n_0}{2\sqrt{1-\dfrac{4\tau_e}{\tau_m}}}\left[\left(1-\sqrt{1-\frac{4\tau_e}{\tau_m}}\right)e^{p_2 t} - \left(1+\sqrt{1-\frac{4\tau_e}{\tau_m}}\right)e^{p_1 t}\right] \tag{4-11}$$

4.1.2　交流伺服电动机

由于直流伺服电动机有电刷和换向器，导致其容易发生故障，需要经常维修，并且电刷和换向器之间的摩擦转矩使电动机产生的死区比较大等问题，使直流伺服电动机的应用受到了一定的限制，而交流伺服电动机结构简单，没有电刷和换向器，避免了直流伺服电动机的缺点。交流伺服电动机的结构坚固，应用广泛，可分为两相伺服电动机和永磁同步电动机两大类。

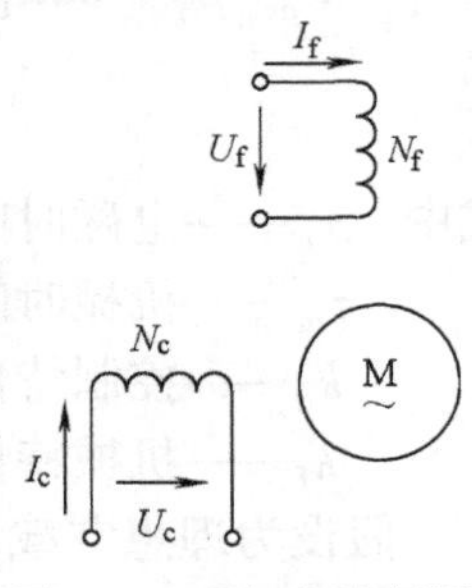

1. 两相伺服电动机控制原理及方法

图 4-3 是两相伺服电动机原理图，其中励磁绕组 N_f 和控制绕组 N_c 均装在定子上，它们在空间相差 90°电角度。励磁绕组由定值的交流电压励磁，控制绕组由输入信号（交流控制电压 U_c）供电。

图 4-3　两相交流伺服电动机原理

两相伺服电动机的工作原理与具有辅助绕组的单相异步电动机相似。其励磁绕组接到单相交流电源上，当控制电压为零时，气隙内磁场仅有励磁电流 I_f产生的脉振磁场，电动机无起动转矩，转子不转；若控制绕组有控制信号输入时，则控制绕组内有控制电流 I_c通过，若使 I_c与 I_f不同相，则在气隙内建立了一定大小的旋转磁场，电动机就能自行起动；但一旦伺服电动机起动后，即使控制信号消失，电动机仍能继续运行，电动机就失去了控制。伺服电动机这种失控而自行旋转的现象，称为自转。显然，自转现象是不符合可控性要求的。可以通过增大电动机转子电阻，使伺服电动机在控制信号消失（控制电压为零）处于单相励磁状态时，电磁转矩为负值，以制动转子旋转，克服自转现象。当然，过大的转子电阻将会降低电动机的起动转矩，以致影响其快速响应性。为了使电动机在输入信号值改变时，其转子转速能迅速地跟着改变而达到与输入信号值所对应的转速值，必须减少转子惯量和增大起动转矩。因此，转子结构采用空心杯形，在转子电路上适当增大转子电阻。这种结构除了有与一般异步电动机相似的定子外，还有一个内定子，由硅钢片叠成圆柱体，其上通常不放绕组，只是代替笼型转子铁心，作为磁路的一部分；在内、外定子之间，有一个细长的、装在转轴上的杯形转子。它通常用非磁性材料（铝或铜）制成，能在内、外定子间的气隙中自由旋转。这种电动机的工作原理是靠杯形转子（可以认为是由无数多的转子导条组成）在旋转磁场作用下感应电动势及电流，电流又与旋转磁场作用而产生电磁转矩，使转子旋转。

杯形转子交流伺服电动机的优点是转子惯量小，摩擦转矩小，快速响应性强，运行平滑，无抖动现象；其缺点是有内定子存在，气隙大，励磁电流大，体积也大。目前采用这种结构的交流伺服电动机较多。

两相伺服电动机不仅要求具有起动和停止的伺服性，而且还必须具有转速的大小和方向的可控性。如果励磁绕组接于额定电压进行励磁，控制绕组加以输入信号（控制电压），当改变控制电压的大小和相位时，电动机的气隙磁场也就随之改变，可能是圆形磁场，也可能是椭圆磁场或脉振磁场，因而伺服电动机的机械特性改变，转速随之改变。若在控制绕组和励磁绕组上加上幅值相等而相位相差90°的两相对称电压，则在电动机气隙中产生圆形的旋转磁场。

两相伺服电动机的控制方式有三种：幅值控制、相位控制和幅-相控制，不同方式下接线图如图4-4所示。（注：该图只给出了两种方式，但从原理上，图4-4b可用于相位控制和幅-相控制。）

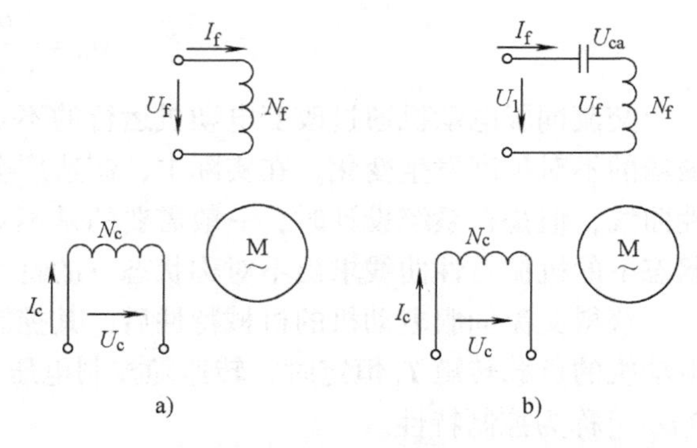

图4-4　两相伺服电动机不同方式下接线图

（1）幅值控制

这种控制方式下，控制电压和励磁电压相位相差始终保持90°，通过调节控制电压的幅值来改变电动机的转速，当控制电压 $U_c=0$ 时，电动机停转。

（2）相位控制

这种控制方式下，控制电压的幅值保持不变，通过调节控制电压的相位（即调节控制电压与励磁电压之间的相位差）来改变电动机的转速，当该相位差为零时，电动机停转。这种控制方式很少采用。

(3) 幅-相控制（或称电容控制）

这种控制方式是在励磁绕组中串联电容器，同时调节控制电压 U_c 的幅值以及它与励磁电压 U_f 之间的相位差来调节电动机的转速。励磁绕组和电容器串联后接到稳定电源 U_1 上，控制电压 U_c 的相位始终与 U_1 相同，当调节控制电压的幅值时，电动机转速发生变化，此时，由于转子的耦合作用，励磁绕组的电流也随之发生变化，引起励磁绕组电压 U_f 及其与控制电压 U_c 之间的相位差随之改变，所以这是一种幅值和相位的复合控制方式。这种控制方式的机械特性和调节特性不如前两种方式，但由于它利用串联电容器来移相，设备简单、成本较低，因此在实际中应用较广。

2. 两相伺服电动机的静态特性

两相伺服电动机的静态特性主要有机械特性和控制特性，不同的控制方法，电动机的静态特性也有所不同。

(1) 幅值控制时的机械特性与控制特性

幅值控制时，当实际控制电压 U_k 不变时，电磁转矩与转差率 s（或转速 n）的关系曲线 $T=f(s)$ ［或 $T=f(s)$］ 是一条椭圆旋转磁场作用下的电动机机械特性。

图 4-5 中，α_e 是有效信号系数，有

$$\alpha_e = \frac{U_k}{U_{kN}} \tag{4-12}$$

式中　U_k——实际控制电压；

U_{kN}——额定控制电压。

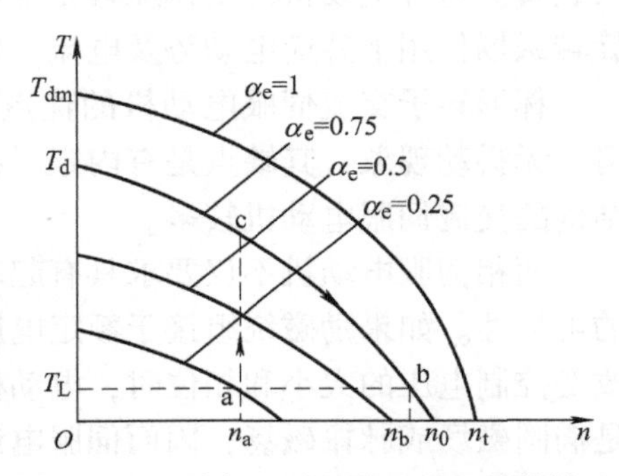

图 4-5　不同 α_e 时电动机的机械特性

当 $\alpha_e=1$ 时为圆形旋转磁场，此时，反向旋转磁场磁通密度为零，理想空载转速为 n_t，堵转转矩为 T_d。随着 α_e 的减小，磁场椭圆度增大，反向旋转磁场磁通密度也随着增大，机械特性曲线下降，理想空载转速 n_0 和堵转转矩 T_d 也随着下降，经过证明可得

$$T_d = \alpha_e T_{dm} \tag{4-13}$$

$$n_0 = \frac{\alpha_e}{1+\alpha_e^2} n_t \tag{4-14}$$

交流伺服电动机通过改变电动机运行的不对称度来达到控制目的，改变 α_e 可使电动机磁场的不对称度发生变化。在实际中，制造厂会提供给用户对称状态下（$\alpha_e=1$）的机械特性曲线，但是在系统设计时，一般需要的是不对称状态下的电动机机械特性曲线，可由对称状态下的机械特性曲线求出不对称状态下的特性曲线。

获得交流伺服电动机的机械特性后，其控制特性可以由机械特性曲线求得。当交流伺服电动机的负载转矩 T_L 恒定时，转速随控制电压（或 α_e）的变化曲线，即 $n=f(U_k)$［或 $n=f(\alpha_e)$］称为控制特性。

图 4-5 中，当电动机的负载转矩为 T_L，有效信号系数 $\alpha_e=0.25$ 时，电动机在机械特性曲线的 a 点运行，转速为 n_a。这时，电动机给出的电磁转矩与负载转矩平衡。如果控制电压突然升高，例如，有效信号系数 α_e 从 0.25 突变到 0.75，若忽略电磁惯性，电磁转矩的增大可以认为瞬时完成，而此刻转速未来得及改变，因此，电动机运行的工作点就从 a 点突跳到 c 点。这样，电动机给出的电磁转矩将大于负载转矩，于是电动机加速，使工作点从 c 点

沿着 $\alpha_e = 0.75$ 的机械特性曲线下移，电磁转矩随之减小，直至电磁转矩重新与负载转矩平衡。最终，电动机将稳定运行在 b 点，电动机转速则上升为 n_b，实现了转速的控制。

实际上，常用控制特性来描述转速随控制信号连续变化的关系。

（2）幅相控制时的机械特性和控制特性

交流伺服电动机幅相控制时，由于励磁绕组两端的电压随转速升高而升高，磁场的椭圆度也随着增大，其中反向磁场的阻转矩作用在高速段更为严重，从而使机械特性在低速段随着转速的升高转矩下降得很慢，而在高速段转矩下降得快，即在低速段机械特性负的斜率值降低。此时电动机的机械特性比幅值控制时非线性更为严重，这使得阻尼系数下降，时间常数增大，影响电动机运行的稳定性及反应的快速性。幅相控制时电动机的控制特性与幅值控制时比较，在控制电压比较大时，控制特性的斜率降低。

基于对采用幅值控制和幅相控制方式的电动机机械特性的线性度的分析，幅相控制方式的线性度较差，但是控制电路简单，不需要复杂的移相装置，只需要电容进行分相，具有成本低、输出功率较大的特点，因而成为使用最多的控制方式。

3. 两相伺服电动机的动态特性

两相伺服电动机的动态特性一般是指控制信号变化时电动机从原稳态到新稳态的过程。由于两相伺服电动机的机械特性和控制特性都是非线性的，要准确地分析电动机的动态特性就变得非常困难，因此，在工程上常常将这些非线性的特性进行线性化处理，也就是假设这些特性为直线，这样就方便分析不同控制作用下电动机的动态特性。

在幅值控制时，将对称状态时的机械特性理想化，进行线性化处理，即把堵转点（$n=0$，$T=T_{dm}$）和同步转速点（$n=n_t$，$T=0$）用直线连接起来。这样就和直流伺服电动机的机械特性一样，其转速随时间而变换的规律仍为指数函数关系。

4.2 力矩电动机

力矩电动机是一种由伺服电动机和驱动电动机结合起来发展而成的特殊电动机，通常使用在堵转或低速状态下。其特点是它不经过齿轮减速而直接驱动负载，堵转力矩大，空载转速低，过载能力强。因而具有精度高（无齿轮间隙引起的误差）、耦合刚度高、线性度高、快速响应好、噪声低等优点，从而提高了系统的稳定性、静态控制精度以及动态控制精度。

在位置控制方式的伺服系统中，它可以工作在堵转状态；在速度控制方式的伺服系统中，又可以工作在低速状态，且输出较大的转矩。力矩电动机现在已广泛用在各种雷达天线的驱动、光电跟踪等高精度传动系统以及一般仪器仪表的驱动装置的自动控制系统中。

4.2.1 直流力矩电动机的结构和工作原理

1. 直流力矩电动机结构

直流力矩电动机是一种永磁式低速直流伺服电动机。它在原理和结构上与普通永磁式直流伺服电动机相同，但在外形尺寸比例上与普通直流伺服电动机不同，后者为了减小其转动惯量，一般做成细长圆柱形，而直流力矩电动机为了能在一定的电枢体积和电枢电压下产生比较大的转矩和较低的转速，一般做成扁平形状，电枢长度和直径之比一般仅为 0.2 左右。力矩电动机的总体结构形状可以分为分装式和内装式。分装式直流力矩电动机结构示意图如图 4-6 所示，包括定子、转子和电刷架，转子直接套在负载轴上，用户根据需要自行选配机壳。内装式结构与一般电动机相同，机壳和轴由制造厂在出厂时装配好。

永磁式直流力矩电动机为一种常用的力矩电动机，其定子部分是钢制的带槽圆环，槽中嵌入铝镍永久磁钢，组成环形的桥式磁路。为了固定好磁钢，又在其外圆套上一个铜环。两个磁极间的磁极桥使得磁场在气隙中近似地呈现正弦分布。转子由铁心、绕组和换向器三部分组成，铁心和绕组与普通直流电动机相似，而换向器结构有所不同，它采用导电材料做槽楔，槽楔和绕组用环氧树脂浇铸成一个整体，槽楔的一端接线，另一端加工成一换向器。电刷架是环状的，紧贴于定子一侧，电刷装在电刷架上，可根据需要调节电刷位置。

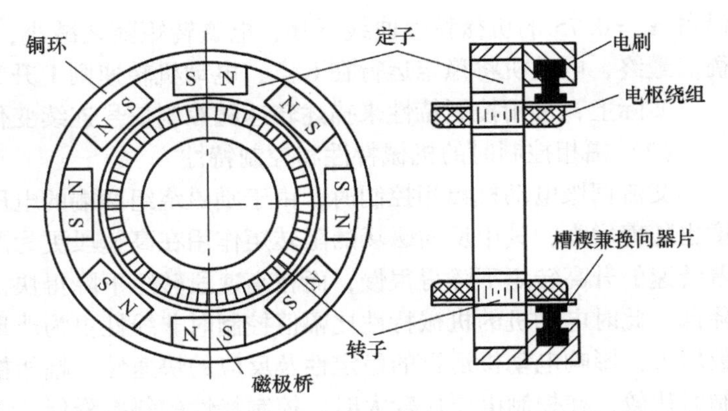

图 4-6　分装式直流力矩电动机结构示意图

2. 工作原理

直流力矩电动机的工作原理与普通直流伺服电动机基本相同。力矩电动机之所以做成圆盘状，是为了能在相同的体积和控制电压下产生较大的转矩和较低的转速。直流力矩电动机是一种低速、大转矩永磁式直流伺服电动机。由永久磁铁产生的励磁磁通和电枢绕组中的电流相互作用产生电磁转矩，电磁转矩的大小和方向则由电枢绕组所加的控制电压决定。只是结构上的特点使得它的转矩和转子速度与普通直流伺服电动机不同。现概述如下。

直流力矩电动机的电枢直径为普通直流伺服电动机电枢直径的两倍时，前者在电枢相的导体数为后者的四倍。如果令每根导体中的电流为 i_a，气隙平均磁通密度为 B_δ，电枢绕组的导体数为 N，则直流电动机产生的电磁转矩为

$$T = NB_\delta L_a i_a \frac{D_a}{2} = (NL_a) B_\delta i_a \frac{D_a}{2} \tag{4-15}$$

式中　D_a——电枢直径。

直流电动机在体积、气隙磁通密度、导体中的电流都相同的条件下，如果把电枢直径扩大一倍，相应地电枢长度变为原来的1/4，但电枢铁心面积增大了 4 倍，相应地槽面积和电枢总导体数也近似增大了 4 倍，因此由式（4-15）知它所产生的电磁转矩将增大 1 倍。增大电枢直径，会使电动机的运行速度降低得很多。一个极下一根导体的平均电动势为

$$e = B_\delta l v = B_\delta l \frac{\pi D_a n}{60} \tag{4-16}$$

式中　l——导体在磁场的长度；

v——导体运动的线速度；

n——电动机转速。

如果电枢绕组并联支路对数为 a，每条支路串联导体数为 $N/(2a)$。那么 $N/(2a)$ 根导

体串联后产生的电枢电动势为

$$E_e = B_\delta lN \frac{\pi D_a n}{120a} \approx U_a \tag{4-17}$$

式（4-17）说明电枢电压 U_a、气隙磁通密度 B_δ 以及导线直径都相同时，电动机转速与电枢直径成反比。

4.2.2 直流力矩电动机的特点

相比其他伺服电动机结构，直流力矩电动机减小了系统体积和质量，固定磁极，转子槽中嵌装电枢绕组，采用单波绕组，减小了轴向尺寸，转子的全部结构用高温环氧树脂浇铸成整体，因而具有以下的特点。

（1）可直接与负载连接，耦合刚度高

由于直流力矩电动机直接与负载连接，中间没有齿轮装置，使得直流力矩电动机具有较高的耦合刚度、转矩和惯量比。因为不存在齿轮减速，消除了齿隙，提高了传动精度，也提高了整个传动装置的自然共振频率。

（2）反应速度快，动态特性好

直流力矩电动机在设计中采用了高度饱和的电枢铁心，以降低电枢自感，因此电磁时间常数很小，一般在几毫秒甚至在 1ms 以内。同时，这种电动机的机械特性设计得较硬，所以总的机电时间常数也较小，约十几毫秒至几十毫秒。

（3）力矩波动小，低速时能平衡运行

力矩波动是指力矩电动机转子处于不同位置时，堵转力矩的峰值与平均值之间存在的差值。它是力矩电动机重要的性能指标。直流力矩电动机通常在每分钟几转到几十转时，其力矩波动约为5%（其他电动机约20%），甚至更小。

（4）线性度好，结构紧凑

力矩电动机电磁转矩的增大正比于控制电流，与速度和角位置无关。同时，由于省去了减速机构，消除了齿隙造成的“死区”特性，也使摩擦力减小了。再加上选用的永磁材料具有回复线较平的磁滞回线，并设计得使磁路高饱和。这些使得力矩电动机的电流特性具有很高的线性度。由于这一特点，直流力矩电动机特别适用于尺寸、重量和反应时间小，而位置与转速控制精度要求高的伺服系统。

直流力矩电动机也可以做成无刷结构，即无刷直流力矩电动机。具有直流力矩电动机低速、大转矩的特点，又具备无刷直流电动机无换向火花，寿命长、噪声低的特点。在空间技术、位置和速度控制系统、录像机以及一些特殊环境的装置中无刷直流力矩电动机得到了广泛的应用。这种电动机的结构特点和工作原理均与直流力矩电动机和无刷直流伺服电动机类似。

4.3 测速发电机

测速发电机是一种将转子速度转换为电气信号的机电信号元件，是伺服系统中的基本元件之一。它广泛地用于各种速度和位置控制系统中。根据结构和工作原理的不同，测速发电机分为直流测速发电机、异步测速发电机和同步测速发电机，但同步测速发电机用得很少。

对测速发电机的主要要求如下。

1）输出电压与转速成严格的线性关系，以获得较高的精度。

2）工作状况变化引起的输出电压相位移的变化小。

3）静态放大系数大，即输出电动势斜率要大；转速变化所引起的电动势的变化要大，以满足灵敏度的要求。

4）转动惯量小。

5）电磁时间常数小。

6）剩余电压（速度为零时的输出电压）低。

7）输出电压的极性或相位能随转动方向的改变而改变。

其中，3）、4）、5）项要求是为了提高测速发电机的灵敏度；1）、2）、6）、7）项要求是为了提高测速发电机的精度。只有在满足这些要求后，输出电压才能精确地反映转速的大小。

4.3.1 直流测速发电机

直流测速发电机的工作原理与普通直流发电机原理一样，它的稳定工作状态也完全遵循直流发电机的静态关系。根据励磁方式不同，直流测速发电机又分为电磁式和永磁式大两类。目前，常用的是永磁式，其定子上有永久磁钢制成的磁极和电刷，转子上有电枢铁心、电枢绕组和换向器。永磁式直流测速发电机的电枢被分为有槽电枢、无槽电枢和圆盘电枢等。这些测速发电机的结构虽然各不相同，但基本工作原理是一样的。亦即转子在定子恒定磁场中旋转时，电枢绕组中产生交变电动势，经换向器和电刷转换成与转子速度近似成正比的直流电动势。在恒定磁场下，电枢以速度 n 旋转时，电枢导体切割磁力线产生感应电动势，其值为

$$E_a = C_e\Phi n = U_a + I_aR_a \tag{4-18}$$

在空载情况下直流测速发电机的输出电流为零，则输出空载电压与感应电动势相等，即

$$U_0 = E_a = C_e\Phi n \tag{4-19}$$

式（4-19）说明直流测速发电机空载时的输出电压与转速成线性关系。接上负载后，如果负载电阻为 R_L，在不计电枢反应的条件下，输出电压 U_a 为

$$U_a = \frac{C_e\Phi}{1 + R_a/R_L}n \tag{4-20}$$

可见，如果电枢回路总电阻 R_a（包括电枢绕组电阻与换向器接触电阻）、负载电阻 R_L 和磁通 Φ 都不变，则直流测速发电机的输出电压 U_a 与转速成线性关系，是一条过原点的直线，称为直流测速发电机的输出特性，如图 4-7 所示。若负载增大（即负载电阻减小），则斜率减小。

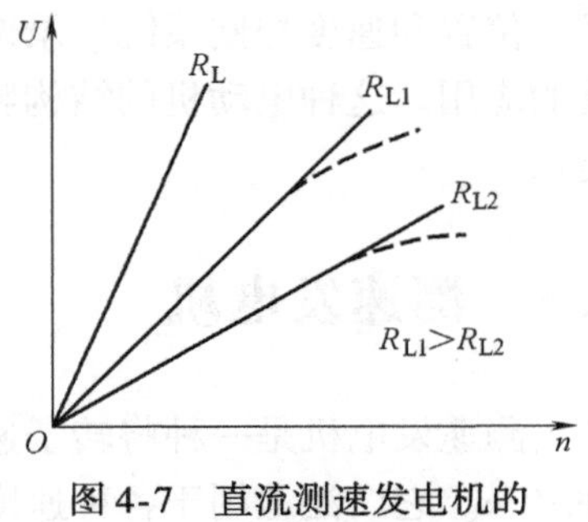

图 4-7　直流测速发电机的输出特性

直流测速发电机的动态特性是指输入一个阶跃转速时，输出信号电压随时间的变化规律。

当测速发电机处于空载状态时，输出电压为

$$U_a = C_e \Phi n(t) = \frac{60}{2\pi} C_e \Phi \Omega(t) \tag{4-21}$$

当测速发电机在有感性负载的情况下工作，而且考虑电枢回路电感时，有

$$\frac{L_a + L_f}{R_a + R_L} \frac{du_a(t)}{dt} + u_a(t) = \frac{U_{aN}}{\Omega_N} \Omega(t) \tag{4-22}$$

将 $\tau = \dfrac{L_a + L_f}{R_a + R_L}$，$K'_e = \dfrac{U_{aN}}{\Omega_N}$代入式（4-22）中，得

$$\tau \frac{du_a(t)}{dt} + u_a(t) = K'_e \Omega(t) \tag{4-23}$$

解微分方程式（4-23），求得输出电压过渡过程的时间函数为

$$U_a(t) = U_{aN}(1 - e^{-\frac{1}{\tau}}) \tag{4-24}$$

由式（4-24）可画出直流测速发电机的输出电压过渡过程曲线。

实际上，直流测速发电机在运行时，有一些因素会引起某些物理量的变化，如周围环境温度变化引起各绕组电阻发生变化，特别是励磁绕组电阻变化，引起励磁电流及其磁通 Φ 的变化，而造成线性误差；直流发电机存在电枢反应，必然影响发电机内部磁场变化，也引起线性误差，实际输出特性曲线并不是理想的直线，如图 4-7 中虚线所示。另外，接触电阻上的电刷压降会使低速时出现失灵区，几乎无电压输出，影响线性关系。采用金属电刷可使失灵区大大减小。

直流测速发电机的优点是不存在输出电压相位移问题；转速为零时，无零位电压；输出特性曲线的斜率较大，负载电阻较小。主要缺点是由于有电刷和换向器，结构比较复杂，维护较麻烦；电刷的接触电阻不为恒值，引起输出电压波动；电刷下的火花对无线电有干扰。

在选择直流测速发电机时，如果直流测速发电机作为高精度速度伺服系统中的测量元件，则要考虑线性度和纹波电压以及灵敏度；如果作为解算元件，则重点考虑纹波电压和线性度；如果作为阻尼元件使用时，则重点考虑灵敏度。

4.3.2 交流异步测速发电机

目前被广泛应用的交流异步测速发电机的转子都是杯形结构。因为测速发电机在运行时，经常与伺服电动机的轴连接在一起，为提高系统的快速性和灵敏度，采用杯形转子要比采用笼型转子的转动惯量小且精度高。在机座号较小的测速发电机中，定子槽内放置空间上相差 90°电角度的两套绕组，一套为励磁绕组 N_1，另一套为输出绕组 N_2；当机座号较大时，常把励磁绕组放在外定子上，而把输出绕组放在内定子上，以便调节内、外定子间的相对位置，使剩余电压最小。

交流异步测速发电机的工作原理图如图 4-8 所示。定子上的励磁绕组接入频率为 f_1 的恒定单相电压 U_f。转子不动时，励磁绕组与杯形转子之间的电磁关系和二次侧短路的变压器一样，励磁绕组相当于变压器的一次绕组，杯形转子就是短路的二次绕组（杯形转子可以等效为导条无数多的笼型转子绕组）。励磁绕组的轴线上产生直轴（d 轴）方向的脉振磁动势，其磁通 Φ_d 以频率 f_1 脉振，在转子上产生感应电动

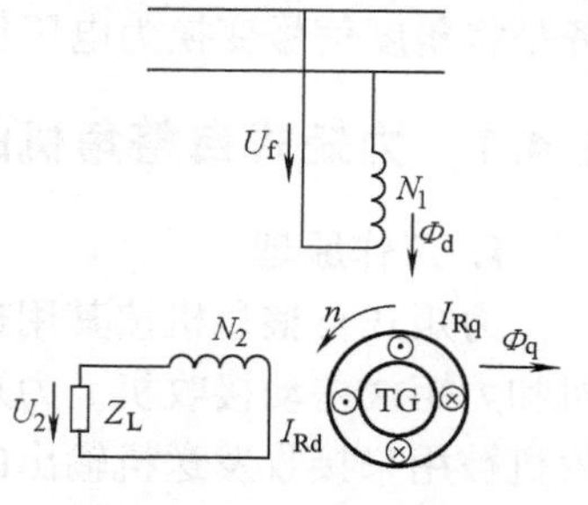

图 4-8 交流异步测速发电机原理图

势 E_d和电流（涡流）I_{Rd}，I_{Rd}形成反向磁动势，但合成磁动势不变，磁通仍是直轴脉振磁通 Φ_d，与交轴上的输出绕组没有交链，故输出绕组中不产生感应电动势，输出电压为零。当转子旋转时，转子绕组中仍将沿 d 轴感应出变压器电动势，同时转子导体将切割磁通 Φ_d，并在转子绕组中感应出旋转电动势 E_R，其有效值为 $E_R = C_q n\Phi_d$。

由于 Φ_d按频率f_1交变，所以 E_R也按频率f_1交变。当 Φ_d为恒定值时，E_R与转速 n 成正比。在 E_R的作用下，转子将产生电流 I_{Rq}，并在交轴方向（q 轴）上产生一频率为f_1的交变磁通 Φ_q。由于 Φ_q作用在 q 轴，将在定子输出绕组 N_2中感应变压器电动势，即输出电动势，其有效值为

$$E_2 = 4.44 f_1 N_2 K_{N_2} \Phi_q \tag{4-25}$$

由于 Φ_q与 E_R成正比，而 E_R又与 n 成正比，故输出电动势为

$$E_2 = C_n n \approx U_2 \tag{4-26}$$

式（4-26）表明，杯形转子测速发电机的输出电压 U_2与转速 n 成正比，当发电机反转时，输出电压的相位也相反。另由式（4-25）可知，输出电压的频率仅取决于 U_f 的频率f_1，而与转速无关。

以上分析交流测速发电机的输出特性时，忽略了励磁绕组阻抗和转子漏阻抗的影响，实际上这些阻抗对测速发电机的性能影响是比较大的。即使是输出绕组开路，实际的输出特性与直线形输出特性仍然存在着一定的误差，如幅值、相位误差和零位误差。

4.4 自整角机

自整角机是一种对角位移或角速度的偏差能自动整步的控制电机，用于测量机械转角。在自动控制系统中，总是将两台以上的自整角机组合使用。这种组合自整角机能将转轴上的转角变换为电信号，或者再将电信号变换为转轴的转角，使机械上互不相连的两根或几根转轴同步偏转或旋转，以实现角度的传输、变换和接收。在自动控制系统中使用的自整角机一般为单相。下面简要地介绍单相自整角机。

自整角机的基本结构与一般小型同步电动机相似，定子铁心上嵌有一套与三相绕组相似的三个互成120°电角度的绕组，称为同步绕组。转子上放置单相的励磁绕组，转子有凸极结构，也有隐极结构。励磁电源通过电刷和集电环施加于励磁绕组。

自整角机按其工作原理的不同，分为力矩式和控制式两种。力矩式自整角机主要用在指示系统中，以实现角度的传输；控制式自整角机主要用在传输系统中，做检测元件用，其任务是将角度信号变换为电压信号。

4.4.1 力矩式自整角机的工作原理

1. 工作原理

力矩式自整角机按其用途可分为四种：力矩式发送机、力矩式接收机、力矩式差动发送机和力矩式差动接收机。力矩式发送机发送指令转角，并变该转角为电信号输出；力矩式接收机被用来接收发送机输出的电信号，产生与失调角相应的转矩，使其转子自动转到与发送机转子相对应的位置；力矩式差动发送机在传递两个或数个转角之和或之差的系统中，串接于发送机与接收机之间，将发送机的转角及自身转角之和或之差变成电信号输出给接收机；

力矩式差动接收机串接于两台发送机之间，接收它们输出的电信号，使其转角为两台发送机转角之和或之差。

图4-9为两台力矩式自整角机的工作原理图。图中左方的自整角机称为发送机，右方的称为接收机。它们的转子励磁绕组 Z_1-Z_2 和 $Z_1'-Z_2'$ 接到同一单相电源上，同步绕组的出线端按顺序依次连接。当发送机和接收机的励磁绕组相对于本身的同步绕组偏转角分别为 θ_1 和 θ_2 时，两者相对偏转角为 $\theta=\theta_1-\theta_2$，这个相对偏转角 θ 称为失调角。当 $\theta=0$（谐调状态）时，励磁绕组 Z_1-Z_2 和 $Z_1'-Z_2'$ 产生的脉振磁场轴线分别与各自同步绕组之间耦合位置关系相同，故发送机和接收机对应同步绕组感应电动势相等，即等电位，它们之间没有电流。当发送机转子绕组及其脉振磁场轴线，由主令轴带动向逆时针方向偏转 θ 角时，即 $\theta_1=\theta$，而 $\theta_2=0$，便出现失调状态，这时，Z_1-Z_2 和 $Z_1'-Z_2'$ 的脉振磁场轴线与各自同步绕组的耦合位置关系不再相同，感应电动势大小不等，发送机和接收机同步绕组之间便产生电流，此电流流过两个同步绕组，与励磁磁场作用产生整步转矩，其方向使 Z_1-Z_2 顺时针转动，$Z_1'-Z_2'$ 逆时针转动，即力图使失调角 θ 趋于零。由于发送机的转子与主令轴相连，不能任意转动，因此整步转矩只能使接收机转子跟随发送机转子逆时针转过 $\theta_2=\theta$，使失调角为零，此时，差额电动势和电流消失，整步转矩变为零，系统又进入新的谐调位置，实现了转角 θ 的传输。

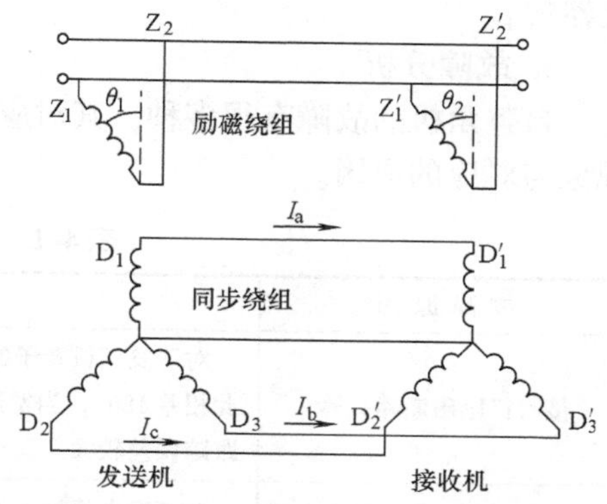

图4-9　力矩式自整角机的工作原理

2. 技术指标

力矩式自整角机的主要技术指标如下。

（1）比整步转矩

力矩式自整角接收机的角度指示功能主要取决于失调角很小时的整步转矩值。通常用发送机和接收机在谐调位置附近，失调角为1°时所产生的整步转矩值来衡量。这个指标称为比整步转矩，是力矩式自整角机的重要性能指标。

（2）零位误差

力矩式自整角机发送励磁后，发送机转子的转角为0°，即基准电气零位开始，转子每转过60°，就有一相同步绕组对准励磁绕组，另外两相同步绕组线间电动势为零。此位置称为理论电气零位，由于设计及工艺原因，实际电气零位与理论电气零位有差异，这个差值为零位误差。力矩式自整角机零位误差一般为0.2°～1°。

（3）静态误差

在静态谐调位置时，接收机与发送机转子转角之差，称为静态误差。力矩式接收机的精度由静态误差来确定，大约为1°的数量级。

（4）阻尼时间

力矩式接收机与相同电磁性能指标的标准发送机同步连接后，失调角为（177±2）°时，力矩式接收机由失调位置进入离谐调位置±0.5°范围，并且不再超过这个范围时所需要的时间称为阻尼时间。这项指标仅对力矩式接收机有要求，阻尼时间越短，接收机的跟踪性能越好。为此，在力矩式接收机上，都装有阻尼绕组（电气绕组），也有在接收机轴上装机械阻尼器的。

3. 故障分析

自整角机的故障有很多种，其对应的原因也各不相同，表4-1中列举了一些常见的故障现象与对应的原因。

表4-1 自整角机故障原因及现象

故障原因	故障现象
接收机励磁断路故障	对于发送机转子的每个位置，接收机转子有两个稳定平衡位置与之相对应，且它们彼此相差180°；当发送机旋转时，接收机可以随之同步旋转，转矩比正常时小很多，转角跟踪误差较大
励磁绕组错接	对于发送机转子的每一个位置，接收机转子均存在180°的偏差角；接收机能跟踪发送机正常转动
整步绕组错接	接收机相对发送机稳定位置有120°初始偏差角；接收机能跟踪发送机转动，其转速相同，但转向相反
整步绕组一相断路	对于发送机转子的某一位置θ_1，接收机转子有两个平衡位置$\theta_2=\pm\theta_1$与之相对应；当发送机转子缓慢连续旋转时，接收机能跟随其同步转动，但是跟踪方向随机
整步绕组两相短路	无论发送机的转子位置如何变化，接收机转子稳定在两个稳定平衡位置中的一个位置上，这两个稳定平衡相位相差180°，且位于未短路相的轴线上

4.4.2 控制式自整角机的工作原理

1. 工作原理

控制式自整角机可分为控制式自整角发送机、控制式自整角变压器和控制式差动发送机。控制式自整角发送机和力矩式自整角发送机功能一样，但是控制式自整角发送机有较高的空载输入阻抗、较多的励磁绕组匝数和较低的磁通密度，适用于精度要求高的控制系统；控制式自整角变压器只输出电压信号，不像力矩式自整角接收机那样直接驱动负载，工作状态类似于变压器；控制式差动发送机的结构功能与力矩式差动发送机相同。

如图4-10所示，把发送机和接收机的转子绕组（即励磁绕组）互相垂直的位置作为谐调位置（$\theta=0°$），并将接收机的转子绕组$Z_1'-Z_2'$从电源断开，这样接线的自整角机系统便成为控制式的自整角机。当发送机转子由主令轴转过θ角，即出现失调角时，接收机转子绕组即输出一个与失调角θ具有一定函数关系的电压信号，这样就实现了转角信号的变换，此时，接收机工作在变压器状态，故在控制式自整角机系统中的接收机亦称为自整角变压器。

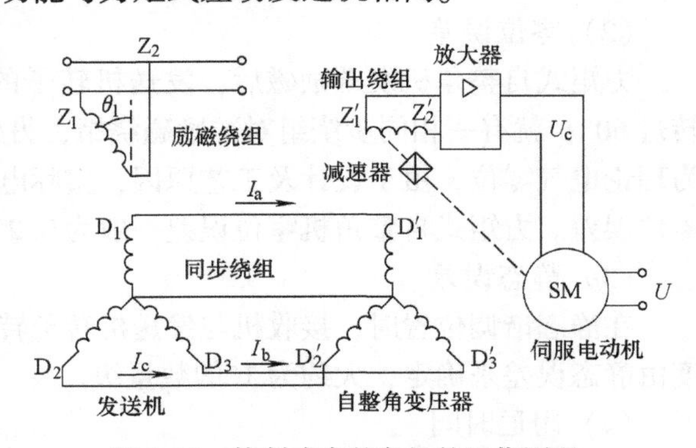

图4-10 控制式自整角机的工作原理

在谐调位置上，当发送机转子与单相励磁电源接通时，产生脉振磁场。按变压器原理，定子三个空间对称的同步绕组中都产生感应电动势。这三个电动势频率和相位都相同，但由

于与转子绕组耦合位置不同，三个电动势的幅值不同，有

$$\begin{cases} E_{D1}=E \\ E_{D2}=E\cos120^{\circ} \\ E_{D3}=E\cos240^{\circ} \end{cases} \tag{4-27}$$

三个电动势分别产生三个同相电流，它们流经发送机和接收机定子的三个绕组，产生两组三个脉振磁动势。在发送机中，三个脉振磁动势的脉振频率相同，相位也相同，但幅值不同，且在空间位置上互差120°电角度，则合成磁动势仍为一脉振磁动势，轴线在D_1绕组轴线上。同理，在接收机中，合成磁动势也是一脉振磁动势，轴线在定子D_1'绕组轴线上。由于接收机转子绕组磁场轴线与之垂直，合成脉振磁动势不会使其转子绕组产生感应电动势，即转子绕组输出电压为零。

当发送机转子被主令轴转过θ角时，同步绕组因耦合位置发生变化，三个绕组上感应电动势大小亦发生变化。电流和磁动势也是这样，但三个磁动势在空间各相差120°电角度，频率相同，不难将其合成，且合成脉振磁动势的轴线也跟着转过θ角。因为接收机同步绕组中的电流就是发送机中同步绕组的电流，而两者绕组结构又完全相同，接收机同步绕组合成脉振磁动势轴线必然从D_1'绕组的轴线位置也转过θ角。在未出现失调时，接收机转子绕组轴线与其同步绕组合成磁动势轴线互相垂直，两者无耦合作用；而出现失调角θ时，接收机同步绕组的脉振磁场磁通就会穿过其转子绕组而感生电动势E_2：

$$E_2=E_{2m}\sin\theta \tag{4-28}$$

式中　E_{2m}——$\theta=90^{\circ}$电角度时转子绕组的最大输出电动势。

显然，E_2只与失调角θ有关，而与发送机和接收机转子本身的位置无关。E_2经放大后加到交流伺服电动机的控制绕组上，使伺服电动机转动。伺服电动机一方面拖动负载，另一方面通过减速器转动接收机转轴，一直到Z_1-Z_2与$Z_1'-Z_2'$再次垂直谐调，接收机转子绕组中电动势消失，伺服电动机停转且使负载的转轴处于发送机所要求的位置，此时接收机与发送机的转角相同，系统又进入新的谐调位置。

力矩式自整角机系统中整步转矩比较小，只能带动指针、刻度盘等轻负载，而且它仅能组成开环的自整角机系统，系统精度不高。由于控制式自整角机组成的闭环控制系统有功率放大环节，所以能提高控制精度和负载能力。

2. 技术指标

控制式自整角机的主要技术指标如下。

(1) 比电压

当自整角变压器（接收机）在谐调位置附近，失调角为1°时的输出电压值，称为比电压。比电压越大，自整角变压器的灵敏度越高。

(2) 零位电压

零位电压是指自整角机处于电气零位时的输出电压，而电气零位是指控制式发送机转子位置为零，而自整角变压器转子位置为90°电角度时的输出电压。其理论应为零，但实际电动机加工过程中产生的定转子的偏心、铁心冲片的毛刺所形成的短路等原因，使其输出不为零。

(3) 电气误差

自整角变压器的输出电压应符合正弦函数的关系，但由于设计、制造工艺等原因，其输

出电压对应的实际转子转角与理论曲线存在偏差，这个差值就是电气误差。控制式自整角机的精度优于力矩式自整角机。

（4）输出相位移

控制式自整角机系统中，自整角变压器输出电压的基波分量与励磁电压的基波分量之间的时间相位差，称为输出相位移。自整角变压器的输出电压的相位移直接影响系统中的移相措施。

3. 控制式自整角机与力矩式自整角机的比较

控制式自整角机只输出电压信号，属于信号元件，它在工作时温度相当低。与力矩式自整角机相比，控制式自整角机在随动系统中具有较高的精度。另外，在一台发送机分别控制多个伺服机构的系统中，即使有一台接收机发生故障，通常也不至于影响其他接收机的正常运行。力矩自整角机属于功率元件，阻抗低，温升将随负载转矩的增大而快速上升。力矩自整角机角度传递的精度不够高，力矩自整角机系统没有力矩的放大作用，若有一台接收机卡住，则系统中所有其他并联工作的接收机都会受到影响。

力矩式自整角机与控制式自整角机的参数比较见表4-2。

表4-2　控制式自整角机和力矩式自整角机的参数比较

	带负载能力	精度	系统结构	励磁功率	励磁电流	系统造价
力矩式	接收机的负载能力受到精度及比整步转矩的限制，只能带动指针、刻度盘等轻负载	较低，一般为0.3°～2°	较简单，不需要用其他辅助元件	一般为3～10W，最大可达16W	一般大于100mA，最大可达2A	较低
控制式	自整角变压器输出电压信号、负载能力取决于系统中的伺服电动机及放大器的功率	较高，一般为3′～20′	较复杂，要用伺服电动机、放大器、减速装置等	一般小于2W	一般小于200mA	较高

注：表中1°=60′,′表示比度还小的单位，即“分”。

4.5　步进电动机

4.5.1　步进电动机的基本结构、原理及运行方式

1. 步进电动机的基本结构、原理

步进电动机是一种数字电动机，本质上属于断续运转的同步电动机。它可作为数字控制系统中的执行元件，其功用是将输入的脉冲电信号变换为阶跃性的角位移或直线位移。亦即给一个脉冲信号，电动机就转动一个角度或前进一步，因此，这种电动机叫步进电动机。又因为它输入的既不是正弦交流，又不是恒定直流，而是脉冲电流，所以又称它为脉冲电动机。

步进电动机受电脉冲信号控制，它的直线位移量或角位移量与电脉冲数成正比，所以电动机的直线速度或转速也和脉冲频率成正比，通过改变脉冲频率的高低就可以在一定的范围内调节电动机的转速，并能快速起动、制动和反转。另外，电动机的步距角和转速大小不受

电压波动和负载变化的影响，也不受环境条件如温度、气压、冲击和振动等影响，仅和脉冲频率有关。它每转一周都有固定的步数，在不失步的情况下运行，其步距误差不会长期积累，因而具有精度高、惯性小的特点，特别适合于数字控制系统。它既可用作驱动电动机，又可用作伺服电动机，并主要用于开环系统，也可用作闭环系统的控制元件。步进电动机的运动增量或步距是固定的，采用普通驱动器时效率低，很大一部分的输入功率转为热能消耗掉，步进电动机需要专门的电源和驱动器。同时，步进电动机的承受惯性负载能力较差，输出功率小，在低速运行时会发生振荡现象，需要加入阻尼机构或采取其他特殊措施。

步进电动机种类繁多，按其运动形式分为旋转式步进电动机和直线步进电动机；按其工作原理分为永磁式（PM 型）、磁阻式（反应式、VR 型）、永磁感应式（混合式、HB 型）等类型。有时也常常将 HB 型归为 PM 型。

（1）三相混合式步进电动机

三相混合式步进电动机的定子为三相六极，三相绕组分别绕在相对的两个磁极上，且这两个磁极的极性是相同的。它的每段转子铁心上有 8 个小齿。从电动机的某一端看，当定子的一个磁极与转子齿的轴线重合时，相邻磁极与转子齿的轴线就错开 1/3 齿距。

三相混合式步进电动机的转子磁钢充磁以后，一端为 N 极，并使得与之相邻的转子铁心的整个圆周都呈 N 极性；另一端为 S 极，并使得与之相邻的转子铁心的整个圆周都呈 S 极性。定子控制绕组通电后产生定子磁动势，在转子磁动势与定子磁动势的相互作用下，才产生电磁转矩，使步进电动机转动。若控制绕组中无电流，控制绕组电流产生的磁动势为零，气隙中只有转子永磁体产生的磁动势。如果电动机结构弯曲对称，定子各磁极下的气隙磁动势完全相等，此时电动机无电磁转矩。永磁体磁路方向为轴向，永磁体产生的磁通总是沿着磁阻最小的路径闭合，使转子处于一种稳定状态，保持不变，因此只具有定位转矩。

（2）多相混合式步进电动机

混合式步进电动机可以有不同的相数。除前面讲的三相外，还可以做成四相、五相、九相和十五相等。以四相混合式步进电动机为例，其定子是四相八极，转子上有 18 个小齿，从电动机的某一端看，当定子的一个磁极的小齿与转子的小齿轴线重合时，相邻极上定、转子的齿就错开 1/4 齿距。

与三相混合式步进电动机的工作原理一样，转子磁钢没有充磁或定子绕组不通电时，电动机不产生转矩，只有在转子磁动势与定子磁动势相互作用下，才产生电磁转矩。

（3）三相反应式步进电动机

传统的交直流电动机依靠定子、转子绕组电流所产生的磁场间的相互作用形成转矩与转速，而反应式步进电动机与传统电动机工作原理不同，它遵循磁通总是沿磁阻最小的路径闭合的原理，产生磁拉力形成转矩，即磁阻性质的转矩。反应式步进电动机也称为磁阻式步进电动机。以三相反应式步进电动机为例，它的定子上有 6 个极，每个极上都装有控制绕组，每个相对的两极组成一相。转子由 4 个均匀分布的齿组成，齿上没有绕组。当 A 相控制绕组通电时，因磁通要沿着磁阻最小的路径闭合，在磁力作用下，将使对应的转子齿和定子极 A-A′对齐；当 A 相断电、B 相控制绕组通电时，转子将在空间逆时针转过 30°，使另一对转子齿与定子极 B-B′对齐；如果再将 B 相断电，C 相控制绕组通电，转子又在空间逆时针转过 30°，使另一对转子齿和定子极 C-C′对齐。如此循环往复，按 A-B-C-A 顺序通电，电动机便按一定的方向转动。电动机的转速取决于控制绕组与电源接通或断开的变化频率。若按

A-C-B-A 的顺序通电，则电动机将反向转动。

(4) 永磁式步进电动机

1) 结构特点

永磁式步进电动机的定子和反应式步进电动机结构相似，都有凸极式磁极，磁极上装有两相或多相控制绕组。转子是具有一对极或多对极的凸极式永久磁钢，每一相控制绕组的磁极对数与转子的磁极对数相等。例如，以定子为两相集中绕组为例，如图 4-11 所示，每相有两对磁极，因此转子也是两对极的永磁转子。这种电动机的特点是步距角较大，起动频率和运行频率较低，并且还需要采用正、负脉冲供电，但它消耗的功率比反应式步进电动机小，由于转子为永久磁钢，在断电时具有定位转矩（是指电动机各相绕组不通电且处于开路状态时，由永磁磁极产生磁场而产生的转矩）。主要应用在新型自动化仪表领域。

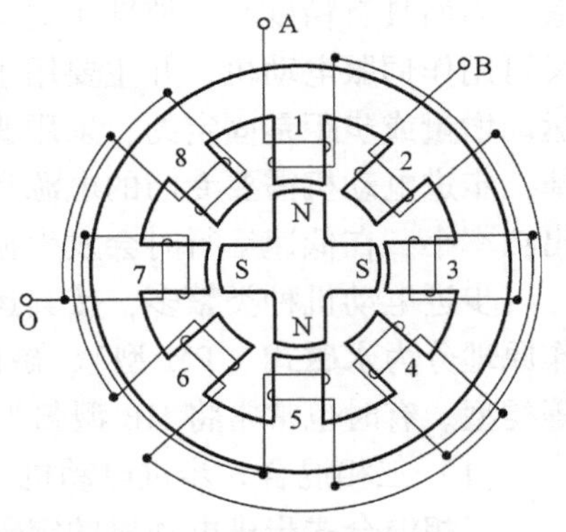

图 4-11　永磁式步进电动机

2) 工作原理

由图 4-11 可知，如 A 相绕组输入正脉冲信号，脉冲电流由 A 进 O 出，此时，磁极 1、3、5、7 分别呈现 S、N、S、N 极性，定子、转子磁场相互作用，产生整步转矩，使转子转到定子、转子磁极吸引力最大的位置。当 A 相绕组断开正脉冲信号，B 相绕组输入正脉冲信号时，脉冲电流由 B 进 O 出，此时，磁极 2、4、6、8 分别呈现 S、N、S、N 极性，亦即定子磁场轴线沿顺时针方向转动 45°（机械角度），整步转矩使转子也顺时针方向转动 45°（机械角度），以保持定子、转子磁极间吸引力最大。如 B 相绕组断开正脉冲，A 相输入负脉冲时，脉冲电流由 O 进 A 出，磁极 1、3、5、7 分别呈现 N、S、N、S 极性，定子磁场轴线又沿顺时针方向转动 45°，转子也转动 45°。依此类推，当定子绕组按 A^+-B^+-A^--B^--A^+ 的顺序输入和断开脉冲信号时，转子将按顺时针方向做步进运动。其步进的速度取决于控制绕组通电和断电的频率，即输入脉冲的频率。旋转方向取决于轮流通电的顺序。如通电顺序改为 A^+-B^--A^--B^+-A^+，则电动机将逆时针方向旋转。

(5) 直线步进电动机

在很多自动控制装置中，要求某些机构（如自动绘图机、自动打印机等）快速地做直线运动，而且要保证精确的定位。一般由旋转式的反应式步进电动机就可以完成这样的动作，但旋转式步进电动机由旋转运动变成直线运动需要专用的机械转换机构，系统结构变得复杂、惯量增大，出现机械问题和磨损，从而影响系统的快速性和精度。为了克服这些缺点，在旋转式步进电动机的基础上，产生了直线步进电动机。直线步进电动机主要分为反应式和永磁式两种，其结构特点如下。

以四相反应式直线步进电动机为例，其定子和动子都是由硅钢片叠成的。定子上、下两表面都开有均匀分布的齿槽。动子是一对具有 4 个极的铁心，极上套有四相控制绕组，每个极的表面也开有齿槽，齿距与定子上的齿锯相同。当某相动子齿与定子齿对齐时，相邻的动子齿轴线与定子齿轴线错开 1/4 齿锯。上、下两个动子铁心用支架刚性连接起来，可以一起沿着定子表面滑动。反应式直线步进电动机的工作原理与旋转式步进电动机相同。

永磁式直线步进电动机的定子（亦称反应板）和动子都用磁性材料制成。定子开有均匀分布的矩形齿和槽，槽中填满非磁性材料（如环氧树脂），使整个定子表面非常光滑。动子上装有永久磁铁 A 和 B，每一磁极端部装有用磁性材料制成的 Π 形极片，每块极片上有两个齿。

2. 步进电动机的运行方式

步进电动机的运行方式指其控制绕组的通电方式。常用的运行方式有单拍运行方式、双拍运行方式和单双拍运行方式。定子控制绕组每改变一次通电方式，称为一拍。每一拍转过的机械角度称为步距角。选用不同的运行方式，可使步进电动机具有不同的工作性能，例如同一台步进电动机，如果运行方式不同，其步距角也不相同。下面以三相步进电动机为例，进一步说明其运行方式。

（1）单拍运行方式

“单”是指每次只有一相控制绕组通电。例如，如下通电顺序：A-B-C-A，称为“三相单三拍”运行方式，“三拍”是指经过三次切换后控制绕组回到原来的通电状态，完成了一个循环。

（2）双拍运行方式

单三拍运行方式容易造成步进电动机失步，运行稳定性较差，因此在实际中应用较少。为此，将“单三拍”改成“双三拍”方式。“双”是指每次有两相控制绕组通电。例如，AB-BC-CA-AB 的通电方式即为双三拍方式。

（3）单双拍运行方式

这种方式，单相控制绕组和两相控制绕组交叉通电。例如，A-AB-B-BC-C-CA-A 的通电方式为“单双六拍”方式。这种方式，有时是单个控制绕组通电，有时又为两个控制绕组通电，且定子三相控制绕组需经过 6 次切换通电状态才能完成一个循环。

步进电动机除三相外，还有四相、五相、六相等几种，每一种都可工作于上述运行方式。

3. 步进电动机的主要性能指标

（1）步距角

步距角定义为每输入一个电脉冲信号转子转过的角度。它是实际的机械角度，其大小直接影响步进电动机的起动和运行频率。外形尺寸相同的电动机，步距角小的往往起动及运行频率较高，但转速和输出功率不一定高。步距角的计算公式如下：

$$\theta_s = \frac{360°}{mZ_rC} \tag{4-29}$$

式中 C——通电状态系数，采用单拍或双拍通电方式时为 1，采用单双拍通电方式时为 2；

Z_r——转子齿数；

m——控制绕组的相数。

（2）静态步距角误差

静态步距角误差是指实际的步距角与理论的步距角之间的差值，通常用理论步距角的百分数或绝对值来衡量。静态步距角误差小，表示步进电动机精度高。

（3）最大静转矩

最大静转矩是指步进电动机在规定的通电相数下，步距特性上的转矩最大值。通常技术数据中所规定的最大静转矩是指每相绕组通额定电流时所得的值。一般来说，最大静转矩较大的电动机，可以带动较大的负载。相应地，另外一个指标为保持转矩，它是指每相绕组通额定电流且处于静态锁定状态时步进电动机所能输出的最大转矩。

(4) 起动频率和起动矩频特性

起动频率又称突跳频率，是指步进电动机能够不失步起动的最高脉冲频率。它是步进电动机的一项重要指标。产品铭牌上一般给的是空载起动频率，但实际应用时步进电动机都要带负载起动。因此，负载起动频率是一项重要指标。在一定负载惯量下，起动频率随负载转矩变化的特性称为起动转矩特性。在产品资料中以表格或曲线的形式给出。

(5) 运行频率和运行矩频特性

步进电动机起动后，在控制脉冲频率连续上升时，能维持不失步运行的最高频率称为运行频率。产品铭牌上一般给的也是空载运行频率。当电动机带着一定负载运行时，运行频率与负载转矩大小有关，两者的关系称为运行矩频特性，在技术数据中通常也是以表格或曲线形式给出的。提高步进电动机的运行频率对于提高生产效率和系统的快速性具有实际意义。另外，步进电动机的起动频率、运行频率及其矩频特性都与电源形式密切相关。

(6) 额定电流

额定电流是指电动机静止时每相绕组允许的最大电流。当电动机运行时，每相绕组通脉冲电流，电流表指示的读数是脉冲电流的平均值，而非额定值。

(7) 额定电压

额定电压是指驱动电源提供的直流电压，一般不等于加在绕组两端的电压。步进电动机的额定电压规定如下。

1) 单一电压型电压：6V、12V、24V、48V、60V、80V。

2) 高低压切换型电源：60/12V、80/12V。

4.5.2 步进电动机的运行特性与开环控制

步进电动机是一种将电脉冲信号转换成角位移（或线位移）的机电换能器。步进电动机的运行涉及电、磁和机械系统的有关参数，是一个较为复杂的过程。近年来，随着步进电动机在各领域的广泛应用，其静态及动态特性得到了深入研究。可以精确预测步进电动机静态特性及电感、旋转电动势等主要参数的齿层比磁导法和齿层比磁导数据库已逐步完善，为精确计算预测步进电动机动态特性提供了有效的理论方法基础。本节重点介绍步进电动机动态特性的基本分析方法及其理论基础。

1. 步进电动机的基本方程

步进电动机动态方程包括运动方程和电压平衡方程，即

$$\begin{cases} T - T_{\mathrm{L}} = J\dfrac{\mathrm{d}^2\theta}{\mathrm{d}t^2} \\ \dfrac{\mathrm{d}\psi_k}{\mathrm{d}t} + i_k R = U_k \quad (k=1,\ \cdots,\ m) \end{cases} \tag{4-30}$$

式中 m——电动机相数；

T——电动机的电磁转矩；

T_{L}——负载转矩，$T_{\mathrm{L}} = T_{\mathrm{L1}} + T_{\mathrm{L2}} + T_{\mathrm{L3}}$，$T_{\mathrm{L1}}$为干摩擦转矩；$T_{\mathrm{L2}}$为固定方向的负载转矩；$T_{\mathrm{L3}}$为黏型负载转矩（外部阻尼转矩）；

J——转动部分转动惯量；

ψ_k——k 相磁链；

i_k——k 相电流；

R——相绕组电阻；

U_k——k 相电压。

步进电动机的电磁转矩可以看成由同步转矩 T_{e1} 和阻尼转矩（或称异步转矩）T_{e2} 两个分量组成，即 $T=T_{e1}+T_{e2}$。T_{e1} 是绕组电流与失调角的函数，$T_{e1}=f(i, \theta_e)$；T_{e2} 是绕组电流与角速度的函数，$T_{e2}=f(i, \mathrm{d}\theta_e/\mathrm{d}t)$。在静止情况下，$\mathrm{d}\theta_e/\mathrm{d}t=0$，$T_{e2}$ 不存在，故静转矩实际上相当于同步转矩分量。也就是说，在一定电流值时，同步转矩就是矩角特性。

矩角特性的波形比较复杂，与齿层尺寸、磁路饱和度、绕组连接及通电方式等因素有关。为分析方便起见，在分析动态特性时，一般把矩角特性看成是正弦波形，即

$$T=-T_k\sin(\theta_e-\gamma) \tag{4-31}$$

式中 $\theta_e-\gamma$——失调角，等于定子磁轴与转子齿中心线之间的夹角。

2. PM 型和 VR 型步进电动机的动态方程

（1）PM 型步进电动机的动态方程

设永磁体交链的磁通为 Φ_m，则

1）电流 i_A 产生的 A 相齿下的转矩为

$$T_A=-p\Phi_m i_A\sin(p\theta) \tag{4-32}$$

2）B 相齿下的转矩为

$$T_B=-p\Phi_m i_B\sin[p(\theta-\lambda)] \tag{4-33}$$

式中 p——转子磁极对数，对于混合式步进电动机来说，p 就是转子齿数；

λ——极距角。

于是，转子的运动方程式为

$$J\frac{\mathrm{d}^2\theta}{\mathrm{d}t^2}+D\frac{\mathrm{d}\theta}{\mathrm{d}t}+p\Phi_m i_A\sin(p\theta)+p\Phi_m i_B\sin[p(\theta-\lambda)]=0 \tag{4-34}$$

式中 D——黏性摩擦系数；

D（$\mathrm{d}\theta/\mathrm{d}t$）——包括风和机械损耗在内的摩擦转矩，也包含磁滞涡流所致的二次电磁效应。

A、B 两相的电压平衡方程式为

$$\begin{cases} U-Ri_A-L\dfrac{\mathrm{d}i_A}{\mathrm{d}t}-M\dfrac{\mathrm{d}i_B}{\mathrm{d}t}+\dfrac{\mathrm{d}}{\mathrm{d}t}[\Phi_m\cos(p\theta)]=0 \\ U-Ri_B-L\dfrac{\mathrm{d}i_B}{\mathrm{d}t}-M\dfrac{\mathrm{d}i_A}{\mathrm{d}t}+\dfrac{\mathrm{d}}{\mathrm{d}t}\{\Phi_m\cos[p(\theta-\lambda)]\}=0 \end{cases} \tag{4-35}$$

式中 U——相绕组端电压；

L——相绕组自感；

M——A、B 两相间互感；

R——相绕组电阻。

不失一般性，设电感 L、M 与 θ 无关。

以上是两相通电情况，一相通电时，可令 $\lambda=0$，即 A、B 两相将重合。

步进电动机的工作状态远比直流电动机复杂，对其特性进行解析是相当困难的，即使在上述简化模型基础上得到的微分方程也是非线性的，需进行线性化处理。设 A、B 两相都流

过恒定电流 I_0，可利用以下方法对将式（4-35）进行线性化：

$$\begin{cases}\theta=\dfrac{\lambda}{2}+\Delta\theta\\ i_{\mathrm{A}}=I_0+\Delta i_{\mathrm{A}}\\ i_{\mathrm{B}}=I_0+\Delta i_{\mathrm{B}}\end{cases}$$

求解线性化后的微分方程可利用拉普拉斯变换，获得步进电动机的传递函数，进行求解。因篇幅所限具体内容请参阅有关文献。

（2）VR 型步进电动机的动态方程

以单段式 VR 步进电动机为例进行分析，但所得的结论也适用于互感等于零的多段式步进电动机。A、B 两相的自感及两相间的互感为

$$\begin{cases}L_{\mathrm{A}}=L_0+L_1\cos(2p\theta)\\ L_{\mathrm{B}}=L_0+L_1\cos[2p(\theta-\lambda)]\\ M_{\mathrm{AB}}=-M_0+M_1\cos[2p(\theta-\dfrac{\lambda}{2})]\end{cases}\tag{4-36}$$

VR 型电动机的转矩可表示为

$$\begin{aligned}T&=\frac{1}{2}i_{\mathrm{A}}^2\frac{\mathrm{d}L_{\mathrm{A}}}{\mathrm{d}\theta}+\frac{1}{2}i_{\mathrm{B}}^2\frac{\mathrm{d}L_{\mathrm{B}}}{\mathrm{d}\theta}+i_{\mathrm{A}}i_{\mathrm{B}}\frac{\mathrm{d}M}{\mathrm{d}\theta}\\&=i_{\mathrm{A}}^2pL\sin(2p\theta)+i_{\mathrm{B}}^2pL\sin[2p(\theta-\lambda)]+2i_{\mathrm{A}}i_{\mathrm{B}}pM\sin[2p(\theta-\frac{\lambda}{2})]\end{aligned}\tag{4-37}$$

其运动方程式可表示为

$$J\frac{\mathrm{d}^2\theta}{\mathrm{d}t^2}+D\frac{\mathrm{d}\theta}{\mathrm{d}t}+i_{\mathrm{A}}^2pL\sin(2p\theta)+i_{\mathrm{B}}^2pL\sin[2p(\theta-\lambda)]+2i_{\mathrm{A}}i_{\mathrm{B}}pM\sin[2p(\theta-\frac{\lambda}{2})]=0\tag{4-38}$$

L_{A}、L_{B}和 M_{AB}是时间的函数，故电压方程式为

$$\begin{cases}U-Ri_{\mathrm{A}}-\dfrac{\mathrm{d}}{\mathrm{d}t}(L_{\mathrm{A}}i_{\mathrm{A}})-\dfrac{\mathrm{d}}{\mathrm{d}t}(Mi_{\mathrm{B}})=0\\ U-Ri_{\mathrm{B}}-\dfrac{\mathrm{d}}{\mathrm{d}t}(L_{\mathrm{B}}i_{\mathrm{B}})-\dfrac{\mathrm{d}}{\mathrm{d}t}(Mi_{\mathrm{A}})=0\end{cases}\tag{4-39}$$

同理，可将上述方程线性化，可见该方程与 PM 型步进电动机的方程形式相同。

3. 步进电动机的传递函数

步进电动机的传递函数定义为

$$G(s)=\frac{\theta_{\mathrm{o}}}{\theta_{\mathrm{i}}}\tag{4-40}$$

式中　θ_{i}——目标值机械角，为输入值；

θ_{o}——控制量机械角，为输出值。

步进电动机的传递函数可根据以上动态方程（特别是线性化后的方程），通过拉普拉斯变换获得。变换时，需要根据具体情况，例如是一相励磁，还是两相励磁，获得不同的动态方程，从而得到它们的传递函数。例如，一相励磁或定流源运行的传递函数可表示为

$$G(s)=\frac{\theta_{\mathrm{o}}}{\theta_{\mathrm{i}}}=\frac{\omega_{\mathrm{n}}^2}{s^2+2\xi\omega_{\mathrm{n}}s+\omega_{\mathrm{n}}^2}\tag{4-41}$$

式中　ξ——衰减系数，且

$$\xi=\frac{D}{2J\omega} \tag{4-42}$$

4. 步进电动机的矩频特性

（1）运行矩频特性

同步运行的步进电动机，如果慢慢增大输入频率，则转速随频率而上升，当频率增大到一定值时，步进电动机就会出现失步，矩频特性与负载惯量有关，通常给出的矩频特性曲线都是在确定负载惯量的条件下测得的。

本节以四相混合式步进电动机为例进行分析。四相 HB 电动机也可以看作两相电动机，即具有 A、B 两相绕组，双极性供电，其 $\lambda=\pi/2$。得到转矩为

$$T=T_{\mathrm{A}}+T_{\mathrm{B}}=-p\Phi_{\mathrm{m}}[i_{\mathrm{A}}\sin(p\theta)+i_{\mathrm{B}}\cos(p\theta)] \tag{4-43}$$

设 A、B 两相间互感为零，则其电压平衡方程为

$$\begin{cases}U_{\mathrm{A}}=Ri_{\mathrm{A}}+L\dfrac{\mathrm{d}i_{\mathrm{A}}}{\mathrm{d}t}+\dfrac{\mathrm{d}}{\mathrm{d}t}[\Phi_{\mathrm{m}}\cos(p\theta)]\\ U_{\mathrm{B}}=Ri_{\mathrm{B}}+L\dfrac{\mathrm{d}i_{\mathrm{B}}}{\mathrm{d}t}+\dfrac{\mathrm{d}}{\mathrm{d}t}[\Phi_{\mathrm{m}}\sin(p\theta)]\end{cases} \tag{4-44}$$

这里仅考虑其基波分量

$$\begin{cases}U_{\mathrm{A}}=U\cos(\omega t)\\ U_{\mathrm{B}}=U\cos\left(\omega t-\dfrac{\pi}{2}\right)\end{cases} \tag{4-45}$$

上述简化的目的是便于导出其基本性质及相关问题。根据上述分析，稳态转矩为

$$T=\frac{p\Phi_{\mathrm{m}}}{\sqrt{R^2+\omega^2L^2}}U\sin(\varphi+\gamma)-\frac{\Phi_{\mathrm{m}}^2p\omega}{R^2+\omega^2L^2} \tag{4-46}$$

式中　$\gamma=\arctan(t/\omega L)$；

　　　φ——转子负载角。

最大转矩为

$$T_{\mathrm{m}}=\frac{p\Phi_{\mathrm{m}}U}{\sqrt{R^2+\omega^2L^2}}-\frac{p\Phi_{\mathrm{m}}^2\omega}{R^2+\omega^2L^2} \tag{4-47}$$

最大静转矩 T_{k}（即 $\omega=0$ 时的转矩）为

$$T_{\mathrm{k}}=\frac{p\Phi_{\mathrm{m}}U}{R}=p\Phi_{\mathrm{m}}I_{\mathrm{m}} \tag{4-48}$$

（2）起动特性

步进电动机起动时，转子要从静止状态加速，电动机的电磁转矩除了克服负载转矩之外，还要使转子加速，所以起动时步进电动机的负载要比连续运行时大。当起动频率过高时，转子的运动速度跟不上定子磁场的变化，转子就要落后稳定平衡位置一个角度，当落后角度使转子的位置在动稳定区之外时，步进电动机就会出现失步或振荡，使其不能运转。为此，对起动频率要有一定的限制。当电动机带着一定的负载转矩起动时，作用在电动机转子上的加速度转矩为电磁转矩与负载转矩之差。负载转矩越大，加速度转矩越小，电动机就不容易起动，其起动的脉冲频率就越低。另外，在负载转矩一定时，转动惯量越大，转子速度

的增加越慢，起动频率也越低。

要提高起动频率，一般需要考虑以下几个方面。

1）增加电动机的相数、运行的拍数和转子的齿数。

2）增大最大静转矩。

3）减少电动机的负载和转动惯量。

4）减少电路的时间常数。

5）减少电动机内部或外部的阻尼转矩等。

5. 步进电动机开环控制

步进电动机的开环控制是一种成本低且简单的控制方案，应用较为广泛。图 4-12 是一种典型的开环控制系统框图。该控制方案中，负载位置对控制电路没有反馈，因此，步进电动机必须正确地响应每次励磁变化。如果励磁变化太快，步进电动机不能够移动到新的要求位置，那么，实际的负载位置相对控制器所期待的位置将出现永久误差。如果负载参数基本上不随时间变化，则相控制信号的定时设定比较简单。但是，在负载可能变化的应用场合中，定时必须以最坏（即最大负载）的情况进行设定。相控制信号（电脉冲信号）由图中的控制器发出。通常控制器主要指脉冲分配器（过去常称为环形分配器）按规定的方式将电脉冲信号分配给步进电动机的各相励磁绕组。脉冲分配器过去多由电子电路做成，包括脉冲发生器、整形反相电路、脉冲放大器及计数器等，现在脉冲分配器通常由微处理机（如单片机）来实现，通过设计适当的软件即可构成。

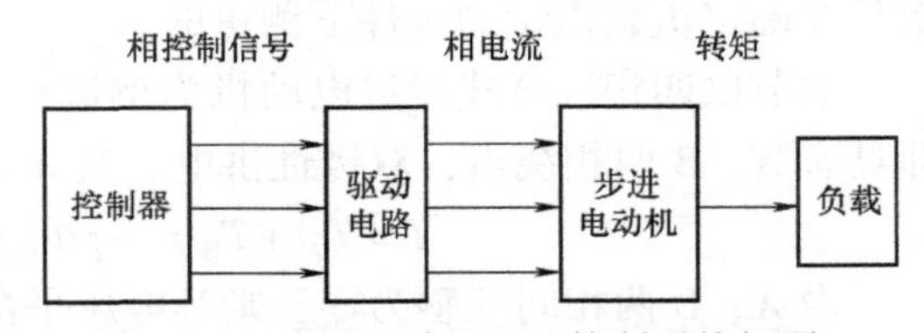

图 4-12　步进电动机开环控制系统框图

步进电动机的控制主要是速度控制。从运动过程来看，一般有加速、匀速（工作速度）和减速三个主要过程。速度控制主要通过控制进给脉冲频率来实现。该脉冲信号产生相应的相控制信号，对驱动电路进行控制，使步进电动机按一定的转速运转。最简单的开环控制方式是进给脉冲频率恒定，电动机在达到目标位置之前都以这个频率转动。它仅有“起动”和“停止”信号来控制时序发生电路，产生相应的相控制信号，使电动机运转或停止。确定进给脉冲频率十分重要，如果频率调得太高，电动机不能把负载惯量加速到对应的步进频率，系统或者完全不能工作，或者在行程的开始阶段失步。把从静止开始，电动机能响应而不失步的最高的进给脉冲频率称为“起动频率”。与此类似，“停止频率”是系统控制信号突然关断，而电动机不冲过目标位置的最高的进给脉冲频率。对任何电动机负载组合来讲，起动频率和停止频率之间的差别都很小。不过，在简单的恒频系统里，时钟必须调整在两者之中较低的那个频率上，以此确保可靠的起动和停止。因为步进电动机系统的起动频率比它的正常工作最高运行频率低得多。因此，为了减少定位时间，以及保证系统正常的稳定运行，常常通过加速使电动机在接近最高速度下运行。

步进电动机的加速可以通过控制进给脉冲时间间隔从大到小来实现，即进给脉冲频率由小到大。为了获得接近线性上升的加速过程（即匀加速），需要计算出各个时间间隔。若设 T_i 为相邻两个进给脉冲的时间间隔，v_i 为进给一步后的末速度，a 为进给一步的加速度，则有

$$v_i = \frac{1}{T_i}$$

$$v_{i+1} = \frac{1}{T_{i+1}}$$

$$v_{i+1}-v_i=\frac{1}{T_{i+1}}-\frac{1}{T_i}=aT_{i+1}$$

因此有

$$T_{i+1}=\frac{-1+\sqrt{1+4aT_i^2}}{2aT_i} \tag{4-49}$$

由式（4-49）可以计算出所需的各时间间隔。显然，只要进给脉冲的时间间隔保持不变，即进给脉冲频率不变，步进电动机则会匀速运行。若时间间隔由小到大，则步进电动机减速运行。

4.5.3 步进电动机的驱动控制电路

1. 单电压驱动电路

所谓单电压驱动，是指在电动机绕组工作过程中，只用一个方向的电压对绕组供电。其线路如图 4-13 所示。当信号脉冲输入时，前面推动级输出信号作用于晶体管 VT_1 的基极，其集电极接电动机的一相绕组，绕组另一端直接与电源电压连接。这样，晶体管 VT_1 导通时，电源电压全部作用在电动机绕组上。单电压驱动电路有如下特点。

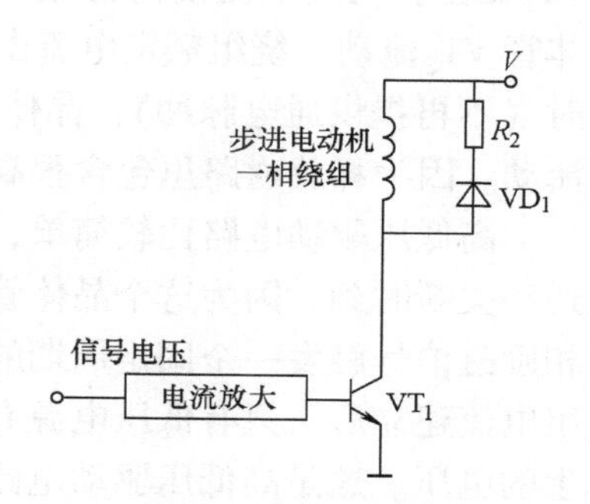

图 4-13 单电压驱动电路

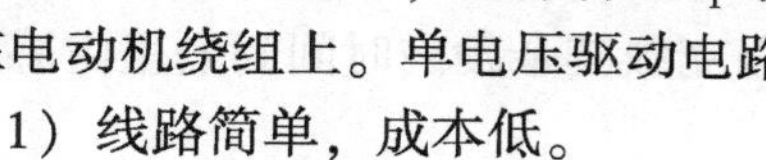
1）线路简单，成本低。

2）低频时响应较好。

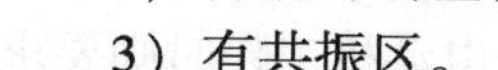
3）有共振区。

4）绕组导通的回路电气时间常数较大，致使导通时绕组电流上升较慢，使在导通脉宽接近时绕组电流迅速下降。高频时带负载能力迅速下降。

由于单电压驱动性能较差，实际应用较少，只有在小机座号电动机且简单应用中才用到。

2. 单电压串电阻驱动电路

单电压驱动的绕组导通的回路电气时间常数 τ 较大，由于 $\tau=L/R$，故减小电气时间常数 τ 的方法是减小绕组的电感 L 或增加绕组回路的电阻 R。对于确定的步进电动机，绕组电感已经确定，因此在电路中只有用增加回路电阻的方法。可在电枢绕组回路中串接电阻 R_1，增加绕组回路总电阻，如图 4-14 所示。当信号脉冲输入时，晶体管 VT_1 导通，电容 C 在开始充电瞬间相当于将电阻 R_1 短接，使控制绕组电流迅速上升。电流达到稳态状态后，利用串联电阻 R_1 来限流。当晶体管 VT_1 关断时，R_2 与 VD_1 组成续流回路，防止过电压击穿功率管。这种线路的特点是结构简单，电阻 R_1 和控制绕组串联后可减少回路的时间常数，控制绕组电流上升迅速，但由于电阻 R_1 上要消耗功率，所以电源的效率降低，步进电动机起动和运行频率较低。

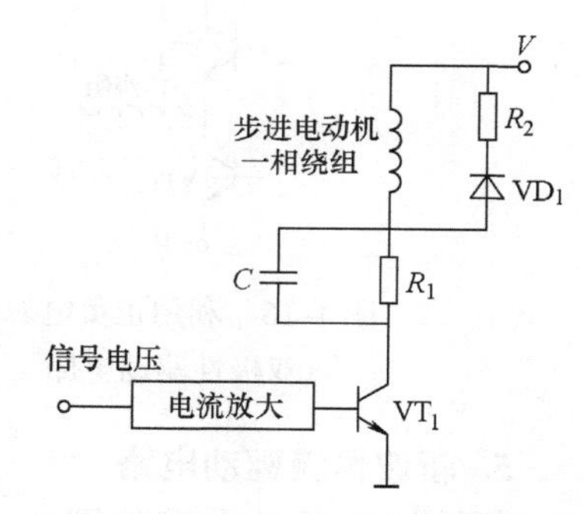

图 4-14 单电压串电阻驱动电路

采用串电阻的办法虽可提高绕组导通电流上升的速度，从而可以提高高频时绕组电流的平均值，改善高频特性，但却增加了损耗，带来了通风散热等一系列问题。

3. 高低压驱动电路

高低压驱动电路有两种电源电压。接通或截止相电流时使用高电压；继续励磁期间使用低电压，把电流维持在额定值上。

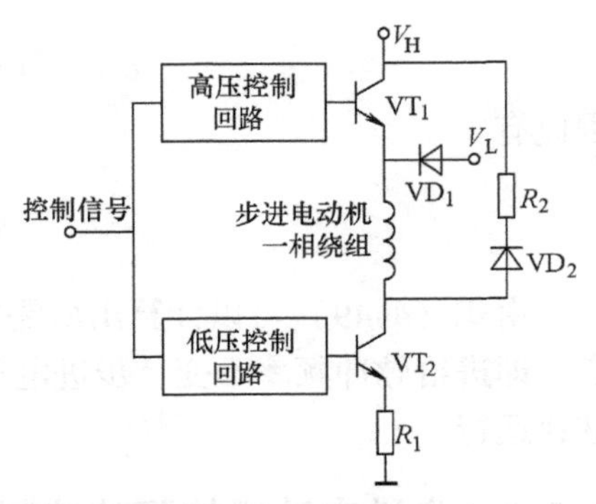

图 4-15　高低压驱动电路

图 4-15 是单极性高低压驱动电路中的一相电路。开始激励绕组时，两只晶体管 VT_1 和 VT_2 导通，因此，加在相绕组上的电压等于两个电源电压之和（$V_L + V_H$），二极管 VD_2 受 V_H 反偏。因没有串联电阻限制电流，因此，它开始迅速上升。经过很短时间，晶体管 VT_1 截止，绕组电流沿电源电压 V_L、二极管 VD_1 和晶体管 VT_2 流动。绕组额定电流由电压 V_L 维持，经过选择可使 V_L/R = 额定电流。相激励结束时（不再提供通电脉冲），晶体管 VT_2 也截止。绕组电流沿着经过二极管 VD_1 和 VD_2 的通路流动。因为释放通路里包含很高的电源电压 V_H，所以电流迅速衰减。

高低压驱动电路比较简单，只要求控制电路正确控制每次励磁开始阶段晶体管 VT_1 的导通和关断时刻。因为这个晶体管的导通时间由绕组时间常数决定，为一固定值，所以，可用相励磁信号触发一个固定周期的单稳电路来实现。另外，考虑到转子运动感应的电压，而绕组电流建立后，只有低压电源有效，这个电压也许不足以克服其余励磁时间间隔里由感应产生的电压。这是高低压驱动电路存在的一个缺点。

4. 双极性驱动电路

单极性驱动电路适用于反应式步进电动机，永磁式和永磁感应式步进电动机工作时则要求绕组有双极性电路驱动，即绕组电流能正、反向流动。若有双极性电源，可采用如图 4-16 所示简单的双极性驱动电路；没有双极性电源的情况下，采用 H 桥式驱动电路，如图 4-17 所示，也可以达到绕组电流正、反向流动的目的。

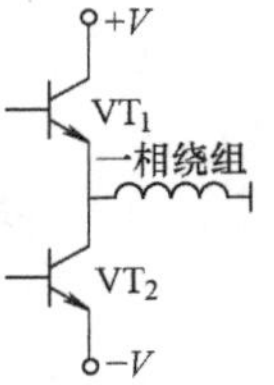

图 4-16　利用正负电源的双极性驱动电路

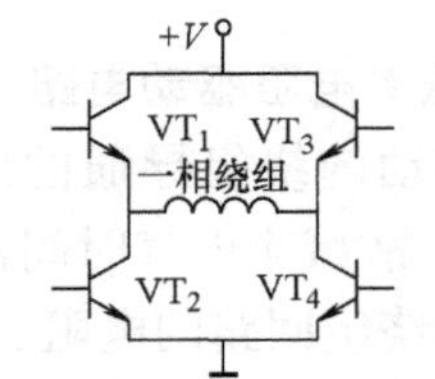

图 4-17　利用 H 桥式的双极性驱动电路

5. 斩波恒流驱动电路

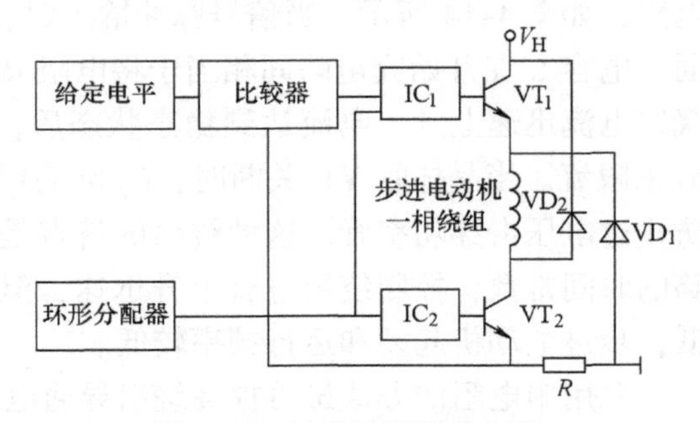

图 4-18　斩波恒流驱动电路

斩波恒流驱动电路如图 4-18 所示。主电路由高压晶体管 VT_1、电动机绕组和低压晶体管 VT_2 串联而成。与高低压驱动器不同的是，低压管发射极串联一个小的电阻后接地，电动机绕组的电流经这个小电阻流入大地，小电阻的电压降与电动机绕组电流成正比，所以这个电阻称为取样电阻。IC_1 和 IC_2 分别是两个控制门，控制 VT_1 和 VT_2 两个晶体管的导通和截止（注意 IC_1 和 IC_2 是一种功能示意，具体实现请参见其他文献）。

斩波恒流驱动中，由于驱动电压较高，电动机绕组回路又不串接电阻，所以电流上升很快，当到达所需要的数值时，由于取样电阻反馈控制作用，绕组电流可以恒定在确定的数值上，而且不随电动机的转速而变化，从而保证在很大的频率范围内电动机都能输出恒定的转矩。这种驱动器有很高的效率。其另一优点是减少了电动机共振现象的发生。引起电动机共振的原因是能量过剩，而斩波恒流驱动输入的能量能够随着绕组电流自动调节。能量过剩时，续流时间延长，而供电时间减小，因此可减小能量的积聚。实验线路的测试表明，用这种驱动器驱动步进电动机，低频共振现象基本消除，在任何频率下电动机都可稳定运行。

6. 调频调压驱动电路

调频调压驱动电路如图 4-19 所示，其特点是电源随着脉冲频率的变化，控制电路的输入电压按一定函数关系变化。在步进电动机处于低频运行时，为了减小低频振动，应使低速绕组电流上升的前沿较平缓，这样才能使转子在到达新的稳定平衡位置时不产生过冲，避免产生明显的振荡，这时驱动电源用较低的电压供电；而在步进电动机高速运行时希望电流波形的前沿较陡，以产生足够的绕组电流，才能提高步进电动机的带载能力，这时驱动电源用较高的电压供电。

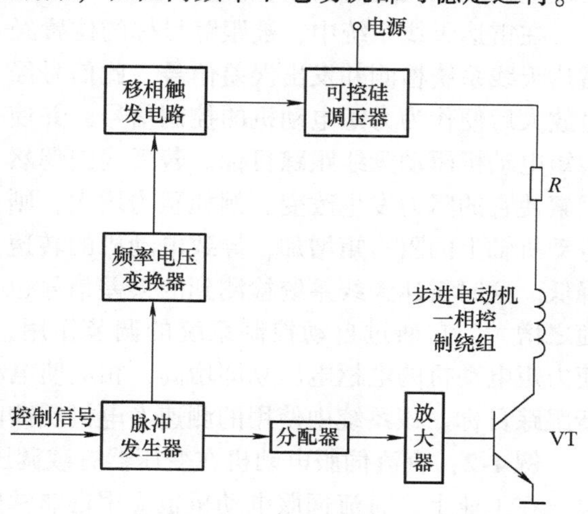

图 4-19　调频调压驱动电路

7. 细分驱动电路

在实际应用中，某些系统会要求步进电动机的步距角必须很小，产品加工才会达到工艺的要求。在不改变步进电动机结构的前提下，可以通过改变驱动电路中绕组电流的控制方式来获得更小的步距角，所采用的电路称为细分驱动电路。其基本思想是控制每相绕组电流的波形按阶梯上升或下降变化，即在电流 0 值和最大值之间给出多个稳定的中间状态（相绕组的电流不再只取 0 值或最大值），定子磁场的旋转过程也就多出了多个稳定的中间状态，步进电动机的转子旋转步数增加，步距减少。由上述原理可知，在绕组的输入脉冲进行切换时，并不是将绕组额定电流全部加入或完全切除（即最大值或 0 值），而是每次改变的电流数值只是额定电流数值的一部分。这样绕组中的电流是阶梯式地逐渐增加至额定值，切除电流时也是从额定值开始阶梯式地逐渐切除。电流波形不是方波，而是阶梯波。电流分成多少个阶梯，转子转一个原步距角就需要多少个脉冲。因此一个脉冲所对应的电动机的步距角就要小得多。

步进电动机的细分驱动技术，过去主要是由硬件来实现，现在基本都采用微处理器（如单片机）来实现。微处理器很容易根据要求的步距角计算出各相绕组中通过的电流值，控制外部驱动电路给各相绕组通以相应的电流，来实现步进电动机的细分。步进电动机细分驱动技术主要优点如下。

1）在不改变步进电动机结构的前提下，大幅度提高步进电动机的分辨率，实现微步驱动。

2）由于电动机绕组中的电流变化幅度变小，引起低频振荡的过冲能量减少，改善了低频性能，减少了开环运动的噪声，提高了步进电动机运行的稳定度。

4.6 应用案例分析

控制电机在各行各业获得广泛应用，下面给出几个应用案例。

例 4-1：直流伺服电动机在雷达天线系统中的应用

如图 4-20 所示，在雷达天线系统中，主传动系统由直流力矩电动机组成，是一个典型的位置控制方式的随动系统。

在雷达天线系统中，被跟踪目标的位置经雷达天线系统检测并发出误差信号，此信号经过放大后便作为力矩电动机的控制信号，并使力矩电动机驱动天线跟踪目标。若天线因偶然因素使它的阻力发生改变，例如阻力增大，则电动机轴上的阻力矩增加，导致电动机的转速降低。这时雷达天线系统检测到的误差信号也随之增大，它通过自动控制系统的调节作用，使力矩电动机的电枢电压立即增高，相应使电动机的电磁转矩增加，转速上升，天线又能重新跟踪目标。该系统中使用的测速发电机反馈回路可提高系统的运行稳定性。

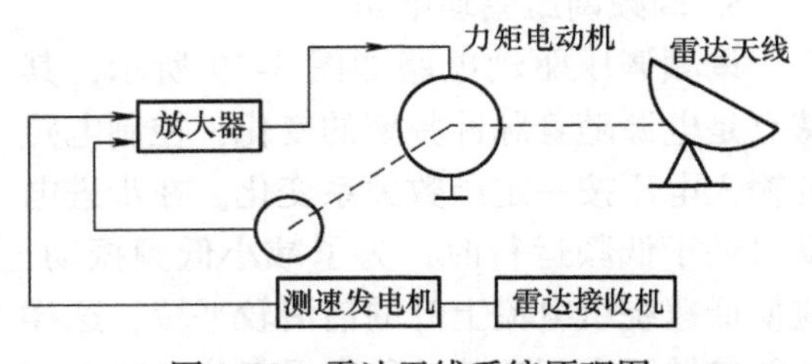

图 4-20　雷达天线系统原理图

例 4-2：直流伺服电动机在变压器有载调压定位中的应用

在工业上，直流伺服电动机也应用得非常广泛，例如发电厂阀门的控制、变压器有载调压定位等，如图 4-21 所示。

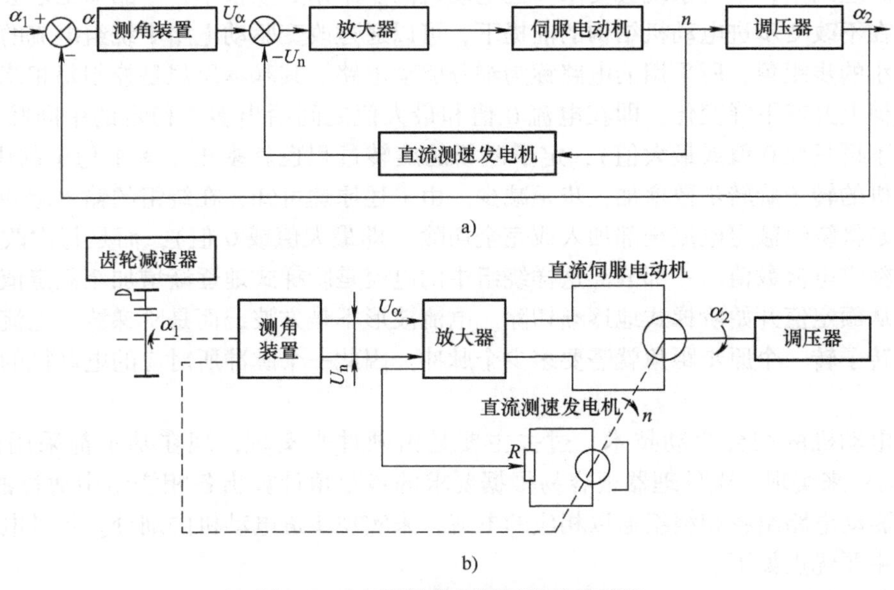

图 4-21　变压器有载调压器随动系统

a）原理框图　b）原理结构图

变压器有载调压随动系统可视为混合控制系统，即包括位置和速度两种控制方式，该控制系统的任务是使变压器的调压器的转角 α_2 与手轮（或控制器）经减速后所给出的指令角 α_1 相等。当 $\alpha_1 \neq \alpha_2$ 时，测角装置就输出一个与角差 $\alpha = \alpha_1 - \alpha_2$ 近似成正比的电压 U_α，此电压经过放大器放大后，驱动直流伺服电动机，带动电力变压器的调压器的触头转动机构向着减小角差的方向移动，使变压器绕组抽头达到要求的位置，这就是位置控制系统。为了减小在随动过程中可能出现的转速变化，可在电动机轴上连接一个测量电动机转速的直流测速发电机，它发出的电压与转子转速成正比，这个电压加到电位器上，从电位器上取出一部分电压 U_n 反馈到放大器的输入端，其极性应与 U_α 相反（负反馈）。若某种原因使电动机转速降低，则直流测速发电机的输出电压降低，反馈电压减小，并与 U_α 比较后，使输入放大器的电压升高，直流伺服电动机及变压器的调压器转动机构的转速也随着升高，起着稳速作用，这就是速度控制。

例 4-3：直流测速发电机作为微分或积分解算元件

直流测速发电机在系统中作为阻尼元件产生电压信号以提高系统的稳定性和精度，因此要求其输出斜率大，而对其线性度等精度要求是次要的；在解算装置中为微分或积分解算元件，对其线性度等精度要求高；此外它还用作测速元件。

总而言之，由于直流测速发电机的输出斜率大，没有相位误差，尽管有电刷和换向器造成可靠性较差的缺点，但仍在控制系统中尤其是在低速测量的装置中得到较为广泛的使用。

图 4-22 所示为恒速控制系统原理图。若欲实现输入量对时间的积分，可将调速系统中的负载机械换成一个累加转角的计数器，即组成了一个对输入电压 $u_1(t)$实现积分的系统。

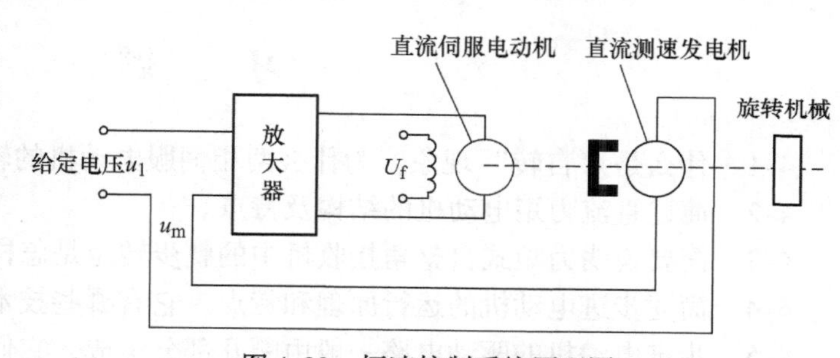

图 4-22　恒速控制系统原理图

当输入电压为 $u_1(t)$时，加到放大器上的电压为 $[u_1(t) - u_m]$，而加到直流伺服电动机电枢的电压为

$$u_a = C[u_1(t) - u_m]$$

式中　C——放大器的放大倍数；

u_m——测速发电机的输出电压。

$$u_m = Kn = K'\frac{d\theta}{dt}$$

式中　θ——电动机输出轴的转角。

当放大器的放大倍数很大时，放大器的输入电压可以近似地认为等于零，即

$$u_1 - u_m = 0 \text{ 或 } u_1(t) = u_m = K'\frac{d\theta}{dt}$$

于是可得

$$\theta = \frac{1}{K'}\int u_1(t)\,dt$$

可见输出轴转角是输入量对时间的积分，从轴上累加转角的计数器，就可测得输入变量对时间的积分。

其他的控制电机，如步进电动机的应用则更加广泛，如机械加工、绘图机、机器人、计算器的外部设备、自动记录仪表等方面的应用。以绘图仪为例，它是能按照人们要求自动绘制图形的设备，对绘图精度有较高要求，可绘制各种管理图标和统计图、大地测量图、建筑设计图、电路布线图、各种机械图与计算机辅助设计图等，这类绘图仪一般是由步进电动机、插补器、控制电路、绘图台、笔架及机械传动等部分组成。

再如，交流伺服电动机作为控制电机，在位置控制系统中，可以像步进电动机一样采用“开环”控制方式，用脉冲信号作输入信号，一个脉冲对应很小的一步，控制方法简单。数字式交流伺服系统在数控机床、机器人等领域里已经获得了广泛的应用。在一些场合交流伺服电动机也可以作为驱动电动机使用。如在电梯驱动系统中的应用，利用交流伺服电动机构成的全数字交流伺服系统响应快、精度高。电梯主驱动系统主要由位置控制器、光电编码器、变频驱动器和永磁同步伺服电动机等组成。永磁同步伺服电动机体积小、质量轻、高效节能，采用扁平式多极结构，去除齿轮减速器，低速大转矩，可方便地实现平滑宽调速，通过微型化牵引机直接驱动轿厢。位置控制器根据位置指令输出满足速度和方向要求的速度指令，在反馈作用下，永磁同步伺服电动机按照指令带动轿厢运行。永磁同步伺服电动机可实现低速大转矩运行，结合高分辨率光电编码器，可牵引电梯准确、平稳运行。

习　　题

4-1　什么是“自转”现象？为什么两相伺服电动机的转子要选得相当大？

4-2　简述直流力矩电动机的结构及特点。

4-3　简要说明力矩式自整角接收机中的整步转矩是怎样产生的？它与哪些因素有关？

4-4　简述步进电动机的运行原理和特点。它有哪些技术指标？它们的具体含义是什么？

4-5　步进电动机的驱动电路一般由哪几部分组成，它们的主要功能是什么？

4-6　为什么步进电动机一般只用于开环控制？画出步进电动机计算机控制的流程图。

4-7　设计一个步进电动机具体的应用实例，包括电路图和程序流程图，要对设计原理进行说明。

4-8　设计一个交流伺服电动机具体的应用实例，包括电路图和程序流程图，要对设计原理进行说明。

第 5 章　直流传动控制系统

本章主要介绍了直流电动机常用的几种控制系统：单闭环直流调速系统、双闭环直流调速系统、可逆直流调速系统及脉宽直流调速系统；重点介绍了它们的基本组成和特点、工作原理和基本设计方法；此外，还介绍了微机调速系统。

5.1　直流电动机调速系统的特性与优化

直流电动机的转速 n 和其他参量的关系可表示为

$$n=\frac{U_a-I_aR_a}{C_e\Phi} \tag{5-1}$$

式中　U_a——电枢供电电压；

I_a——电枢电流；

Φ——励磁磁通；

R_a——电枢回路总电阻；

C_e——电动势系数，$C_e=pN/(60a)$，p 为磁极对数，a 为电枢并联支路数，N 为导体数。

由式（5-1）可以看出，U_a、Φ、R_a 三个参量都可以成为变量，只要改变其中一个参量，就可以改变电动机的转速，所以直流电动机有三种基本调速方法：①改变电枢回路总电阻 R_a；②改变电枢供电电压 U_a；③改变励磁磁通 Φ。

5.1.1　改变电枢回路电阻的调速特性

如图 5-1a 所示，各种直流电动机都可以通过改变电枢回路电阻来调速，其转速特性为

$$n=\frac{U_a-I_a(R_a+R_W)}{C_e\Phi} \tag{5-2}$$

式中　R_W——电枢回路中的外接电阻。

当负载一定时，随着串接的外电阻 R_W 的增大，电枢回路总电阻 $R=R_a+R_W$ 增大，电动机转速降低。其机械特性如图 5-1b 所示。R_W 的改变可用接触器或主令开关切换来实现。

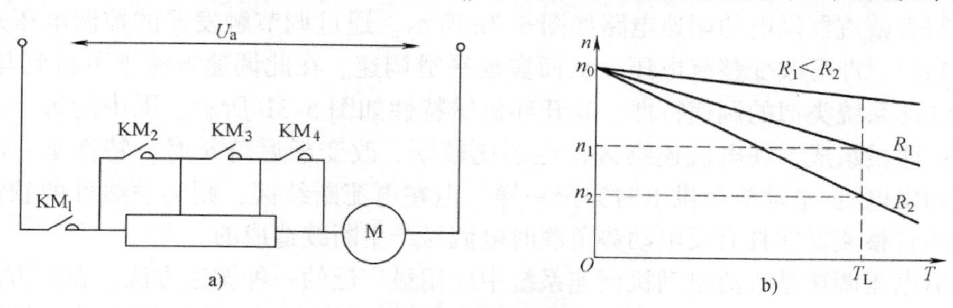

图 5-1　改变电枢回路电阻调速

a）改变电枢电阻调速电路　b）改变电枢电阻调速时的机械特性

这种调速方法为有级调速，调速比一般为 2:1 左右，转速变化率大，轻载下很难保证低速运行，效率低，故现在已极少采用。

5.1.2 改变电枢电压的调速特性

连续改变电枢供电电压，可以使直流电动机在很宽的范围内实现无级调速。改变电枢供电电压的方法有两种：一种是采用发电机－电动机组供电的调速系统；另一种是采用晶闸管变流器供电的调速系统。下面分别介绍这两种调速系统。

1. 采用发电机-电动机组供电的调速方法

如图 5-2a 所示，通过改变发电机励磁电流 I_F来改变发电机的输出电压 U_a，从而改变电动机的转速 n。在不同的电枢电压 U_a时，其得到的机械特性便是一簇完全平行的直线，如图 5-2b 所示。由于电动机既可以工作在电动机状态，又可以工作在发电机状态，所以改变发电机励磁电流的方向，如图 5-2a 中切换接触器 KM_Z 和 KM_F，就可以使系统很方便地工作在四个象限内。

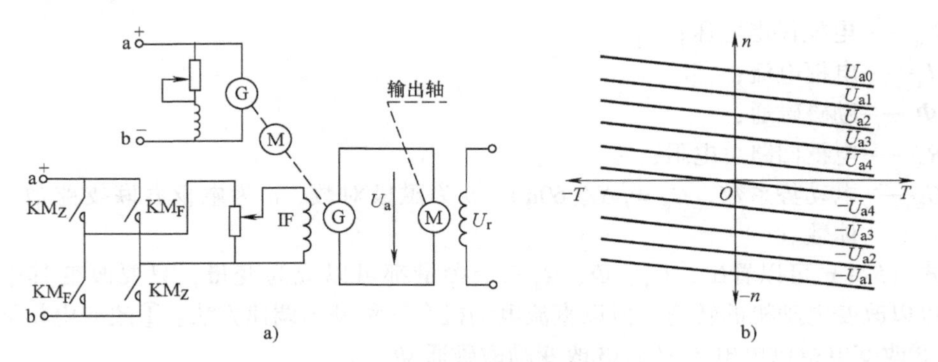

图 5-2　发电机-电动机组供电的调速

a）发电机-电动机组供电的调速电路　b）发电机-电动机组供电时调速系统的机械特性

由图可知，这种调速方法需要两台与调速电动机容量相当的旋转电动机和另一台容量小一些的励磁发电机，因而所用设备多、体积大、费用高、效率低、安装需打基础、运行噪声大、维护不方便。为克服这些缺点，20 世纪 50 年代开始采用水银整流器（大容量）和闸流管这样的静止交流装置来代替上述的旋转变流机组。目前已被更经济、可靠的晶闸管整流器所取代。

2. 采用晶闸管整流器供电的调速方法

由晶闸管整流器供电的调速电路如图 5-3a 所示。通过调节触发器的控制电压来移动触发脉冲的相位，即可改变整流电压，从而实现平滑调速。在此调速方法下可得到与发电机-电动机组调速系统类似的调速特性。其开环机械特性如图 5-3b 所示。图中的每一条机械特性曲线都由两段组成，在电流连续区特性还比较硬，改变延迟角 α 时，特性呈一簇平行的直线。它和发电机-电动机组供电时完全一样。但在电流断续区，则为非线性的软特性。这是由于晶闸管整流器在具有反电动势负载时电流易产生断续造成的。

变电枢电压调速是直流电动机调速系统中应用最广泛的一种调速方法。在此方法中，由于电动机在任何转速下磁通都不变，只是改变电动机的供电电压，因而在额定电流下，如果不考虑低速下通风恶化的影响（也就是假定电动机是强迫通风或为封闭自冷式），则无论是在高速还是低速下，电动机都能输出额定转矩，故称这种调速方法为恒转矩调速。这是它的一个极为重要的特点，如果采用反馈控制系统，调速范围可达 50 :1 ~150 :1，甚至更大。

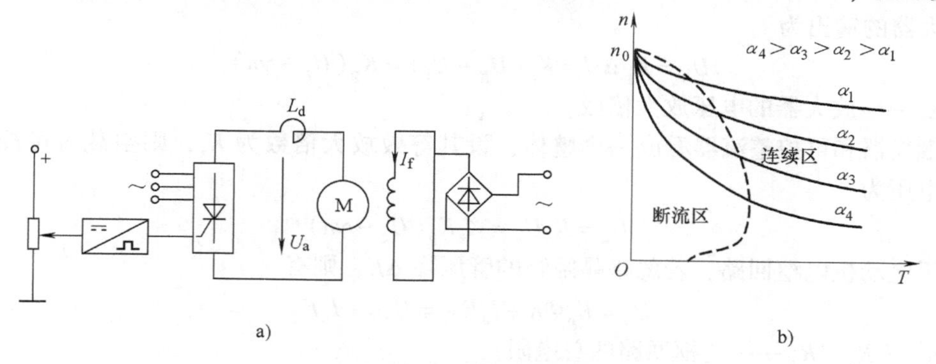

图 5-3 晶闸管整流器调速
a）晶闸管整流器供电的调速电路 b）晶闸管整流器供电时调速系统的机械特性

5.2 单闭环直流调速系统

常见的单闭环直流调速系统的框图如图 5-4 所示。单闭环直流调速系统通常分为有静差调速系统和无静差调速系统两类。单纯由被调量负反馈组成的按比例控制的单闭环系统属于有静差的自动调节系统，简称有静差调速系统；而按积分（或比例积分）控制的系统，则属于无静差调速系统。

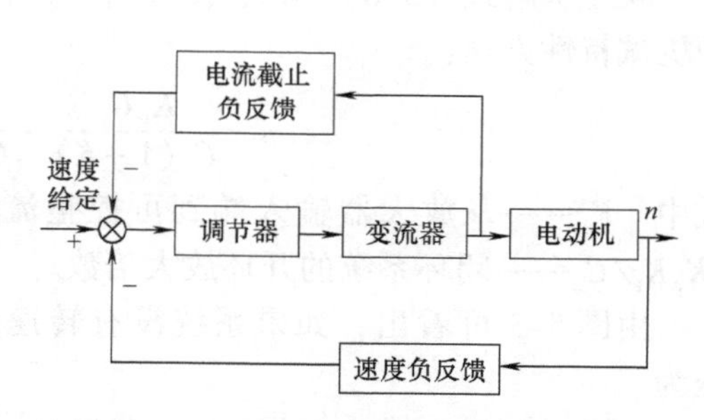

图 5-4 单闭环直流调速系统框图

5.2.1 有静差调速系统

1. 有静差调速系统的基本组成和工作原理

图 5-5 为典型的晶闸管-直流电动机有静差调速系统的原理图，其中放大器为比例放大器，直流电动机 M 由晶闸管可控整流器经过平波电抗器 L_d 供电。整流器用方框来代表，内画一个晶闸管符号，它可以由任意一种单相或三相晶闸管整流电路组成，其整流电压 U_d 可由控制角 α 来调节（注：图中未画出整流器的交流电源）。触发器的输入控制电压为 U_k。为使速度调节灵敏，采用放大器来放大输入信号 ΔU。ΔU 为给定电压 U_g 与速度反馈电信号 U_f 的差值，即

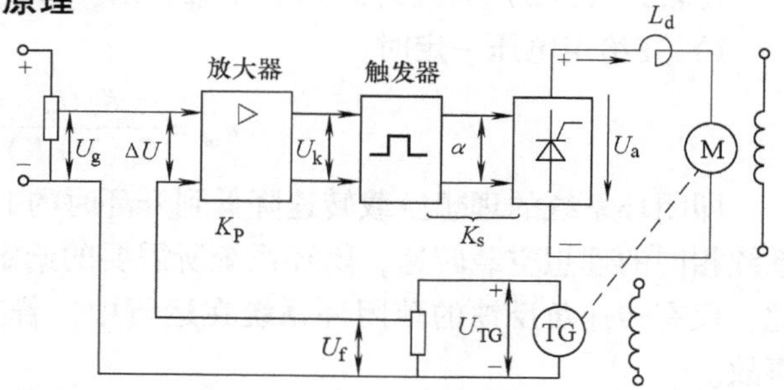

图 5-5 晶闸管-直流电动机有静差调速系统原理图

$$\Delta U = U_g - U_f \tag{5-3}$$

ΔU 又称为偏差信号。速度反馈信号电压 U_f 与转速 n 成正比，即

$$U_f = \gamma n \tag{5-4}$$

式中　γ——转速反馈系数。

放大器的输出为

$$U_k = K_p \Delta U = K_p (U_g - U_f) = K_p (U_g - \gamma n) \tag{5-5}$$

式中　K_p——放大器的电压放大倍数。

把触发器和可控整流器看成一个整体，设其等效放大倍数为 K_s，则空载时可控整流器的输出电压为

$$U_a = K_s U_k = K_s K_p (U_g - \gamma n) \tag{5-6}$$

对于电动机电枢回路，若忽略晶闸管的管压降 ΔE，则有

$$U_a = K_o \Phi n + I_a R_\Sigma = C_e n + I_a R_\Sigma \tag{5-7}$$

式中　$R_\Sigma = R_a + R_X$——电枢回路的总电阻；

R_X——可控整流电源的等效内阻（包括整流变压器和平波电抗器等的内阻）；

R_a——电动机的电枢电阻。

联立求解式（5-6）和式（5-7），可得具有转速负反馈的晶闸管-电动机有差调速系统的机械特性方程：

$$n = \frac{K_o U_g}{C_e(1+K)} - \frac{R_\Sigma}{C_e(1+K)} I_a = n_{of} - \Delta n_f \tag{5-8}$$

式中　K_o——从放大器输入端到可控整流电路输出端的电压放大倍数，$K_o = K_p K_s$；$K = \gamma K_p K_s / C_e$——闭环系统的开环放大倍数。

由图 5-5 可看出，如果系统没有转速负反馈（即开环系统）时，则整流器的输出电压为

$$U_a = K_p K_s U_g = K_o U_g = C_e n + I_a R_\Sigma$$

由此可得闭环系统的机械特性方程

$$n = \frac{K_o U_g}{C_e} - \frac{R_\Sigma}{C_e} I_a = n_o - \Delta n \tag{5-9}$$

比较式（5-8）与式（5-9），不难看出：

1）在给定电压一定时

$$n_{of} = \frac{K_o U_g}{C_e(1+K)} = \frac{n_o}{1+K} \tag{5-10}$$

即闭环系统的理想空载转速降低到开环时的 $1/(1+K)$ 倍，为了使闭环系统获得与开环系统相同的理想空载转速，闭环系统所需要的给定电压 U_g要比开环系统高（$1+K$）倍。因此，仅有转速负反馈的单闭环系统在运行中，若突然失去转速负反馈，就可能造成严重的事故。

2）如果将系统闭环与开环的理想空载转速调整得一样，即 $n_{0f} = n_0$，则

$$\Delta n_f = \frac{R_\Sigma}{C_e(1+K)} I_a = \frac{\Delta n}{1+K} \tag{5-11}$$

即在同样的负载电流下，闭环系统的转速降仅为开环系统转速降的 $1/(1+K)$ 倍，从而大大提高了机械特性的硬度，使系统的静差度减少。

3）在最大运行转速 n_{max}和低速时，最大允许静差度 s_2不变的情况下，开环系统和闭环

系统的调速范围分别为

开环：
$$D=\frac{n_{\max}s_2}{\Delta n_{\rm N}(1-s_2)} \tag{5-12}$$

闭环：
$$D_{\rm f}=\frac{n_{\max}s_2}{\Delta n_{\rm Nf}\ (1-s_2)}=\frac{n_{\max}s_2}{\dfrac{\Delta n_{\rm N}}{1+K}\ (1-s_2)}=(1+K)D \tag{5-13}$$

即闭环系统的调速范围为开环系统的 $(1+K)$ 倍。

可见，提高系统的开环放大倍数 K 是减少静态转速降落和扩大调速范围的有效措施，但是放大倍数也不能过分增大，否则容易引起系统不稳定。

2. 有静差调速系统的转速自动调节过程

现在分析一下这种系统转速自动调节的过程。在某一个规定的转速下，给定电压 $U_{\rm g}$ 是固定不变的。假设电动机空载运行（$I_{\rm a}\approx0$）时，空载转速为 n_0，测速发电机有相应的电压 $U_{\rm TG}$，经过分压器分压后，得到反馈电压 $U_{\rm f}$，给定电压 $U_{\rm g}$与反馈电压 $U_{\rm f}$的差值 ΔU 加到比例调节器（放大器）的输入端，其输出电压 $U_{\rm K}$加入触发器的输入电路，使可控整流装置输出整流电压 $U_{\rm a}$，供电给电动机产生空载转速 n_0。当负载增加时，$I_{\rm L}$加大，由于 $I_{\rm L}R_\Sigma$的作用使电动机转速下降（$n<n_0$），测速发电机的电压 $U_{\rm TG}$下降，使反馈电压 $U_{\rm f}$下降到 $U'_{\rm f}$，但这时给定电压 $U_{\rm g}$并没有改变，于是偏差信号增加到 $\Delta U'=U_{\rm g}-U'_{\rm f}$，使放大器输出电压上升到 $U'_{\rm k}$，它使晶闸管整流器的控制角 α 减小，整流电压上升到 $U'_{\rm a}$，电动机转速又回升到近似等于 n_0，但绝不可能等于 n_0。因为如果回升到 n_0，那么反馈电压也将回升到原来的数值 $U_{\rm f}$，而偏差信号又将下降到原来的数值 ΔU，也就是放大器输出的控制电压 $U_{\rm k}$没有增加，因而晶闸管整流装置的输出电压 $U_{\rm a}$也不可能增加，也就无法补偿负载电流 $I_{\rm L}$在电阻 R_Σ上的电压降落。这样一来，电动机的转速又将重新下降到原来的数值。因此，这种反馈系统在负载的作用下转速不能完全恢复到空载的数值，转速的偏差是必须存在的，也就是 $\Delta n_{\rm f}$不可能等于零。其原因很简单，因为这种系统补偿 $I_{\rm L}R_\Sigma$ 的控制作用是靠给定量与反馈量的偏差值来维持的。这种维持被调量（转速）近于恒值不变，但又具有偏差的反馈控制系统通常称为有差调节系统（即有差调速系统）。它的基本特点是必须具有被调量的负反馈，用给定量与反馈量之差（即偏差）来进行控制，力图阻止被调量发生变化，使之维持不变。偏差越小，自动调节系统的准确度越高。要使偏差很小又能使可控整流电压产生一个足够的增量来补偿主电路负载电流引起的电压降，这就要求系统有足够大的放大倍数。系统的放大倍数越大，这种有差调速系统的准确度就越高，静差度就越小，调速范围就越大。

图 5-5 中的放大器可采用单管直流放大器、差动式多级直流放大器或直流运算放大器。目前在调速系统中应用最普遍的是直流运算放大器。在运算放大器的输出端与输入端之间接入不同阻抗网络的负反馈，可实现信号的组合和运算，通常称为“调节器”，常用的有 P、PI、PID、PD 等调节器。在有差调速系统中常用的是比例调节器（即 P 调节器）。

转速负反馈调速系统能克服扰动作用对电动机转速的影响，例如负载的变化、电动机励磁的变化、晶闸管交流电源电压的变化等。只要扰动引起电动机转速的变化能为测量元件（测速发电机等）所测出，调速系统就能产生作用来克服它。换句话说，只要扰动是作用在被负反馈所包围的环内，就可以通过负反馈的作用来减少扰动对被调量的影响，但是必须指出，测量元件本身的误差是不能补偿的。例如当测速发电机的磁场发生变化时，U_{TG}也会变化，通过系统的作用，会使电动机的转速发生变化。因此正确选择和使用测速发电机是很重要的。如用他励式测速发电机，应使其磁场工作在饱和状态或者用稳压电源供电，也可选用永磁式测速发电机（安装环境不是高温，没有剧烈扰动的场合），以提高系统的准确性。在安装测速发电机时还应注意轴的对中不能偏心，否则也会对系统带来干扰，影响其准确性。

5.2.2 无静差调速系统

图5-6为常用的具有比例积分调节器的无静差调速系统。该系统的特点是静态时系统的反馈量总等于给定量，即偏差等于零。要实现这一点，系统中必须接入无差元件，它在系统出现偏差时就动作，以消除偏差，当偏差为零时它就停止动作。图中PI调节器是一个典型的无差元件。

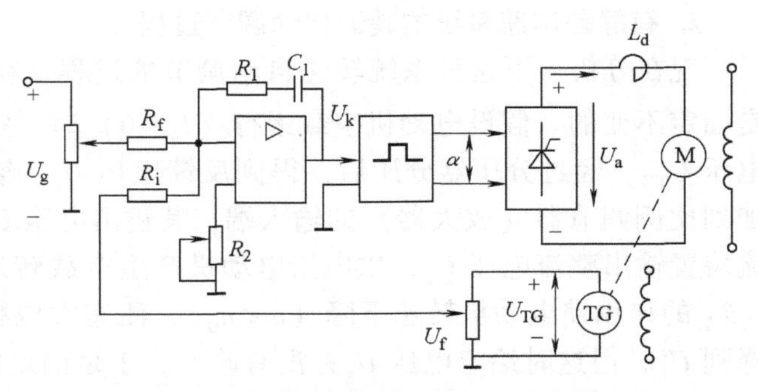

图5-6　具有比例积分调节器的无静差调速系统

比例积分调节器由比例运算电路和积分运算电路并列组合而得，如图5-7a所示。在零初始状态和阶跃输入下，其输出电压的时间特性如图5-7b所示。电路的数学模型为

$$u_o = -\frac{R_1}{R_i}u_i - \frac{1}{R_i C_1}\int u_i \mathrm{d}t \tag{5-14}$$

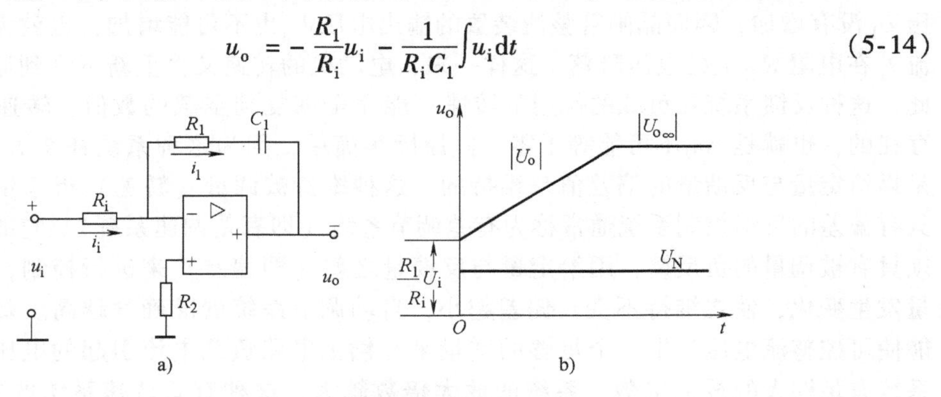

图5-7　比例积分调节器

这里U_o用绝对值表示。当突然加入输入信号u_i时，开始瞬间电容C_1相当于短路，反馈回路中只有电阻R_1，此时相当于比例调节器，它可以毫无延迟地进行调节，故调节速度快；而后随着电容C_1被充电，就开始积分，u_o线性增长，直到稳态。在稳态时，C_1相当于开路，极大的开环放大倍数使系统基本上达到无静差。在图5-6中，由于有比例积分调节器的存在，只要偏差$\Delta U = U_g - U_f$不等于零，系统就会起调节作用。当$\Delta U = 0$时，$U_g = U_f$，则调节作用停止。调节器的输出电压U_k由于积分的作用，保持在某一数值，以维持电动机在给定转速下运转。系统可以消除静态误差，故该系统是一个无差调速系统。

下面着重分析当负载发生变化时系统的调节作用。电动机负载增加时，设在t_1瞬间突然

由 T_{L1} 增加到 T_{L2}，则电动机的转速将由 n_1 开始下降而产生转速偏差 Δn。它通过测速发电机反馈到比例积分调节器的输入端，产生偏差电压 $\Delta U = U_g - U_f > 0$，于是开始消除偏差的调节过程。比例输出部分的调节，它的输出等于 $\Delta U R_1 / R_i$，使控制角 α 减少，使可控整流电压增加 Δu_{a1}，由于比例输出没有惯性，故这个电压使电动机转速迅速升高。偏差 Δn 越大，Δu_{a1} 也越大，它的调节作用就越强，电动机转速回升也就越快。而当转速回升到给定值 n_1 时，$\Delta n = 0$，$\Delta U = 0$，故 Δu_{a1} 也等于零。积分部分的调节，使输出电压 Δu_{a2} 的增长率与偏差电压 ΔU（或偏差 Δn）成正比。开始时 Δn 很小，Δu_{a2} 增加很慢，当 Δn 最大时，Δu_{a2} 增加得最快，在调节过程的后期 Δn 逐渐减少了，Δu_{a2} 的增加也逐渐减慢了，一直到电动机转速升高到 n_1，$\Delta n = 0$ 时，Δu_{a2} 就不再增加了，且一直保持这个数值不变。把比例作用与积分作用综合起来考虑，不管负载如何变化，系统一定会自动调节，在调节过程的开始和中间阶段，比例调节起主要作用，首先阻止 Δn 的继续增大，使转速回升，在调节过程的末期，Δn 很小了，比例调节的作用就不明显了，而积分调节作用就上升到主要地位，依靠它来最后消除转速偏差 Δn，使转速回升到原来值。这就是无静差调速系统的调节过程。所以，采用比例积分调节器的自动调速系统，综合了比例和积分调节器的特点，既能获得较高的静态精度，又具有较快的动态响应速度，因而得到了广泛的应用。

5.3 双闭环直流调速系统

5.3.1 双闭环调速系统的组成

采用转速负反馈和比例积分调节器的单闭环调速系统可以在保证系统稳定的条件下实现转速无静差。如果对系统的动态性能要求较高，如要求快速起动和制动、突然加负载后的动态速降小等，由于在单闭环调速系统中不能完全按照需要来控制动态过程的电流或转矩，所以难以满足要求。虽然它有电流截止负反馈环节，但该环节只是在超过临界电流值以后，靠强烈的负反馈作用限制电流的冲击，并不能很理想地控制电流的动态波形。

对于像龙门刨床、可逆轧钢机那样的经常正反转运行的调速系统，如何尽量缩短起动和制动过程的时间是提高生产率的重要因素。为此，在电动机最大电流（转矩）受限制的条件下，充分利用电动机的允许过载能力，最好是在过渡过程中始终保持电流（转矩）为允许的最大值，使电力拖动系统尽可能用最大的加速度起动，到达稳态转速后，再让电流立即降下来，使转矩立即与负载相平衡，从而转入稳态运行。这是在最大电流（转矩）受限制的条件下调速系统所能得到的最快的起动过程。为了实现转速和电流两种负反馈分别起作用，在系统中设置了两个调节器，分别调节转速和电流，两者之间串联连接，如图 5-8 所示，把转速调节器（ASR）的输出当作电流调节器（ACR）的输入，再利用电流调节器的输出控制晶闸管整流器的触发装置。从闭环结构上看，电流调节环在里面（称为内环）；转速调节环在外边（称为外环），这样就形成了转速、电流双闭环调速系统。来自速度给定电位器的信号 U_{gn} 与速度反馈信号 U_{fn} 比较后，偏差为 $\Delta U_n = U_{gn} - U_{fn}$，送到速度调节器的输入端。速度调节器的输出 U_{gi} 作为电流调节器的给定信号，与电流反馈信号 U_{fi} 比较后，偏差为 $\Delta U_i = U_{gi} - U_{fi}$，送到电流调节器的输入端。电流调节器的输出 U_k 送到触发器，以控制可控整流器，为电动机提供直流电压 U_a。系统中由于用了两个调节器（一般采用比例积分调节器)，能够分别调节速度和电流，一方面使系统的参数便于调整，另一方面更能实现接近于理想的过渡过程。

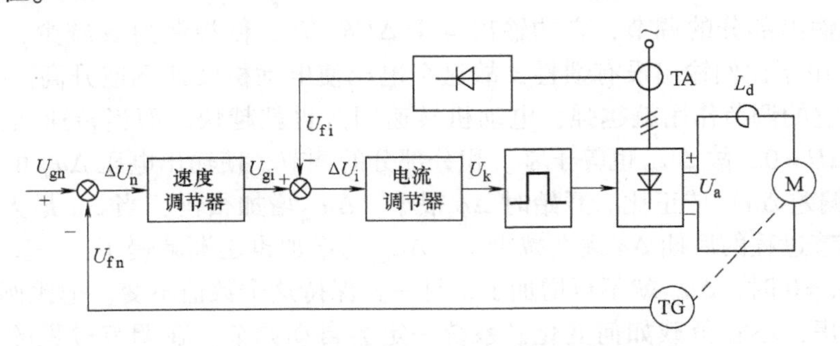

图 5-8　转速与电流双闭环调速系统结构图

5.3.2　双闭环调速系统的分析

1. 静态分析

从静特性上看，维持转速不变是由速度调节器来实现的。电流调节器采用电流负反馈，有可能使静特性变软。但是在实际系统中，电流负反馈对于转速环来说相当于一个扰动作用，只要转速调节器的放大倍数足够大，而且没有饱和，则电流负反馈的扰动作用就能受到抑制。整个系统的性能由外环速度调节器来决定。它仍然是一个无静差的调速系统。也就是说，当转速调节器不饱和时，电流负反馈使静特性可能产生的速降完全被转速调节器的积分作用所抵消。一旦转速调节器饱和，当负载电流过大，系统的保护作用使转速下降很大时，转速环即失去作用，只剩下电流环起作用，这时系统表现为恒流调节系统，静特性便会呈现出很陡的下垂特性。实际上，正常运行时，电流调节器是不会达到饱和状态的。因此，对于静特性来说，只有转速调节器饱和与不饱和两种情况。

如图 5-9 所示为双闭环调速系统的静态特性。当转速调节器和电流调节器不饱和且工作在稳态时，其输入偏差电压都为零。因此

$$U_{gn}=U_{fn}=\alpha n \tag{5-15}$$

$$U_{gi}=U_{fi}=\beta I_d \tag{5-16}$$

$$n=\frac{U_{gn}}{\alpha}=n_0 \tag{5-17}$$

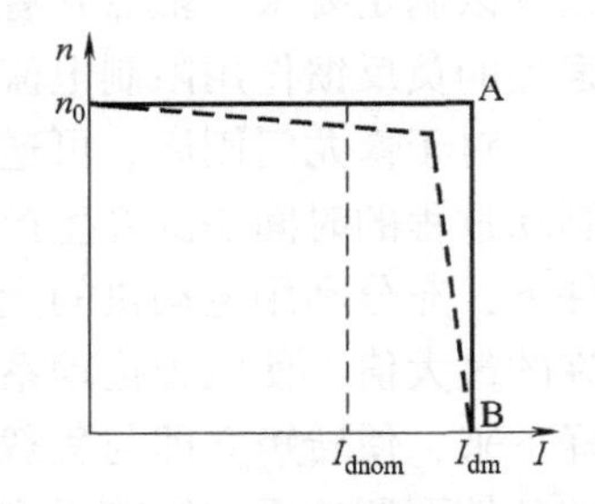

图 5-9　双闭环调速系统的静态特性

式中　α——转速反馈系数；

β——电流反馈系数。

图中 n_0-A 段为理想的静特性的运行段。最大电流 I_{dm} 一般都大于额定电流 I_{dnom}。

当转速调节器饱和时，其输出达到限幅值 U_{im}^*，转速环呈现开环状态，转速的变化对系统不再产生影响。此时，双闭环系统变成一个电流无静差的单闭环系统。稳态时

$$I=\frac{U_{im}^*}{\beta}=I_{dm} \tag{5-18}$$

式中，最大电流 I_{dm} 是由设计者选定的，取决于电动机的容许过载能力和拖动系统允许的最大加速度。该式所描述的静特性是图 5-9 中的 A-B 段。这样的下垂特性只适合于 $n < n_0$ 的情况，否则 $U_{fn} \geqslant U_{gn}$，转速调节器将退出饱和状态。

分析表明，当负载电流小于 I_{dm} 时，双闭环调速系统表现为转速无静差，这时，转速负反馈起主要调节作用；负载电流达到 I_{dm} 后，转速调节器饱和，电流调节器起主要调节作用，系统表现为电流无静差，达到过电流自动保护的目的。这是由于采用了两个比例积分调节器分别形成内、外两个闭环的效果。这样的静特性显然比带电流截止负反馈的单闭环系统静特性好。图 5-9 的虚线表示实际系统的静特性，与理想情况存在一定偏差，主要原因是运算放大器的开环放大系数不是无穷大。

2. 动态分析

（1）起动过程分析

双闭环调速系统由静止状态起动，突然施加给定电压，在起动过程中转速调节器经历了不饱和、饱和及退饱和三个阶段，因此可以将整个过渡过程分成三个阶段。

第Ⅰ阶段是电流上升阶段。突然施加给定电压 U_{gn} 后，通过两个调节器的控制作用，使得加在电动机两端的电压和电枢电流上升，当电流达到一定值时，电动机开始转动。

由于电动机机电惯性的作用，转速的增长不会很快，因而转速调节器的输入偏差电压 $\Delta U_n = U_{gn} - U_{fn}$ 数值较大，其输出很快达到限幅值 U_{im}^*，强迫电流 I_d 迅速上升。当电流接近最大电流时，电流反馈电压接近限幅值 U_{im}^*，电流调节器的作用使 I_d 不再迅猛增长，标志着这一阶段的结束。这一阶段中，转速调节器由不饱和很快达到饱和，而电流调节器一般应该不饱和，以保证电流环的调节作用。

第Ⅱ阶段是恒流升速阶段。从电流上升到最大值 I_{dm} 开始，到转速升到给定值 n_0 为止，属于恒流升速阶段，是起动过程中的主要阶段。在这个阶段中，转速调节器一直是饱和的，转速环相当于开环状态，系统表现为在恒值电流给定 U_{im}^* 作用下的电流调节系统，基本上保持电流 I_d 恒定（电流可能超调，也可能不超调，取决于电流调节器的结构和参数），因而拖动系统的加速度恒定，转速呈线性增长。与此同时，电动机的反电动势也按线性增长。对电流调节系统来说，这个反电动势是线性渐增的扰动量，为了克服这个扰动，电流调节器的输出也必须基本上按线性增长，才能保持 I_d 恒定。由于电流调节器是 PI 调节器，要使它的输出量按线性增长，其输入偏差电压 $\Delta U_n = U_{gn} - U_{fn}$ 必须维持一定的恒值，即 I_d 应略低于 I_{dm}。此外还应指出，为了保证电流环的这种调节作用，在起动过程中电流调节器是不能饱和的，同时整流装置的最大电压也要留有余地，即晶闸管装置也不应饱和。

第Ⅲ阶段是转速调节阶段。在这阶段开始时，转速已经达到给定值，转速调节器的给定与反馈电压平衡，输入偏差为零，但其输出值却由于积分作用还维持在限幅值 U_{im}^*，所以电动机仍在最大电流下加速，必然使转速超调。转速超调以后，转速调节器输入端出现负的偏差电压，使它退出饱和状态，其输出电压即电流调节器的给定电压 U_{gi} 立即从限幅值降下来，电枢电流 I_d 也因而下降。但是，由于 I_d 仍大于负载电流，在一段时间内，转速仍继续上升。到 I_d 与负载电流相等时，电磁转矩与负载转矩相等，则 $dn/dt = 0$，转速 n 达到峰值。此后，电动机才开始在负载的阻力下减速。此时，电流 I_d 也出现一段小于负载电流的过程，直到稳定（假设调节器参数已调整好）。在这最后的转速调节阶段内，转速调节器和电流调节器都不饱和，同时起调节作用。由于转速调节器在外环处于主导地位，而电流调节器起的作用则

是力图使 I_d 尽快地跟随转速调节器的输出量 U_{gi}，或者说电流内环是一个电流随动子系统。

由上述分析可知，双闭环调速系统的起动过程具有以下特点。

1）饱和非线性控制。随着转速调节器的饱和与不饱和，整个系统处于完全不同的两种状态。当转速调节器饱和时，转速环开环，系统表现为恒值电流调节的单闭环系统；当转速调节器不饱和时，转速环闭环，整个系统是一个无静差调速系统，而电流内环则表现为电流随动系统。在不同情况下表现为不同结构的线性系统，这就是饱和非线性控制的特征。

2）准时间最优控制。起动过程中主要的阶段是第Ⅱ阶段，即恒流升速阶段。它的特征是电流保持恒定，一般选择为允许的最大值，以便充分发挥电动机的过载能力，使起动过程尽可能快。这个阶段属于电流受限制条件下的最短时间控制，或称“时间最优控制”。

采用饱和非线性控制方法实现准时间最优控制是一种很有实用价值的控制策略，在各种多环控制系统中得到普遍的应用。

3）转速超调。由于采用饱和非线性控制，起动过程结束进入第Ⅲ阶段即转速调节阶段后，必须使转速调节器退出饱和状态。按照 PI 调节器的特性，只有使转速超调，转速调节器的输入偏差电压 ΔU_n 为负值，才能使转速调节器退出饱和。这就是说，采用 PI 调节器的双闭环调速系统的转速动态响应必然有超调。

（2）动态性能

双闭环调速系统具有比较满意的动态性能，表现在以下几个方面。

1）动态跟随性能。如上所述，双闭环调速系统在起动和升速过程中，能够在电流受电动机过载能力约束的条件下，表现出很快的动态跟随性能。在减速过程中，出于主电路电流的不可逆性，跟随性能变差。设计电流调节器时应注重其良好的跟随性能。

2）动态抗扰性能。其包括抗负载扰动和抗电网电压扰动性能。负载扰动作用在电流环之后，只能靠转速调节器来产生抗扰作用。因此，在突加（减）负载时，必然会引起动态速降（升）。为了减少动态速降（升），在设计转速调节器时，要求系统具有较好的抗扰性能指标。对于电流调节器的设计来说，只要电流环具有良好的跟随性能就可以了。另一方面，电网电压扰动和负载扰动在系统中作用的位置不同，系统对它的动态抗扰效果也不一样。由于在双闭环调速系统中，电网电压扰动被包围在电流环之内，当电压波动时，可以通过电流反馈得到及时的调节，不必等到影响到转速后才在系统中有所反应。因此，在双闭环调速系统中，由电网电压被动引起的动态速降会比单闭环系统中小得多。

（3）两个调节器的作用

转速调节器和电流调节器在双闭环调速系统中的作用可以归纳如下。

1）转速调节器的作用：使电动机转速跟随转速给定电压 U_{gn} 变化，稳态无误差；对负载变化起抗扰作用；其输出限幅值决定允许的最大电流。

2）电流调节器的作用：对电网电压波动起及时抗扰作用；起动时保证获得允许的最大电流；在转速调节过程中，使电流跟随其给定电压 U_{gi} 变化；当电动机过载甚至堵转时，限制电枢电流的最大值，从而起到快速安全保护作用。如果故障消失，系统能够自动恢复正常。

5.3.3 双闭环调速系统的设计

本小节讨论多环调速系统工程设计的一般方法。图 5-10 为双闭环调速系统框图。对多环系统，一般是先内环、后外环，逐环进行设计。当设计外环时，可以把内环看作是外环中的一个环节。对于每一个闭环，总是先按工艺提出的性能指标，确定要设计的典型系统，然后选择适当的调节器，再按性能指标选择调节器参数。由于电流检测信号通常含有交流分量，需加低通滤波，其滤波时间常数按需要选定。滤波环节可以抑制反馈信号的交流分量，同时也给反馈信号带来延迟。为了平衡这一延迟，在给定信号通道中加入一个相同时间常数的惯性环节，称为给定滤波环节。其意义是让给定信号和反馈信号经过同样的延迟，使两者在时间上能够恰当进行配合，从而带来设计上的方便。一般来说，控制系统的开环传递函数可表示为

$$W(s)=\frac{K(\tau_1 s+1)(\tau_2 s+1)}{s^r(T_1 s+1)(T_2 s+1)} \tag{5-19}$$

式中，T_i、τ_i 为系统的时间常数；K 为系统开环增益。

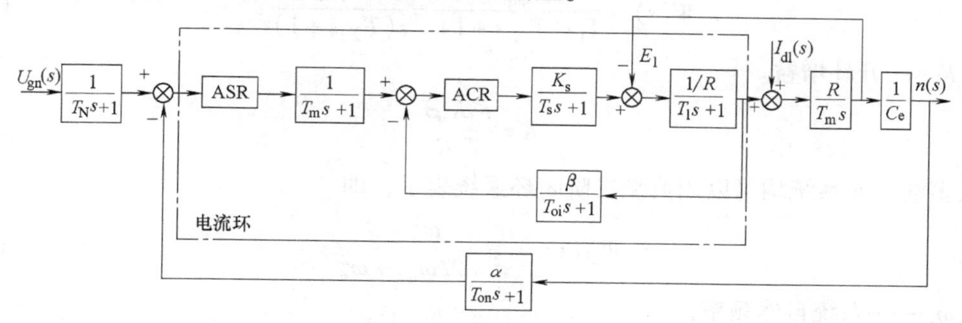

图 5-10　双闭环调速系统的动态结构图

根据 r 取 0、1、2 等不同数值，将系统分别称为 0 型、Ⅰ型、Ⅱ型等系统。作为典型Ⅰ型系统，其开环传递函数为

$$W(s)=\frac{K}{s(Ts+1)} \tag{5-20}$$

作为典型Ⅱ型系统，其开环传递函数为

$$W(s)=\frac{K(\tau s+1)}{s^2(Ts+1)} \tag{5-21}$$

1. 电流调节器设计

电流环动态结构如图 5-11 所示。一般情况下，希望电流环的稳态性能为无静差的，以获得理想的堵转特性，同时要求电枢电流的超调量尽可能小，以获得好的动态性能。所以电流环一般需经校正成典型Ⅰ系统。但典型Ⅰ系统的抗扰动性能较差。对于抗电网电压扰动要求较高的场合，则应校正成典型Ⅱ系统。

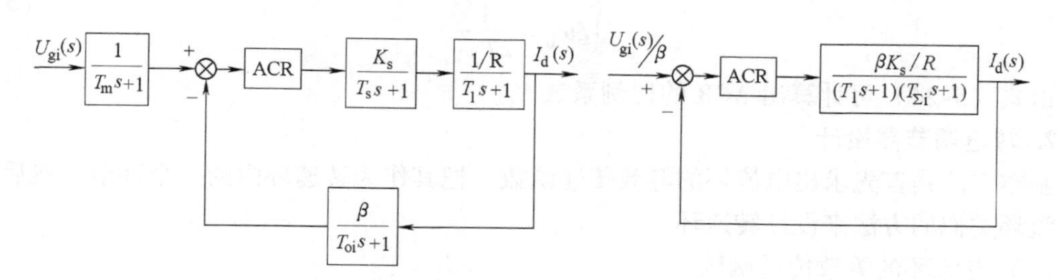

图 5-11　电流环的动态结构图

由于电流环的调节过程比转速的变化过程快得多，所以可以将电动机反电动势的变化仅仅看作是对电流环的一种变化缓慢的扰动作用。在设计电流调节器时，可暂不考虑反电动势变化的影响，认为 $\Delta U_n=0$，则电流环可简化成单位反馈系统，由于 T_s、T_{oi}一般都远小于 T_1，所以可把 $K_s/(T_s s+1)$ 和 $\beta/(T_{oi}s+1)$ 近似等效成一个小时间常数的惯性环节 $K_s\beta/(T_{\Sigma i}s+1)$，其中 $T_{\Sigma i}=(T_s+T_{oi})$。

系统设计成典型 I 系统，电流调节器 ACR 选用比例积分调节器，其传递函数为

$$W_{ACR}(s)=K_i\frac{\tau_i s+1}{\tau_i s} \tag{5-22}$$

选择 $\tau_i=T_1$，消去对象中的大惯性环节。开环传递函数为

$$W(s)=\frac{K_iK_s\beta/R}{T_L s(T_{\Sigma i}s+1)}=\frac{K}{s(T_{\Sigma i}s+1)} \tag{5-23}$$

式中　K——开环增益。

$$K=\frac{K_iK_s\beta}{T_1R} \tag{5-24}$$

大多数工业系统均可以用典型二阶闭环系统表示，即

$$W_{cl}(s)=\frac{\omega_n^2}{s^2+2\xi\omega_n s+\omega_n^2} \tag{5-25}$$

式中　ω_n——系统自然频率；

ξ——阻尼系数。

有如下经验计算公式：

$$t_r\approx\frac{1.8}{\omega_n} \tag{5-26}$$

$$t_s\approx\frac{4.6}{\xi\omega_n} \tag{5-27}$$

$$\sigma\%\approx e^{-\pi\xi/\sqrt{1-\xi^2}} \tag{5-28}$$

式中　t_r——上升时间；

t_s——调节时间；

$\sigma\%$——超调量。

显然，给定系统的性能指标要求后，可计算出 ω_n 和 ξ，确定系统的闭环传递函数。由式（5-23）构成闭环后应与式（5-25）恒等，有

$$\begin{cases}K=\omega_n^2T_{\Sigma i}\\ \xi\omega_n=\dfrac{1}{2T_{\Sigma i}}\end{cases} \tag{5-29}$$

由式（5-24）可计算出 ACR 的比例系数 K_i。

2. 转速调节器设计

基本方法是首先求出电流环的等效传递函数，把其作为转速环内的一个环节，然后用设计电流环类似的方法来设计转速环。

（1）电流环的等效传递函数

电流环的闭环传递函数为

$$W_{cli}=\frac{K}{T_{\Sigma i}s^2+s+K} \tag{5-30}$$

若$\xi=0.707$，由式（5-29）得

$$K=\frac{1}{2T_{\Sigma i}} \tag{5-31}$$

代入式（5-30），得

$$W_{cli}=\frac{1}{2T_{\Sigma i}^2s^2+T_{\Sigma i}s+1} \tag{5-32}$$

这是一个二阶振荡环节，其频率特征为

$$\frac{1}{2T_{\Sigma i}(j\omega)^2+2T_{\Sigma i}j\omega+1}=\frac{1}{(1-2T_{\Sigma i}^2\omega^2)+2jT_{\Sigma i}\omega} \tag{5-33}$$

当满足$2T_{\Sigma i}^2\omega^2\leqslant 0.1$时，可使误差小于10%。所以，当转速环的截止频率小于$1/(3\sqrt{2}T_{\Sigma i})$时（这通常是可以满足的），电流环的等效传递函数简化成

$$W_{cli}=\frac{1}{2T_{\Sigma i}s+1} \tag{5-34}$$

实际上这是一种特征方程忽略高次项的近似处理方法，具体方法可参阅有关文献。

（2）转速环动态结构图的变换

用电流环的等效环节代替电流闭环后，整个转速调节系统的结构图如图5-12a所示。和前面一样，把给定滤波和反馈滤波环节等效地移到环内，同时将给定信号改为$U_{gn}(s)/\alpha$；再把时间常数为T_{on}和$2T_{\Sigma i}$的两个小惯性环节合并起来，近似成一个时间常数为$T_{\Sigma n}$的一个惯性环节，且$T_{\Sigma n}=T_{on}+2T_{\Sigma i}$，则转速环结构图可简化为图5-12b。

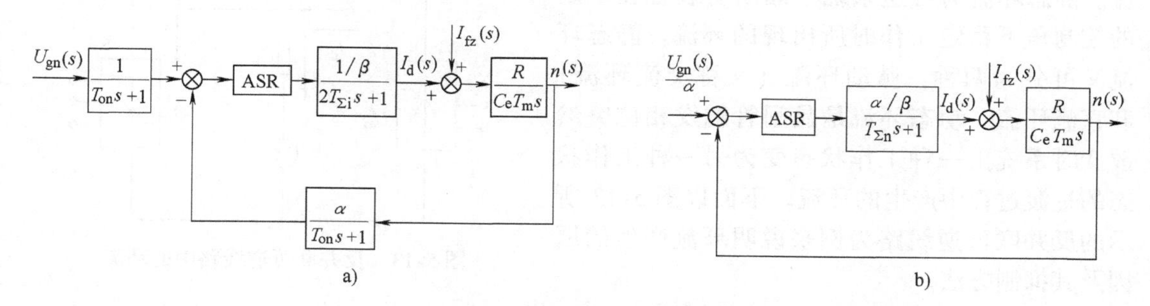

图5-12　转速环的动态结构图

（3）转速调节器设计

通常要求调速系统无静差，并具有较高的抗扰动能力。一般情况下，转速环按典型Ⅱ系统设计。则比例积分调节器的传递函数为

$$W_{ASR}(s)=K_n\frac{\tau_ns+1}{\tau_ns} \tag{5-35}$$

因此，转速系统开环传递函数为

$$W_n=\frac{K_n(\tau_ns+1)}{s^2(T_{\Sigma n}s+1)} \tag{5-36}$$

并选择转速调节器的积分时间常数为

$$\tau_n = hT_{\Sigma n} \tag{5-37}$$

式中 h——斜率为 -20dB/dec 的典型Ⅱ系统的开环对数幅频特性的中频宽，取值为 3～10。

转速环开环增益为

$$K_N = \frac{K_n \alpha\beta}{\tau_n \beta C_e T_m} = \frac{h+1}{2h^2 T_{\Sigma n}^2} \tag{5-38}$$

所以转速调节器的比例系数为

$$K_n = \frac{h+1}{2h} \frac{\beta C_e T_m}{\alpha R T_{\Sigma n}} \tag{5-39}$$

至于中频宽 h 选多大合适，应视对系统的具体要求而定。如果不考虑转速调节器的饱和非线性，认为系统是线性运行的，则系统在阶跃输入下会有很大的超调量。如选 $h=5$，则查表得超调量为 37.6%。实际运行中，由于转速调节器具有饱和特性，系统超调量远没有那么大。

5.4 可逆直流调速系统

5.4.1 可逆直流调速系统中的环流及其控制方法

在由两组晶闸管变流装置组成的可逆线路中，影响系统安全工作并决定可逆系统性能的一个重要问题就是环流问题。所谓环流，是指不流过负载，只在两组晶闸管之间流通的短路电流。环流可分为两大类：静态环流和动态环流。静态环流为可逆系统中晶闸管装置在一定的控制角下稳定工作时所出现的环流。静态环流又可分为两种：脉动环流（又称交流环流）和直流环流。动态环流是晶闸管触发相位突然改变时系统由一种工作状态变为另一种工作状态的过渡过程中产生的环流。下面以图 5-13 所示的反并联可逆线路为例来说明环流产生的原因及其抑制方法。

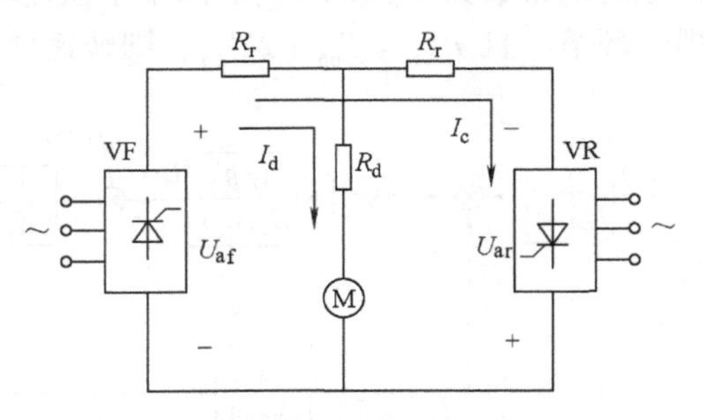

图 5-13　反并联可逆线路中的环流

1. 直流平均环流的抑制与配合控制

如果让正组晶闸管 VF 和反组晶闸管 VR 都处于整流状态，正组整流电压 U_{af} 和反组整流电压 U_{ar} 正负相连，将造成电源短路，此短路电流即为直流平均环流。为了防止产生直流平均环流，当正组 VF 处于整流状态时，其整流电压 U_{af} 为正，这时应该让反组 VR 处于逆变状态，此时 U_{ar} 为负，输出一个逆变电压把它顶住，而且幅值与 U_{af} 相等，于是

$$U_{af} = U_{ar} \tag{5-40}$$

若 VF 的控制角 $\alpha_f < 90°$，其输出平均电压 $U_{af} = K_1 U_2 \cos\alpha_f$，而 VR 的控制角 $\alpha_r > 90°$，即逆变角 $\beta_r < 90°$，其输出平均电压 $U_{ar} = K_1 U_2 \cos\beta_r$，式中 K_1 的值取决于整流电路的形式，U_2 为整流变压器二次侧相电压有效值。由式（5-40）得

$$K_1 U_2 \cos\alpha_f = K_1 U_2 \cos\beta_r$$

有

$$\alpha_f = \beta_r \tag{5-41}$$

按照这样的条件来控制两组晶闸管，就可以消除直流平均环流。这样的控制方式叫作 $\alpha=\beta$ 工作制配合控制。为了更可靠地消除直流环流，可采用

$$\alpha_f \geqslant \beta_r \tag{5-42}$$

实现 $\alpha=\beta$ 工作制配合控制是比较容易的。只要将两组晶闸管装置触发脉冲的零位都定在90°，即当控制电压 $U_{ct}=0$ 时，使 $\alpha_{f0}=\alpha_{r0}=\beta_{r0}=90°$，则 $U_{af}=U_{ar}=0$，电动机处于停车状态；增大控制电压 U_{ct} 移相时，只要使两组触发装置的控制电压大小相等、方向相反就可以了。这样的触发控制电路如图5-14所示，它用同一个控制电压 U_{ct} 去控制两组触发装置。正组GTF由 U_{ct} 直接控制，而反组GTR由 $-U_{ct}$ 控制。$-U_{ct}$ 是经过放大系数为 -1 的反号器AR后得到的。

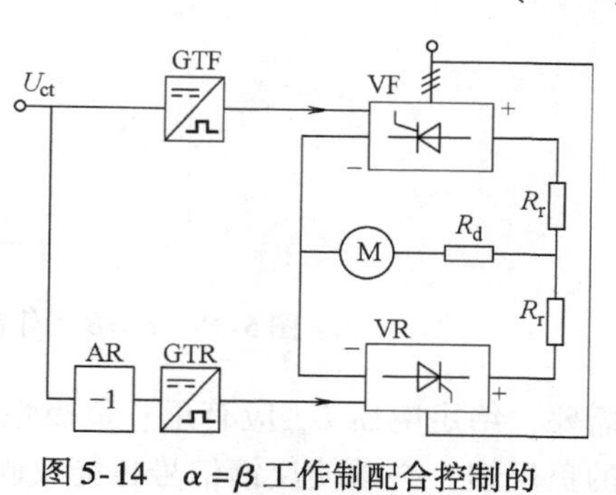

图5-14　$\alpha=\beta$ 工作制配合控制的可逆线路

2. 瞬时脉动环流及其抑制

采用 $\alpha=\beta$ 的配合控制，可以消除直流环流。但是由于晶闸管整流装置的输出电压是脉动的，虽然两组输出电压的平均值相等，但瞬时值不一定相等。当整流电压瞬时值 u_{af} 大于逆变电压瞬时值 u_{ar} 时，便产生正向瞬时电压差 Δu_a，从而产生瞬时环流。控制角不同时，瞬时电压差的瞬时环流也不同。三相零式反并联可逆线路中，当 $\alpha_f=\beta_r=60°$ 时，正组瞬时整流电压 u_{af} 与反组瞬时逆变电压 u_{ar} 瞬时值并不相等，而其平均值却相同。瞬时电压差 $\Delta u_a=u_{af}-u_{ar}$。由于瞬时电压差的存在，在两组晶闸管之间便产生了瞬时脉动环流 i_{cp}。由于晶闸管装置的内阻 R_r 很小，环流回路的阻抗主要是电感，所以 i_{cp} 不能突变，并且滞后于环流电压 Δu_a。它是交流的，由于晶闸管的单向导电性，i_{cp} 只能在一个方向脉动，所以称为瞬时脉动环流。但这个瞬时脉动环流存在直流分量 I_{cp}，它和平均电压差所产生的直流平均环流有根本区别。为限制脉动环流，在环流回路中设置电抗器，称为均衡电抗器。当VF组工作时，L_{c1} 中通过负载电流，使铁心饱和，失去限制环流的作用，此时只能依靠无负载电流通过的 L_{c2} 来限制环流。同理，当VR组工作时，则依靠 L_{c1} 限制环流。

5.4.2　电枢有环流可逆调速系统

1. 配合控制的有环流可逆调速系统

在 $\alpha=\beta$ 工作制配合控制下，可逆线路中存在瞬时脉动环流，所以这样的系统称为有环流可逆调速系统。由于脉动环流是自然存在的，没有施加任何控制，所以又称为自然环流系统。其原理图如图5-15所示。图中主电路采用两组三相桥式晶闸管装置反并联的线路，因为有两条并联的环流通路，所以要用四个环流电抗器。由于环流电抗器流过较大的负载电流时会饱和，因此在电枢回路中还设有平波电抗器。

控制电路采用典型的转速、电流双闭环系统。转速调节器ASR和电流调节器ACR都设置了双向输出限幅，以限制正、反向最大动态电流和最小控制角 α_{min} 与最小逆变角 β_{min}。为了能够在任何控制角时都保持 $\alpha_f+\beta_r=180°$ 的配合关系，应始终保持控制电压 $-U_{ct}$。在GTR之前加放大倍数为1的反号器AR，则可以满足这一要求。根据可逆系统正反向运行的

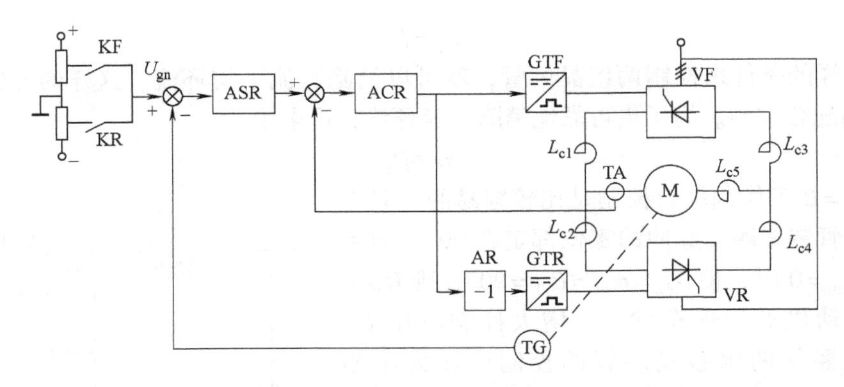

图 5-15　$\alpha=\beta$ 工作制配合控制的有环流可逆调速系统原理框图

需要，给定电压 U_{gn}应有正、负极性，这可由继电器 KF 和 KR 来切换。为保证转速和电流的负反馈，必须使反馈信号也能反映出相应的极性。因此，电流反馈信号采用霍尔电流传感器从直流侧检测得到，而简单地采用一套交流互感器或直流互感器都不能反映电枢电流极性。图中标出 U_{gn}为正时各处的极性。

2. 可控环流可逆调速系统

在配合控制的有环流系统中，总是设法避免出现直流环流。然而直流环流也有它有利的一面。它可使电流反向时没有死区，有助于缩短过渡过程。另外，少量直流环流的存在，成为晶闸管装置的基本负载，则实际的负载电流可以越过断续区，对调速系统的静、动态性能都是有利的。于是从利用直流环流的目的出发，提出了一种“给定环流可逆调速系统”。采用 $\alpha<\beta$ 的控制方式，即在两组变流装置之间，保留一个较小的恒定直流环流，一般为 $(5\%\sim10\%)I_n$。这样做虽能保证系统具有平滑的过渡特性，也能减小环流电抗器的体积，但是环流不能随负载电流的增加而自动下降，因而无谓地增加了环流造成的损耗。理想的环流变化规律应该是，在轻载时存在直流环流，以保证电流连续，而负载大到一定数值后使环流减小到零，形成 $\alpha>\beta$ 的控制方式。这种根据负载实际情况来控制环流的大小和有无的系统就是“可控环流可逆调速系统”。

(1) 具有两个电流调节器的可控环流可逆调速系统

图 5-16 示出了一种可控环流可逆调速系统的原理图。主电路采用两组晶闸管交叉连接线路。控制电路仍为典型的转速、电流双闭环系统，但电流互感器和电流调节器都用了两套，分别组成正、反向各自独立的电流闭环，并且正、反组电流调节器 1ACR、2ACR 输入端分别加上了控制环流的环节。控制环流的环节包括环流给定电压电路（$-U_{gc}$）和二极管 VD、电容 C、电阻 R 组成的环流抑制电路。为了使 1ACR 和 2ACR 的给定信号极性相反，U_{gi}经过放大系数为 −1 的反号器 AR 输出 $-U_{gi}$，作为2ACR 的电流给定。这样，当一组整流时，另一组则作为控制环流来用。

系统工作原理：当速度给定信号 $U_{gn}=0$ 时，ASR 输出电压 $U_{gi}=0$，此时 1ACR 和 2ACR 仅依靠环流给定电压 $-U_{gc}$（其值可根据实际情况整定）使两组晶闸管同时处于微导通的整流状态，输出电流 $I_f=I_r=I_c^*$（给定环流），在原有的瞬时脉动环流之外，又加上恒定的直流平均环流，其大小可控制在额定电流的 5% ~10%，而电动机的电枢电流 $I_d=I_f=I_r=0$。正向运行时，U_{gi}为负，二极管 VD_1 导通，负的 U_{gi}加在正组电流调节器 1ACR 上，使正组

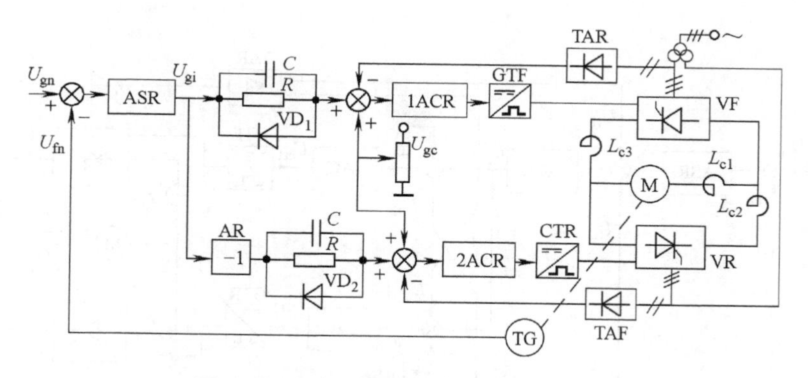

图 5-16　可控环流可逆调速系统原理图

控制角 α_f更小，输出电压 u_{af}升高，正组流过的电流 I_f也增大；与此同时，反组的电流给定 $-U_{gi}$为正电压，二极管 VD_2截止，正电压 $-U_{gi}$通过与 VD_2并联的电阻 R 加到反组电流调节器 2ACR 上，$-U_{gi}$抵消了环流给定电压 $-U_{gc}$的作用，抵消的程度取决于电流给定信号的大小。稳态时，电流给定信号基本上和负载电流成正比，因此，当负载电流小时，正的 $-U_{gi}$不足以抵消 $-U_{gc}$，所以反组有很小的环流电流流过，电枢电流 $I_d = I_f - I_r$；随着负载电流的增大，正的 $-U_{gi}$继续增大，抵消 $-U_{gc}$的程度增大，当负载电流大到一定程度时，$-U_{gi} = +U_{gc}$，环流就完全被抑制住了。这时正组流过负载电流，反组则无电流通过，与 R、VD_2并联的电容 C 能缩短环流的过渡过程。反向运行时，反组提供负载电流，正组控制环流。

（2）交叉反馈可控环流系统

上述可控环流系统采用两个电流调节器 1ACR、2ACR，而且这两个电流调节器交替进行负载电流控制和环流控制。这样每一个电流调节器都要承担对负载电流 I_L和环流 I_c的调节任务。当正组晶闸管处于工作状态时，1ACR 承担负载电流 I_L的调节任务，而 2ACR 则承担环流 I_c的调节任务，或反之。但是负载电流回路和环流回路的参数是完全不同的。要使 1ACR、2ACR 的动态参数同时满足两个回路的要求，以及使 I_L和 I_c的调节过程同时具有良好的动态性能是不可能的，除非赋予电流调节器自适应能力。总的环流给定值随负载电流给定值 U_{gi}而不是随负载电流实际值 I_L的增加而减小。但 I_L的变化一般均滞后于 U_{gi}的变化，这样在动态过程中，就可能造成配合失误，使环流变化规律发生混乱，影响系统过渡特性的平滑性。

综上所述，采用两个电流调节器的可控环流可逆调速系统，由于存在一些缺点，在实际中较少应用。下面介绍一种应用较多的交叉反馈控制环流系统。

图 5-17 为交叉反馈可控环流系统结构原理图。该系统的特点如下。

1）主电路采用交叉接线。变压器有两个二次绕组，其中一组接成Y，另一组接成△。两个二次绕组的相位错开 30°，使环流电动势的频率增加一倍。这样可使系统处于零位时（$U_{gn}=0$），避开瞬时脉动环流的峰值，从而可以大大减小环流电抗器的尺寸并显著降低成本。

2）除了转速调节器 ASR 和电流调节器 ACR 外，还增设了两个环流调节器 1AC 和 2AC。ASR 和 ACR 采用 PI 调节器，环流调节器采用比例调节器，1AC 的比例系数为 +1，2AC 的比例系数为 −1。

3）在每个环流调节器上都施加了恒定的环流给定信号 U_{gc}和交叉的电流反馈信号 U_{c1}、

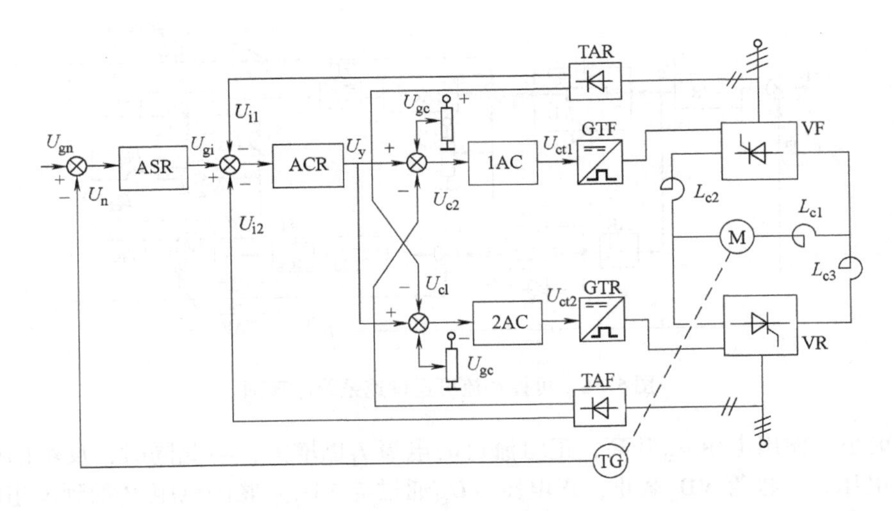

图 5-17　交叉反馈可控环流系统

U_{c2}，而且 1AC 的环流给定为正，电流反馈 U_{c2} 为负，2AC 的环流给定为负，电流反馈 U_{c1} 为正。

4）电流反馈信号 U_{i1} 总为正，U_{i2} 总为负，与负载电流极性无关，它们合成电流反馈信号

$$U_i = U_{i1} - U_{i2} = \beta I_f - \beta I_r = \beta(I_f - I_r) = \beta I_d \tag{5-43}$$

式（5-43）表明，合成电流反馈信号 U_i 不仅反映电枢电流的大小，而且还可以反映电枢电流的极性，其环流电流相互抵消了，使电流环在任何时刻都具有负反馈特性。

该系统的电枢电流调节与环流调节是各自独立进行的。各调节环的参数可以根据各自调节对象进行选择，从而获得较为理想的动态品质。

环流调节器 1AC 和 2AC 的输入端有三个信号，分别为 ACR 的输出信号 U_y、环流给定信号 U_{gc} 和交叉电流反馈信号 U_{c2} 或 U_{c1}。采用交叉电流反馈，是为了实现环流随负载电流增大而逐渐降低，直至完全消失。

当转速给定 $U_{gn}=0$ 时，ASR 和 ACR 的输出均为零，此时环流调节器进行给定环流调节。因为 1AC 的给定信号只有最大环流给定值 $+U_{gc}$，并且 1AC 的比例系数为 +1，故其输出 U_{ct1} 为正值，使正组桥 VF 的控制角 $\alpha<90°$，VF 处于整流状态；2AC 的给定信号只有负向最大环流给定值 $-U_{gc}$，由于其比例系数为 -1，故其输出 U_{ct1} 为正值，使反组桥 VR 的控制角也是 $\alpha<90°$，VR 也处于整流状态。如果系统参数完全对称，环流给定值 $\pm U_{gc}$ 的绝对值相等，且数值较小，那么此时两组晶闸管 VF 和 VR 均处于微导通的整流状态，并且输出相等的直流环流，即 $I_f = I_c = I_c^*$，此时的环流为最大值。该值是由两组桥整流电压之和 $U_{af} + U_{ar}$ 产生的。这样，系统在原有脉动环流之上，又加上了由正组桥流向反组桥的直流环流。直流环流的大小取决于环流给定电压 U_{gc}，通常取（5% ~10%）I_n。此时电动机电枢电流 $I_d = I_f - I_r = 0$，电动机处于静止状态，系统处于环流调节状态。

电动机正转时，转速给定 U_{gn} 为正，ASR 的输出 U_{gi} 为负，ACR 的输出 U_y 为正，致使 1AC 的输入正向增加，$+U_{ct1}$ 增加，正组桥的 α 角减小，使 U_{af} 增加；2AC 的输入也正向增加，但由于 2AC 是反相器，故其输出 U_{ct2} 由原来的正值减小，甚至变成负值。反组桥的 α

增大，甚至进入逆变区，但反组的逆变电压小于正组的整流电压，因此在两组桥之间仍然存在着由正组桥流向反组桥的直流环流 I_c。此时，正组桥输出电流 $I_f = I_d + I_c$，反组桥输出电流 $I_r = I_c$，电动机电枢电流 $I_d = I_f - I_r$。

下面分析系统是如何实现直流环流随负载电流的增加而减小，以及当负载大到一定程度时环流完全被抑制的控制规律。

如果在环流调节器1AC和2AC的输入端，不加最大环流给定信号 $+U_{gc}$、$-U_{gc}$ 和交叉电流反馈信号 U_{c2}、U_{c1}，则因1AC的比例放大系数为 +1，1AC的引入对系统不产生影响；2AC的放大倍数为 -1，此时，系统中电枢电流调节器ACR的输出信号 U_y 实质上是保持系统基本工作状态（保持 $\alpha=\beta$ 配合控制）的移相控制信号。它是本系统的主要移相信号，这个信号和环流给定信号 U_{gc} 及交叉电流反馈信号 U_{c1}、U_{c2} 综合，就可实现环流可控的功能。

对处于整流状态的正组晶闸管而言，最大环流给定信号 U_{gc} 和交叉电流反馈信号 U_{c2}，实质上可看作是电枢电流调节环前向通道中的干扰信号。具有PI调节器的电枢电流闭环调节的功能是克服正向通道的干扰，使电枢电流跟踪电流给定 U_{gi} 的变化，并在稳态时没有偏差。由此可知，通过工作组晶闸管装置对系统进行调节并获得相应的性能，转速调节环和电枢电流调节环基本上与自然环流系统相同。

可控环流的调节是由待工作组环流调节器的闭环调节实现的。待工作组环流调节器的输入信号为（$U_y - U_{gc} + U_{c1}$）。如前所述，U_y 是维持 $\alpha=\beta$ 配合控制所需要的移相控制信号，而（$-U_{gc} + U_{c1}$）则是在配合控制基础上附加的环流给定和环流反馈信号。在它们的作用下，待工作组的触发脉冲从配合控制的位置前移或后移，以改变待工作组变流装置的电压，从而调节环流的大小。

由于

$$U_{c1} = \beta_c I_f = \beta_c (I_d + I_c) = \beta_c I_d + \beta_c I_c = \beta_c I_d + U_c \tag{5-44}$$

式中 β_c——环流调节环的电流反馈系数；

U_c——环流反馈信号。

所以

$$-U_{gc} + U_{c1} = (-U_{gc} + \beta_c I_d) + U_c \tag{5-45}$$

式（5-45）等式右边第一项为合成环流给定信号，由最大环流给定信号 $-U_{gc}$ 和电枢电流反馈 $\beta_c I_d$ 组成。当电枢电流 $I_d = 0$ 时，合成环流给定信号为 $-U_{gc}$，这时的环流最大，即 $I_c = I_{cm} = I_c^*$，因此称 U_{gc} 为最大环流给定信号。当 I_d 增加时，合成环流给定信号下降，环流亦随之下降。I_d 增大到一定程度后，环流自动消失。

由以上分析，可把交叉反馈可控环流系统归纳为：转速环用来实现速度无静差调节；电流环则调节电枢回路电流，使系统具有良好的起、制动性能和堵转特性；环流调节环采用交叉电流反馈，是为了保证直流环流能随电动机负载电流的增加而自动减小，负载电流达到一定数值后，环流自动消失。这样，既可以防止轻载时电流断续，使过渡特性平滑，又可以减少损耗和设备投资。因此，该系统无论从静态调节精度、动态性能方面，还是从经济性方面，都是一种比较理想的调速系统，广泛应用于快速性要求较高的可逆调速系统。

5.4.3 电枢逻辑无环流可逆调速系统

环流虽然有它有利的一面，但必须设置几个笨重而昂贵的环流电抗器，这就增加了设备投资。因此，当工艺过程对系统滤波特性的平滑性要求不高时，特别是对于大容量的系统，从生产可靠性要求出发，常采用既没有直流平均环流，又没有瞬时脉动环流的无环流系统。按实现无环流原理的不同而分为两大类：逻辑控制无环流系统和错位控制无环流系统。本小节只讨论逻辑控制的无环流可逆调速系统。当一组晶闸管工作时，用逻辑电路封锁另一组晶闸管的触发脉冲，使它完全处于阻断状态，确保两组晶闸管不同时工作，从根本上切断环流的通路，这就是逻辑无环流可逆调速系统。

逻辑无环流可逆调速系统是目前实际生产中应用最为广泛的可逆系统，其原理框图如图5-18所示。主电路采用两组晶闸管装置反并联连接，由于没有环流，不用再设置环流电抗器。但为了保证稳定运行时电流波形的连续，仍应保留平波电抗器 L_d。控制电路采用典型的转速、电流双闭环系统，只是电流环有两个电流调节器1ACR和2ACR。其中，1ACR用来控制正组触发装置GTF，2ACR控制反组触发装置GTR。1ACR的给定信号 U_{gi} 经过反相器AR作为2ACR的给定信号，这样可以使电流反馈信号 U_{fi} 的极性在正、反转时都不改变，从而可采用不反映极性的交流电流互感器。由于主电路不设均衡电抗器，一旦出现环流，将造成严重的短路事故，所以对工作时的可靠性要求特别高。

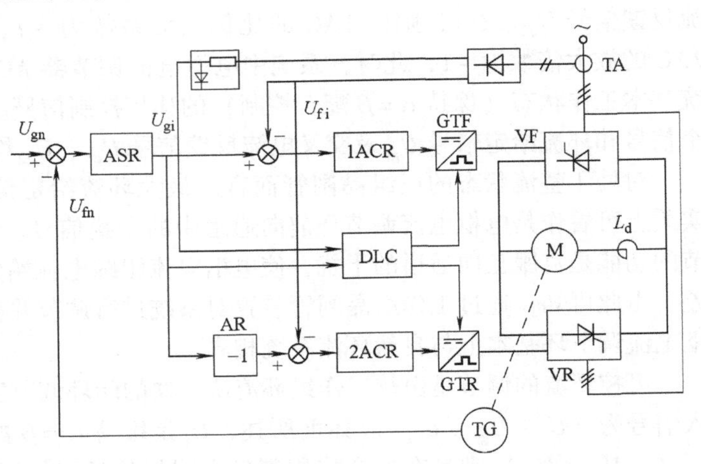

图5-18 逻辑无环流可逆调速系统原理框图

该系统的工作原理与自然环流系统没有多大区别，只是用了无环流逻辑控制器DLC来控制两组触发脉冲的封锁和开放。DLC是系统中最关键的部件，必须保证可靠地工作。它按照系统的工作状态，指挥系统进行自动切换，或者允许正组发出触发脉冲而封锁反组，或者允许反组发出触发脉冲而封锁正组。在任何情况下，决不容许两组晶闸管同时开放，以确保主电路没有环流产生。触发脉冲的零位仍整定在 $\alpha_{f0}=\alpha_{r0}$，工作时移相方法仍和 $\alpha=\beta$ 工作制一样。

以上比较简要地分析了逻辑无环流电枢可逆调速系统的工作原理。它与有环流可逆调速系统相比的主要优点是不需要设置环流电抗器，没有附加的环流损耗，从而可减少变压器和晶闸管等设备的容量；另外，因换流失败而造成的事故率比有环流系统要低。其不足之处是有换向死区，影响过渡过程的快速性。

5.5 直流脉宽调速系统

晶闸管-电动机直流调速系统（亦称V－M调速系统）使用的电源是三相交流电源，但是在许多应用场合，使用的电源却是直流电源，例如用直流电网供电的城市公交车（电车）、地铁，由蓄电池供电的电动汽车、电瓶车等，在这种应用场合使用的直流调速系统必须采用DC/DC变换器；即使在具备使用交流电源条件的场合，由于V-M调速系统的可控整流器工作在输出电压较低的区域时装置的功率因数低，对电网的谐波污染大，为此使用了一种称为直流斩波器的装置。直流斩波是一种通过改变功率器件导通与关断的时间使电动机端电压的平均值等于期望的直流电压值的调压方法。对于具备使用交流电源条件的场合，也可以通过不控整流器整流，然后再通过直流斩波器调压，从而实现电动机的调速。显然由于不控整流器的功率因数较可控整流器要高许多，谐波污染也较可控整流小。因而，这种调速系统的性能要比直流V-M调速系统好。

直流斩波器的控制方式主要有三种。

1）脉冲宽度调制（Pulse-Width Modulation，PWM），即在脉冲周期不变的情况下，只改变主晶闸管的导通时间，亦即改变脉冲的宽度。

2）脉冲频率调制（Pulse-Frequency Modulation，PFM），即导通时间不变，只改变开关频率或开关周期，亦即只改变晶闸管关断的时间。

3）两点式控制，即当负载电流或电压低于某一最小值时，使晶闸管触发导通；当达到某一最大值时，使晶闸管关断。导通和关断时间都是不确定的。

本节主要讨论第一种控制方式，即直流脉宽调速系统。

5.5.1 脉宽调速系统的基本工作原理及特点

脉宽调速系统的概念早已提出，但过去由于缺乏高速开关元件而未能在生产实际中推广应用。近年来，由于大功率晶体管产品的成熟和成本的不断下降，晶体管脉宽调速系统再次得到重视，并在生产实际中逐渐得到了广泛应用。脉宽调制式直流调速系统，是在V-M直流调速系统的基础上，以脉宽调制式可调直流电源取代晶闸管相控整流电源后构成的直流电动机转速调节系统，目前应用较广的一种直流脉宽调速系统的基本主电路如图5-19所示。图中，三相交流电源经整流滤波变成电压恒定的直流电压，其中处于对角线上的一对晶体管的基极因接收同一控制信号而同时导通或截止。若VT_1和VT_4导通时，电动机电枢上加正向电压；若VT_2和VT_3导通时，电动机电枢上加反向电压。当它们以较高的频率（例如2kHz）交替导通时，电枢两端的电压波形如图5-20所示，由于机械惯性的作用，决定电动机转向和转速的仅为此电压的平均值U_{av}。

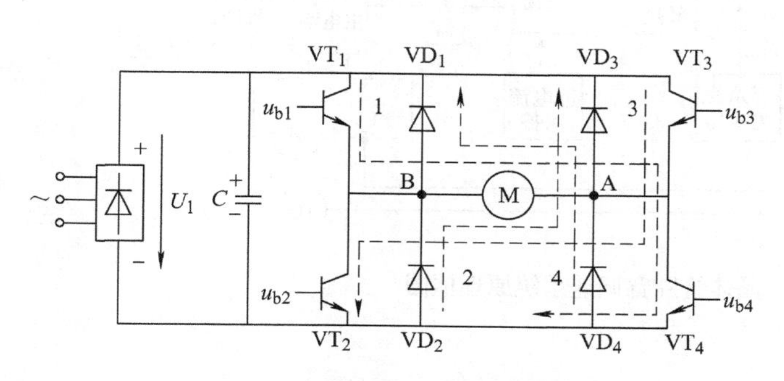

图5-19 直流脉宽调速系统的主电路

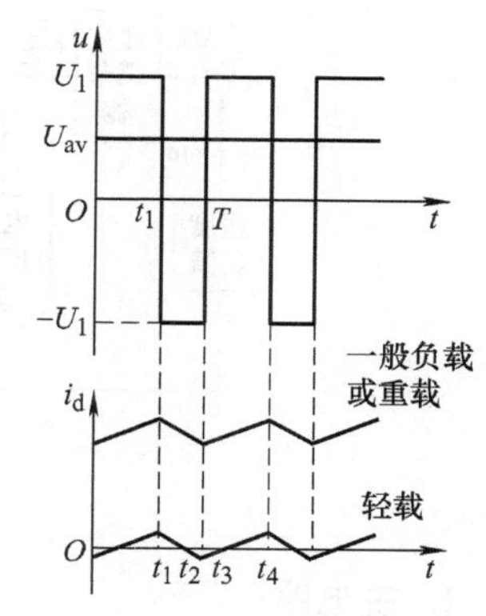

图5-20 直流脉宽调速系统中电机电枢电压和电流的波形

设矩形波的周期为 T，正向脉冲宽度为 t_1，并设 $\gamma=t_1/T$，由图 5-20 可求出电枢电压的平均值，即

$$U_{av}=\frac{U_1}{T}[t_1-(T-t_1)]=\frac{U_1}{T}(2t_1-T)=\frac{U_1}{T}(2\gamma T-T)=(2\gamma-1)U_1 \tag{5-46}$$

由式（5-46）可知，在 T=常数时，人为地改变正脉冲的宽度以改变 γ，即可改变 U_{av}，达到调速的目的。当 $\gamma=0.5$ 时，$U_{av}=0$，电动机转速为零；当 $\gamma>0.5$ 时，U_{av} 为正，电动机正转，且在 $\gamma=1$ 时，$U_{av}=U_1$，正向转速最高；当 $\gamma<0.5$ 时，U_{av} 为负，电动机反转，且在 $\gamma=0$ 时，$U_{av}=-U_1$，反向转速最高。连续地改变脉冲宽度，即可实现直流电动机的无级调速。

晶体管直流脉宽调速系统具有下列特点。

1）主电路结构简单，所需的功率元件少。

2）控制电路简单，不存在相序问题和烦琐的同步移相触发控制电路。

3）晶体管脉宽调制放大器的开关频率一般为 1～3kHz，有的甚至可达 5kHz。因而，晶体管直流脉宽调速系统的频带比较宽，这样动态响应速度和稳速精度等性能指标都比较好。

4）晶体管脉宽调制放大器的开关频率高，电动机电枢电流容易连续，且脉动分量小。因而电枢电流脉动分量对电动机转速的影响以及由它引起的电动机附加损耗都小。

5）晶体管脉宽调制放大器的电压放大系数不随输出电压的改变而变化，它可使电动机在很低的速度下稳定运转，其调速范围很宽。

5.5.2 脉宽调速系统的组成

图 5-21 所示的脉宽调速系统采用典型的双闭环结构，由速度调节器、电流调节器、三角波发生器、电压脉冲转换电路、脉冲分配电路、功率放大器、主电路、速度反馈、电流反馈、整流电源以及失速保护、过电流保护、泵升限制电路等组成。下面分别对几个主要组成部分进行分析。

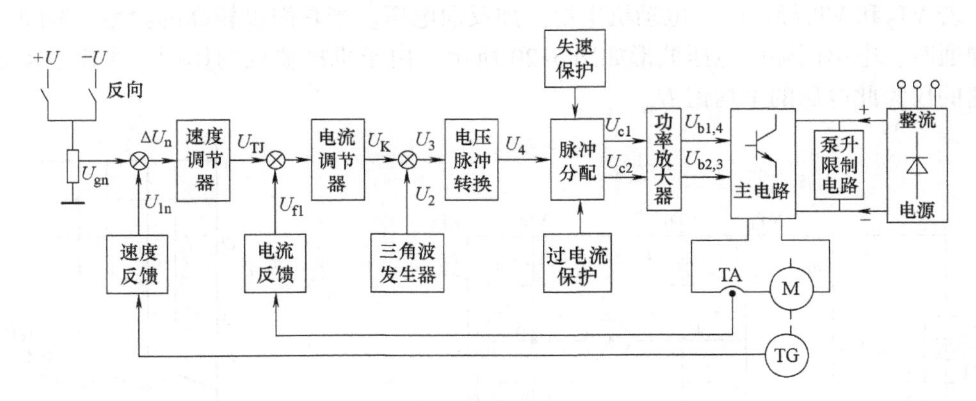

图 5-21　晶体管脉宽调速系统原理框图

1. 主电路

对脉宽调速系统来说，主电路起功率开关放大器的作用，其结构形式有很多种。有单极性输出和双极性输出之分，而双极性输出的主电路又分 H 型和 T 型两类，H 型脉宽放大器

又可分为单极式和双极式。这里仅介绍一种常用的双极性双极式脉宽放大器。正如前文所分析，将图5-19中四个晶体管分为两组，其中，VT_1和VT_4为一组，VT_2和VT_3为另一组。同一组中的两个晶体管同时导通、同时关断，且两组晶体管之间可以交替地导通和关断。下面具体分析其工作过程。

当电源电压U_1大于电动机的反电动势时（如反抗转矩负载），电动机可处于轻载、一般负载或重载。处于轻载时，如图5-20所示，电动机电枢电流可能是正的，也可能是负的。在$0 \leqslant t \leqslant t_1$期间，$u_{b1}$和$u_{b4}$为正（加到晶体管$VT_1$和$VT_4$基极的电压，即触发电压），$VT_1$和$VT_4$导通；$u_{b2}$和$u_{b3}$为负，$VT_2$和$VT_3$关断。电枢电流$i_d$沿回路1（经$VT_1$和$VT_4$）从B流向A，电动机工作在电动状态。在$t_1 \leqslant t \leqslant t_2$期间，$u_{b1}$和$u_{b4}$为负，$VT_1$和$VT_4$关断，$u_{b2}$和$u_{b3}$为正，在电枢电感中产生的自感电动势的作用下，电枢电流i_d沿回路2（经VD_2和VD_3）继续从B流向A，电动机仍然工作在电动状态。此时虽然u_{b2}和u_{b3}为正，但受VD_2和VD_3正向电压降的限制，VT_2和VT_3仍不能导通。假若在$t = t_2$时，正向电流i_d衰减到零，那么在$t_2 \leqslant t \leqslant T$期间，$VT_2$和$VT_3$在电源电压$U_1$和反电动势的作用下即可导通，电枢电流$i_d$将沿回路3（经$VT_3$和$VT_2$）从A流向B，电动机工作在反接制动状态。在$T \leqslant t \leqslant t_3$期间，晶体管的基极电压又改变了极性，$VT_2$和$VT_3$关断，电枢电感所产生的自感电动势维持电流$i_d$沿回路4（经$VD_4$和$VD_1$）继续从A流向B，电动机工作在发电制动状态。此时虽u_{b1}和u_{b4}为正，但受VD_1和VD_4正向电压降的限制，VT_1和VT_4也不能导通。假若在$t = t_3$时，反向电流（$-i_d$）衰减到零，那么在$t_3 \leqslant t \leqslant t_4$（$T + t_1$）期间，在电源电压$U_1$作用下，$VT_1$和$VT_4$就可导通，电枢电流$i_d$又沿回路1（经$VT_1$和$VT_4$）从B流向A，电动机工作在电动状态。总体上看，平均的电枢电流i_d为正向电流，电动机工作在电动状态。若电动机处于一般性负载或重载，电枢电流i_d较大，在工作过程中i_d不会改变方向，尽管基极电压u_{b1}和u_{b4}、u_{b2}和u_{b3}的极性在交替地改变方向，但VT_2和VT_3总不会导通，仅是VT_1和VT_4的导通或截止，此时电动机始终工作在电动状态。

当反电动势大于U_1时（如位能转矩负载），在$0 \leqslant t \leqslant t_1$期间，电流$i_d$沿回路4（经$VD_4$和$VD_1$）从A流向B，电动机工作在再生制动状态；在$t_1 \leqslant t \leqslant T$期间，电流$i_d$沿回路3（经$VT_2$和$VT_3$）从A流向B，电动机工作在反接制动状态。

由上面的分析可知，电动机无论工作在什么状态，在$0 \leqslant t \leqslant t_1$期间电枢电压的有效值$U_a = +U_1$，而在$t_1 \leqslant t \leqslant T$期间$U_a = -U_1$。由式（5-46）可知，电枢电压的平均值为

$$U_{av} = (2\gamma - 1)U_1 = \left(2\frac{t_1}{T} - 1\right)U_1$$

定义双极性双极式脉宽放大器的PWM电压的占空比为

$$\rho = \frac{U_{av}}{U_1} = 2\frac{t_1}{T} - 1 \tag{5-47}$$

$$U_{av} = \rho U_1 \tag{5-48}$$

式（5-47）、式（5-48）表明，当$t_1 = T/2$时，$\rho = 0$，$U_{av} = 0$，电动机停止不动，但电枢电压的瞬时值$u_a \neq 0$，而是正、负脉冲电压的宽度相等，即电枢回路中流过一个交变的电流i_d。这个电流增大了电动机的空载损耗，同时，也使电动机发生高频率微动，可以减少静摩擦，起着动力润滑作用。要使电动机反转，只需要将控制电压U_K变为负值即可。

2. 控制电路

（1）三角波发生器

三角波发生器原理图如图5-22所示。它由运算放大器A_1和A_2组成，A_1在开环状态下工作。它的输出电压不是正饱和值就是负饱和值，电阻R_3和稳压管VD_7组成一个限幅值，限制A_1输出电压的幅值。A_2为一积分器，当输入电压u_1为正时，其输出电压u_2向负方向变比；当输入电压u_1为负时，其输出电压u_2向正方向变化。当输入电压u_1正、负交替变化时，它的输出电压u_2就变成了一个三角波。

（2）电压-脉冲变换器

电压-脉冲变换器如图5-23所示。组成电压-脉冲变换器的运算放大器A工作在开环状态。当它的输入电压极性改变时，其输出电压总是在正饱和值和负饱和值之间变化，并将连续的控制电压U_K转换成脉冲电压，再经限幅器（由电阻R_4和二极管VD_5组成）削去脉冲电压的负半波，这样电压-脉冲变换器的输出端就形成一串正脉冲电压U_4。

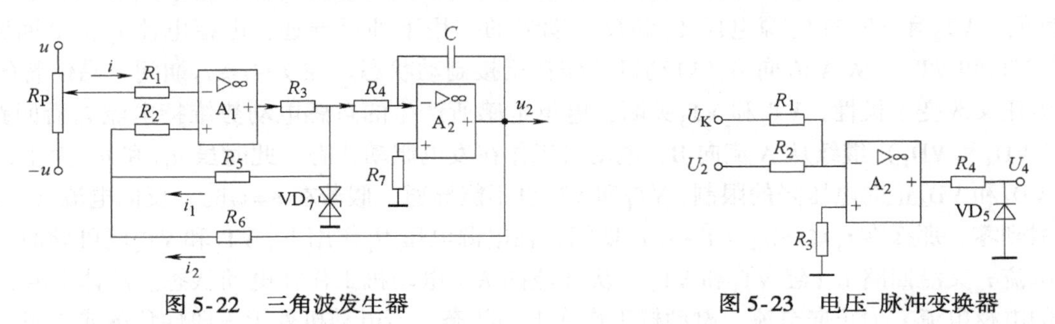

图5-22　三角波发生器　　　　图5-23　电压-脉冲变换器

（3）脉冲分配器

脉冲分配器如图5-24所示，它的作用是把电压-脉冲变换器产生的一串正的矩形脉冲电压U_4（经光隔离器和功率放大器）分配到主电路被控晶体管的基极。当U_4为高电平时，门1输出低电平，一方面它使门5输出$U_{c1,4}$高电平，VD_5截止，光电管VT_5也截止，$U_{R1}=0$，经功率放大电路放大后，其输出$U_{b1,4}$为低电平，使晶体管VT_1、VT_4截止；另一方面它使门2输出高电平，其后使门6的输出$U_{c2,3}$为低电平，VD_6导通发光，使光电管VT_6导通，则U_{R2}为高电平，经功率放大后，其输出$U_{b2,3}$为高电平，使晶体管VT_2、VT_3导通。反之，当U_4为低电平时，$U_{c2,3}$为高电平，VT_6截止，$U_{b2,3}$为低电平，使VT_2、VT_3截止；而$U_{c1,4}$为低电平，VT_5导通，$U_{b1,4}$为高电平，使VT_1、VT_4导通。随着电压U_4的周期变化，电压$U_{b1,4}$与$U_{b2,3}$的正、负交替变化，从而控制晶体管对VT_1、VT_4与VT_2、VT_3的交替导通与截止。

图5-24中点画线框（由门3、门4、二极管、电阻和电容所组成）内的环节是个延时环节。它的作用是保证VT_1、VT_4与VT_2、VT_3这两对晶体管中的一对先截止而另一对再导通，以防止在交替工作时发生电源短路。功率放大电路的作用是把控制信号放大，以驱动大功率晶体管。

另外，还有过电流、失速保护环节，当电枢电流过大或电动机失速时，该环节输出电平低，封锁门5和门6，其输出$U_{c1,4}$和$U_{c2,3}$均为高电平，使$U_{b1,4}$和$U_{b2,3}$均为低电平，从而关断晶体管VT_1～VT_4，致使电动机停转。

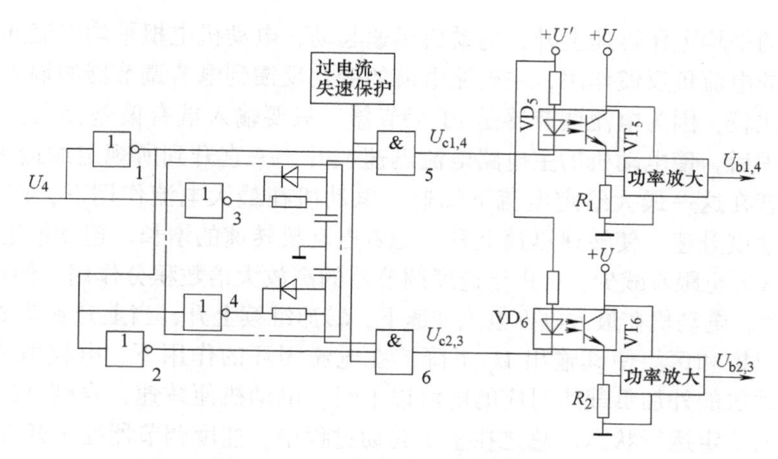

图 5-24　脉冲分配器及功率放大

5.5.3　脉宽调速系统的分析

如图 5-21 所示，整个脉宽调速系统由速度调节器和电流调节器组成双闭环无差调节系统，电流调节器输出的电压 U_K（可正可负且连续可调）和正负对称的三角波电压 U_2 在电压-脉冲变换器中进行叠加，产生频率固定而占空比可调的方波电压 U_4，然后此方波电压由脉冲分配器产生两路相位相差 180°的脉冲信号，经功率放大后由这两路脉冲信号驱动桥式功率开关主电路，使其负载（电动机）两端得到极性可变、平均值可调的直流电压，控制直流电动机正反转、制动或停转。下面具体分析脉宽调速系统在静态、起动、稳态运转时突加负载制动及降速时的工作过程。

1. 静态

系统处于静态时电动机停转（由于运算放大器的放大倍数高，并且总存在一定的零漂，所以实际的系统往往总有一定的爬行。不过这种爬行非常缓慢，一般一小时左右电动机才爬行一圈，因此可以忽略），由于速度给定 $U_{gn}=0$，此时速度调节器、电流调节器的输出均为零。在三角波的作用下，输出端输出一个频率同三角波频率、占空比 $\rho=0$ 的正、负等宽方波电压 U_4，经脉冲分配器和功放电路产生的 $U_{b1,4}$ 和 $U_{b2,3}$ 加在桥式功率开关管 VT_1 ~ VT_4 的基极，使桥式功率晶体管轮流导通或截止，此时电动机电枢两端的平均电压等于零，电动机停止不动。必须说明的是，此时电动机电枢两端的平均电压及平均电流虽然为零，但电动机电枢的瞬时电压及电流并不为零，在速度调节器和电流调节器的作用下，装置实际上处于动态平衡状态。

2. 起动过程

由于装置是可逆的，现以正转起动为例（反转起动类同）进行分析。在起动时，速度给定信号 U_{gn} 送入速度调节器的输入端后，由于速度调节器的放大倍数很大，使得即使在极微弱的输入信号下也能使速度调节器的输出达到其最大限幅值。由于电动机的惯性作用，电动机的转速升到所给的转速需要一定的时间，因此在起动开始的一段时间内 $\Delta U_n = U_{gn} - U_{fn} > 0$，速度调节器的输出 U_{gi} 便一直处于最大限幅值，相当于速度调节器处于开环状态。

因为速度调节器的输出就是电流调节器的给定，在速度调节器输出电压限幅值的作用下，电枢两端的平均电压迅速上升，电动机迅速起动，电动机电枢平均电流亦迅速增加。由于电流调节器的电流负反馈作用，主电路电流的变化反馈到电流调节器的输入端与速度调节器的输出进行比较，因为电流调节器是 PI 调节器，只要输入端有偏差存在，电流调节器的输出经积分处理后，使电动机的主电路电流迅速上升，一直升到所规定的最大电流值为止。此后，电动机就在这一最大给定电流下加速。电动机在最大电流作用下，产生加速动态力矩，以最大加速度升速，使转速迅速上升。随着电动机转速的增长，速度给定电压与速度反馈电压的差值 ΔU_n 也跟着减少，但由于速度调节器的高放大倍数积分作用，使得 U_{gi} 始终保持在限幅值，因此，电动机在最大电枢电流加速下，转速继续上升，当上升到使 $\Delta U_n<0$ 时，速度调节器才退出饱和区，使其输出 U_{gi} 下降，在电流闭环的作用下，电枢电流也跟着下降，当电流降到电动机的外加负载所对应的电流以下时，电动机便减速，直到 $\Delta U_n=0$ 为止，这时电动机便进入稳定运行状态。总之在整个起动过程中，速度调节器处于开环状态，不起调节作用，系统的调节作用主要由电流调节器来完成。

3. 稳态运行

在稳态运行时，电动机的转速等于给定转速，速度调节器的输入 $\Delta U_n=0$，但由于速度调节器的积分作用，其输出不为零，而是由外加负载所决定的某一数值，此值也就是电流给定。电流调节器的输入值 $\Delta U_i=U_{gi}-U_{fi}=0$，同样由于电流调节器的积分作用，其输出稳定在一个由当时功率开关主电路输出的电压平均值所决定的某一个值。电动机的转速不变。

4. 负载运行过程

当负载突然增加时，电动机的转速就要下降，使速度调节器的输入 $\Delta U_n=U_{gn}-U_{fn}>0$，速度调节器的输出（即电流调节器的给定）便增加，电流调节器的输出也增加，使得电压-脉冲变换器输出的脉冲占空比发生变化，于是功率开关放大器主电路输出的电压平均值也增加，迫使电动机的转速回升，直到 $\Delta U_n=U_{gn}-U_{fn}=0$ 为止，这时的电流给定（即速度调节器的输出）对应于新的负载电流，系统处于新的稳定运行状态。

5. 制动过程

当电动机处于某种速度的稳态运行时，若突然使速度给定降为零，即 $U_{gn}=0$，此时由于速度反馈信号 $U_{fn}>0$，所以速度调节器的输入 $\Delta U_n<0$，速度调节器的输出将立即处于正的限幅值，速度调节器的输出（即电流调节器的电流给定）U_{gi} 和电流反馈的输出 U_{fi} 一起使得电流调节器的输出立即处于负的限幅值，电动机即刻进行制动，直到速度降为零。以后的过程与静态相同。

6. 降速运行

当电动机处于某种速度的稳态运行时，若使速度整定 U_{gn} 降低，此时，速度调节器的输入 $\Delta U_n<0$，电动机立即进行制动降速，当电动机的转速降到所给定的转速时，又使速度调节器的输入 $\Delta U_n=0$，系统又在新的转速下稳定运行。以后的过程与稳态运行相同。

5.5.4 脉宽调速系统的设计

1. 脉宽调制放大器开关频率的确定

由分析可知，脉宽调制放大器的开关频率高，电动机电抠电流的脉动量小且易连续。这样能够提高调速系统低速运行的平稳性，而且也能减小电动机的附加损耗。但是，随着开关频率的升高，晶体管的动态损耗又会增大。若从脉冲调制放大器传输效率最高的观点看，使得总损耗最小的开关频率才是最佳的开关频率。

对于单极式脉宽调制放大器来说，使总损耗最小的最佳开关频率为

$$f_{ap}=0.26\sqrt[3]{\frac{a_s}{T_\tau^2(t_r+t_f)}} \tag{5-49}$$

式中 a_s——电动机的起动电流与额定电流之比，$a_s=I_s/I_e$；

T_τ——电动机的电磁时间常数，$T_\tau=L_a/R_a$。

对于双极式脉宽调速放大器来说，使总损耗最小的最佳开关频率为

$$f_{ap}=0.332\sqrt[3]{\frac{a_s}{T_\tau^2(t_r+t_f)}} \tag{5-50}$$

在确定脉宽调制放大器的开关频率时，除去要考虑电枢电流连续及总损耗最小等因素外，还必须考虑使开关频率比系统的最高工作频率（频带）高 4 倍以上，以使脉宽调制放大器的延迟时间对系统动态特性的影响可以忽略；还应考虑晶体管的截止频率和对调速范围、稳速精度的要求。

2. 三角波发生器的设计

三角波电压是脉宽调制放大器中的调制信号。它的频率决定了功率晶体管的开关频率。这个频率应按上述最佳开关频率计算方法确定。不同类型的脉宽调制放大器对三角波的要求是不一样的。双极式和 T 型脉宽调制放大器要求三角波和时间轴对称，而单极式、单极受限式以及不可逆输出的脉宽调制放大器则要求三角波偏移在时间轴的下方（或上方）。

三角波发生器的工作原理前面已经介绍，这里不再赘述。在要求三角波对称于时间轴的情况下，放大器 A_1反相输入端的偏移电流 $i=0$，输出电压 u_1不是 $+u_m$就是 $-u_m$。电压 u_m的数值是由稳压管 VD_7事先确定的。放大器 A_2为一积分器，其输出电压 u_2变化方向决定于 u_m，变化速度取决于积分时间常数 $\tau=R_4C_1$的大小。根据 A_2的积分作用，可得出：

$$\tau=\frac{1}{4f}\frac{u_m}{u_{0m}} \tag{5-51}$$

式中 f——三角波的频率。

式（5-51）表明，已知 u_m和 u_{0m}，便可确定 τ。同时，在电流 i_2略大于 i_1时，电压 u_m改变极性，A_2的输出电压 u_2则改变变化方向。根据该转换条件，可写出下面的关系式：

$$\frac{u_m}{R_5}=\frac{u_{0m}}{R_6} \tag{5-52}$$

由此可得

$$\frac{R_5}{R_6}=\frac{u_m}{u_{0m}} \tag{5-53}$$

式（5-53）表明，u_m与 u_{0m}之比确定之后，两个反馈电阻之比也就确定了。反之，在 u_m固定不变时，改变电阻比值，就可以改变三角波的幅值 u_{0m}。

3. 电压-脉冲变换器的设计

根据前面对图 5-23 所示电压-脉冲变换器的原理介绍，可以很清楚地知道改变控制电压

U_K的数值，就改变了输出脉冲电压 U_4的宽度。脉冲电压的频率取决于三角波电压 U_2的频率，这样就实现了把连续变化电压变成宽度可变的脉冲电压的控制要求。因此，在进行电压–脉冲变换器的设计过程中，只要把握好控制电压 U_K的大小，以及三角波电压 U_2的频率，就可以获得所需要的脉冲电压信号。

4. 脉冲分配器的设计

由脉宽放大器工作原理分析知道，在双极式脉宽放大器中，功率晶体管 VT_1和 VT_4为一组，VT_2和 VT_3为一组，这两组晶体管交替开和关。脉冲分配器的作用就是把电压–脉冲变换器输出的脉冲电压 U_4分配到功率晶体管的基极控制电路中去，使这些晶体管按既定的程序要求进行开关。在脉冲分配器的设计过程中，两组晶体管基极控制脉冲电压的变化应当相反。此外，为防止极串联的两个晶体管（如 VT_1和 VT_2）同时开通，造成短路事故，两组晶体管切换时，要保证先关断、后开通。这样就要求脉冲分配电路先发出关断脉冲，经过一段延时后再发出开通脉冲。

脉宽调速系统的设计还包括过电流、失速保护环节及泵升限制电路等，由于这些电路设计相对简单，在此就不一一介绍了。

5.6　微机直流调速系统

用微处理机实现对直流电动机的直接数字控制，完全可以代替并在性能上超过模拟调节系统。

5.6.1　调速系统实现数字化的必要性

传统的晶闸管直流调速系统，其控制电路都是采用模拟电子电路构成的。晶闸管触发器多数还是采用分立元件组装成的，这就使得控制电路的硬件设备极其复杂，安装调试较困难，故障率相对较高。数字调速系统与常规模拟调速系统比较有如下优点。

1）数字调速系统的控制方案是依靠软件实现的，控制器由可编程功能模块或微处理器（计算机）组成，配置和参数调整简单方便，工作稳定，不受环境的影响，且具有很强的自保护功能，传动装置不仅具有极大的灵活性，而且具有很高的可靠性。

2）数字控制不仅可以实现诸如数字给定和比较、数字门运算、数字触发和相位控制、电枢电流和励磁电流的控制、速度控制、逻辑切换和各种保护功能，而且在系统硬件结构不变时，很容易引入各种先进的控制算法，如非线性控制、最优控制和自适应控制等，自动地适应不同控制对象和控制规律的要求，实现最佳控制。因此，设备的通用性强，易于实现硬件设备的标准化。

3）数字控制器内有多种形式的存储器，其容量可以不断增大，能存储大量的实时数据，实现系统的监控保护、故障自诊断、报警显示、波形分析、故障自动复原等多种功能。

4）数字控制器具有很强的通信功能。不仅可与上一级计算机通信，而且直流传动装置之间、数字控制器之间、交流传动装置之间都可以通过局域网进行快速的数据交换，构成分布式计算机控制系统，实现生产过程的全局自动化。

5）数字控制不仅简化了系统的硬件结构，使维修方便、故障率下降，系统运行的可靠性提高，而且可以方便地对外部或内部信息实现数字滤波，提高系统的抗干扰能力。

5.6.2 微机直流调速系统的主要特点

以微处理器为核心的直流调速系统硬件电路标准化程度高，制作成本低，且不受器件温度漂移的影响。控制器软件能够进行逻辑判断和复杂运算，可以实现不同于一般线性化调节的最优化、自适应、非线性、智能化等控制规律，而且程序更改起来灵活方便。总之，微机直流调速系统的稳定性好，可靠性高，可以提高控制性能，此外还拥有信息存储、数据通信和故障诊断等模拟控制系统无法实现的功能。

由于计算机只能处理数字信号，因此与模拟控制系统相比，微机直流调速系统的主要特点就是离散化和数字化。

1）一般调速系统的控制量和反馈量都是模拟的连续信号，为了把它们输入计算机，首先必须在具有一定周期的采样时刻对它们进行实时采样，形成一连串的脉冲信号，即离散的模拟信号，这就是离散化过程。

2）采样后得到的离散模拟信号本质上还是模拟信号，不能直接输入计算机，还须经过数字量化，即用一组二进制编码来代表离散模拟信号的幅值，即将它转换成数字信号，这就是数字化过程。

离散化和数字化的结果导致了信号在时间上和量值上的不连续性，从而会引起下述的负面效应。

1）模拟信号可以有无穷多的数值，而数值编码是有限的，用它来代表模拟信号是近似的，会产生量化误差，影响控制精度和平滑性。

2）数字控制器输出的信号是一个时间上离散、量值上数字化的信号，显然不能直接作用于被控对象，必须由数/模转换器和保持器将它转换为连续的模拟量，再经过放大后驱动被控对象。但是，保持器会提高控制系统传递函数的阶次，使系统的稳定裕量减小，甚至可能会破坏系统的稳定性。

随着微电子技术的不断进步，微处理器的运算速度不断提高，其位数也在不断增加，上述两个问题的影响已经越来越小。

5.6.3 微机直流调速系统的硬件设计

电子技术和微电子技术发展很快，因此，采用微机直流调速系统之前，首先要进行相关的资料收集，配备较好的应用类参考书和专业参考书，阅读有关的科技期刊和专利文献，了解最新的发展情况，应用最新技术来设计系统。同时，注意借鉴现有的系统和前人积累的经验。在设计中要充分了解所用芯片的使用条件及其特性，才能避免因使用错误而多走弯路。

微机控制双闭环直流调速系统主电路中的电力电子变换器，可以采用晶闸管可控整流器，也可以采用直流 PWM 功率变换器（或称为逆变器）。下面以后者为例简要介绍系统的硬件设计过程，系统硬件结构图如图 5-25 所示。

（1）主电路

主电路采用不控整流器和直流 PWM 变换器。三相交流电经过不控整流器变换为电压恒定的直流电源，再经过直流 PWM 变换器，在控制器控制下得到可调的直流电压，供给直流电动机。

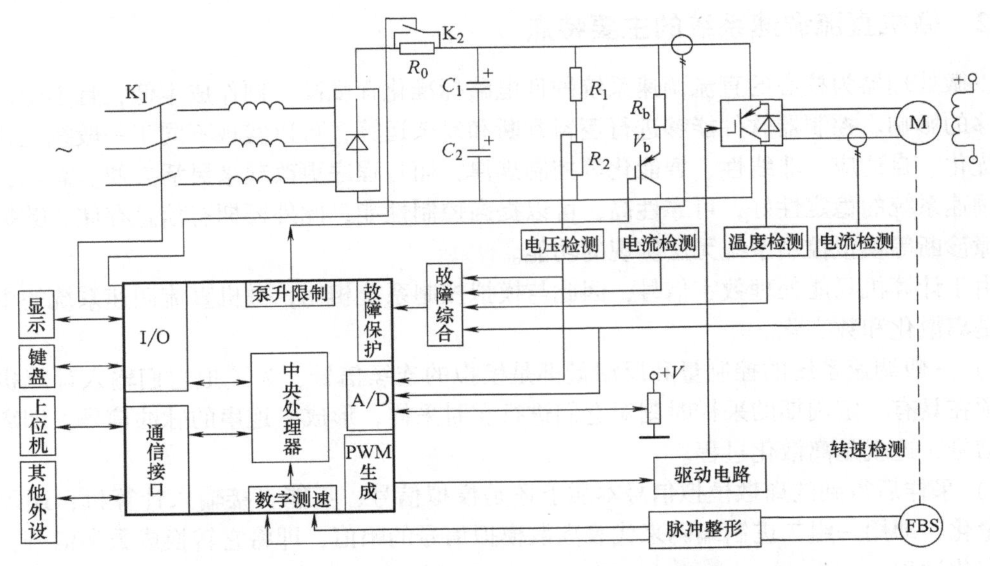

图 5-25　微机数字控制双闭环直流 PWM 调速系统硬件原理框图

（2）检测电路

检测电路包括电压、电流、温度和转速检测。其中，电压、电流和温度为模拟量，经过传感器和变送器后，这些信号变换为 A/D 转换器能够接收的信号，经 A/D 转换后变为数字量输入微机。转速传感器输出信号通常是脉冲信号，经过整形、滤波和放大后送微处理器的计数器，该脉冲信号经工程化处理后可获得电动机转速。

（3）故障分析

采用微机控制后，通过对输入信号，如电压、电流、温度等信号进行分析比较，系统可以预测可能发生的故障，并及时处理以避免故障的进一步扩大。

（4）数字控制器

数字控制器是系统的核心，根据需要选择合适的微处理器，是控制系统设计的关键。目前，常用的微处理器有通用微处理器及协处理器、单片机系列、DSP 系列、PLC 系列以及各类工控机。在进行硬件设计时，一定要事先根据控制要求及实现的可能性选择好具体的处理器。如果决定采用工控机，就可按电动机控制系统的要求选择适当规格的工控机，按需要配备中央处理器插板、存储器插板、输入/输出接口扩充板等，再加上传感器、放大器、整流器、逆变器等部件，组装成一个微机直流调速系统。如果控制系统的功能比较简单，也可以采用现成的单片机用户板之类的微机控制电路板，加上必要的接口电路，就可以构成微机直流调速系统。当然，也可以应用 DSP 控制器，通过设计和制作专用的印制电路板，或者购置市场上适用的控制板，构成高性能数字调速系统。

5.6.4　微机直流调速系统的软件设计

为了使微机控制系统各种硬件设备能够正常运行，实现电动机各个控制环节的实时控制和管理，除了要设计合理的硬件电路外，还必须要有相应的软件支持。因此，用汇编语言或其他语言编写电动机微机实时控制系统的应用程序，是整个系统设计中十分重要的内容。控制系统中控制任务的实现最终是靠应用程序来完成的，应用程序设计的好坏将直接决定整个系统的控制质量和效率。因此，在设计应用软件之前，首先应分析其基本需求。

1）实时性。一般来说，电动机属于快速运行设备，其控制的实时性要求高，所以它的软件必须是实时性控制软件。所谓“实时性”，是指微机必须在一定的时间限制内，完成一系列的软件处理过程。对于一些复杂的控制过程，为了满足实时性的要求，往往要对控制软件中的每条指令精打细算，必要时甚至适当牺牲控制精度，简化控制算法以满足实时性的要求。

2）可靠性。软件的可靠性是指软件在运行过程中避免发生故障的能力，以及一旦发生故障后的解脱和排除故障的能力。因此，为了提高软件的可靠性，软件设计时应考虑电动机在运行过程中可能出现的一切非正常情况，如越速、超载等超限运行。

3）易修改性。一个好的完整的控制软件，都不是一次设计和调试完成的。常常是边设计边调试，经过多次修改和完善，最终满足所要求的功能和特性。因此在进行软件的总体设计时，结构设计尤其重要，以有利于软件的反复调试、修改和补充，并保证最终完成的软件仍具有简洁明了的结构。

微机控制直流调速系统的软件主要包括主程序、初始化子程序和中断服务子程序等部分。

（1）主程序

主程序完成实时性要求不高的功能，如系统初始化，实现键盘处理、刷新显示，与上位计算机和其他外设通信等。主程序框图如图 5-26 所示。

（2）初始化子程序

初始化子程序完成硬件器件工作方式的设定、系统运行参数和变量的初始化等。初始化子程序框图如图 5-27 所示。

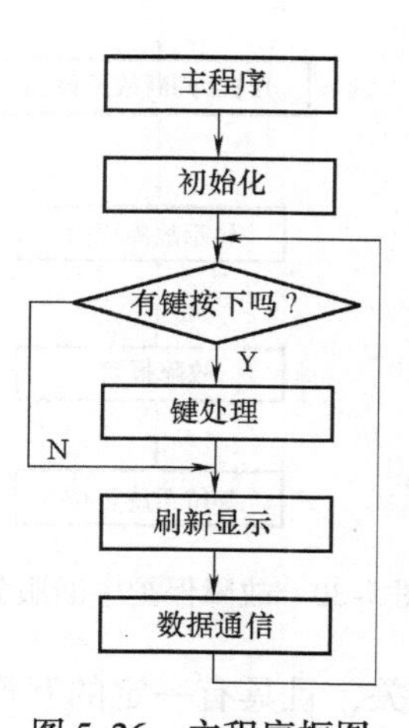

图 5-26　主程序框图

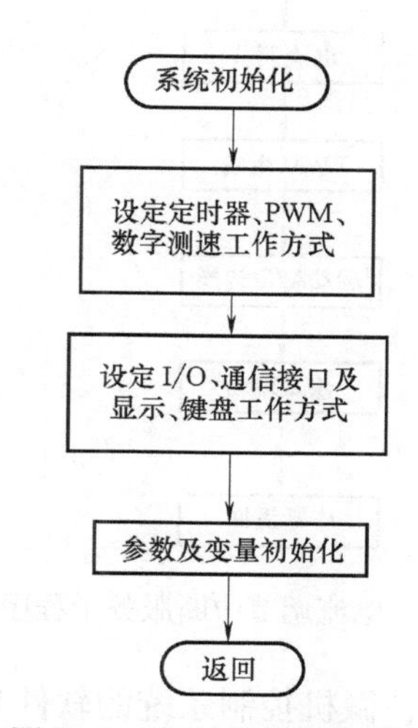

图 5-27　初始化子程序框图

（3）中断服务子程序

中断服务子程序完成实时性强的功能，如故障保护、PWM 生成、状态检测和数字比例积分调节等。中断服务子程序由相应的中断源提出中断申请，CPU 实时响应。

转速调节中断服务子程序框图如图 5-28 所示。进入转速调节中断子程序后，首先应保护现场，再计算实际转速，完成比例积分调节，最后启动转速检测，为下一步调节做准备。在中断返回前应恢复现场，使被中断的上级程序正确可靠地恢复运行。

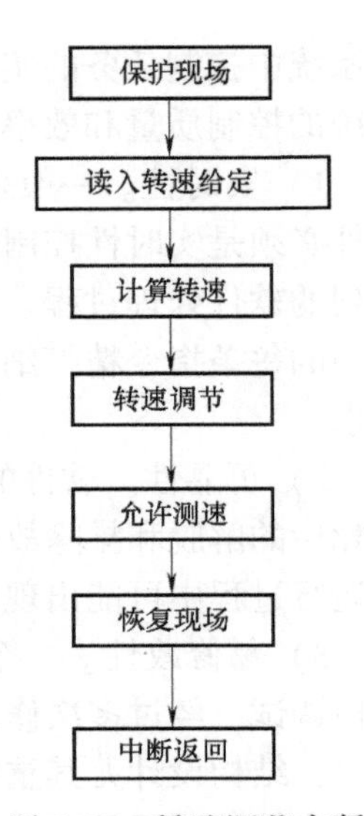

图 5-28 转速调节中断服务子程序

电流调节中断服务子程序框图如图 5-29 所示。其主要完成电流比例积分调节和 PWM 生成功能，然后启动 A/D 转换，为下一步调节做准备。

故障保护中断服务子程序框图如图 5-30 所示。进入故障保护中断服务子程序后，首先封锁 PWM 输出，再分析、判断故障，显示故障原因并报警，最后等待系统复位。

当故障保护引脚的电平发生跳变时申请故障保护中断，而转速调节和电流调节均采用定时中断。三种中断服务子程序中，故障保护中断的优先级别最高，电流调节中断次之，转速调速中断的级别最低。

此外，微机控制系统的资源还包括程序存储器（EPROM 或 ROM）、数据存储器（RAM）、定时器/计数器、中断源等。由于硬件设计时已经确定了微机的芯片、接口和其他引脚的连接方式，一些资源如定时器/计数器、中断源实际已经分配，所以在软件设计时主要解决 EPROM、RAM 的地址分配和中断处理方式的确定。

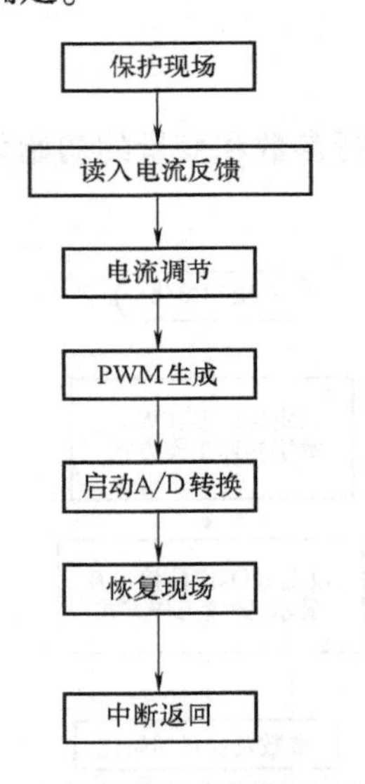

图 5-29 电流调节中断服务子程序

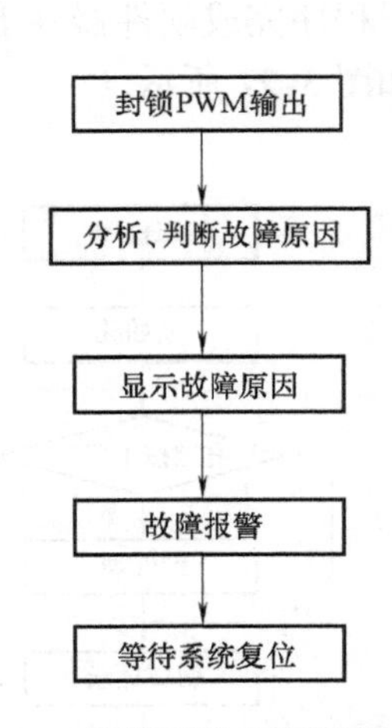

图 5-30 故障保护中断服务子程序

综上所述，微机控制系统的软件和硬件设计密切相关，且具有一定的互换性。因此，实际上系统的软、硬件设计是同时进行且相辅相成的。

习 题

5-1 有一 V-M 调速系统，电动机参数为 $P_N = 2.5\text{kW}$、$U_N = 220\text{V}$、$I_N = 15\text{A}$、$n_N =$

1500r/min、$R_a=2\Omega$、整流装置内阻 $R=1\Omega$，触发整流环节的放大系数 $K_s=30$，要求调速范围 $D=20$，静差率 $s_D=10\%$。试回答下列问题：

（1）计算开环系统的稳态速降和调速要求所允许的稳态速降；

（2）采用转速负反馈组成闭环系统，试画出系统的稳态结构图；

（3）调整该系统，使 $U_{gn}=20V$ 时转速 $n=1000r/min$，此时转速反馈系数应为多少？（U_{fn}近似等于 U_{gn}）

（4）计算所需的放大器放大系数；

（5）如果改用电压负反馈，能否达到所提出的调速要求？若放大器的放大系数不变，最大给定电压为30V，在静差率 $s_D=30\%$ 时采用电压负反馈最多能够得到多大的调速范围？

5-2　双闭环调速系统的ASR和ACR均为PI调节器，设系统最大给定电压 $U_{nm}^*=15V$、$n_N=1500r/min$、$I_{dn}=20A$、电流过载倍数为2、电枢回路总电阻 $R=2\Omega$、$K_v=20$、$K_e=0.127V\cdot min/r$。求：

（1）当系统稳定运行在 $U_n^*=5V$，$I_{dL}=10A$ 时，系统的 n、U_{fn}、U_i^* 和 U_{ct} 各为多少？

（2）当电动机负载过大而堵转时，U_i^* 和 U_{ct} 各为多少？

5-3　试回答下列问题：

（1）在转速负反馈单闭环有静差调速系统中，突减负载后又进入稳态运行状态，此时晶闸管整流装置的输出电压 U_d 较之负载变化前是增加、减少还是不变？

（2）在无静差调速系统中，突加负载后进入稳态时转速 n 和整流装置的输出电压 U_d 是增加、减少还是不变？

（3）在采用比例积分调节器的单闭环自动调节系统中，调节对象包含有积分环节，突加给定后PI调节器没有饱和，系统到达稳态前被调量会出现超调吗？

5-4　ASR、ACR均采用比例积分调节器的双闭环系统，在带额定负载运行时，转速反馈线突然断线，当系统重新进入稳态时电流调节器的输入偏差信号 ΔU_i 是否为零？

5-5　已知对象的传递函数为

$$G_0(s)=\frac{2}{(0.4s+1)(0.08s+1)(0.015s+1)(0.005s+1)}$$

要求阶跃输入时系统超调量 $\sigma\%<5\%$，试回答下列问题：

（1）分别用积分、比例积分和比例积分微分调节器校正成典型Ⅰ型系统，设计各调节器参数并计算调节时间 t_r；

（2）能否用比例积分或比例积分微分调节器将系统校正成典型Ⅱ型系统？

5-6　有环流可逆系统与无环流可逆系统相比较，有何优缺点？并说明有环流可逆系统的适用场合。

5-7　说明直流脉宽调速系统的组成，并分析其结构特点。

第6章　交流传动控制系统

本章在介绍交流传动系统及异步电动机一般调速方法基础上，重点介绍异步电动机的变频调速（变压变频调速）控制、矢量变换控制、直接转矩控制，以及同步电动机的变压变频调速控制和矢量变换控制。

6.1　交流传动系统概述

6.1.1　交流传动系统的发展

直流传动控制系统具有优越的调速性能，因而在可调电动机传动系统中，特别是在快速可逆电动机传动系统中，大都采用直流电动机传动装置。但是，直流电动机价格高，需要直流电源，维护检修复杂，而交流电动机具有结构简单、运行可靠、维护方便等一系列优点。鉴于上述情况，直至20世纪70年代末，高性能的可调速传动采用直流传动系统，传动总容量占比80%的不变速传动采用交流传动系统。交流电动机的调速比直流电动机的调速要困难得多，特别是要想在交流传动装置上获得较理想的调速特性，更是如此。多年来人们曾提出过多种调速方法，从改变电动机的参数到改变电动机的结构，从多电动机传动系统到特殊交流电动机传动系统等，但由于其经济技术指标不够高，因而其应用范围受到了一定的限制。近年来，半导体技术和数控技术的不断发展，以及微型计算机在自动控制领域内应用的不断扩大和完善，使得某些交流调速方案得以简化和完善，从而扩大了这些调速方法在生产实践中获得应用的可能性。目前，交流传动系统主要沿着下述三个方向发展和应用。

1. 一般性能的交流传动系统

工业领域消耗大量电能而相对不复杂的机械，如泵、风机、鼓风机、研磨机、压缩机等，这些在过去被当作不变速的交流传动，在大多数情况下确实不需要高动态性能的调速，但转速的调节却可以带来明显的节能效果。因为交流电动机本身不调速，传动系统是恒速的，若要调节风量或供水流量，则只能依靠外加的挡板和阀门来调节，造成许多电能被白白浪费掉。交流电动机可调速后，在挡板和阀门的同一开度下（全开或者甚至可以去掉挡板和阀门），通过调速来调节风量或供水流量，将消耗在挡板和阀门上的能量节约下来。

2. 高性能交流传动系统

高性能交流传动系统，例如机床、电梯，需要精确地实施转矩和位置控制。20世纪80年代以来开发了许多复杂的控制技术，例如矢量控制技术、直接转矩控制技术及解耦控制技术等，使交流电动机的调速技术获得了突破性进展，形成了一系列在性能上可以和直流调速系统相媲美的高性能交流调速系统。

3. 特大容量、极高转速的交流传动系统

特大容量的传动系统，如厚板轧机、矿井卷扬机等，极高速的传动系统，如高速磨头、离心机等，都不宜采用直流传动，主要原因是直流电动机的换向器的换向能力限制了电动机的容量和转速，同时大容量直流电动机价格较高。采用交流传动方案则不存在这些问题。

6.1.2 交流传动系统的基本类型

交流电动机直接驱动或者通过齿轮箱，再加上有关控制设备，如功率变换器、开关、继电器、传感器和微处理器等，构成一套交流传动系统。根据选用电动机的不同，交流传动系统又分为交流异步电动机传动系统和交流同步电动机传动系统两大类。

1. 交流异步电动机传动系统的基本类型

交流异步电动机传动系统种类繁多，根据异步电动机调速方法的不同，分为调压调速、滑差离合器调速、绕线转子异步电动机转子回路串电阻调速、绕线转子异步电动机串级调速、变极调速及变频调速等。从交流异步电动机运行的原理上看，无论何种调速方法，电磁功率 P_M 中都包含了转差功率 $P_s = sP_M$，根据调速系统中这部分功率是否变化，是被消耗掉了还是被回收，即从能量转换角度来分，则将交流异步电动机调速系统分成三类。

1）转差功率消耗型调速系统。调压调速、滑差离合器调速、绕线转子异步电动机转子回路串电阻调速都属于这类系统。因为这类系统的转差功率都转换成热量的形式消耗掉，所以效率较低，另外调速是通过增加转差功率的消耗来换取转速的降低，越向下调速，效率越低。这类系统的优点是结构简单，因此还有一定的应用场合。

2）转差功率回馈型调速系统。绕线转子异步电动机串级调速系统属于这类系统。这类系统的转差功率有一部分被消耗掉，大部分则通过变流装置回馈给电网或转化为机械能加以利用，转速越低，回收的能量越多。显然它的效率要比第一类系统高，但需要增加变流装置，且这个装置也要消耗一定的电能。

3）转差功率不变型调速系统。变极调速、变频调速属于这类系统。在这类系统中，无论转速高低，消耗的转差功率仅是转子的铜损耗，基本可以认为转差功率不变，因此效率高。这类系统，特别是变频调速系统应用最广，可以构成高动态性能的交流传动系统，取代直流传动，因此最有发展前途。

2. 交流同步电动机传动系统的基本类型

同步电动机没有转差，相当于转差功率为零，所以同步电动机调速系统只有转差功率不变型，且其转子的磁极对数又是固定的，只能通过变频方式进行调速。从控制频率的方式来分，交流同步电动机调速系统分为他控变频调速和自控变频调速两类。

6.2 异步电动机调速方法

6.2.1 异步电动机调速方法的理论基础

6.1.2 节中讨论的交流传动系统基本类型是根据不同的调速方法来分类的，本节将进一步论述异步电动机的调速方法。异步电动机的转速公式为

$$n = n_1(1-s) = \frac{60f_1}{p}(1-s) \tag{6-1}$$

由式（6-1）可知，它的调速方法实际上只有两大类：一类是在电动机中旋转磁场的同步速度 n_1 恒定的情况下调节转差率 s；而另一种是调节电动机旋转磁场的同步速度 n_1。异步电动机的这两种调速方法和直流电动机的串电阻调速和调压调速相类似，一种属于耗能的低效调速方法；而另一种则属于高效率的调速方法。

在直流电动机中，要产生一定的电磁转矩，在一定的磁场下要有一定的电流。在电源电压不变时，从电源输入的功率是固定的。通过在电枢中串电阻调速，就是在电阻上产生一部分损耗，使电动机的输出功率减少，转速降低，这就是典型的低效调速方法。另一种办法是改变电动机的输入电压。随着电压的降低，输入功率降低，输出功率当然也下降，于是电动机转速下降。此时不会增加损耗，所以是高效率的调速方法。异步电动机的情况与此相类似，要让电动机输出一定的转矩，需要从定子侧通过旋转磁场输送一定的功率到转子。这个由定子输送到转子的电磁功率与转矩和旋转磁场的同步速度的乘积成正比。在一定转矩下调速，如同步速度不变，那么从定子侧输送到转子的电磁功率是不变的，要使电动机的转速降低，输出功率减少，从异步电动机的输出功率公式 $P_2 = P_M - sP_M$ 看，只有增加转差率，增加转子回路中的电阻损耗来达到。式中 sP_M 称为异步电动机的转差功率，它是消耗在转子电阻上的损耗。转差率的大小直接决定了电动机转子损耗的大小，所以用增大转差率的办法调速是一种耗能的低效调速方法。如果采用改变旋转磁场同步速度的办法进行调速，在一定的转矩下转差率 s 基本不变，随着同步速度的降低，电动机的输入电磁功率和输出功率成比例下降，损耗没有增加，所以是高效的调速方法。

一般来说，低效的调速方法能耗大，从节能的观点看来，这种调速方法是不经济的。但是由于这类调速方法比较简单，调速设备价格比较便宜，因此还是广泛应用于一些调速范围不大、低速运行时间不长且电动机容量较小的场合中。这里特别值得指出的是，调节转差这种耗能的调速方法在透平式风机、水泵类设备的小范围调速节能中应用，能产生一定的节能效果，因而被广泛采用。这是因为透平式（包括离心式和轴流式）风机、水泵的功耗和转速的三次方成正比，而调转差的调速方法中转子的损耗只和转差成正比。当电动机转速降低时，风机、水泵能耗的下降比电动机中损耗的增加要快得多。例如当电动机转速降到额定转速的90%时，风机、水泵的功耗变为额定转速时的72.9%，减少了27.1%；而转子中损耗约只有额定功率的8%。两者相抵，总的说来，机组的耗电量可以减少近20%，具有相当明显的节能效果。但是当调速范围比较大时，转子中的损耗就会相应地增大，经济性变差。如当电动机转速降到额定转速的70%时，风机、水泵的输出功率减少到只有额定转速时输出功率的34.3%，而这时电动机转子中的功耗却达到最大值，为电动机额定功率的14.8%，占了风机、水泵实际功耗的33%，这已是一个相当大的数值，不能忽视。对于容积式的风机、水泵、压缩机，如罗茨风机，它们的功率只和转速成正比。这类机械采用低效调速方法达不到节能效果。因为随着转速的降低，工作机械的能耗只是和转速成比例减少，而电动机中的损耗却随转差成比例增大，使工作机械的能耗和电动机中损耗之和为一常数。调节转速并不能达到节能的效果，只是把本来应由工作机械输出的功率变成了电动机内部的损耗，使电动机发热加剧而已。

6.2.2 常用调速方法

在生产机械中，常用的调速方法，如异步电动机的调压调速、转子串电阻调速、斩波调速和电磁转差离合器调速等，均是在旋转磁场转速不变的情况下调节转差的调速方法，都是属于低效调速之列；而变极调速和变频调速是高效率的调速方法；至于串级调速，由于电动机旋转磁场的转速不变，所以它本质上也是一种调转差的调速方法，属于低效调速方法的范畴，但是由于串级调速系统中把转差功率加以回收利用而没有浪费，使系统的实际损耗减少了，于是它就由原来的低效调速方法转变成了高效调速方法。

1. 调压调速方法

当异步电动机定子与转子回路的参数恒定时，在一定的转差率下，电动机的电磁转矩与加在其定子绕组上电压的二次方成正比。因此，改变电动机的定子电压就可以改变其机械特性，从而改变电动机在一定输出转矩下的转速。由于电动机的转矩与电压的二次方成正比，因此最大转矩下降很多，其调速范围较小，一般笼型电动机难以应用。为了扩大调速范围，调压调速应采用转子电阻值大的笼型电动机，如专供调压调速用的力矩电动机，或者在绕线转子电动机上串联频敏电阻。调压调速的主要装置是一个能提供电压变化的电源，目前常用的调压方式有串联饱和电抗器、自耦变压器以及晶闸管调压等。其中，晶闸管调压方式为最佳。调压调速的特点是调压调速线路简单，易实现自动控制；调压过程中转差功率以发热形式消耗在转子电阻中，效率较低。调压调速系统一般适用于100kW以下的生产机械，目前，已应用于电梯、卷扬机械与化纤机械等工业装置中。

2. 转子串电阻调速方法

这种调速方法只适用于绕线转子异步电动机。在异步电动机的转子串接附加电阻，使电动机的转差率加大，电动机在较低的转速下运行。串接的电阻越大，电动机的转速越低。串接的转子附加电阻计算公式：

$$R_t = \left(\frac{s_L}{s_N}\frac{T_N}{T_L} - 1\right)r_2 \tag{6-2}$$

式中　s_L，T_L——要求转差率和对应的负载转矩。

该方法最大的优点是设备简单、控制方便，只需要一个变阻器和几个开关。缺点是增大转差率，转差功率增加，并以发热的形式消耗在电阻上；运行效率低；属有级调速，机械特性较软，调速范围小。该调速方法普遍用于调速要求不高的场合。

3. 电磁转差离合器调速方法

电磁转差离合器调速系统由笼型异步电动机、电磁转差离合器以及直流励磁电源（控制器）三部分组成。笼型电动机作为原动机以恒速带动电磁转差离合器的电枢转动，通过对电磁转差离合器励磁电流的控制实现对其磁极的速度调节。电磁转差离合器由电枢、磁极和励磁绕组三部分组成。电枢与电动机转子同轴连接（主动部分），由电动机带动；磁极用联轴节与负载轴对接（从动部分），励磁绕组装在磁极上。电枢和磁极没有机械联系，都能自由转动。当电枢与磁极均静止时，如励磁绕组通以直流，则沿气隙圆周表面将形成若干对N、S极性交替的磁极，其磁通经过电枢。当电枢随拖动电动机旋转时，电枢与磁极间的相对运动使电枢感应产生涡流，此涡流与磁通相互作用产生转矩，带动有磁极的转子按同一方向旋转，但其转速始终小于电枢的转速。这是一种转差调速方式，改变离合器的直流励磁电流便可改变离合器的输出转矩和转速。直流励磁电源功率较小，通常由单相半波或全波晶闸管整流器组成，改变晶闸管的导通角，可以改变励磁电流的大小。这种系统由于其机械特性很软，所以调速性能很差。为改善其运行特性，常加上测速反馈以形成反馈控制系统，从而可获得 10:1 的调速范围。

电磁转差离合器调速的特点是装置结构及控制电路简单、运行可靠、维修方便；调速平滑、无级调速；对电网无谐波影响；调节速度时效率低。由于这种调速系统控制简单、价格低廉，因此可广泛应用于一般的工业设备中。但由于它在低速运行时损耗较大，效率较低，高速时效率高些，所以它特别适用于要求有一定调速范围又经常高速运行的装置中。

4. 改变磁极对数调速方法

这种调速方法是用改变定子绕组的连接方式来改变笼型电动机定子磁极对数，进而达到调速目的。变极调速的异步电动机一般采用笼型转子，因为笼型转子的磁极对数能自动地随着定子磁极对数的改变而改变，使定、转子磁场的磁极对数总是相等而产生平均电磁转矩。若为绕线转子，则定子磁极对数改变时，转子绕组必须相应地改变连接方式以得到与定子相同的磁极对数，很不方便。这种调速方式的特点是具有较硬的机械特性，稳定性良好；无转差损耗，电动机运行效率高；接线简单、控制方便、价格低；有级调速，级差较大，不能获得平滑调速。

本方法适用于自动化程度要求不高，不需要无级调速的生产机械，如金属切削机床、升降机、起重设备、风机、水泵等。

5. 串级调速方法

串级调速是指绕线转子电动机转子回路中串接可调节的附加电动势来改变电动机的转差，达到调速的目的。大部分转差功率被串接的附加电动势所吸收，再经特殊的变换装置，把吸收的转差功率返回电网或转换成能量加以利用。根据转差功率吸收利用方式，串级调速可分为电动机串级调速、机械串级调速及晶闸管串级调速等形式。目前，多采用晶闸管串级调速，其特点为可将调速过程中的转差损耗回馈到电网或生产机械上，效率较高；装置容量与调速范围成正比，节省投资；调速装置故障时可以切换至全速运行，避免停产；晶闸管串级调速功率因数偏低，谐波影响较大。

本方法适用于风机、水泵及轧钢机、矿井提升机、挤压机等生产机械。

6. 变频调速方法

变频调速是改变电动机定子电源的频率，从而改变其同步转速的调速方法。该调速方法主要特点是效率高，调速过程中没有附加损耗；应用范围广，可用于笼型异步电动机，调速范围大，机械特性硬，精度高；同时，也存在技术复杂、造价高和维护检修困难等不足。本方法适用于精度高、调速性能较好的场合。从调速范围、平滑性以及调速过程中电动机的性能等方面来看，变频调速性能优越，可以和直流电动机调速相媲美。但要同时调节频率和端电压，需要另外增加一套专门的变频装置，使投入的设备增多，成本增大。

6.2.3 选择调速方式的基本依据

选择异步电动机调速方式的基本依据主要包括：调速范围、负载能力、调速的平滑性和经济性。

1. 调速范围

调速范围定义为额定负载转矩下电动机所能达到的最高转速与在保证工作机械所要求静

差率的前提下允许达到的最低转速之比，即

$$D = \frac{n_{max}}{n_{min}} \tag{6-3}$$

静差率或转速变化率，定义为

$$s = \frac{n_1 - n}{n_1} = \frac{\Delta n_N}{n_1} \tag{6-4}$$

式中　Δn_N——T_L由0增加至T_N时电动机的转速降。

调速范围与转速变化率密切有关，若设最大转速变化率为s_{max}，两者的关系为

$$D = \frac{s_{max} n_{max}}{(1 - s_{max})\Delta n_N} \tag{6-5}$$

变频调速时，异步电动机的机械特性曲线的运行段基本上是平行的，因而调速范围宽。变极调速时，调速范围由电动机本身决定。

2. 负载能力

负载能力是指电动机调速过程中在保持定子电流和转子电流均为额定电流的情况下电动机轴上输出转矩和输出功率的大小。转速变化过程中电动机是恒功率输出还是恒转速输出，取决于调速过程中气隙磁通是否发生变化。变频调速时，固有机械特性以下是恒转矩调速，以上则是恒功率调速。变极调速的负载能力则与定子连接方式有关。改变转子附加电阻调速属于恒转矩调速。

3. 调速的平滑性

调速的平滑性是衡量调速过程中各级转速间变化平滑程度的指标，定义为相邻两级转速之比，即

$$K = \frac{n_i}{n_{i-1}} \tag{6-6}$$

两级转速的级差越小，调速的平滑性越高；若$K=1$，表示速度连续可调，称为无级调速。在异步电动机的调速方式中，变频调速的平滑性最高，属无级调速。变极调速的平滑性最差。改变转子附加电阻调速原则上也可做到无级调速，但由于受设备限制，只能是有级的，一般最多为6级。

4. 调速的经济性

调速的经济性主要从调速系统运行中能量损耗多少和设备初期投资多少来衡量。变频调速的运行损耗最小，但设备复杂，投资大。改变转子附加电阻调速设备简单，初期投资小，但运行时能耗大。因此，在满足生产机械调速要求的前提下，应综合考虑选择调速方式。

6.3　异步电动机变压变频调速控制

由变压变频器给异步电动机供电所组成的调速系统称为变频调速系统。由于在调速时，电动机的机械特性基本上是平行地上下移动，其转差功率不变，所以这类调速系统又称为转差功率不变型调速系统。按调速性能要求不同以及不同的控制方式，该类系统可以分为：

① 转速开环的异步电动机变压变频调速系统。

② 转速闭环的异步电动机变压变频调速系统。

③ 异步电动机矢量变换控制系统。

④ 异步电动机直接转矩控制系统。

变压变频调速系统是目前应用较多的一种系统，不仅具有较好的调速性能，且异步电动机系统运行效率高，节电效果较好。这种调速方式要使定子电源的端电压和频率同时可调，需要一套专门的变频装置。长期以来，变压变频调速虽然以其优良的性能受到关注，但因为主要靠旋转变频发电机组作为电源，缺乏理想的变频装置而未获得广泛应用。直到电力电子开关器件问世以后，各种静止式变压变频装置得到迅速发展，价格逐渐降低后，才使变压变频调速系统的应用与日俱增。下面介绍异步电动机的变压变频调速原理。

6.3.1 变压变频调速的基本原理和控制方式

1. 基本原理

由式（6-1）知，如果连续地调节f_1，则可连续地改变电动机的转速。电动机调速就是保持电动机中每极磁通量为额定值不变。在运行时如果磁通太弱，电动机的铁心得不到充分利用，是一种浪费；如果过分增大磁通，铁心又会饱和，导致过大的励磁电流，严重时会因绕组过热而损坏电动机。

三相异步电动机定子每相电动势的有效值是

$$E_g = 4.44 f_1 N_1 k_{N1} \Phi_m \tag{6-7}$$

式中　E_g——气隙磁通在定子每相中感应电动势的有效值；

f_1——定子频率；

N_1——定子每相绕组串联匝数；

k_{N1}——基波绕组系数；

Φ_m——每极气隙磁通量。

在交流异步电动机中，磁通由定子和转子磁动势合成产生，需要采用一定的控制方式才能保持磁通恒定。由式（6-7）可知，当f_1在额定频率f_N以下调节时，为了使气隙磁通不饱和，必须控制E_g/f_1为常数，才能保持磁通恒定；当f_1在额定频率f_N以上调节时，由于电动势E_g因绝缘的限制不能再增加，外加电压U_1就只能维持在额定值不变，调速只能通过减少Φ_m来实现。因此有以下两种控制方式。

2. 基本控制方式

（1）额定转速以下的变频调速

由式（6-7）知，f_1在额定频率f_N以下调节时，要保持Φ_m不变，必须有

$$\frac{E_g}{f_1} = C \tag{6-8}$$

式中　C——常数。

这种控制方式称为恒电动势频率比方式。

由于绕组中的感应电动势是难以直接控制的，当电动势值较高时，可以忽略定子绕组的漏磁阻抗压降，由异步电动机的等效电路知，U_1近似等于E_g，因此

$$\frac{U_1}{f_1} \approx C \tag{6-9}$$

这种控制方式称为恒压频比方式。

低频时，电动势值和端电压值都较小，定子绕组的漏磁阻抗压降不能忽略，在实际应用

时，可将式（6-9）计算的结果人为地抬高一些，用来近似补偿该压降。

下面讨论恒压频比控制方式的机械特性。异步电动机在正弦波恒压恒频供电的情况下的机械特性方程式为

$$T=3p\left(\frac{U_1}{\omega_1}\right)^2\frac{s\omega_1 R_2'}{(sR_1+R_2')^2+s^2\omega_1^2(L_{11}+L_{12}')^2} \tag{6-10}$$

当负载为恒转矩负载时，由式（6-10）可知，不同的f_1（$\omega_1=2\pi f_1$）时，异步电动机将自动地通过改变s来适应和平衡负载，即电动机可保持恒转矩调速。

当s很小时，可忽略式（6-10）分母中含s的各项，则式（6-10）可简化为

$$T\approx 3p\left(\frac{U_1}{\omega_1}\right)^2\frac{s\omega_1}{R_2'}\propto s \tag{6-11}$$

显然，转矩与s近似成正比，其机械特性是一段直线。因此，式（6-11）变化为

$$s\omega_1\approx\frac{R_2'T}{3p\left(\dfrac{U_1}{\omega_1}\right)^2} \tag{6-12}$$

同步转速随频率变化为

$$n_1=\frac{60\omega_1}{2\pi p} \tag{6-13}$$

带负载时的转速降落为

$$\Delta n=sn_1=\frac{60s\omega_1}{2\pi p} \tag{6-14}$$

由以上式子可见，当U_1/ω_1为恒值时，对于同一转矩T值，$s\omega_1$基本不变，因而Δn也是基本不变的。这就是说，在恒压频比的条件下，改变频率时，机械特性基本上也平行下移，如图6-1所示。另一方面，异步电动机的机械特性上有一个转矩的最大值，即

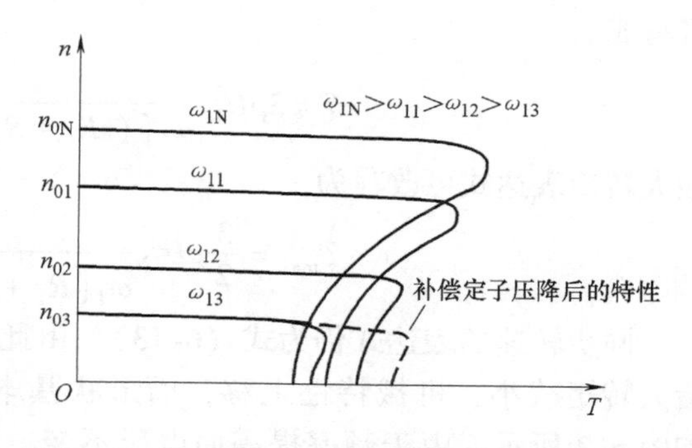

图6-1　恒压频比控制时变频调速的机械特性

$$T_{\max}=\frac{3}{2}p\left(\frac{U_1}{\omega_1}\right)^2\frac{1}{\dfrac{R_1}{\omega_1}+\sqrt{\left(\dfrac{R_1}{\omega_1}\right)^2+(L_{11}+L_{12}')^2}} \tag{6-15}$$

可见，频率越低，最大转矩值越小，频率很低时，最大转矩值太小，将限制电动机的负载能力。采用定子压降补偿，适当地提高电压U_1，可以增强负载能力。

关于恒E_g/ω_1控制，如果在电压、频率协调控制中，恰当地提高电压U_1，使它克服定子阻抗压降后，能够维持E_g/ω_1为恒值，每极磁通Φ_m均为常值。利用异步电动机等效电路和感应电动势，得到

$$T=3p\left(\frac{E_g}{\omega_1}\right)^2\frac{s\omega_1 R_2'}{R_2'^2+s^2\omega_1^2 L_{12}'^2} \tag{6-16}$$

当s很小时，得

$$T\approx 3p\left(\frac{E_g}{\omega_1}\right)^2\frac{s\omega_1}{R_2'}\propto s \tag{6-17}$$

这表明机械特性的这一段近似为一条直线。

当 s 接近1时，得

$$T\approx 3p\left(\frac{E_g}{\omega_1}\right)^2\frac{R_2' s\omega_1}{s\omega_1 L_{12}'^2}\propto\frac{1}{s} \tag{6-18}$$

将式（6-16）对 s 求导，并令 $dT/ds=0$，可得恒 E_g/ω_1 控制在最大转矩的转差率

$$s_m=\frac{R_2'}{\omega_1 L_{12}'} \tag{6-19}$$

和最大转矩

$$T_{max}=\frac{3}{2}p\left(\frac{E_g}{\omega_1}\right)^2\frac{1}{L_{12}'} \tag{6-20}$$

（2）额定转速以上的变频调速

额定转速以上的调速，由于外加电压 U_1 不能超过额定电压值，调速只能通过减少 Φ_m 来实现。由式（6-7）可见，频率与磁通成反比关系，因此减少磁通，转速上升，这是弱磁升速的情况。

在额定转速以上变频调速时，由于电压 $U_1=U_{1N}$ 不变，式（6-10）的机械特性方程式可写成

$$T=3pU_{1N}^2\frac{sR_2'}{\omega_1[(sR_1+R_2')^2+s^2\omega_1^2(L_{11}+L_{12}')^2]} \tag{6-21}$$

最大转矩表达式可改写为

$$T_{max}=\frac{3}{2}pU_{1N}^2\frac{1}{\omega_1[R_1+\sqrt{R_1^2+\omega_1^2(L_{11}+L_{12}')^2}]} \tag{6-22}$$

同步转速的表达式仍为式（6-13），由此可见，当角频率提高时，同步转速随之提高，最大转矩减小，机械特性上移，而形状基本不变，如图6-2所示。由于频率提高而电压不变，气隙磁通势必减弱，导致转矩的减小，但转速却升高了，可以认为输出功率基本不变。所以基频以上变频调速属于弱磁恒功率调速。

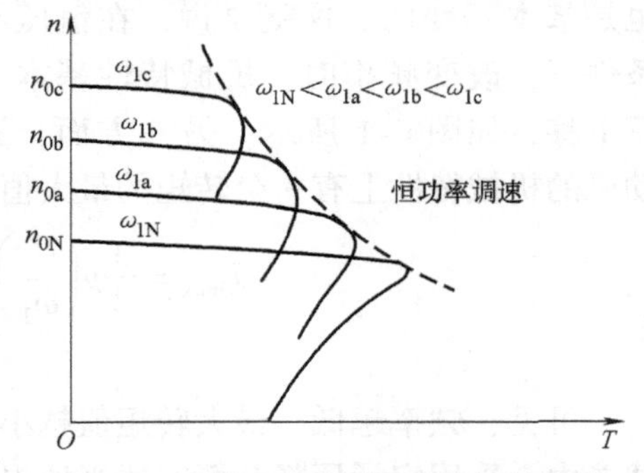

图6-2 基频以上变频调速的机械特性

以上分析的机械特性都是在正弦波电压供电下的情况，如果电压源中含有谐波，将使机械特性受到扭曲，并增加电动机中的损耗。因此在设计变频装置时，应尽量减少输出电压中的谐波。

6.3.2 变压变频器的基本组成和工作原理

由于现有的交流电源都是恒压恒频的，所以必须采用变压变频器（通称VVVF装置，英文全称为Variable Voltage Variable Frequency）来改变电源的电压和频率，从而实现交流电动机的变频调速。随着电力电子技术的发展，目前使用的变压变频器几乎都为静止式电力电子变压变频器，从结构上可将其分为间接变压变频器（交-直-交变压变频器）和直接变压变频器（交-交变压变频器）两大类。

1. 交-直-交变压变频器

交-直-交变压变频器由整流器、中间滤波环节及逆变器三部分组成，其基本工作原理是整流器将恒压恒频的交流电变换为可调直流电，通过电压型或电流型滤波器为逆变器提供直流电源，逆变器再将直流电源变为可调频率的交流电。整流器和逆变器一般采用晶闸管三相桥式电路。滤波器由电容或电抗器组成，为逆变器提供稳定的电压源或电流源。如图6-3所示，根据不同的控制方式，交-直-交变压变频器可分为以下三种结构形式。

1）可控整流器调压、逆变器调频方式：由可控整流器进行调压，逆变器进行调频，两个操作分别进行，需要控制电路进行协调。其优点是结构和电路简单，控制容易。缺点是由于采用晶闸管进行整流和调压，如果调节的电压比较低，电网功率因数比较低；输出环节通常采用晶闸管组成的三相六拍逆变器，会产生较大的谐波输出。

2）斩波器调压、逆变器调频方式：整流器采用不控整流电路，只整流不调压，用增加的斩波器进行脉宽调压，可实现调压时电网功率因数不变，但输出谐波仍较大。

3）脉宽调制（PWM）逆变器调压调频方式：整流器只整流不调压，可实现调压时电网功率因数不变；用PWM脉冲对逆变器进行调压调频，输出谐波较小。PWM逆变器采用全控式电力电子器件构成，其输出谐波大小取决于其开关频率。当开关频率达10kHz以上时，输出波形基本上为正弦波，所以称为正弦脉宽调制（SPWM）逆变器。

正弦脉宽调制（SPWM）波形就是与正弦波等效的一系列等幅不等宽的矩形脉冲波形，如图6-4所示。如果把一个正弦半波分作n等分，然后把每一等分的正弦曲线与横轴所包围的面积都用一个与此面积相等的矩形脉冲来代替，矩形脉冲的幅值不变，各脉冲的中点与正弦波每一等分的中点相重合，这样，由n个等幅不等宽的矩形脉冲所组成的波形就与正弦波的半周等效，并称为单极式SPWM。

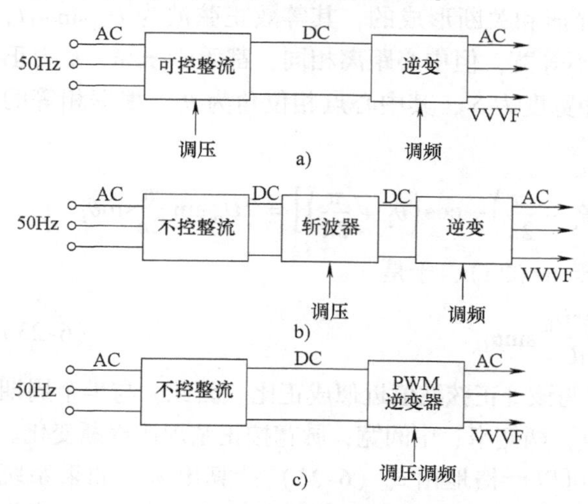

图6-3　交-直-交变压变频器的不同结构形式

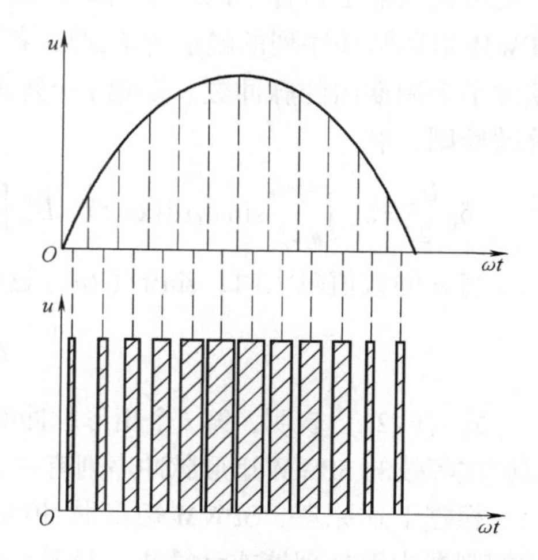

图6-4　与正弦波等效的等幅不等宽矩形脉冲序列波

图6-5为SPWM变压变频器主电路的原理图，图中逆变器的三组开关S_A、S_B、S_C，分为VT_1、VT_3、VT_5上桥臂和VT_2、VT_4、VT_6下桥臂共六个全控式功率开关器件，它们各有一个续流二极管与之反向串联。整个逆变器由三相不控整流器供电，所提供的直流恒值电压为U_s。

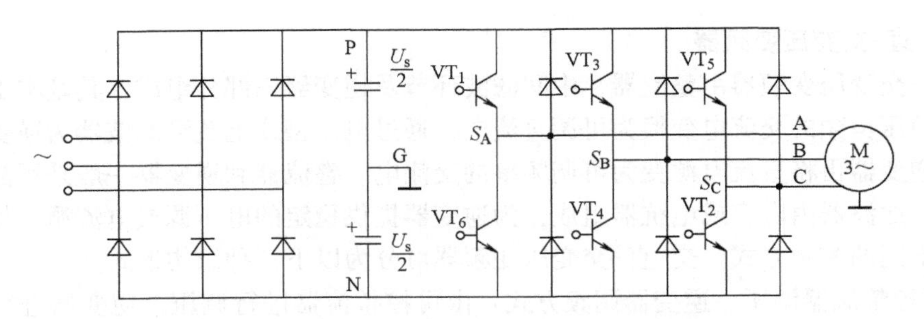

图 6-5　SPWM 变压变频器主电路的原理图

SPWM 变压变频器的主要特点为主电路只有一组可控的功率器件，简化了结构，控制电路结构简单、成本较低，机械特性硬度也较好；采用不控整流器，使电网功率因数接近 1，且与输出电压的大小无关；逆变器同时实现调压和调频，系统的动态响应不受中间直流环节滤波器参数的影响；可获得更接近正弦波的输出电压波形，因而转矩脉动小，扩大了调速范围，提高了系统性能。但是，这种控制方式在低频时，由于输出电压较低，转矩受定子电阻压降的影响比较显著，使输出最大转矩减小。另外，其机械特性没有直流电动机的机械特性硬，动态转矩能力和静态调速性能都还不尽如人意，且系统动态性能不高，控制曲线会随负载的变化而变化，转矩响应慢，电动机转矩利用率不高，低速时因定子电阻和逆变器死区效应的存在而性能下降，稳定性变差等。

下面分析 SPWM 矩形脉冲的脉宽与正弦波值的关系。

设异步电动机的定子绕组为Y联结，其中性点与整流器输出端滤波电容器的中性点相连，因此当逆变器任一相导通时，电动机绕组上所获得的相电压为 $U_s/2$。单极式 SPWM 波形是由逆变器上桥臂中的一个功率开关反复导通和关断形成的，其等效正弦波为 $U_m\sin\omega_1 t$，SPWM 矩形脉冲序列的幅值为 $U_s/2$，各脉冲不等宽，但中心距离相同，都等于 π/n，n 为正弦波半个周期内的脉冲数。令第 i 个矩形脉冲宽度为 δ_i，其中心点相位角为 θ_i，根据相等的等效原则，有

$$\delta_i\frac{U_s}{2}=U_m\int_{\theta_i-\frac{\pi}{2n}}^{\theta_i+\frac{\pi}{2n}}\sin\omega_1 t\mathrm{d}(\omega_1 t)=U_m\left[\cos\left(\theta_i-\frac{\pi}{2n}\right)-\cos\left(\theta_i+\frac{\pi}{2n}\right)\right]=2U_m\sin\frac{\pi}{2n}\sin\theta_i$$

当 n 的数值较大时，$\sin\pi/(2n)$ 近似等于 $\pi/(2n)$，于是

$$\delta_i\approx\frac{2\pi U_m}{nU_s}\sin\theta_i \tag{6-23}$$

式（6-23）表明，第 i 个矩形脉冲的宽度与该处正弦波值近似成正比。因此，与半个周期正弦波等效的 SPWM 矩形脉冲序列有如下特点：两侧窄、中间宽，脉宽按正弦规律逐渐变化。

根据上述原理，SPWM 矩形脉冲的宽度可以严格地由式（6-23）计算出来。如果系统的控制器为微处理器或计算机，计算是很容易实现的。而传统系统的方法是用等腰三角形作为载波来实现脉宽的控制。该方法相关具体内容可参阅有关文献。

关于 SPWM 波形的基波电压，说明如下：对于电动机来说，有用的是电压的基波，希望 SPWM 波形的基波分量越大越好。在 n 足够大时，$\sin\delta_i/2$ 近似等于 $\delta_i/2$，$\sin\pi/(2n)$ 近似等于 $\pi/(2n)$，SPWM 逆变器输出脉冲序列波的基波电压正好是调制时所要求的等效正弦波电压。

根据以上分析，应用正弦脉宽调制（SPWM）技术时，受到一定条件制约，总结如下。

1）功率开关器件的开关频率。一般来说，开关频率越大越好，但是实际的功率开关器件的开关能力是有限的，如全控型的器件，电力晶体管（BJT）开关频率为 1 ~ 5kHz，门极关断晶闸管（GTO）为 1 ~ 2kHz，功率场效应晶体管（P-MOSFET）为 50kHz，绝缘栅双极晶体管（IGBT）为 20kHz。

定义载波比为载波频率与参考调制频率之比，即

$$N=\frac{f_{\mathrm{t}}}{f_{\mathrm{r}}} \tag{6-24}$$

对于前述的 SPWM 波形的半个周期内的脉冲数 n 来说，应该有 $N=2n$。为了使逆变器的输出尽量接近正弦波，应尽可能增大载波比，但受功率开关器件的允许开关频率限制，N 应受到下列条件限制：

$$N\leqslant\frac{f_{\mathrm{t\,max}}}{f_{\mathrm{r\,max}}} \tag{6-25}$$

式中 $f_{\mathrm{t\,max}}$——功率开关器件的允许开关频率；

$f_{\mathrm{r\,max}}$——最高的正弦调制信号频率，即 SPWM 变频器的最高输出频率。

2）最小间歇时间与调制度。为了保证主电路开关器件的安全工作，必须使调制成的脉冲波有最小脉宽与最小间歇的限制，以保证最小脉冲宽度大于开关器件的导通时间，而最小脉冲间歇大于器件的关断时间。在脉宽调制时，若 n 为偶数，调制信号的幅值 U_{rm} 与三角载波相交的地方恰好是一个脉冲的间歇。为了保证最小脉冲间歇大于器件的关断时间，调制信号的幅值 U_{rm} 应低于三角载波的峰值 U_{tm}。定义它们之比为调制度，即

$$M=\frac{U_{\mathrm{rm}}}{U_{\mathrm{tm}}} \tag{6-26}$$

在理想的情况下，M 值可在 0 ~ 1 之间，以调节逆变器输出电压的大小。实际上 M 总是小于 1，一般最大值取 0.8 ~ 0.9。

2. 交-交变压变频器

交-交变压变频器只有一个变换环节，能够将恒压恒频（CVCF）的交流电源变换成变压变频（VVVF）电源。常用的交-交变压变频器的每一相都是一个两组晶闸管整流装置反并联的可逆线路，如图 6-6 所示。它们按一定周期互相切换，在负载上就可获得交变的输出电压，该电压的幅值取决于各组整流装置的控制角，变化频率取决于两组装置的切换频率。

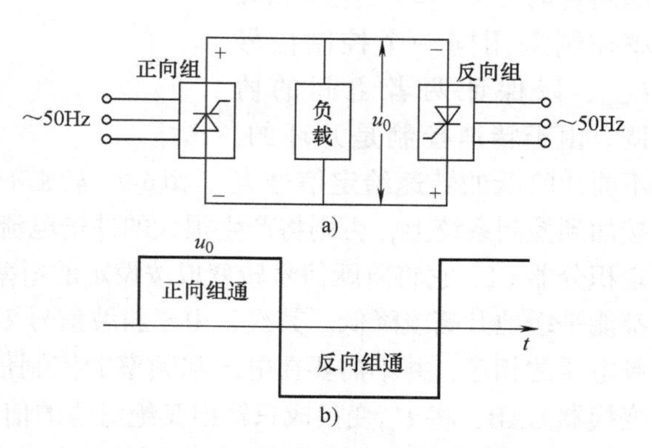

图 6-6 交-交变压变频装置单相电路

3. 电压源型变频器和电流源型变频器

从变频电源的特性上看，变压变频器可分为电压源型和电流源型两大类。对于交–直–交变压变频器，两类变频器的主要区别在于中间直流环节采用什么样的滤波器。电压源型采用大电容滤波，其内阻抗较小，输出电压比较稳定，其特性和普通市电相类似，适用于多台电动机的并联运行和协同调速。电压源型变频器广泛应用于化纤、冶金等行业的多机传动系统中。这种变频器的输出电流可以突变，比较容易出现过电流，所以要有快速的保护系统。电

压源型变频器的主要问题是难以满足电动机四象限运行的要求，不易实现再生制动。电流源型变频器中间直流环节采用大电抗器滤波，它的内阻抗较大，输出电流比较稳定，出现过电流的可能性较小，这对过载能力比较低的半导体器件来说较安全。但是异步电动机在电流源型变频器供电下运行稳定性比较差，通常需要采用闭环控制和动态校正，才能保证电动机稳定运行。电流源型变频器供电的最大优点在于比较容易实现四象限运行，可以进行再生制动，因此，较多地应用于中等以上容量的单台电动机调速。

近年来，由于具有自关断能力的大功率开关元件发展迅速，在逆变器中已广泛地采用了高频脉宽调制技术，控制与保护的快速性大大提高。电压源型逆变器的优势比较明显，应用较多。市售的中小型电动机通用的功率晶体管（GTR）或绝缘栅双极晶体管（IGBT）变频装置一般均为电压源型，而容量较大的晶闸管闭环变频调速系统，则多采用电流源型。

6.3.3 转速开环的异步电动机变频调速系统

转速开环变频调速系统可以满足一般的平滑调速要求，如果生产机械对调速系统的静、动态性能要求不高，可以采用转速开环恒压频比带低频电压补偿的控制方案，其控制系统结构简单，成本最低，风机、水泵类的节能调速经常采用这种系统。

1. 电压源型晶闸管变频器-异步电动机调速系统

图6-7为系统的结构原理图。图中，UR是可控整流器，用电压控制环节调节它的输出直流电压；VSI是电压源型逆变器，用频率控制环节控制其晶闸管的开关频率。电压和频率控制采用同一个控制信号U_{abs}，以保证两者之间的协调。由于转速控制是开环的，不能让阶跃的转速给定信号直接加到控制系统上，否则将产生很大的冲击电流而使电源跳闸。为了解决这个问题，设置了给定积分器GI，它将阶跃信号转变成按设定的斜率逐渐变化的斜坡信号U_{gi}，从而使电压和转速都能平缓地升高或降低。其次，由于斜坡信号U_{gi}是可逆的，而电动机的旋转方向只取决于变频电压的相序，并不需要在电压和频率的控制信号上反映极性。因此，GI后面再设置绝对值变换器GAB，将U_{gi}变换成只输出其绝对值的信号U_{abs}。

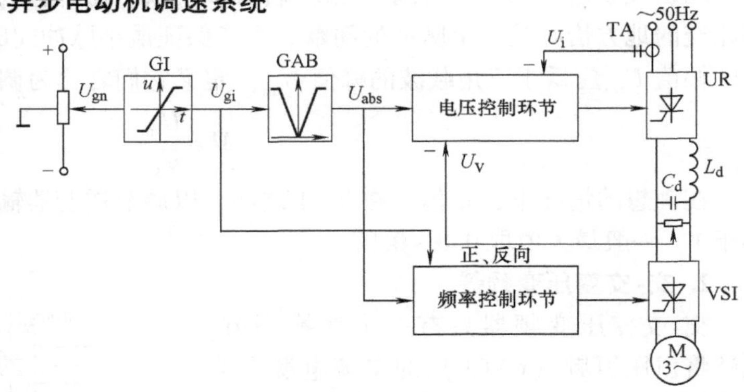

图6-7 转速开环的电压源型晶闸管变频器-异步电动机调速系统

1）GI和GAB。采用模拟控制时，它们用运算放大器来构成；采用数字控制时，用软件来实现。

2）电压控制环节。该环节一般采用电压、电流双闭环的控制结构，如图6-8所示。内环设电流调节器ACR，用于限制动态电流，并起保护作用。外环设电压调节器AVR，用于控制变频器输出电压。电压-频率控制信号U_{abs}加到AVR前，应先通过函数发生器GF，把电压相对调高些，以补偿定子阻抗压降，改善调速时的机械特性，提高带负载的能力。

3）频率控制环节。该环节由压频变换器GVF、环形分配器DRC、脉冲放大器AP和频率给定动态校正器 GFC 组成，如图 6-9 所示。它将电压-频率控制信号 U_{abs} 转变成所需要的脉冲序列，再按 6 个脉冲一组依次分配给逆变器，分别触发桥臂上相应的 6 个晶闸管 VT_1 ~ VT_6。压频变换器 GVF 是一个由电压控制的振荡器，将电压信号转变成一系列脉冲信号，脉冲信号的频率与控制电压的大小成正比，从而起到恒压频比的控制作用。其频率值是输出频率的 6 倍，以便在逆变器的一个工作周期内发出 6 个脉冲，经过环形分配器 DRC（具有 6 分频作用的环形计数器），将脉冲列分成 6 个一组相互间隔 60°的具有适当宽度的脉冲触发信号。对于可逆调速系统，需要改变晶闸管触发的顺序以改变电动机的转向，这时，

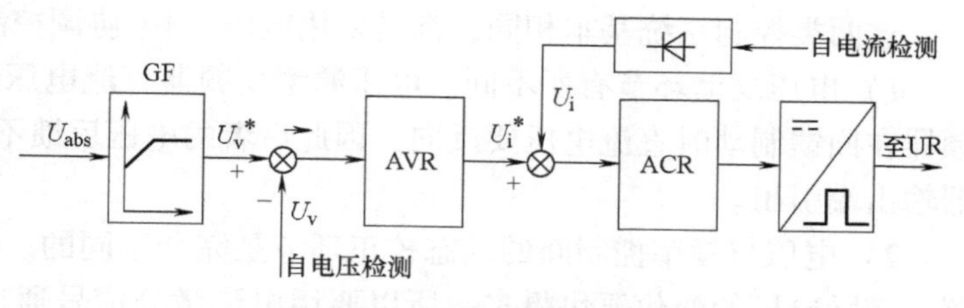

图 6-8　电压源型变频调速系统的电压控制环节

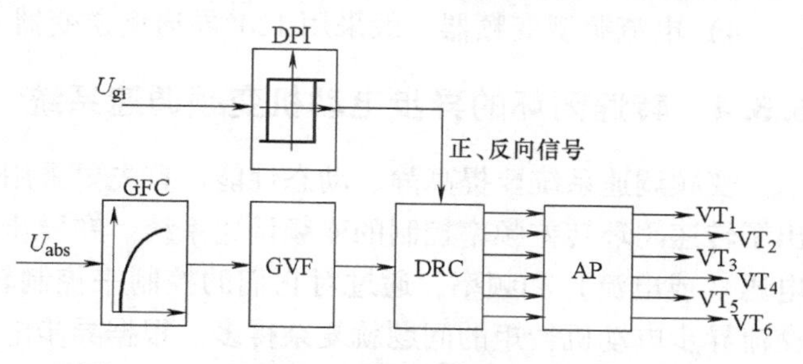

图 6-9　电压源型变频调速系统的频率控制环节

DRC 可以采用可逆计数器，每次完成“+1”或“-1”运算，就改变相序，控制加、减法的正、反向信号由 U_{gi} 经极性鉴别器 DPI 获得。由于电压源型变频器的中间直流回路用大电容滤波，电压的实际变化很缓慢，而频率控制环节的响应很快，因此在压频变换器 GVF 前加设频率给定动态校正器 GFC，延缓频率给定信号，使频率和电压变化的步调一致。GFC 一般为一阶惯性环节。

2. 电流源型晶闸管变频器-异步电动机调速系统

该类系统与电压源型系统的主要区别在于采用了由大电感滤波的电流源型逆变器，如图 6-10 所示。

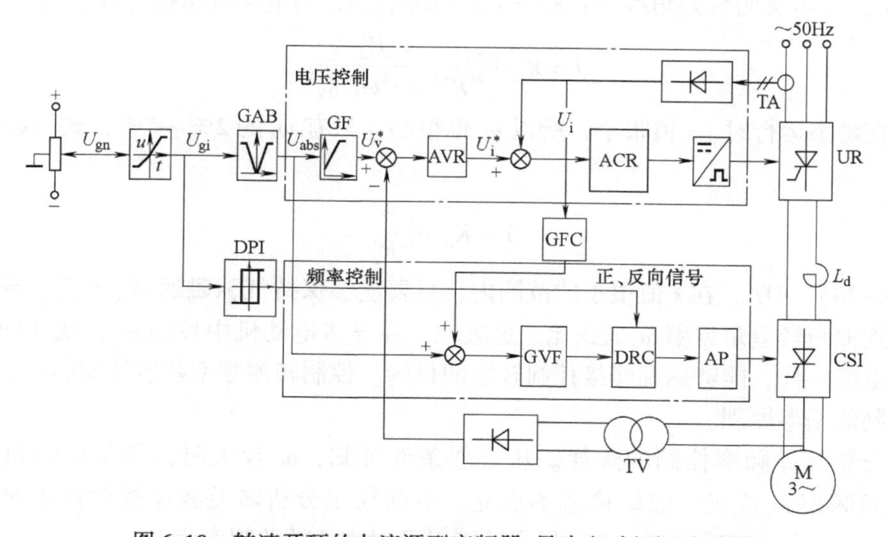

图 6-10　转速开环的电流源型变频器-异步电动机调速系统

这两类控制系统基本相同，都是采用电压-频率协调控制。它们主要差别在于以下几点。

1）电压反馈环节有所不同。电压源型变频器直流电压的极性是不变的，而电流源型变频器在回馈制动时直流电压要反向，因此后者的电压反馈不能从直流电压引出，需要从逆变器输出端引出。

2）电压与频率控制间的动态校正环节是完全不同的。由于电流源型系统没有电容滤波器，实际电压的变化要快得多，所以要用电流微分信号通过 GFC 来加快频率控制，使其与电压变化的步调一致，而不是去延缓频率控制。GFC 一般采用微分校正。

3）两者的调节器参数会有较大差别。

4）电流源型变频器一般采用 120°导通型逆变器。

6.3.4 转速闭环的异步电动机变频调速系统

变频调速系统要提高静、动态性能，首先要采用带转速反馈的闭环控制。对此人们又提出了转速闭环转差频率控制的变频调速系统。在异步电动机变频调速系统中，需要控制的是电压（或电流）和频率，通过对它们的控制来控制转矩。由于影响转矩的因素很多，控制交流异步电动机转矩的问题就复杂得多。根据异步电动机的原理，可采用控制转差频率的方式控制转矩。

1. 转差频率控制

由式（6-20）知，维持 E_g/ω_1 为恒值，每极磁通 Φ_m 均为常值，则最大转矩 T_{max} 不变，异步电动机可以获得很好的稳态性能。已知

$$E_g = 4.44 f_1 N_1 K_{n1} \Phi_m = 4.44 \frac{\omega_1}{2\pi} N_1 k_{N1} \Phi_m = \frac{1}{\sqrt{2}} \omega_1 N_1 k_{N1} \Phi_m \tag{6-27}$$

代入式（6-16）得

$$T = \frac{3}{2} p N_1^2 k_{N1}^2 \Phi_m^2 \frac{s\omega_1 R_2'}{R_2'^2 + s^2 \omega_1^2 L_{12}'^2} \tag{6-28}$$

令 $\omega_s = s\omega_1$，并定义为转差角频率；$K_m = (3/2) p N_1^2 k_{N1}^2$，为电动机结构常数，则

$$T = K_m \Phi_m^2 \frac{\omega_s R_2'}{R_2'^2 + s^2 \omega_1^2 L_{12}'^2} \tag{6-29}$$

当电动机在稳态运行时，s 值很小，所以 ω_s 也很小，只有 ω_1 的 2% ~5%，式（6-29）可近似为

$$T = K_m \Phi_m^2 \frac{\omega_s}{R_2'} \tag{6-30}$$

式（6-30）表明，在 s 值很小的范围内，只要能够保持气隙磁通 Φ_m 不变，异步电动机的转矩就近似与转差角频率 ω_s 成正比。这表明，在异步电动机中控制 ω_s，就如同直流电动机中控制电流一样，能够达到间接控制转矩的目的。控制转差频率就能控制转矩，这就是转差频率控制的基本原理。

下面分析转差频率控制的规律。从近似条件可知，ω_s 较大时，异步电动机的转矩近似与转差角频率 ω_s 成正比的结论就不成立。下面简单分析转差频率控制的限制条件。对于式（6-29），取 $dT/d\omega_s = 0$，可得最大转矩以及对应的转差频率为

$$T_{\max} = K_{\mathrm{m}} \Phi_{\mathrm{m}}^2 \frac{1}{2L'_{12}} \tag{6-31}$$

$$\omega_{\mathrm{s\,max}} = \frac{R'_2}{L'_{12}} = \frac{R_2}{L_{12}} \tag{6-32}$$

在转差频率 ω_{s}到达 $\omega_{\mathrm{s\,max}}$之前，可以认为异步电动机的转矩近似与转差角频率 ω_{s}成正比，可以用转差频率控制代表转矩控制。这是转差频率控制的基本规律之一。

另一方面，当忽略饱和与铁损耗时，气隙磁通 Φ_{m}与励磁电流 I_0成正比。由异步电动机的等效电路图得到定子电流

$$I_1 = I_0 \sqrt{\frac{R'^2_2 + \omega_{\mathrm{s}}^2 (L_{\mathrm{m}} + L'_{12})^2}{R'^2_2 + \omega_{\mathrm{s}}^2 L'^2_{12}}} \tag{6-33}$$

通过分析式（6-33）的特性可知，只要 I_1与 ω_{s}的关系满足该式，就能保持 Φ_{m}恒定。这是转差频率控制的基本规律之二。

2. 转速闭环的异步电动机变频调速系统

采用转差频率控制的转速闭环的异步电动机变频调速系统结构原理图如图 6-11 所示。与转速开环控制比较，转速闭环控制具有如下特点。

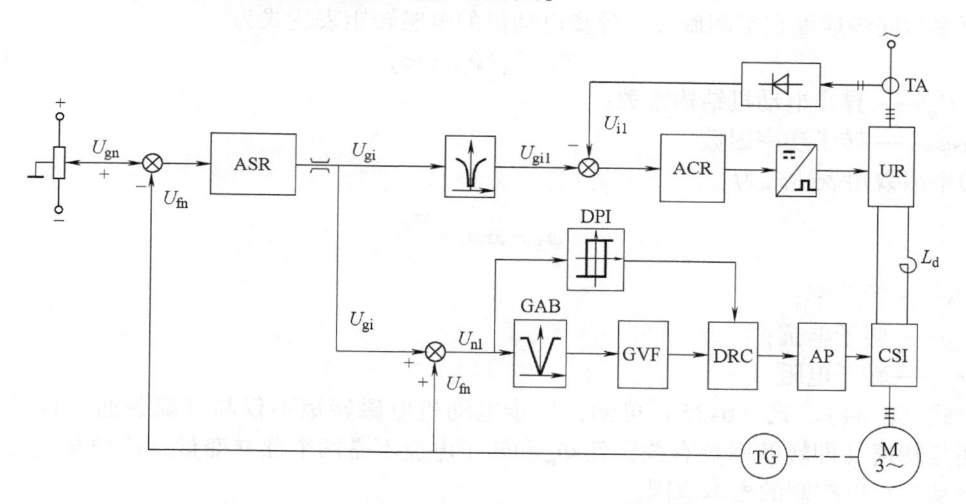

图 6-11　转速闭环转差频率控制的变压变频调速系统

1）形成双闭环控制，即外环为转速环，内环为电流环。

2）采用电流源型变频器，使控制对象具有较好的动态响应特性，便于回馈制动，实现四象限运行。

3）转差频率信号 U_{gi}分两路作用在可控整流器 UR 和电流源型逆变器 CSI 上。前者通过 $I_1 = f(\omega_{\mathrm{s}})$ 函数发生器 GF，按 U_{gi}的大小产生相应的 U_{gi1}信号，通过电流调节器 ACR 控制定子电流，以保持 Φ_{m}为恒值。另一路按 $\omega_{\mathrm{s}} + \omega = \omega_1$ 的规律产生对应于定子频率 ω_1的控制电压 U_{n1}，决定逆变器的输出频率。

4）转速给定信号 U_{gn}反向时，U_{gi}、U_{fn}、U_{n1}都反向。用极性鉴别器 DPI 判断 U_{n1}的极性，以决定环形分配器 DRC 的输出相序，而 U_{n1}信号本身则经过绝对值变换器 GAB 决定输出频率的高低，可实现可逆运行。

6.4　异步电动机矢量变换控制

6.4.1　矢量变换控制的基本原理

矢量变换控制（Transvector Control）是一种现代交流调速系统控制方式，最早是在1971年由德国Blaschke等人提出来的。这是一种完全不同于过去的交流调速系统的控制思想和控制技术，是一种较为理想的交流调速方法。

对于直流电动机，由于它的励磁绕组和电枢绕组是相互独立的电路，因而可以分别调节励磁电流和电枢电流，从而控制其磁通、转矩和转速。因此，直流电动机容易控制。矢量变换控制的基本思路就是把交流电动机解析成直流电动机一样的转矩发生机构，按照磁场和其正交的电流之积就是转矩这一最基本的原理，从理论上将电动机的一次电流分离成建立磁场的励磁分量和与磁场正交的转矩分量，然后分别进行控制。其主要思想就是从根本上改造交流电动机，改变其产生转矩的规律，设法在普通的三相交流电动机上模拟直流电动机控制转矩的规律。

在交流异步电动机中，定子通以三相交流电产生旋转磁场，转子绕组是一个本身不供电的短路绕组，而异步电动机的气隙磁通 Φ_m 是由定子电流和转子电流共同作用产生的，并以电流频率为同步速度在空间旋转。异步电动机的电磁转矩表达式为

$$T = C_m I \Phi_m \cos\varphi_2 \tag{6-34}$$

式中　C_m——异步电动机结构常数；

$\cos\varphi_2$——转子功率因数。

功率因数角表达式为

$$\varphi_2 = \arctan \frac{sx_2}{r_2} \tag{6-35}$$

式中　s——转差率；

x_2——转子电抗；

r_2——转子电阻。

由式（6-34）、式（6-35）可知，异步电动机电磁转矩不仅与气隙磁通、转子电流有关，还与转速（即转差率）有关，且 Φ_m 和转子电流不是两个独立变量。这种复杂关系正是异步电动机难以控制的根本原因。

矢量变换控制的基本思路，是以产生同样的旋转磁场为准则，建立三相交流绕组电流、两相交流绕组电流和在旋转坐标上的正交绕组直流电流之间的等效关系。如果将式（6-34）中的 Φ_m 与 $\cos\varphi_2$ 的乘积当作一个新变量，称为转子磁通 Φ_2，则异步电动机的电磁转矩可表达为

$$T = C_m I \Phi_2 \tag{6-36}$$

此时，转矩表达式与直流电动机相似。

由电动机结构及旋转磁场的基本原理可知，三相固定的对称绕组A、B、C，通以三相正弦平衡交流电流 i_A、i_B、i_C 时，即产生转速为 ω_1 的旋转磁场。由电动机基本原理可知，两相、四相等任意多相对称绕组，通以多相平衡电流均能产生旋转磁场。两相位置相差90°的固定绕组，通以两相平衡交流电流时也能产生旋转磁场。如果两相产生的旋转磁场与三相旋转磁场的大小与转速都相同时，两套绕组视为等效。如果两个匝数相等、互相垂直的绕组M和T，分别通以直流电流 i_m 和 i_t，则产生位置固定的磁通。将两个绕组同时以同步转速旋转，磁场亦随之旋转。如果这个旋转磁场与上述两者情况的大小和转速相等，那么这套绕组

也和这两种情况的绕组等效。这时异步电动机定子电流在 M 轴的分量 i_m 就等效于直流电动机的励磁电流，在 T 轴上的分量 i_t 就等效于直流电动机的电枢电流。

由此可见，要将异步电动机模拟成直流电动机进行控制，就是将 A、B、C 三相静止坐标系表示的异步电动机矢量变换到按转子磁通方向为磁场方向，并以同步转速旋转的 M-T 直角坐标系上，即进行矢量的坐标变换。可以证明，在 M-T 直角坐标系上，异步电动机的数学模型和直流电动机的数学模型是极为相似的。因此可以像直流电动机一样去控制异步电动机以获得优越的调速性能。异步电动机矢量变换控制的基本原理如图 6-12 所示，图中 VR 表示同步旋转变换。

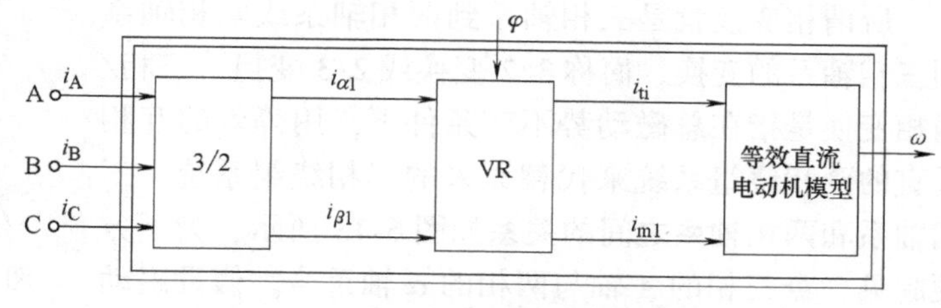

图 6-12　异步电动机矢量变换控制原理

6.4.2　坐标变换与矢量变换

在三相静止坐标系中，异步电动机数学模型是一个多输入、多输出、非线性、强耦合的控制对象，为了实现转矩和磁链之间的解耦控制，以提高调速系统的动静态性能，必须对异步电动机的数学模型进行坐标变换。

1. 变换矩阵的确定原则

坐标变换的数学表达式可以用矩阵方程表示为

$$\boldsymbol{Y}=\boldsymbol{AX}$$

上式表示利用矩阵 $\boldsymbol{A}$ 将一组变量 $\boldsymbol{X}$ 变换为另一组变量 $\boldsymbol{Y}$，其中系数矩阵 $\boldsymbol{A}$ 称为变换矩阵。例如，设 $\boldsymbol{X}$ 是交流电动机三相轴系上的电流，经过矩阵 $\boldsymbol{A}$ 的变换得到 $\boldsymbol{Y}$，可以认为 $\boldsymbol{Y}$ 是另一轴系上的电流。这时，$\boldsymbol{A}$ 称为电流变换矩阵，类似的还有电压变换矩阵、阻抗变换矩阵等。进行坐标变换的原则如下。

1）确定电流变换矩阵时，应遵守变换前后所产生的旋转磁场等效的原则。

2）为了矩阵运算的简单、方便，要求电流变换矩阵应为正交矩阵。

3）确定电压变换矩阵和阻抗变换矩阵时应遵守变换前后电动机功率不变的原则，即变换前后功率不变。

假设电流坐标变换方程为

$$\boldsymbol{I}_{\mathrm{N}}=\boldsymbol{CI}$$

式中　$\boldsymbol{I}_{\mathrm{N}}$——新变量；

$\boldsymbol{I}$——原变量；

$\boldsymbol{C}$——电流变换矩阵。

电压坐标变换方程为

$$\boldsymbol{U}_{\mathrm{N}}=\boldsymbol{BU}$$

式中　$\boldsymbol{U}_{\mathrm{N}}$——新变量；

$\boldsymbol{U}$——原变量；

$\boldsymbol{B}$——电压变换矩阵。

根据功率不变原则，可以证明：

$$\boldsymbol{B} = \boldsymbol{C}^{\mathrm{T}}$$

式中　$\boldsymbol{C}^{\mathrm{T}}$——矩阵 $\boldsymbol{C}$ 的转置矩阵。

以上表明，当按照功率不变约束条件进行变换时，若已知电流变换矩阵就可以确定电压变换矩阵。

2. 定子绕组轴系的变换

所谓相变换就是三相轴系到两相轴系或两相轴系到三相轴系的变换，简称3/2变换或2/3变换。三相/两相变换是指在总磁动势不变条件下，用等效的互相垂直的两相绕组系统来代替原来的三相绕组系统。三相轴系和两相轴系之间的关系如图6-13所示，为了方便起见，令三相的 A 轴与两相的 α 轴重合。假设磁动势波形按正弦分布，或只计算其基波分量，当两者的旋转磁场完全等效时，合成磁动势沿相同轴向的分量必定相等，即

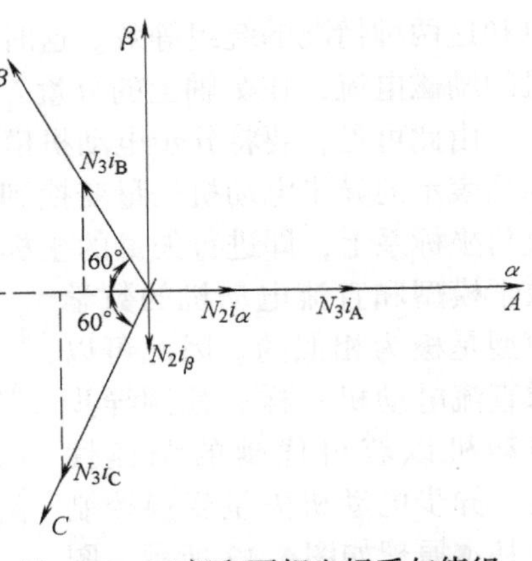

图6-13　三相和两相坐标系与绕组磁动势的空间矢量图

$$N_2\begin{bmatrix} i_\alpha \\ i_\beta \end{bmatrix} = N_3\begin{bmatrix} 1 & -\frac{1}{2} & -\frac{1}{2} \\ 0 & \frac{\sqrt{3}}{2} & -\frac{\sqrt{3}}{2} \end{bmatrix}\begin{bmatrix} i_A \\ i_B \\ i_C \end{bmatrix}$$

为了分析方便，再引入一个零轴系统：

$$N_2 i_0 = N_3 k(i_A + i_B + i_C)$$

式中　N_3、N_2——三相电动机和两相电动机每相定子绕组的有效匝数。

合并两式之后可得

$$N_2\begin{bmatrix} i_\alpha \\ i_\beta \\ i_0 \end{bmatrix} = N_3\begin{bmatrix} 1 & -\frac{1}{2} & -\frac{1}{2} \\ 0 & \frac{\sqrt{3}}{2} & -\frac{\sqrt{3}}{2} \\ k & k & k \end{bmatrix}\begin{bmatrix} i_A \\ i_B \\ i_C \end{bmatrix}$$

令

$$\boldsymbol{C}^{-1} = \frac{N_3}{N_2}\begin{bmatrix} 1 & -\frac{1}{2} & -\frac{1}{2} \\ 0 & \frac{\sqrt{3}}{2} & -\frac{\sqrt{3}}{2} \\ k & k & k \end{bmatrix} \tag{6-37}$$

将 $\boldsymbol{C}^{-1}$ 求逆，得到

$$\boldsymbol{C} = \frac{2}{3}\frac{N_2}{N_3}\begin{bmatrix} 1 & 0 & \frac{1}{2k} \\ -\frac{1}{2} & \frac{\sqrt{3}}{2} & \frac{1}{2k} \\ -\frac{1}{2} & -\frac{\sqrt{3}}{2} & \frac{1}{2k} \end{bmatrix} \tag{6-38}$$

其转置矩阵为

$$
\boldsymbol{C}^{\mathrm{T}}=\frac{2}{3}\frac{N_2}{N_3}\begin{bmatrix}1 & -\frac{1}{2} & -\frac{1}{2}\\ 0 & \frac{\sqrt{3}}{2} & -\frac{\sqrt{3}}{2}\\ \frac{1}{2k} & \frac{1}{2k} & \frac{1}{2k}\end{bmatrix}
$$

根据确定变换矩阵的第三条原则即要求 $\boldsymbol{C}^{-1}=\boldsymbol{C}^{\mathrm{T}}$，可得

$$
\begin{cases}k=\frac{1}{2}\\ \frac{N_3}{N_2}=\sqrt{\frac{2}{3}}\end{cases} \tag{6-39}
$$

将式（6-39）代入式（6-37）中，得到变换矩阵如下：

$$
\boldsymbol{C}^{-1}=\sqrt{\frac{2}{3}}\begin{bmatrix}1 & -\frac{1}{2} & -\frac{1}{2}\\ 0 & \frac{\sqrt{3}}{2} & -\frac{\sqrt{3}}{2}\\ \frac{1}{\sqrt{2}} & \frac{1}{\sqrt{2}} & \frac{1}{\sqrt{2}}\end{bmatrix} \tag{6-40}
$$

式（6-40）为3/2变换矩阵（含零轴分量），其逆即 $\boldsymbol{C}$ 为2/3变换矩阵。

3. 两相-两相旋转变换（2s/2r 变换）

将两相静止坐标系 α、β 变换到两相旋转坐标系 M、T，这样的变换称为两相-两相旋转变换，简称2s/2r变换，其中s表示静止，r表示旋转。将两个坐标系画在一起，如图6-14所示。坐标系变换的基本原则是静止坐标通以两相交流电流 i_α、i_β 和旋转坐标系通以两相直流电流 i_m、i_t 产生同样旋转速度 ω_1 的合成磁动势 F_1。由于各绕组匝数都相等，可以消去磁动势中的匝数，直接用电流表示，例如 F_1 直接用 i_1 表示。图中由于 α、β 坐标系静止，而 M、T 坐标系旋转，所以 α 轴和 M 轴的夹角 φ 随时间而变化，因而，i_1 在 α、β 轴上的分量 i_α、i_β 的长短也随时间变化，相当于 α、β 绕组交流磁动势的瞬时值。两相交流电流 i_α、i_β 和两相直流电流 i_m、i_t 之间有如下关系：

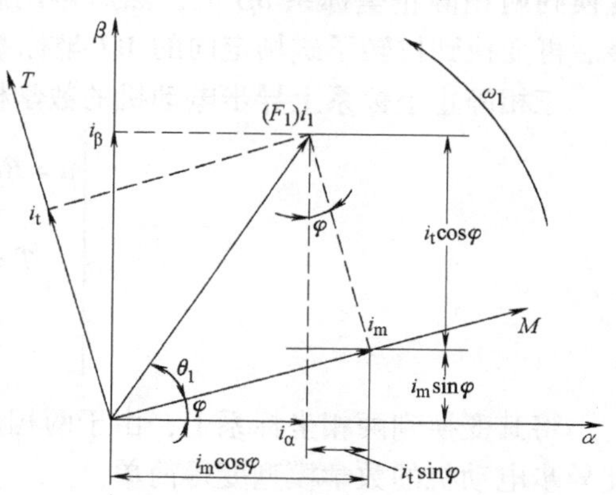

图6-14　两相静止和旋转坐标系与磁动势空间矢量

$$
\begin{aligned}i_\alpha&=i_m\cos\varphi-i_t\sin\varphi\\ i_\beta&=i_m\sin\varphi+i_t\cos\varphi\end{aligned} \tag{6-41}
$$

其矩阵形式为

$$
\begin{bmatrix}i_\alpha\\ i_\beta\end{bmatrix}=\begin{bmatrix}\cos\varphi & -\sin\varphi\\ \sin\varphi & \cos\varphi\end{bmatrix}\begin{bmatrix}i_m\\ i_t\end{bmatrix}=\boldsymbol{C}_{2r/2s}\begin{bmatrix}i_m\\ i_t\end{bmatrix} \tag{6-42}
$$

式中，$C_{2r/2s}=\begin{bmatrix}\cos\varphi & -\sin\varphi\\ \sin\varphi & \cos\varphi\end{bmatrix}$称为两相旋转坐标系变换到两相静止坐标系的变换矩阵，其逆为 $C_{2s/2r}=\begin{bmatrix}\cos\varphi & \sin\varphi\\ -\sin\varphi & \cos\varphi\end{bmatrix}$，称为两相静止坐标系变换到两相旋转坐标系的变换矩阵。

电压和磁链的旋转变换阵与电流（磁动势）旋转变换阵相同。

6.4.3 矢量变换控制调速系统

异步电动机矢量变换控制调速系统是以产生同样的旋转磁场为准则，建立三相交流绕组电流、两相交流绕组电流及在旋转坐标系的正交绕组直流电流之间的等效关系，从而可按直流电动机的控制规律来控制交流电动机。异步电动机的矢量变换控制，实质上是通过矢量变换法则将电动机定子电流解耦成定子励磁电流和定子转矩电流，理论推导证明它们相当于直流电动机励磁电流和直流电动机电枢电流。因此，可以将异步电动机模拟成直流电动机进行解耦控制，以获得和直流电动机相媲美的调速性能。

由以上论述可知，异步电动机经过坐标变换后可以等效为直流电动机，这样可以用直流电机的控制方法求得其控制量，经过坐标反变换，就成为异步电动机的控制量。这种通过坐标变换实现的控制系统称为矢量变换控制系统。

1. 矢量变换控制基本方程式

在矢量控制系统中，被控制的是定子电流，因此需要从异步电动机的数学模型中找到定子电流的两个分量和其他物理量的关系。根据以上分析，要把三相静止坐标系上的电压方程、磁链方程和转矩方程都变换到两相旋转坐标系上来，可以先利用3/2变换将这些方程式变换到两相静止坐标系 $\alpha\beta$ 上，然后再用旋转变换矩阵 $C_{2s/2r}$ 将其变换到旋转坐标系 dq 上，最后再变换到按转子磁场定向的 MT 坐标系。

三相静止坐标系上异步电动机的数学模型：

$$\begin{cases}u=Ri+L\dfrac{\mathrm{d}i}{\mathrm{d}t}+\omega\dfrac{\mathrm{d}L}{\mathrm{d}\theta}i\\ T=T_{\mathrm{L}}+\dfrac{J}{p}\dfrac{\mathrm{d}\omega}{\mathrm{d}t}\\ \omega=\dfrac{\mathrm{d}\theta}{\mathrm{d}t}\end{cases}$$

将其变换到两相坐标系上，由于两相坐标轴互相垂直，两相绕组之间没有磁的耦合，将使异步电动机的数学模型变得简单。

（1）变换到两相任意旋转坐标系（dq 坐标系）的数学模型

两相任意旋转坐标系是最一般的情况，在这个模型的基础上可以获得坐标系静止的，也可以获得同步旋转的。

电压方程：

$$\begin{bmatrix}u_{\mathrm{d1}}\\ u_{\mathrm{q1}}\\ u_{\mathrm{d2}}\\ u_{\mathrm{q2}}\end{bmatrix}=\begin{bmatrix}R_1+L_{\mathrm{s}}p & -\omega_{11}L_{\mathrm{s}} & L_{\mathrm{m}}p & -\omega_{11}L_{\mathrm{m}}\\ \omega_{11}L_{\mathrm{s}} & R_1+L_{\mathrm{s}}p & \omega_{11}L_{\mathrm{m}} & L_{\mathrm{m}}p\\ L_{\mathrm{m}}p & -\omega_{12}L_{\mathrm{m}} & R_2'+L_{\mathrm{r}}p & -\omega_{12}L_{\mathrm{r}}\\ \omega_{12}L_{\mathrm{m}} & L_{\mathrm{m}}p & \omega_{12}L_{\mathrm{s}} & R'_2+L_{\mathrm{r}}p\end{bmatrix}\begin{bmatrix}i_{\mathrm{d1}}\\ i_{\mathrm{q1}}\\ i_{\mathrm{d2}}\\ i_{\mathrm{q2}}\end{bmatrix}\tag{6-43}$$

式中，定子各量均用下角标 1 表示，转子各量用下角标 2 表示。

L_m——定子转子同轴绕组的互感，$L_m=(3/2)L_{m1}$；

L_s——定子等效绕组的自感，$L_s=L_m+L_{11}$；

L_r——转子等效绕组的自感，$L_r=L_m+L_{12}$。

磁链方程：

$$\begin{bmatrix}\psi_{d1}\\ \psi_{q1}\\ \psi_{d2}\\ \psi_{q2}\end{bmatrix}=\begin{bmatrix}L_s & 0 & L_m & 0\\ 0 & L_s & 0 & L_m\\ L_m & 0 & L_r & 0\\ 0 & L_m & 0 & L_r\end{bmatrix}\begin{bmatrix}i_{d1}\\ i_{q1}\\ i_{d2}\\ i_{q2}\end{bmatrix} \tag{6-44}$$

转矩和运动方程：

$$T=pL_m(i_{q1}i_{d2}-i_{d1}i_{q2})=T_L+\frac{J}{p}\frac{d\omega}{dt} \tag{6-45}$$

式中　ω——电动机转子的角转速，$\omega=\omega_{11}-\omega_{12}$。

(2) 变换到两相同步旋转坐标系的数学模型

当坐标系的旋转速度等于定子频率的同步角转速 ω_1，转子转速为 ω 时，坐标轴相对于转子的角转速 $\omega_{12}=\omega_1-\omega=\omega_s$，即转差。代入式（6-43），得到同步转速坐标系上的电压方程为

$$\begin{bmatrix}u_{d1}\\ u_{q1}\\ u_{d2}\\ u_{q2}\end{bmatrix}=\begin{bmatrix}R_1+L_sp & -\omega_1L_s & L_mp & -\omega_1L_m\\ \omega_1L_s & R_1+L_sp & \omega_1L_m & L_mp\\ L_mp & -\omega_sL_m & R_2'+L_rp & -\omega_sL_r\\ \omega_sL_m & L_mp & \omega_sL_s & R_2'+L_rp\end{bmatrix}\begin{bmatrix}i_{d1}\\ i_{q1}\\ i_{d2}\\ i_{q2}\end{bmatrix} \tag{6-46}$$

磁链方程、转矩和运动方程均不变。

(3) 两相同步旋转坐标系上按转子磁场定向的数学模型

显然，式（6-46）仍然是强耦合的，这是因为两相同步旋转坐标系只规定了 d、q 两轴的垂直关系和旋转速度，并未规定两轴与电动机旋转磁场的相对位置。若规定 d 轴沿着转子总磁链矢量 ψ_2 的方向，称为 M 轴；而 q 轴则逆时针转 90°，与 ψ_2 垂直，称为 T 轴。得到的坐标系则称为按转子磁场定向的坐标系，式（6-46）变换为

$$\begin{bmatrix}u_{m1}\\ u_{t1}\\ u_{m2}\\ u_{t2}\end{bmatrix}=\begin{bmatrix}R_1+L_sp & -\omega_1L_s & L_mp & -\omega_1L_m\\ \omega_1L_s & R_1+L_sp & \omega_1L_m & L_mp\\ L_mp & -\omega_sL_m & R_2'+L_rp & -\omega_sL_r\\ \omega_sL_m & L_mp & \omega_sL_r & R_2'+L_rp\end{bmatrix}\begin{bmatrix}i_{m1}\\ i_{t1}\\ i_{m2}\\ i_{t2}\end{bmatrix} \tag{6-47}$$

由于 ψ_2 本身就是以同步转速旋转的矢量，有 $\psi_{m2}=\psi_2$，$\psi_{t2}=0$。

$$L_mi_{m1}+L_ri_{m2}=\psi_2 \tag{6-48}$$

$$L_mi_{t1}+L_ri_{t2}=0 \tag{6-49}$$

将式（6-49）代入式（6-47），得

$$\begin{bmatrix}u_{m1}\\ u_{t1}\\ u_{m2}\\ u_{t2}\end{bmatrix}=\begin{bmatrix}R_1+L_sp & -\omega_1L_s & L_mp & -\omega_1L_m\\ \omega_1L_s & R_1+L_sp & \omega_1L_m & L_mp\\ L_mp & 0 & R_2'+L_rp & 0\\ \omega_sL_m & 0 & \omega_sL_r & R_2'\end{bmatrix}\begin{bmatrix}i_{m1}\\ i_{t1}\\ i_{m2}\\ i_{t2}\end{bmatrix} \tag{6-50}$$

显然，系统矩阵中出现了零元素，表明降低了各量之间的耦合关系，模型得到简化。

利用式（6-48）、式（6-49），转矩方程式（6-45）变化为

$$
\begin{aligned}
T &= pL_{\mathrm{m}}\ (i_{\mathrm{t1}}i_{\mathrm{m2}} - i_{\mathrm{m1}}i_{\mathrm{t2}}) = pL_{\mathrm{m}}\left[i_{\mathrm{t1}}i_{\mathrm{m2}} - \frac{\psi_2 - L_{\mathrm{r}}i_{\mathrm{m2}}}{L_{\mathrm{m}}}\left(-\frac{L_{\mathrm{m}}i_{\mathrm{t1}}}{L_{\mathrm{r}}}\right)\right] \\
&= pL_{\mathrm{m}}\left(i_{\mathrm{t1}}i_{\mathrm{m2}} + \frac{\psi_2 i_{\mathrm{t1}}}{L_r} - i_{\mathrm{t1}}i_{\mathrm{m2}}\right) = p\,\frac{L_{\mathrm{m}}}{L_{\mathrm{r}}}i_{\mathrm{t1}}\psi_2
\end{aligned}
\tag{6-51}
$$

这个转矩关系式已经和直流电动机的转矩公式一样了。

对于笼型异步电动机，转子是短路的，即 $u_{\mathrm{m2}} = u_{\mathrm{t2}} = 0$，式（6-50）进一步简化为

$$
\begin{bmatrix} u_{\mathrm{m1}} \\ u_{\mathrm{t1}} \\ 0 \\ 0 \end{bmatrix} = \begin{bmatrix} R_1 + L_{\mathrm{s}}p & -\omega_1 L_{\mathrm{s}} & L_{\mathrm{m}}p & -\omega_1 L_{\mathrm{m}} \\ \omega_1 L_{\mathrm{s}} & R_1 + L_{\mathrm{s}}p & \omega_1 L_{\mathrm{m}} & L_{\mathrm{m}}p \\ L_{\mathrm{m}}p & 0 & R_2' + L_{\mathrm{r}}\mathrm{p} & 0 \\ \omega_{\mathrm{s}}L_{\mathrm{m}} & 0 & \omega_{\mathrm{s}}L_{\mathrm{r}} & R_2' \end{bmatrix} \begin{bmatrix} i_{\mathrm{m1}} \\ i_{\mathrm{t1}} \\ i_{\mathrm{m2}} \\ i_{\mathrm{t2}} \end{bmatrix} \tag{6-52}
$$

在矢量控制系统中，被控制的是定子电流，因此，必须要从数学模型中找到定子电流的两个分量与其他物理量的关系。

由式（6-52）的第三行得 $0 = R_2'i_{\mathrm{m2}} + p(L_{\mathrm{m}}i_{\mathrm{m1}} + L_{\mathrm{r}}i_{\mathrm{m2}}) = R_2'i_{\mathrm{m2}} + p\psi_2$，有

$$
i_{\mathrm{m2}} = -\frac{p\psi_2}{R_2'} \tag{6-53}
$$

再代入式（6-48），求解得 M 轴定子电流分量为

$$
i_{\mathrm{m1}} = \frac{T_2p + 1}{L_{\mathrm{m}}}\psi_2 \tag{6-54}
$$

$$
\psi_2 = \frac{L_{\mathrm{m}}}{T_2p + 1}i_{\mathrm{m1}} \tag{6-55}
$$

式中　T_2——转子励磁时间常数，$T_2 = L_{\mathrm{r}}/R_2'$。

式（6-55）表明转子磁链 ψ_2 仅由 i_{m1} 产生，与 i_{t1} 无关，因此 i_{m1} 称为定子电流的励磁分量。式（6-51）表明当 ψ_2 不变时，电磁转矩与 i_{t1} 成正比，因此 i_{t1} 称为定子电流的转矩分量。这样定子电流的两个分量实现了解耦，与直流电动机中的励磁电流和电枢电流相对应，大大简化了多变量强耦合的交流变频调速系统的控制问题。

由式（6-52）的第四行得 $0 = \omega_{\mathrm{s}}(L_{\mathrm{m}}i_{\mathrm{m1}} + L_{\mathrm{r}}i_{\mathrm{m2}}) + R_2'i_{\mathrm{t2}} = \omega_{\mathrm{s}}\psi_2 + R_2'i_{\mathrm{t2}}$，考虑式（6-49）有

$$
\omega_{\mathrm{s}} = \frac{L_{\mathrm{m}}i_{\mathrm{t1}}}{T_2\psi_2} \tag{6-56}
$$

式（6-56）表明当 ψ_2 不变时，矢量控制系统的转差率在动态中也能与转矩成正比。

式（6-54）或式（6-55）、式（6-51）和式（6-56）构成了矢量控制的基本方程式。

2. 异步电动机的矢量控制系统

根据矢量控制的基本方程式，可构成异步电动机矢量变换模型，如图 6-15 所示。图中，变换模型分解成 ψ_2 和 ω 两个子系统。通过矢量变换，可将定子电流分解成 i_{m1} 和 i_{t1} 两个分量，但由于 T 除受 i_{t1} 控制外，还受到 ψ_2 的影响，两个子系统并未完全解耦。

（1）带除法环节的解耦矢量控制系统

带除法环节的解耦矢量控制系统如图 6-16 所示，系统设置了磁链调节器 AψR 和转速调节器 ASR，分别控制 ψ_2 和 ω。为了消除 ψ_2 对 T 的影响，理论上，把 ASR 的输出信号除以

ψ_2，控制器的坐标反变换与电动机中的坐标变换对消，若变频器的滞后可以忽略，此时除以 ψ_2 便可与电动机模型中的乘以 ψ_2 对消，达到两个子系统完全解耦的目的，这时带除法环节的解耦矢量控制系统可以看成两个独立的线性子系统，两个调节器 AψR 和 ASR 可以单独设计。为了获得完全解耦，需要满足以下假设条件。

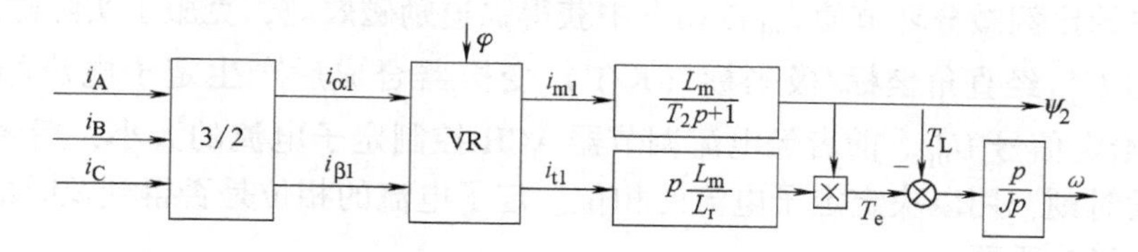

图 6-15　异步电动机矢量变换模型

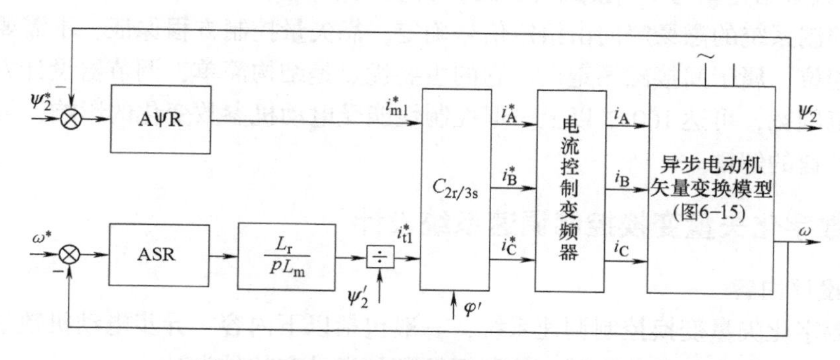

图 6-16　带除法环节的解耦矢量控制系统

① 转子磁链的计算值 ψ_2' 等于其实际值 ψ_2。

② 转子磁场定向角 φ' 等于其实际值 φ。

③ 忽略电流控制变频器的滞后作用。由于异步电动机矢量变换模型中的转子磁链 ψ_2 和转子磁场定向角 φ 是难以直接检测的，一般只能采用观测值或模型计算值。

（2）磁链开环转差控制的矢量控制系统

系统的结构原理图如图 6-17 所示，它是矢量控制系统的一种结构简单的基本形式。该系统的主要特点如下。

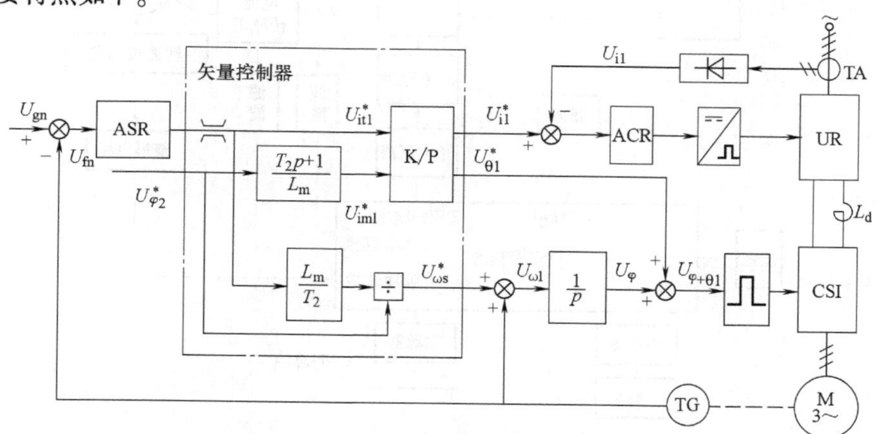

图 6-17　磁链开环转差控制的矢量控制系统

1）主电路采用交-直-交电流源型变频器，适用于大容量的电动机调速系统。

2）转速调节器 ASR 的输出是定子电流转矩分量的给定信号，与双闭环直流调速系统的电枢电流给定信号相当。

3）定子电流励磁分量给定信号 U_{im1}^* 和转子磁链给定信号 $U_{\varphi 2}^*$ 之间的关系是由式（6-54）建立的，式中的比例微分环节使 i_{m1} 在动态中获得强迫励磁效应，克服了实际磁通的滞后。

4）U_{it1}^* 和 U_{im1}^* 经直角坐标/极坐标（K/P）变换器合成后产生定子电流幅值给定信号 U_{i1}^* 和相位角给定信号 $U_{\theta 1}^*$。前者经电流调节器 ACR 控制定子电流的大小，后者则控制逆变器换相的触发时刻，用以决定定子电流的相位。定子电流的相位是否得到及时的控制对于动态转矩的发生极为重要。

5）转差频率给定信号 $U_{\omega s}^*$ 按式（6-56）计算出来，实现了转差型的矢量控制。

该矢量控制系统的磁场定向由给定信号确定，靠矢量控制方程保证，不需要计算实际转子磁链及其相位，属于间接磁场定向。它的主要优点是结构简单，调节器设计方便，动态性能好，调速范围宽，可达100∶1 以上。但控制性能受电动机参数变化的影响，另外没有完全实现磁链和转速的解耦。

6.4.4 全数字化矢量变换控制调速系统设计

1. 一般设计内容

设计全数字化矢量变换控制调速系统，一般包括以下内容：异步电动机数学模型差分方程、矢量控制基本方程的差分方程、控制系统硬件设计和软件设计。

通过离散化异步电动机数学模型、矢量控制基本方程，获得它们的差分方程，以便在微控制器中实施相应的计算。离散化方法可参阅有关文献。

2. 矢量控制系统硬件设计

以 DSP 控制器为核心的异步电动机矢量控制系统硬件原理框图如图 6-18 所示。这个硬件主要包括以下几个模块。

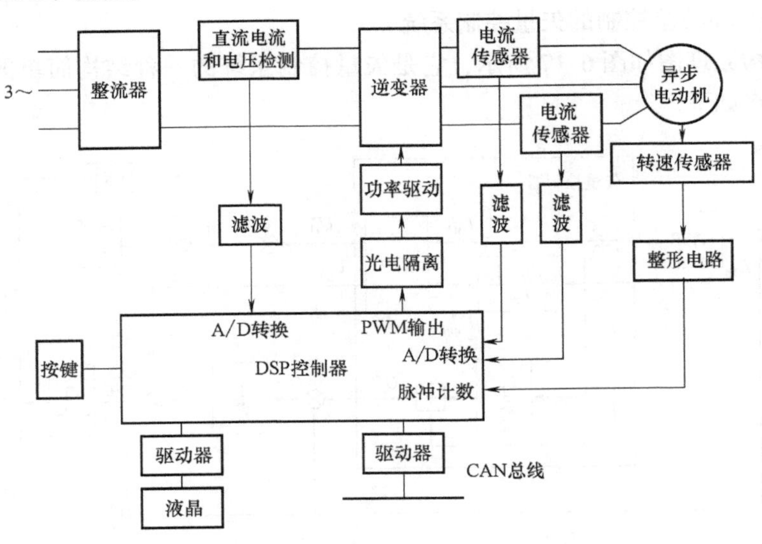

图 6-18 异步电动机矢量变换控制系统硬件原理框图

（1）DSP 控制器

以 DSP 控制器芯片为系统的控制核心是目前较流行的做法。不少公司生产了电动机控制专用的 DSP 芯片，例如 TI 公司的 TMS320F28××系列 32 位内核的 DSP。它们的特点是运行速度快，实时处理能力强，能应用于很多复杂的控制算法；高性能，低功耗；片内集成了许多外围电路，例如片上有 Flash 和 SRAM 存储器、事件管理模块、多路 A/D 转换器，拥有两个 SCI 口和一个 SPI 口、CAN 总线控制器等。因此，系统可以省去许多复杂的外围电路，提高了系统的集成度和可靠性。

（2）检测电路模块

检测电路模块主要包括转速检测、定子电流检测、直流电流和电压检测等。转速检测一般可采用增量式光电编码器等，将转速信号转变为脉冲信号，经整形放大电路后，送 DSP 片内的 QEP 模块，最后获得转速。定子电流检测一般采用霍尔电流传感器，经滤波放大电路后送 DSP 片内的 A/D 转换器，经计算得到。一般可只检测 A、C 两相电流，B 相电流可根据三相电流对称的关系获得。直流电流和电压检测是为了获得三相交流电经整流后得到的直流电流和电压，可以通过电流、电压变送器检测。

（3）主电路

图中系统的主电路采用交-直-交电压源型变频电路，分为不控整流和逆变两部分。电感和电解电容构成的低通滤波器，对三相不控整流的输出进行滤波。逆变器部分可选用智能 IPM 模块，这样的模块一般都包含了多个 IGBT、续流二极管、栅极驱动电路、逻辑控制电路以及欠电压、过电流、短路、过热等保护电路，使应用变得容易、可靠。

（4）其他外围电路

其他外围电路有输入/输出设备，如键盘、液晶显示器；通信电路，如 CAN 总线等。

3. 矢量控制系统软件设计

如图 6-19 所示，系统的软件主要包括主程序与中断服务子程序，主程序主要完成芯片

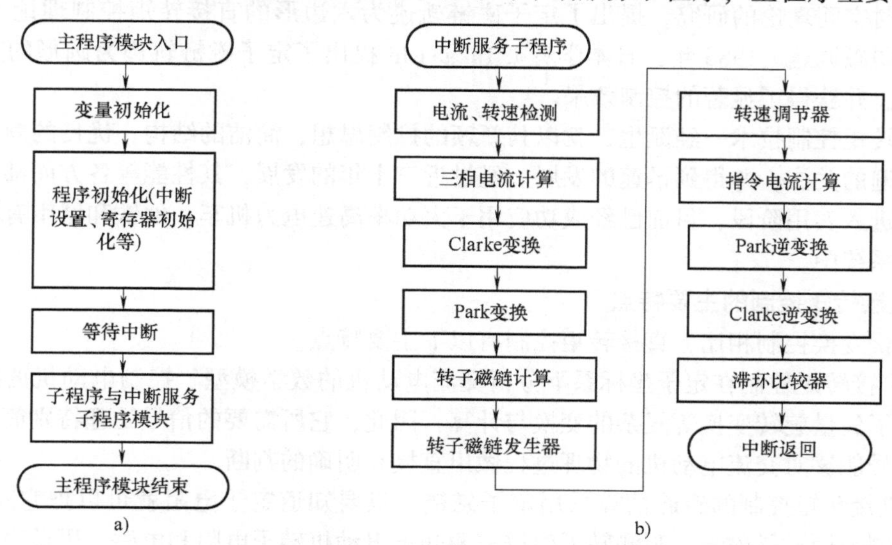

图 6-19　矢量控制系统软件流程图

a）主程序　b）中断服务子程序

初始化、变量定义及其初始化；各种特殊功能模块的初始化，如通信接口、输入/输出口、时间管理器、A/D 转换的初始化；系统的起动、停机的控制等。中断服务子程序是整个控制的主要部分，包括：矢量变换子程序、转子磁链计算子程序、磁链发生器子程序、转速调节器子程序、指令电流计算子程序及滞环比较器子程序等。矢量变换子程序实现静止三相坐标轴到两相的变换（3/2 变换或 Clarke 变换）、矢量旋转变换（Park 变换）以及它们的逆变换；转子磁链计算子程序获得转子磁链观测值、转子磁链位置角 φ 的观测值及转差角速度；磁链发生器子程序计算获得转子磁链给定值；转速调节器子程序的输入为给定转速与实际转速的偏差信号，输出为电磁转矩给定值；指令电流计算子程序计算出给定的定子电流转矩分量和励磁分量，它们经 Park 和 Clarke 逆变换，送入滞环比较器与实际电流比较，获得 PWM 输出控制信号。

6.5 异步电动机直接转矩控制

6.5.1 直接转矩控制概述

1. 直接转矩控制技术发展历程

直接转矩控制技术，简称为 DTC（Direct Torque Control）或为 DSC（Direct Self-Control)，是矢量控制技术之后又一新型高性能的交流变频调速技术。从其发展历程看，应始于 1977 年，A. B. Plunkett 研究 PWM 逆变器异步电动机传动系统中考虑了磁链和转矩的直接控制。1981 年，日本学者 S. Yamamura 提出了磁场加速控制法，指出如果维持气隙磁场幅值不变，此时只需调节气隙磁链的旋转速度，改变其对转子的瞬时转差频率就可以达到控制转矩的目的。1983 年，日本学者 Y. Murai 等人将瞬时空间电压矢量理论应用于 PWM 逆变器异步电动机传动系统中，提出了磁链轨迹控制法。1985 年，德国鲁尔大学的 M. Depenbrock 教授通过对瞬时空间理论的研究，提出了定子磁链轨迹为六边形的直接转矩控制理论，1987 年推广用于弱磁调速。1986 年，日本学者 I. Takahashi 提出了定子磁链轨迹为圆形的直接转矩控制方法，并获得了显著的控制效果。

直接转矩控制技术一经诞生，就以其新颖的控制思想，简洁的结构，优良的静、动态性能受到普遍的关注，并得到迅速的发展。经过近三十年的发展，其性能等各方面都在不断提高，并已进入实用阶段，目前已经成功应用于大功率高速电力机车、地铁和城市有轨电车等的主传动系统中。

2. 直接转矩控制的主要特点

与矢量变换控制相比，直接转矩控制有以下主要特点。

1）直接转矩控制在定子坐标系下分析交流电动机的数学模型、控制电动机的磁链和转矩，省掉了矢量旋转变换等复杂的变换与计算，因此，它所需要的信号处理特别简单，所用的控制信号能够对交流电动机的物理过程做出直接和明确的判断。

2）直接转矩控制的磁通估算采用定子磁链，只要知道定子电阻就可以把它观测出来。而矢量控制采用转子磁链，观测转子磁链需要知道电动机转子电阻和电感。因此直接转矩控制大大减弱了矢量控制技术中存在控制性能易受参数变化影响的问题。

3）直接转矩控制采用空间矢量的概念来分析三相交流电动机的数学模型和控制各相关

的物理量，使问题变得特别简单明了。它并不极力获得理想的正弦波波形，也不强调磁链完全理想圆形轨迹，相反，从控制转矩的角度出发，强调的是转矩的直接控制效果，因而它采用离散的电压状态、六边形磁链轨迹或近似圆形的磁链轨迹。

4）直接转矩控制技术对转矩实行直接反馈的双位式砰-砰控制。其控制方式是，通过转矩三点式调节器把转矩检测值与转矩给定值进行滞环的比较，把转矩波动限制在一定的容差范围内，容差的大小由滞环调节器来控制。因此它的控制效果不取决于电动机的数学模型是否能够简化，而是取决于转矩的实际状况。这种对转矩直接控制的方式也称为“直接自控制”。“直接自控制”的思想不仅被用于转矩控制，还被用于磁链量的控制和磁链自控制，但以转矩为中心来进行综合控制。直接转矩控制与矢量变换控制的比较见表6-1。

表6-1　直接转矩控制与矢量变换控制的特点和性能比较

特点和性能	直接转矩控制	矢量变换控制
磁链控制	定子磁链	转子磁链
转矩控制	砰-砰控制，脉动	连续控制，平滑
旋转坐标变换	不需要	需要
转子参数变化影响	无	有
调速范围	不够宽	较宽

3. 直接转矩控制还需要解决的一些问题

（1）低速性能的改善

传统的直接转矩控制系统中，磁链的计算要用到定子电阻R_s，在中高速时，如果忽略R_s，对计算结果影响不大，系统仍具有很高的控制精度；但在低速时，定子电阻上的电压降分量比重很大，忽略R_s或认为它是常数将使所计算的磁链幅值、相位偏差很大。为了解决此问题，需对定子电阻进行观测，以获得定子电阻实时估计值。

（2）转速辨识

直接转矩控制本身不需要转速信息，但为了精确地控制转速，还是应该进行转速反馈。若通过安装转速传感器进行转速反馈，不仅增加了成本，还降低了系统的稳定性和可靠性，而且在实际应用时，在有些场合根本就无法安装转速传感器，因此，对转速进行辨识是必要的。

6.5.2　直接转矩控制的基本结构

直接转矩控制系统的典型结构如图6-20所示，主要包括以下几个组成部分。

1）信号检测：被测信号只有三个，即u_s（三相定子电压）、i_s（三相定子电流）和ω。

2）异步电动机的数学模型：异步电动机的数学模型包括定子磁链模型和转矩模型。它可以由不同的方案来实现，对输入量也可以有不同的处理和要求。

3）磁链自控单元：磁链自控单元的任务是识别磁链运动轨迹的区段，且给出正确的磁链开关信号，以产生相应的电压空间矢量，控制磁链按六边形运动轨迹正确旋转。

4）转矩调节器：利用转速调节器输出的给定转矩，采用两点式滞环控制（砰-砰控制），输出转矩控制信号，直接控制电动机的转矩。调节转矩的同时，还需控制定子磁链的旋转方向。

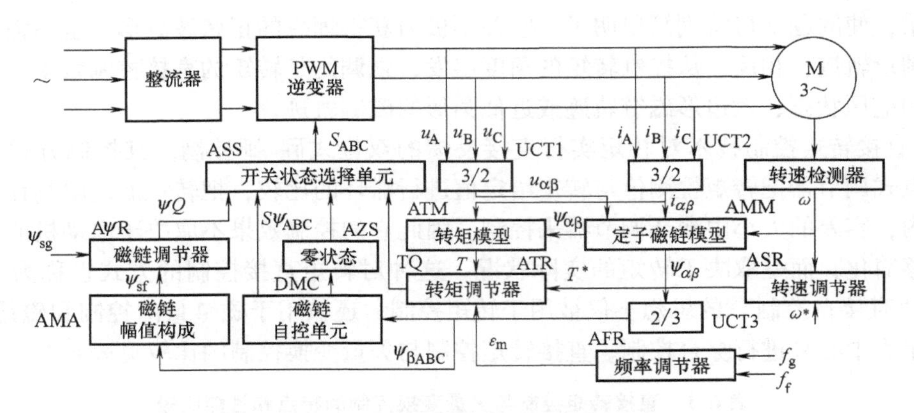

图 6-20　直接转矩控制系统组成框图

5）磁链调节器：直接转矩控制系统采用两点式控制，输出磁链控制信号，实现对磁链幅值的直接自控制。由于定子电阻电压降的影响，在较低转速时，定子磁链幅值将减小。为了避免定子磁链幅值的减小，引入磁链调节闭环，由磁链调节控制给出一个用于加大定子磁链幅值的定子电压空间矢量，以维持磁链幅值在允许范围内的波动。磁链调节部分包括磁链调节器和检测磁链幅值大小的磁链幅值构成单元。

6）转速调节器：给定转速 ω^* 和反馈的实际转速 ω 之间的偏差值输入转速调节器，其输出为给定转矩 T^*，实现对转速的控制。

7）开关状态选择单元：开关状态选择单元综合来自磁链自控制环节、转矩调节环和磁链调节环的开关控制信号以及零状态开关信号，形成正确开关信号，以实现对电压空间矢量的正确选择。

8）开关频率调节：开关频率调节单元控制逆变器的开关频率及转矩容差的大小。

图 6-20 所示的直接转矩控制系统基本工作过程如下。

被测信号 u_s（三相定子电压）、i_s（三相定子电流）经 3/2 变换，和 ω 一起送定子磁链模型和转矩模型处理后得到 ψ_α、ψ_β 和转矩实际值 T。ψ_α、ψ_β 通过 UCT3（2/3 变换）变换后得到磁链的三个分量信号 $\psi_{\beta A}$、$\psi_{\beta B}$ 和 $\psi_{\beta C}$，由 DMC（磁链自控单元）得到磁链开关信号 $S\psi_A$、$S\psi_B$ 和 $S\psi_C$。T 与转矩给定值 T^* 经 ATR（转矩调节器）处理后得到转矩开关信号 TQ。ATR 的容差宽度由 AFR（频率调节器）的输出信号 ε_m 调节。频率给定值 f_g 和频率反馈值 f_f 输入 AFR，得到 ε_m。ASR（转速调节器）的输入信号为转速给定值 ω^* 和转速反馈信号 ω，其输出为转矩给定值 T^*。AZS（零状态）产生零状态开关信号。磁链反馈值 ψ_{sf} 由 AMA（磁链幅值构成单元）根据 $\psi_{\beta A}$、$\psi_{\beta B}$ 和 $\psi_{\beta C}$ 得到，它与磁链给定值 ψ_{sg} 一起输入 AψR（磁链调节器）后综合产生磁链量开关信号 ψQ。ASS（开关状态选择单元）综合四个输入信号：磁链开关信号、转矩开关信号、磁链量开关信号和零状态开关信号，产生正确的电压开关信号 SU_A、SU_B、SU_C 来驱动主电路的开关器件。

6.5.3　直接转矩控制的基本原理

Depenbrock 提出的直接转矩控制系统，其核心问题是异步电动机数学模型的建立，即定子磁链模型和转矩模型的建立，以及如何根据转矩和磁链控制信号来选择电压空间矢量控制的开关状态。

1. 定子磁链模型和转矩模型

建立数学模型时，由三相坐标系变换到两相坐标系可以简化模型。直接转矩控制系统采用的是静止两相坐标系（$\alpha\beta$ 坐标），由变换到两相任意旋转坐标系（dq 坐标系）的数学模型式（6-43）、式（6-44）可知，静止坐标系是其一个特例，只要在其旋转坐标系模型中令 $\omega_{11}=0$ 即可，$\omega=-\omega_{12}$。其电压方程：

$$\begin{bmatrix} u_{\alpha1} \\ u_{\beta1} \\ u_{\alpha2} \\ u_{\beta2} \end{bmatrix} = \begin{bmatrix} R_1+L_s p & 0 & L_m p & 0 \\ 0 & R_1+L_s p & 0 & L_m p \\ L_m p & \omega L_m & R_2'+L_r p & \omega L_r \\ -\omega L_m & L_m p & -\omega L_s & R_2'+L_r p \end{bmatrix} \begin{bmatrix} i_{\alpha1} \\ i_{\beta1} \\ i_{\alpha2} \\ i_{\beta2} \end{bmatrix} \tag{6-57}$$

磁链方程：

$$\begin{bmatrix} \psi_{\alpha1} \\ \psi_{\beta1} \\ \psi_{\alpha2} \\ \psi_{\beta2} \end{bmatrix} = \begin{bmatrix} L_s & 0 & L_m & 0 \\ 0 & L_s & 0 & L_m \\ L_m & 0 & L_r & 0 \\ 0 & L_m & 0 & L_r \end{bmatrix} \begin{bmatrix} i_{\alpha1} \\ i_{\beta1} \\ i_{\alpha2} \\ i_{\beta2} \end{bmatrix} \tag{6-58}$$

电磁转矩方程：

$$T=pL_m\ (i_{\beta1}i_{\alpha2}-i_{\alpha1}i_{\beta2}) \tag{6-59}$$

由式（6-57）、式（6-58）可得：$u_{\alpha1}=R_1 i_{\alpha1}+p\psi_{\alpha1}$，$u_{\beta1}=R_1 i_{\beta1}+p\psi_{\beta1}$。

移项并积分后得到定子磁链模型：

$$\psi_{\alpha1}=\int(u_{\alpha1}-R_1 i_{\alpha1})\,dt \tag{6-60}$$

$$\psi_{\beta1}=\int(u_{\beta1}-R_1 i_{\beta1})\,dt \tag{6-61}$$

由式（6-58）可得：$i_{\alpha2}=\frac{1}{L_m}(\psi_{\alpha1}-L_s i_{\alpha1})$，$i_{\beta2}=\frac{1}{L_m}(\psi_{\beta1}-L_s i_{\beta1})$。

代入式（6-59）并整理后得到转矩方程：

$$T=p(i_{\beta1}\psi_{\alpha1}-i_{\alpha1}\psi_{\beta1}) \tag{6-62}$$

2. 电压空间矢量开关状态选择

对应于磁链和转矩调节的两种形式，电压空间矢量开关信号的选择也有两种形式：一种是通过磁链、转矩的两点式或三点式调节信号和定子磁链所在区间，确定所需施加的电压空间矢量，将所有电压空间矢量开关状态列表，最后通过所选电压空间矢量输出开关脉冲信号给逆变器；另一种是根据磁链和转矩的 PI 调节得到的参考电压空间矢量的两个分量，合成所需要施加的参考电压空间矢量。但是，此时的电压空间矢量是旋转坐标系下的，还需叠加磁链旋转角度，将其转换成静止坐标系下的电压空间矢量，最后通过 SVPWM 方式输出开关脉冲信号给逆变器。

（1）选择原则

开关状态的选择要考虑优化逆变器开关导通和关断，能够快速响应异步电动机对转矩的要求，减少开关损耗。为此选择时要考虑：电磁转矩响应最快；定子磁链在允许滞环宽度内变化，开关状态切换次数最少。

(2) 开关状态选择

下面以单极性三相电压源逆变器为例，简单介绍电压空间矢量开关状态选择方法，具体分析可参阅相关文献。以下分析只考虑三相绕组三相导通状态，即不包括逆变器某一桥臂上、下功率开关器件都关断的逻辑状态。

1）三相电压源逆变器。三相电压源逆变器示意图如图 6-5 所示，其中三相桥式逆变器的导通与关断的状态取决于可控器件的驱动电压。对于常用的 N 沟道 MOSFET 功率器件，高电平驱动导通，低电平关断，驱动方式与习惯上的 PWM 波形一样。单极性三相电压源逆变器将直流母线的负极端 N 的电压作为参考电压，即参考零电压，这样直流母线的正极端 P 的电压等于直流电源电压，而中点 G 的电压等于直流电源电压的 1/2，逆变器输出端形成单一极性的电压。其开关器件逻辑状态 S_A、S_B和 S_C规定为：等于 1 表示上桥臂功率器件导通，下桥臂关断；等于 1/2 表示上、下桥臂都关断；等于 0 表示上桥臂功率器件关断，下桥臂导通。对于只考虑三相绕组三相导通状态，S_A、S_B和 S_C只有 1 和 0 两种状态，这样有 8 种逻辑状态组合：(000)、(100)、(110)、(010)、(011)、(001)、(101)、(111)。

2）电压空间矢量与逆变器开关状态的关系。电压源逆变器供电时，三相绕组端电压与开关状态具有密切的对应关系，而根据三相绕组端电压可以直接确定逆变器输出状态的电压空间矢量。以定子绕组星形联结为例，定子电压空间矢量与逆变器开关状态关系为

$$u_v(S_A, S_B, S_C) = \frac{2}{3}U_{dc}(S_A + aS_B + a^2 S_C) \tag{6-63}$$

式中 a——单位复矢量，$a = e^{j\frac{2\pi}{3}}$；

U_{dc}——直流电源电压。

画出相应的电压空间矢量图如图 6-21 所示。在逆变器三相导通 8 个可能的开关逻辑状态组合中，电压空间矢量分为两种：一种是三相绕组不接在相同的电压上，电压空间矢量的幅值都等于直流电源电压的 2/3，空间均匀分布，分别位于三相绕组的轴线方向或相反方向上，共有 6 个状态：(100)、(110)、(010)、(011)、(001)、(101)，它们称为工作电压空间矢量；另一种是三相绕组接在相同的电压上，电压空间矢量的幅值都等于 0，共有 2 个状态：(000)、(111)，它们称为零电压空间矢量。

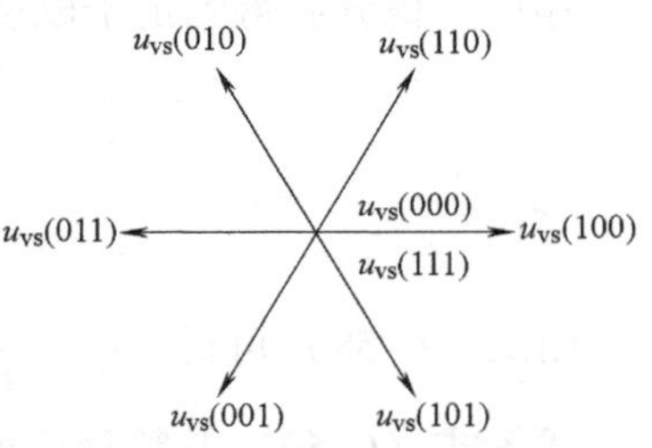

图 6-21 电压空间矢量图

3）定子磁链矢端轨迹。定子磁链矢量可以用定子上静止的两相坐标系或复平面上的复数表示，这时定子磁链矢量不带箭头的末端位于复平面的坐标原点，而带有箭头的矢量首端（简称为矢端）指向复平面上表示该定子磁链矢量的复数点。当定子磁链矢量随时间变化时，矢端随时间变化形成的曲线称为定子磁链矢端轨迹，即复数点的曲线轨迹。定子磁链矢端轨迹可以控制为圆形的，也可以为六边形的。六边形定子磁链轨迹的直接转矩控制是圆形的简化或特殊情况。圆形定子磁链的幅值为常数，而六边形定子磁链的幅值不是常数。为了获得圆形定子磁链，必须要增加功率管的开关频率，以便选择更多不同的电压空间矢量，这往往要受功率管的最高开关频率所限制，所以一般为近似圆形。若控制定子磁链为六边形，磁链转一圈只需要 6 个非零电压矢量依次切换一次，功率管的开关次数大为降低。下面以讲授六边形定子磁链轨迹的直接转矩控制为主。

如果异步电动机采用电压源逆变器供电，直流母线电源负极端作为参考地，按三相导通方式工作，6 个工作电压空间矢量首尾连接可以形成两个正六边形：一个按矢量箭头方向前进为逆时针方向，如图 6-22a 所示；另一个按矢量箭头方向前进为顺时针方向，如图 6-22b 所示。由图知，对于定子磁链矢量逆时针旋转情况，当定子磁链矢量位于 0 ~ π/3 电角度范围时，外加电压空间矢量选择 u_{vs} (010)，定子磁链矢量端点沿着正六边形的一条边运动；而当定子磁链矢量相位角达到 π/3 时，外加电压空间矢量发生改变，选择 u_{vs} (011)，定子磁链矢量继续逆时针旋转，其端点沿着正六边形的另一条边运动；依此，当定子磁链矢量相位角依次达到 π/3 的整数倍时，依次改变电压空间矢量，即每次改变都在定子磁链矢量相位角达到 π/3 的整数倍时发生（定子磁链矢量与某一工作电压空间矢量方向一致时发生改变），最终定子磁链矢量端点将形成正六边形轨迹。同样可以分析顺时针旋转的情况。由此可见，定子磁链矢端的运动轨迹取决于逆变器开关状态或外加电压空间矢量，以及定子磁链矢量相位角。

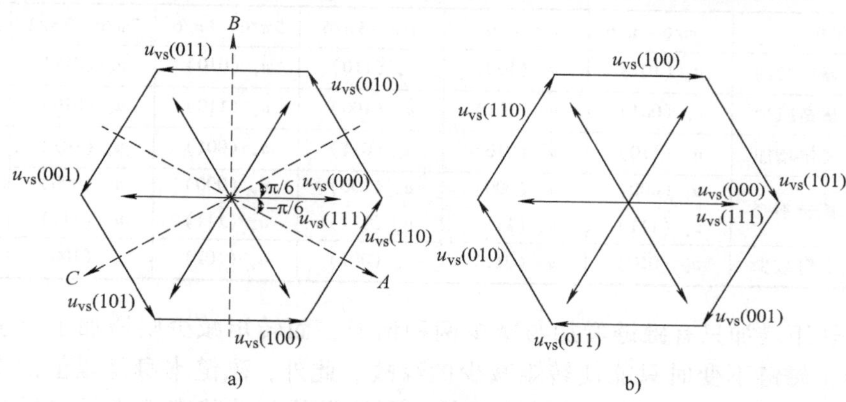

图 6-22　定子磁链矢端轨迹

a）逆时针方向　b）顺时针方向

由上述分析可知，若定子电压空间矢量不是在定子磁链矢量相位角达到 π/3 的整数倍时改变，而是在更小的相位角变化范围内改变，这样形成接近圆形的定子磁链矢端的运动轨迹，也就使得定子磁链接近圆形磁场。

下面以图 6-22a 来说明表 6-2，表 6-3 同理。六边形定子磁链轨迹的直接转矩控制的定子磁链幅值不是常数，为了获得磁链幅值的比较基准，建立一个新的 *ABC* 坐标系，该坐标系对异步电动机的三相，互成 120°。这三个轴分别和六边形相应的边垂直，六边形的每条边与中心点形成一个扇区，一共有 6 个扇区。中心点到六条边的中垂线大小不变，选为磁链幅值的比较基准。判断定子磁链落在哪个扇区，就可以投影到 *ABC* 坐标系中相应的轴上，与磁链幅值的比较基准进行比较，判断磁链大小以便实施相应控制。例如，定子磁链角在 −π/6 ~ π/6 之间，转矩增加，磁链增加选 u_v(110)，磁链减少选 u_v(010)。

4）开关状态选择。定子磁链变化，即定子磁链矢量幅值增加或减少，直接与定子电压空间矢量的方向有关；另一方面，转矩变化，即异步电动机的电磁转矩增大、减少或不变时直接与定子磁链矢量的方向、电压空间矢量的选择有关；由于定子磁链矢端的运动轨迹取决于定子磁链矢量相位角等，不难得到如下结论：直接转矩控制中逆变器开关状态的选择（即电压空间矢量开关状态的选择）取决于电磁转矩变化的方向、定子磁链矢量幅值变化的方向以及定子磁链矢量的相位角这三个参数。详细分析因篇幅所限，不再叙述，请参阅有关文献。综合考虑这三个参数，得到三相绕组三相导通情况的开关状态选择表，见表6-2和表6-3。

表6-2　直接转矩控制逆变器开关状态选择（逆时针旋转）

磁链相位角		$-\pi/6\sim\pi/6$	$\pi/6\sim\pi/2$	$\pi/2\sim5\pi/6$	$5\pi/6\sim7\pi/6$	$7\pi/6\sim3\pi/2$	$3\pi/2\sim11\pi/6$
转矩增加	磁链增加	u_v（110）	u_v（010）	u_v（011）	u_v（001）	u_v（101）	u_v（100）
	磁链减少	u_v（010）	u_v（011）	u_v（001）	u_v（101）	u_v（100）	u_v（110）
转矩减少	磁链增加	u_v（101）	u_v（100）	u_v（110）	u_v（010）	u_v（011）	u_v（001）
	磁链不变	u_v（000） u_v（111）	u_v（000） u_v（111）	u_v（000） u_v（111）	u_v（000） u_v（111）	u_v（000） u_v（111）	u_v（000） u_v（111）
	磁链减少	u_v（001）	u_v（101）	u_v（100）	u_v（110）	u_v（010）	u_v（011）

表6-3　直接转矩控制逆变器开关状态选择（顺时针旋转）

磁链相位角		$-\pi/6\sim\pi/6$	$\pi/6\sim\pi/2$	$\pi/2\sim5\pi/6$	$5\pi/6\sim7\pi/6$	$7\pi/6\sim3\pi/2$	$3\pi/2\sim11\pi/6$
转矩增加	磁链增加	u_v（101）	u_v（100）	u_v（110）	u_v（010）	u_v（011）	u_v（001）
	磁链减少	u_v（001）	u_v（101）	u_v（100）	u_v（110）	u_v（010）	u_v（011）
转矩减少	磁链增加	u_v（110）	u_v（010）	u_v（011）	u_v（001）	u_v（101）	u_v（100）
	磁链不变	u_v（000） u_v（111）	u_v（000） u_v（111）	u_v（000） u_v（111）	u_v（000） u_v（111）	u_v（000） u_v（111）	u_v（000） u_v（111）
	磁链减少	u_v（010）	u_v（011）	u_v（001）	u_v（101）	u_v（100）	u_v（110）

表中，转矩增加只有磁链增加与减少两种情况，而转矩减少则增加了磁链不变的情况，这是由于磁链不变时只能使转矩减少的缘故。此外，磁链本身是幅值的变化，而转矩的变化是针对其绝对值大小的变化。另外，所给出的开关状态选择是以异步电动机磁链已达到预期范围内为前提的。电动机控制的初始阶段首先要建立磁场，因此电动机起动时先施加某一工作电压矢量，使得定子磁链达到一定大小，再进入直接转矩控制的方式，磁链具体达到多大与负载性质有关。当负载为恒转矩且转矩较大时，磁链可以达到额定值；当负载为恒转矩轻载或风机、泵类负载时，磁链不需要达到额定值就可以进入直接转矩控制方式。

6.5.4　直接转矩控制的调节方案

一般而言，异步电动机转速运行范围不同，其工作特点也不同，因此，在直接转矩控制中按照不同的转速范围，划分工作区域，确定相应的调节方法，是非常重要的。下面根据转速范围的三个区域：高速范围、低速范围和弱磁范围，讨论各范围内的调节方案。

1. 高速范围内的调节方案

高速范围是指从30%到100%额定转速之间的转速范围。在这个范围内采用直接转矩控制，该调节方案的特点如下。

1）用异步电动机模型检测和计算定子磁链和电磁转矩。如式（6-60）和式（6-61），定子磁链模型采用定子电压与定子电流形成，简称 u-i 模型。由于高速范围内定子电阻电压降的影响很小，由此引起的误差较小，此时 u-i 模型可以很好地确定定子磁链，且结构简单、精度较高，还可采用模型电流和实际电流相比较的电流调节器来补偿校正。

2）用磁链自控单元（也叫磁链给定值比较器）来确定区段。

3）转矩采用两点式调节（砰-砰控制）。

4）磁链采用两点式调节。

5）定子磁链矢端轨迹为正六边形轨迹。

在这个转速范围内工作的直接转矩控制，主要由磁链自控单元和转矩两点式调节起作用。磁链自控单元给出正确的区段，转矩两点式调节控制转矩。由于这个转速范围内的转速较高，定子电阻电压降的影响可以忽略，定子磁链的畸变也可忽略，很好地保持了六边形磁链，因此磁链调节只是起辅助作用。

2. 低速范围内的调节方案

低速范围是指30%额定转速以下的转速范围。在这个范围内，由于存在转速低（包括零转速）、定子电压影响大等因素，会产生以下问题：磁链波形畸变，在低定子频率乃至零频时保持转矩和磁链基本不变等。低速范围的调节方案有如下特点。

1）用异步电动机数学模型检测、计算定子磁链和电磁转矩。在30%额定转速以下范围内，由于定子端电压较小，由式（6-60）、式（6-61）知，定子电阻电压降对定子磁链计算的影响很大，由此引起的误差较大，该数学模型不再适用。此时，定子磁链的正确计算由定子电流和转速来完成，该模型称为i-n模型，具体内容参阅有关文献。

2）为了改善转矩动态性能，能够对定子磁链空间矢量实施正、反向变化控制。

3）转矩调节器和磁链调节器的多功能协调工作。转矩调节器采用两点式调节，磁链调节器采用三点式调节。

4）用符号比较器确定区段。

5）调节每个区段的磁链量。

6）交叉使用圆形磁链轨迹与六边形磁链轨迹。低速时，定子磁链波形发生畸变，因此，15%额定转速以下范围使用圆形磁链轨迹，15%～30%额定转速的范围使用六边形磁链轨迹。

7）每个区段上，可以使用与选择四个工作电压状态和两个零电压状态。在低速调节范围内，可以采用0°电压矢量、－60°电压矢量、＋60°电压矢量和－120°电压矢量协调控制。通过上述电压矢量的调节可以对磁链进行补偿，从而使磁链达到近似圆形，得到比较好的控制结果。

3. 弱磁范围内的调节方案

弱磁范围内异步电动机的工作有如下特点：首先，弱磁范围内进行的是恒功率调节，而不是恒转矩调节；其次，弱磁范围是工作在基速以上，全电压工作，没有零状态电压工作的时间，工作电压在整个区段中起作用。因此，采用减小磁链给定值（即稳态弱磁），来提高电动机转速，即提高定子频率，加快定子磁链空间矢量旋转；另外电动机转矩的调节，不是靠工作电压和零状态电压交替工作把转矩限制在容差内，而是靠六边形磁链给定值的动态变化调节来实现的。转矩的脉动频率就是六边形磁链轨迹形成的六倍定子频率。弱磁范围内的调节方案有如下特点。

1）用异步电动机数学模型测量、计算定子磁链和电磁转矩。

2）用磁链自控单元确定区段。

3）定子磁链矢端轨迹为正六边形轨迹。

4）用功率调节器实现恒功率调节。

5）通过改变磁链给定值实现平均转矩的动态调节。

6）每个区段上用一个工作电压状态。

在弱磁范围内，转矩调节器的输出由转矩给定值变为功率给定值，借以控制功率调节器进行弱磁范围的功率调节。功率调节器的输出作为磁链给定值，以控制磁链自控单元。通过磁链给定值的调节变化，一方面实现对平均转矩的动态调节，另一方面实现弱磁升速的恒功率调节。转矩调节器的输出一直为“1”态，电压为全工作电压控制，不出现零电压状态。磁链自控单元控制六边形磁链轨迹。

6.5.5 直接转矩控制的数字化

异步电动机直接转矩控制系统的数字化设计方法与矢量控制系统的方法相似，只是在软硬件设计上有些区别。

1. 硬件设计

仍以 DSP 控制器为控制核心，与图 6-18 相似，只是检测部分有所区别。直接转矩控制系统需要检测定子端电压，增加相应的传感器，例如霍尔电压传感器。直流部分的电压、电流可以不用检测，这部分电路可以省去。转速检测可以用硬件方式实现，在某些场合不宜用硬件的，可用软件估算实现，因此这部分硬件可根据需要选择。

2. 软件设计

DSP 软件实现图 6-20 中的坐标变换、模型计算和调节器等部分。图 6-23 给出了异步电动机直接转矩控制算法的软件流程，包括：数据处理、定子磁链计算、电磁转矩计算、电压空间矢量选择和 PWM 脉冲形成等子程序。

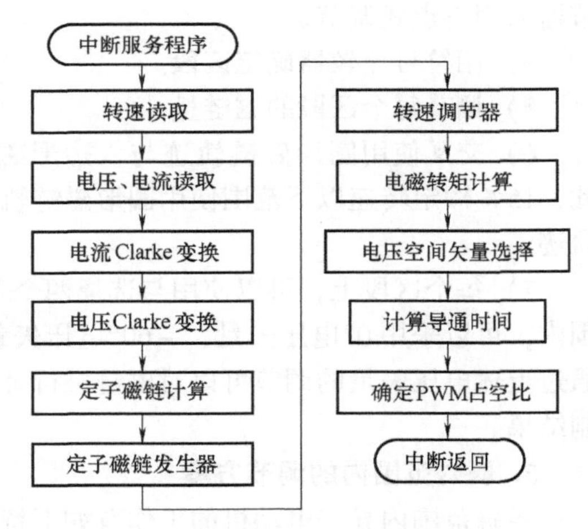

图 6-23　异步电动机直接转矩控制算法软件流程图

（1）定子磁链计算

用定子磁链模型计算定子磁链。将检测的定子电压、电流进行 3/2 变换，与转速一起送模型计算，获得定子磁链的 $\alpha\beta$ 分量。

（2）电磁转矩计算

异步电动机直接转矩控制需要知道实际电磁转矩和给定电磁转矩。实际电磁转矩用转矩模型计算获得，将检测电流进行 3/2 变换，与定子磁链的 $\alpha\beta$ 分量一起送模型计算。给定电磁转矩由转矩调节器获得。转矩调节器输入包括实际转速和给定转速。

（3）电压空间矢量选择

将表 6-2 或表 6-3 所示的逆变器开关状态选择表存储在 DSP 的存储器中，用获得的转矩控制信号、磁链控制信号和磁链位置角等查表，选择电压空间矢量。

（4）电压空间矢量作用时间

直接转矩控制原理上并没有限制定子电压空间矢量的作用时间，但实际上其作用时间是有限制的，因为选择的电压空间矢量幅值可能超过异步电动机的额定电压，作用时间长了，电动机绝缘容易损坏，且磁路相对饱和，铁损耗增加，发热严重，会降低电动机的效率和寿命。因此，要确定合适的矢量作用时间。

6.6 同步电动机变频调速

6.6.1 同步电动机变频调速的控制方式和特点

根据同步电动机的运行原理，电动机的磁极对数确定以后，其转速 n 严格等于由供电电源频率所决定的旋转磁场的同步转速，即

$$n = n_1 = \frac{60f_1}{p} \tag{6-64}$$

因此，只要控制供电电源的频率 f_1，就可以方便地控制同步电动机的转速。根据对频率的控制方式不同，同步电动机变频调速系统可分为他控式和自控式两种。他控式是从外部控制变频器频率，准确地控制转速，是一种频率的开环控制方式。这种控制方式简单，但有失步和振荡问题，对急剧升速、降速控制必须加以适当限制。

自控式则是频率的闭环控制，采用转子位置传感器随时检测定、转子磁极相对位置和转子的转速，由位置传感器（检测器）发出的位置信号去控制变频器中主开关元件的导通顺序和频率。因此电动机的转速在任何时候都同变频器的供电频率保持严格的同步，故不存在失步和振荡现象，由于变频器的频率是由电动机自身的转速控制的，故称为自控式。这种系统由于不存在失步和振荡现象，故适合于快速运行和负载变化剧烈的场合。

6.6.2 同步电动机变频调速的工作特性

同步电动机的功角特性和转矩-转速特性是同步电动机变频运行的两项重要的工作特性。

1. 变频运行时的功角特性

同步电动机进入稳态运行后，最重要的工作特性是功角特性，即电磁转矩与功率角之间的关系。对于凸极同步电动机，电磁转矩为

$$T = \frac{mp}{2\pi f_1}\frac{UE}{x_d}\sin\delta + \frac{mp}{2\pi f_1}U^2\left(\frac{x_d - x_q}{2x_d x_q}\right)\sin 2\delta \tag{6-65}$$

式中 U——电枢相电压；

E——励磁电动势；

m——电动机的相数；

f_1——电源频率；

p——电动机的磁极对数；

x_d——电动机直轴（d 轴）同步电抗；

x_q——电动机交轴（q 轴）同步电抗；

δ——功率角，端电压 U 与 E 的夹角。

根据式（6-65），不难发现凸极同步电动机电磁转矩可以看作是转子励磁产生的同步转矩和凸极效应产生的反应转矩两部分的合成，即其功角特性也是两部分合成，且其反应转矩按功角 δ 两倍频率正弦变化。

对于隐极同步电动机来说，d、q 轴同步电动机电抗相等，即 $x_d = x_q = x_a$，故反应转矩消失，电磁转矩公式变为

$$T = \frac{mp}{2\pi f_1} \frac{UE}{x_d} \sin\delta \tag{6-66}$$

为了简单起见，下面以隐极同步电动机为例进一步分析其功角特性。由隐极同步电动机等效电路及相量图，推导得电磁功率：

$$P_e = \frac{mUE}{Z_s} \sin(\delta + \alpha) - \frac{mE^2 r_s}{Z_s^2} \tag{6-67}$$

式中　Z_s——同步阻抗；

r_s——同步电阻；

$\alpha = 90° - \theta$，θ 为同步阻抗角。

电磁转矩

$$T = \frac{P_e}{\Omega_1} = \frac{mp}{2\pi f_1} \frac{UE}{Z_s} \sin(\delta + \alpha) - \frac{mpE^2 r_s}{2\pi f_1 Z_s^2} \tag{6-68}$$

在一般运行频率下 $x_s >> r_s$，若令 $r_s = 0$，相应 $\alpha = 0$，则电磁转矩表达式为

$$T = \frac{mp}{2\pi f_1} \frac{UE}{x_s} \sin\delta \tag{6-69}$$

当电动机变频运行时，励磁电动势可表示为

$$E = 2\pi f_1' L_{af} I_f \tag{6-70}$$

式中　f_1'——电动机的运行频率；

L_{af}——励磁绕组与电枢绕组间的互感；

I_f——励磁电流。

同步电抗为

$$x_s = 2\pi f_1' L_s \tag{6-71}$$

将式（6-70）、式（6-71）代入式（6-69），电磁转矩可表示为

$$T = \frac{mp}{2\pi} \left(\frac{U'}{f_1'}\right) \left(\frac{L_{af}}{L_s}\right) I_f \sin\delta \tag{6-72}$$

电动机选定之后，L_{af}和 L_a 均为常数，则

$$T \propto \frac{U'}{f_1'} I_f \tag{6-73}$$

这个关系说明，同步电动机的电磁转矩是运行时的电压/频率比和励磁电流的线性函数。在变频运行时只要维持恒定电压/频率比，电磁转矩表达式和功角特性曲线 $T = f(\delta)$ 就与额定频率运行时完全相同，即电动机端电压和供电频率仍可用 U 和 f_1 表示。

同异步电动机一样，当 f_1' 较低时，r_s 的作用加大，若继续维持恒电压/频率比运行，最大电磁转矩势必减小。要保持最大转矩不变就要适当提高端电压，增大电压/频率比。

2. 变频运行时转距-转速特性

（1）$r_s = 0$

当忽略电枢电阻时，电磁转矩可表示为

$$T = \frac{mp}{2\pi f_1} \frac{UE}{x_s} \sin\delta = T_m \sin\delta \tag{6-74}$$

式中　T_m——$\delta=90°$时的最大电磁转矩。

$$T_m=\frac{mp}{2\pi f_1}\frac{UE}{x_s}=\frac{mp}{2\pi}\frac{U}{f_1}\frac{L_{af}}{L_s}I_f \tag{6-75}$$

当电动机励磁电流不变，恒定电压/频率比变频运行时，最大电磁转矩 T_m 将不发生变化。其转矩-转速待性为一系列垂直线。这时同步电动机可以在任何频率下做恒转矩运行。

（2）$r_s\neq0$

若忽略趋肤效应，则 r_s = 常数，而同步电动机 x_s 随运行频率线性变化，在频率很低时，$x_s>>r_s$ 的条件不再成立，此时必须考虑 r_s 的作用。

当 $r_s\neq0$ 时，电磁转矩公式如式（6-68）所示。为了更清楚表示在低速时 r_s 对转矩-转速特性的影响，对上式做归一化处理，则有

$$\begin{aligned}T&=\frac{mp}{2\pi f_1}\frac{UE}{Z_s}\sin(\delta+\alpha)-\frac{mpE^2r_s}{2\pi f_1 Z_s^2}\\&=\frac{mp}{2\pi f_1}\frac{UE}{x_s}\frac{x_s}{Z_s}\sin(\delta+\alpha)-\frac{mpUE}{2\pi f_1 x_s}\frac{E}{U}\frac{x_sr_s}{Z_s^2}\\&=T_m\frac{x_s}{Z_s}\sin(\delta+\alpha)-T_m\left(\frac{E}{U}\right)\frac{x_sr_s}{Z_s^2}\end{aligned} \tag{6-76}$$

将 $|Z_s|=\sqrt{r_s^2+x_s^2}$ 代入式（6-76），整理后可得

$$T=T_m\frac{1}{\sqrt{1+\left(\frac{r_s}{x_s}\right)^2}}\sin(\delta+\alpha)-T_m\left(\frac{E}{U}\right)\frac{\frac{r_s}{x_s}}{1+\left(\frac{r_s}{x_s}\right)^2} \tag{6-77}$$

以 T 为纵坐标，r_s/x_s 或 x_s/r_s 为横坐标，E/U 为参变量，可以画出计及 r_s 时同步电动机的转矩-转速特性，如图 6-24 所示。从图可以看出，不同 E/U 比例，最大转矩 T_m 和出现最大转矩的功角 δ_m 随着运行频率的降低有不同的减小，所以低频时不再保持恒转矩运行。为了补偿低频时电阻 r_s 的影响，在低频时采取电压补偿的办法，即适当提高电压/频率比。

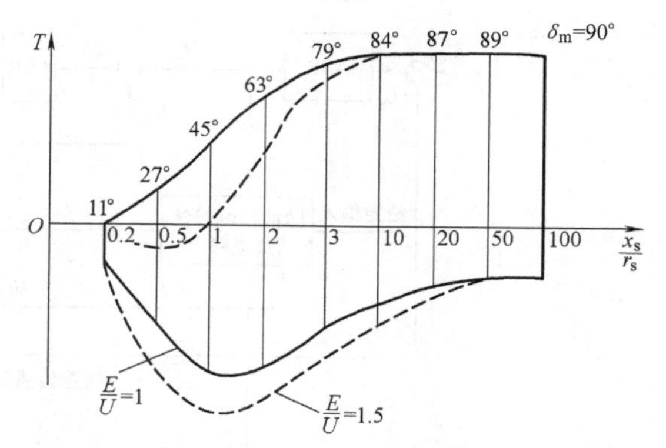

图 6-24　$r_s\neq0$ 时同步电动机的转矩-转速特性

6.6.3　同步电动机变频调速控制

1. 他控变频同步电动机调速系统

（1）转速开环恒压频比控制的同步电动机调速系统

图 6-25 是转速开环恒压频比控制的同步电动机调速系统，它是一种最简单的他控变频调速系统，多用于化纤纺织工业中小容量电动机系统中。图中的变频器采用交-直-交电压源型变压变频器，也可以采用 SPWM 电压源型变压变频器。带定子电压降补偿的函

数发生器 GF 保证变频装置的气隙磁通恒定。缓慢调节 U_{gn} 可以渐渐改变电动机的转速，达到额定转速后，中间直流环节电压不能再升高，否则将进入弱磁的恒功率区。该系统可以带动多台同步电动机运行，但各台电动机的负载不能太大，否则会产生转子振荡和失步。

（2）大型低速同步电动机调速系统

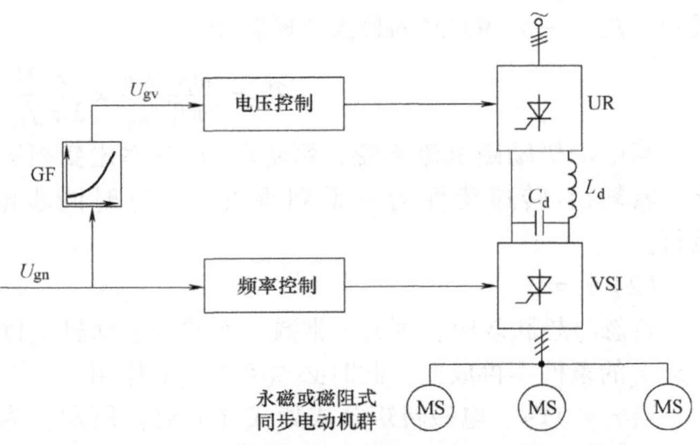

图 6-25　转速开环恒压频比控制的同步电动机调速系统

大型低速同步电动机调速系统通常应用在无齿轮传动的可逆轧机、矿山提升机和水泥砖窑的传动装置中。这类系统一般采用交-交变压变频器供电，其输出频率只有 20 ~ 25Hz。大容量的同步电动机转子一般都具有励磁绕组，它的磁极通常是凸极式，并带有阻尼绕组，可以减少交-交变压变频器引起的谐波和负序分量，并且可以加速换相过程。其控制器可以是常规的，也可以采用矢量控制。

2. 自控变频同步电动机调速系统

自控变频同步电动机调速系统结构原理如图 6-26 所示。其主要特点是在同步电动机端装有一台特殊的转子位置检测器 BQ。通过该转子位置检测器输出的信号控制变压变频装置的逆变器 UI 换流，可以改变同步电动机的供电频率，调速时则由外部控制逆变器的直流输入电压或电流。

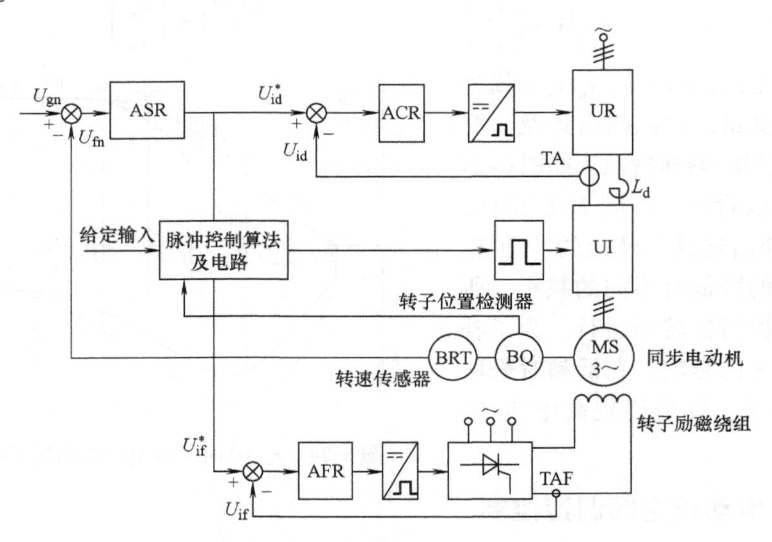

图 6-26　自控变频同步电动机调速系统结构

自控变频同步电动机调速系统主要应用在两个方面：一种是大、中容量的晶闸管自控变频同步电动机调速系统，即无换向器同步电动机调速系统；另一种是小容量的永磁同步电动机自控变频调速系统。

大、中容量的晶闸管自控变频同步电动机调速系统的逆变器常采用电流源型逆变器，转子励磁电流由可控整流器直流电源提供。

6.7 同步电动机矢量变换控制

6.7.1 矢量变换控制原理

在异步电动机的矢量变换控制中，选择转子全磁通矢量作为同步速旋转的磁场定向坐标系（M-T坐标系）的M轴。通过坐标变换，将三相定子电流分解为与转子磁通同方向的等效励磁电流i_{m1}及与转子磁通方向垂直的等效转矩电流i_{t1}。由于i_{m1}、i_{t1}相互正交，解除了彼此间的耦合关系；在同步速的M-T坐标系中它们是一组直流标量，故完全可以像直流电动机那样实现对磁场和转矩的分别控制，获得良好的调速特性。

为了获得高动态性能，同步电动机变频调速系统也可以采用矢量控制。其基本原理和异步电动机矢量控制相似，异步电动机矢量控制的思想完全可以应用到同步电动机转矩的瞬时控制中，即通过电流空间矢量（代表磁动势）的坐标变换，把同步电动机等效成直流电动机，再模仿直流电动机的控制方法进行控制。由于同步电动机的转子结构与异步电动机不同，其定子有三相交流绕组，转子为直流励磁，因此，其矢量坐标变换有自己的特点。

以隐极同步电动机为例，定子三相绕组轴线A、B、C是静止的，三相电压u_A、u_B、u_C和三相电流i_A、i_B、i_C都是平衡的。转子以同步转速ω_1旋转，转子上的励磁绕组在电压U_f供电下流过励磁电流I_f。沿励磁磁极的轴线为d轴，与d轴正交的是q轴，d、q坐标在空间也以同步转速旋转，d轴与静止正交的A轴之间的夹角为变量θ_0。除转子直流励磁外，定子磁动势还产生电枢反应，两者合成产生气隙磁通，合成磁通在定子中感应的电动势与外加电压基本平衡。正常运行的同步电动机希望气隙磁通保持恒定，因此，采用气隙磁场定向进行矢量控制。

图6-27为隐极同步电动机的空间矢量图，其中电流矢量应作为与相应磁动势等效的空间矢量。在同步电动机的矢量变换控制中，选择合成的气隙磁动势F_R和气隙磁通Φ_R作为磁场定向坐标系M轴的方向，逆时针超前90°电角度的方向为T轴方向；转子励磁磁动势F_f和磁通Φ_f作为d轴方向，q轴与d轴正交。F_f（d轴）和F_R（M轴）之间夹角为θ_f，定子三相合成磁动势F_s与F_R之间夹角为θ_s。F_s除以相应绕组匝数得到定子三相电流合成矢量i_s，将它沿M、T轴分解为励磁分量i_{sm}和转矩分量i_{st}。同样，与F_f相当的励磁电流矢量I_f也可分解为两个分量i_{fm}和i_{ft}。由图可得

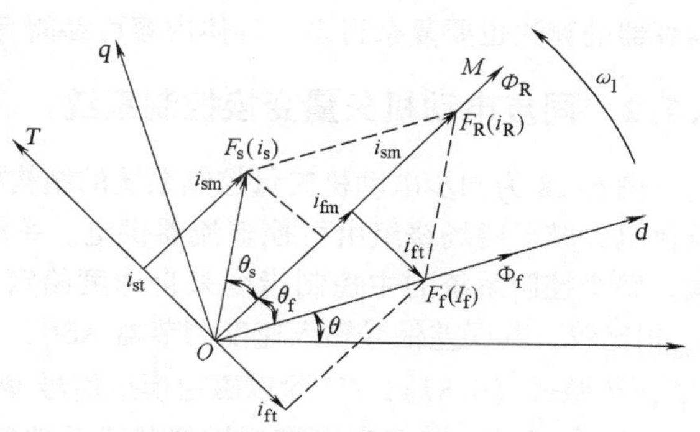

图6-27 同步电动机近似空间矢量图

$$i_s = \sqrt{i_{sm}^2 + i_{st}^2} \tag{6-78}$$

$$I_f = \sqrt{i_{fm}^2 + i_{ft}^2} \tag{6-79}$$

$$i_R = i_{sm} + i_{fm} \tag{6-80}$$

$$i_{st} = -i_{ft} \tag{6-81}$$

$$i_{sm} = i_s \cos\theta_s \tag{6-82}$$

$$i_{fm} = I_f \cos\theta_f \tag{6-83}$$

以 A 轴为参考坐标轴，则转子 d 轴的位置角为

$$\theta_0 = \int \omega_1 \mathrm{d}t \tag{6-84}$$

该值可以通过转子位置检测器测得。由此得到定子电流空间矢量 i_s 与 A 轴的夹角为

$$\theta = \theta_0 + \theta_f + \theta_s \tag{6-85}$$

于是可以计算出三相定子电流：

$$\begin{cases} i_A = |i_s|\cos\theta \\ i_B = |i_s|\cos(\theta - 120°) \\ i_C = |i_s|\cos(\theta + 120°) \end{cases} \tag{6-86}$$

式（6-78）~式（6-83）、式（6-85）和式（6-86）构成了矢量运算器，用以控制同步电动机的定子电流和励磁电流，即可实现同步电动机的矢量控制。显然，如果控制合成的励磁电流 i_R 使气隙磁通 Φ_R 保持恒定，那么同步电动机所产生的转矩就与电枢电流中的等效转矩分量 i_{st} 成正比。由于 Φ_R 与 i_{st} 相互垂直，调节中相互不干扰，在同步速旋转的 M-T 坐标系中又都是直流量，因此可以和直流电动机一样灵活地进行转矩的控制和调整，这就是同步电动机矢量变换控制的基本思想。事实上，电磁转矩可近似为

$$T = C_m \Phi_R i_{st} \tag{6-87}$$

由于采用电流计算，所以上述系统称为基于电流模型的矢量控制系统。上述矢量计算器是针对隐极同步电动机，且在一定假设条件下近似得到的结果，大多数同步电动机为凸极式，d、q 轴磁路不同，电感值也不同，转子中阻尼绕组对系统性能有一定影响，定子绕组电阻和漏磁电抗也有影响，磁化曲线的非线性也会影响系统的调节性能，因此，相应的矢量运算器的算法也要复杂得多，具体内容可参阅有关文献。

6.7.2 同步电动机矢量变换控制系统

图 6-28 为同步电动机矢量控制系统的结构框图。其中同步电动机电枢绕组由交-交变频器供电，转子磁场绕组由可控整流器供电。系统采用了类似于直流调速系统双闭环控制结构。整个控制系统的主控制指令来自速度给定信号 U_{gn}，该速度给定值与实测的转子速度 U_{fn} 相比较，其误差信号输入速度调节器 ASR，使其输出为保持速度给定所需的转矩给定值 U_T^*，按照式（6-87），U_T^* 除以磁通模拟信号 Φ_R^*，得到定子电流转矩分量给定值 U_{ist}^*。Φ_R^* 由磁通给定信号 U_Φ^* 经磁通模型模拟其滞后效应后得到。与此同时，根据实际转速的大小，按基频以下恒磁通（恒转矩）、基频以上弱磁通（恒功率）的调节规律，由函数发生器给出磁通给定值 U_Φ^* 乘以系数 K_Φ 后得到合成励磁电流给定信号 U_{iR}^*，按功率因数要求可得定子电流励磁分量的给定信号 U_{ism}^*。将 U_{iR}^*、U_{ist}^*、U_{ism}^* 和来自转子位置监测器 BQ 的旋转坐标相位角 θ_0 一起送入矢量运算器，即式（6-78）~式（6-83）、式（6-85）和式（6-86），计算后得到三相定子电流给定信号 U_{iA}^*、U_{iB}^*、U_{iC}^* 和励磁电流给定信号 U_{if}^*。通过电流调节器 ACR 进行电流闭环控制，使实际的三相定子电流信号跟随给定值。通过励磁电流调节器 AFR，

使转子励磁电流 I_f跟随给定 U_{if}^*。该矢量控制系统具有直流调速系统的动态特性，且负载变化时，还能保持同步电动机的气隙磁通、定子电动势及功率因数不变。

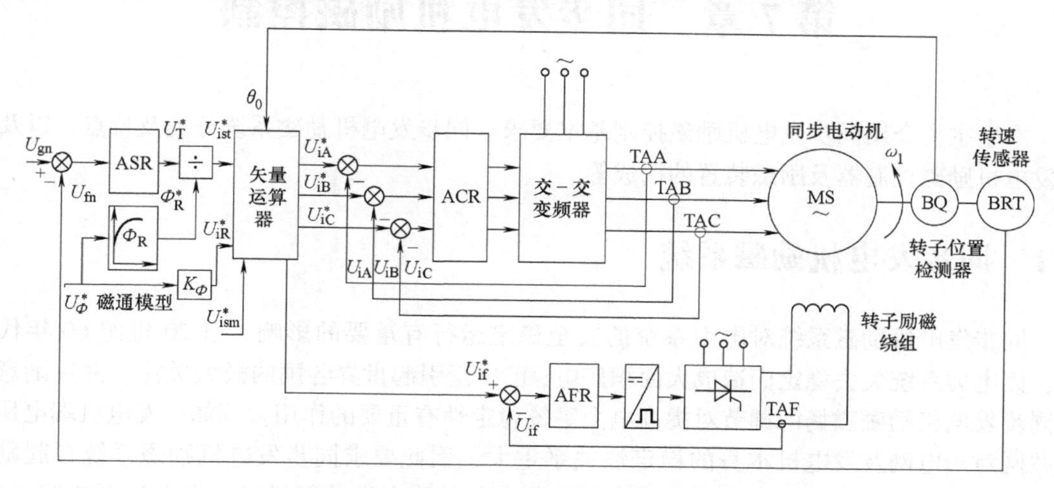

图 6-28　同步电动机矢量变换控制系统

习　题

6-1　分析异步电动机各种调速方法的特点和主要区别。

6-2　试比较三种变频调速方式：变压变频调速、矢量变换控制调速、直接转矩控制调速的特点和主要区别。

6-3　论述异步电动机矢量变换控制的工作原理，画出其详细流程图。

6-4　论述异步电动机直接转矩控制的工作原理。

6-5　分析直接转矩控制的电压空间矢量开关状态表是如何形成的。

6-6　同步电动机矢量变换控制与异步电动机矢量变换控制有何不同?

第 7 章　同步发电机励磁控制

本章主要介绍同步发电机励磁控制基本要求、同步发电机励磁系统分类及特点，以及同步发电机励磁控制器及励磁装置的构成等。

7.1　同步发电机励磁系统

同步发电机励磁系统对电力系统的安全稳定运行有重要的影响。自 20 世纪 60 年代至今，因电力系统失去稳定而造成大面积停电，已广泛引起世界各国的极大关注，并逐渐意识到同步发电机励磁磁场的调节对提高电力系统稳定性有重要的作用。例如，发电机端电压平滑并网对于电网及发电机本身的稳定性关系重大，因此要求同步发电机励磁系统自起励开始，发电机输出电压波形与电网电压波形基本吻合时才允许并网送电。发电机开机起动后，通过检测发电机输出电压波形实时控制励磁系统，包括发电机励磁系统起励、并网切换策略，以及选择起励开关切换时刻等。

国家标准 GB/T 7409.1—2008 “同步电机励磁系统” 定义同步电机励磁系统是 “提供电机磁场电流的装置，包括所有调节与控制元件，还有磁场放电或灭磁装置以及保护装置”。励磁控制系统是包括控制对象的反馈控制系统。励磁控制系统对电力系统的安全、稳定、经济运行都有重要的影响。GB/T 7409.2—2008、GB/T 7409.3—2007 分别说明了同步电机励磁系统的 “电力系统研究用模型” 大、中型同步发电机励磁系统技术条件。

7.1.1　励磁控制系统

1. 励磁控制系统的构成

同步发电机励磁系统向同步发电机提供励磁电流，由励磁功率单元和励磁调节器组成。

图 7-1 所示为某实验用同步发电机励磁控制系统结构原理图，包括三相桥式整流电路、晶闸管触发控制、220V 直流电源、电压电流检测以及起励开关、并网开关等。

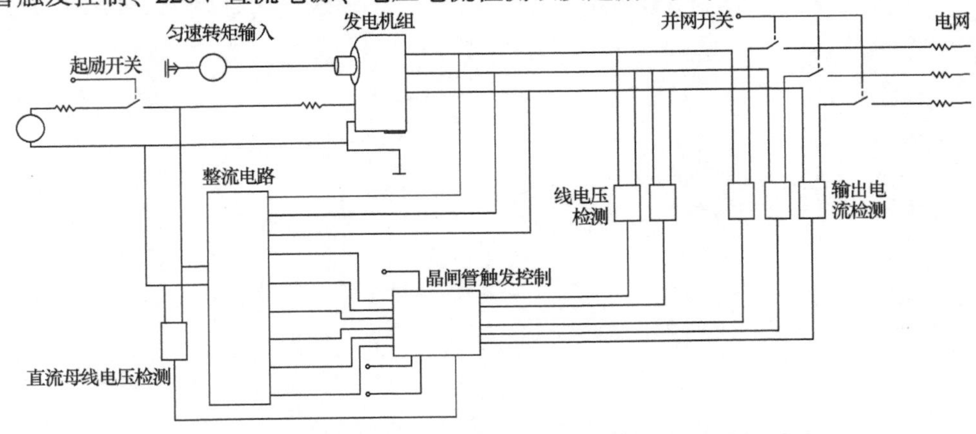

图 7-1　某实验用同步发电机励磁控制系统结构原理图

发电机开机起动时，输入匀速转矩，此时在输出端尚无交流电压输出，将起励开关合上一定时间后，利用直流电源以非线性电阻灭磁的自并励方式给发电机励磁绕组励磁，在发电机输出端建立初始电压。当励磁控制系统检测得知发电机输出三相交流电压与电网电压趋于吻合，且电压幅值、频率、相位的偏差均在允许范围内时，合上并网开关向外输送电能。在并网送电达到正常运行时，发电机已具有较为恒定的交流输出电压，此时，还可将其中一部分交流电压进行整流，作为发电机转子绕组的励磁电源。

2. 励磁控制器工作模式

在发电机并网前、后，励磁控制的目标是不同的，具有两种工作模式。

1）电压调节模式。在发电机开机起励后、并网之前，起始输出电压尚未完全建立时，或已经建立但在电压波形与电网电压相差较大时，励磁控制器使发电机输出电压快速稳定地跟踪电网电压，尽快并网送电。此时，励磁控制器工作在电压调节模式。

2）功率调节模式。在发电机输出电压与电网电压达到一致，且已并网送出电能，发电机的输出电压在电网作用下波动不大，励磁控制器工作在功率调节模式。要求励磁控制器能自动查询系统当前励磁状态，并适时切换到不同工作模式中。

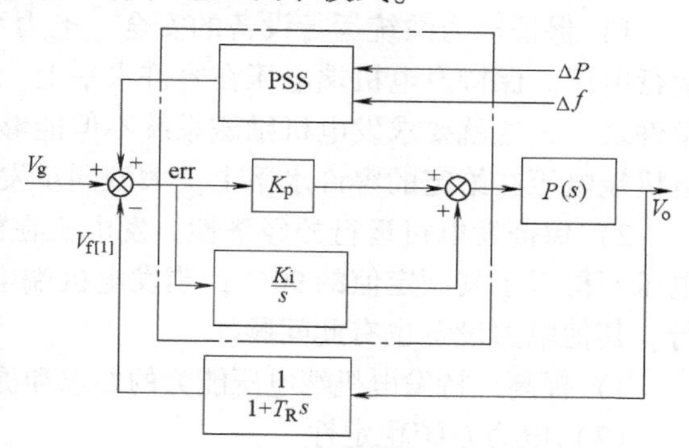

图 7-2　电压调节模式励磁控制模型

其中，电压调节模式控制模型如图 7-2 所示，点画线框内为数字调节器模型。为了使发电机输出电压与电网电压波形趋于一致，励磁控制器采用基于有效值偏差的周期控制方法，在每次采样时对当前电压周波进行有效值累加计算，并在下一个电网电压周期开始时，将上一个周期实际输出电压波形有效值与期望值进行比较得到有效值偏差量，输入励磁控制器，构成闭环控制量。励磁控制器主体采用 PI 数字调节器。

图中　V_g——给定电压值；

V_o——实际输出电压值；

$P(s)$——被控对象；

$V_{f[1]}$——最近一次计算得到的周期电压值；

err——有效值偏差量；

Δf——发电机端电压频率偏差；

ΔP——有功功率偏差；

$\dfrac{1}{1+T_R s}$——采样/保持电路相位滞后等效一阶惯性环节；

PSS——系统稳定器。

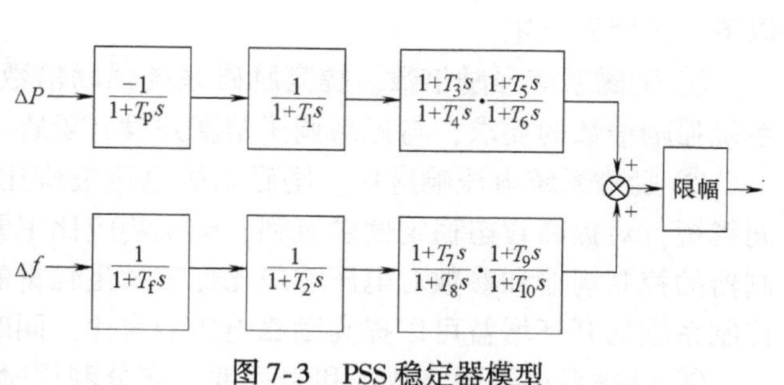

图 7-3　PSS 稳定器模型

为了改善电力系统的稳定性，在励磁控制器中加入参数易于整定的系统稳定器 PSS（模型如图 7-3 所示）。PSS 以发电机端电压的频率偏差 Δf 和有功功

率偏差 ΔP 作为输入量。有功功率偏差回路中应用有功功率测量时间常数 T_p、隔直环节时间常数 T_1、两级超前-滞后环节时间常数 $T_3 \sim T_6$ 等参数。频率偏差回路中所用参数与此类似，仅有少量不同。

图中 Δf——发电机端电压频率偏差；

ΔP——有功功率偏差；

T_p——有功功率测量时间常数；

T_1——隔直环节时间常数；

$T_3 \sim T_6$——两级超前-滞后环节时间常数。

3. 励磁控制基本要求

励磁控制的基本要求在于维持发电机端电压水平、提高电力系统稳定性。

（1）发电机端电压控制

1）保证电力系统运行设备的安全。电力系统中的运行设备都有其额定运行电压和最高运行电压。保持发电机端电压在容许水平上，是保证发电机及电力系统设备安全运行的基本条件之一，这就要求发电机励磁系统不但能够在静态下，而且能在大扰动后的稳态下保证发电机端电压在给定的容许水平上。大型同步发电机运行电压不得高于其额定值的110%。

2）保证发电机运行的经济性。发电机在额定值附近运行是最经济的。大型发电机运行电压不得低于其额定值的90%；当发电机端电压低于额定值的95%时，发电机应限负荷运行。其他电力设备也有此问题。

3）提高维持发电机端电压能力的要求和提高电力系统稳定的要求在许多方面是一致的。

（2）电力系统稳定性

励磁控制系统对静态稳定、动态稳定和暂态稳定的改善，都有显著的作用，而且是最为简单、经济而有效的措施。

1）静态稳定。例如，某单机无限大母线系统，发电机并网后运行人员不再手动去调整励磁，这时，无电压调节器时的静态稳定极限值、有能维持 E 恒定的调压器时的极限值、有能维持发电机端电压恒定的调压器时的静态稳定极限值分别为0.4、0.77和1.0。可见，通过自动电压调节器维持发电机端电压恒定后，静态稳定极限可以达到线路极限，比依赖维持 E 恒定的调节器能够提高静态稳定极限值约30%。因此，维持发电机端电压水平的要求与提高电力系统静态稳定极限的要求是一致的。当励磁控制系统能够维持发电机端电压为恒定值时，无论是快速励磁系统，还是常规励磁系统，静态稳定极限都可以达到线路极限值。

2）暂态稳定。暂态稳定是电力系统受大扰动后的稳定性。励磁控制系统的作用主要由以下三个因素决定。

① 励磁系统强励倍数。提高励磁系统强励倍数可以提高电力系统暂态稳定。提高励磁系统强励倍数的要求，与提高调压精度并没有矛盾。

② 励磁系统电压响应比。励磁系统电压响应比越大，励磁系统输出电压达到顶值的时间越短，对提高暂态稳定性越有利。电压响应比主要由励磁系统的型式决定，但是，励磁控制器的控制规律和参数对电压响应比也有举足轻重的影响。在相同的控制规律下，增大励磁控制系统的开环增益可以提高励磁电压响应比，同时，也提高了电压的调节精度。

③ 励磁系统强励倍数的利用程度。充分利用励磁系统强励倍数，也是发挥励磁系统改

善暂态稳定作用的一个重要因素。如果电力系统发生故障时励磁系统的输出电压达不到顶值，或者维持顶值的时间很短，在发电机端电压还没有恢复到故障前的值时，就不再进行强励了，那么它的强励倍数就没有得到很好发挥，改善暂态稳定的效果也就不好。充分利用励磁系统顶值电压的措施之一，就是提高励磁控制系统开环增益。开环增益越大，强励倍数利用就越充分，调压精度也越高，也越有利于改善电力系统的暂态稳定性。

可见，提高励磁控制系统保持发电机端电压水平的能力，与提高电力系统的暂态稳定性是一致的。

3）动态稳定。电力系统的动态稳定性问题，可以理解为电力系统机电振荡的阻尼问题。分析表明，励磁控制系统的自动电压调节作用，是造成电力系统机电振荡阻尼变弱（甚至变负）的最重要的原因之一。在一定运行方式及励磁系统参数下，电压调节作用在维持发电机端电压恒定的同时，也产生负的阻尼作用，且在正常使用范围，励磁电压调节器的负阻尼作用会随着开环增益的增大而加强。因此，提高电压调节精度的要求和提高动态稳定性的要求是不相容的，需要采取一定措施予以解决。

① 放弃调压精度要求，减小励磁控制系统的开环增益。但这对静态稳定性和暂态稳定性均有不利的影响，是不可取的。

② 在电压调节回路中，增加一动态增益衰减环节。这种方法可以达到既保持电压调节精度，又可减小电压调压回路的负阻尼作用的两个目的。但该环节使励磁电压响应比减小，不利于暂态稳定性，也是不可取的。

③ 在励磁控制系统中，增加附加励磁控制回路（称作附加励磁控制）。解决电压调节精度和动态稳定性之间矛盾的有效措施，是在励磁控制系统中增加其他控制信号。这种控制信号可以提供正的阻尼作用，使整个励磁控制系统提供的阻尼是正的，而使动态稳定极限的水平达到和超过静态稳定的水平；同时，不影响电压调节回路的电压调节功能和维持发电机端电压水平的能力，不改变其控制作用。

7.1.2 励磁系统分类

如图 7-4 所示，根据励磁系统的差异将同步发电机分为自励式发电机和他励式发电机两种。其中，将从发电机本身获得励磁电源的发电机称作自励式发电机，而从其他电源获得励磁电流的发电机称作他励式发电机。

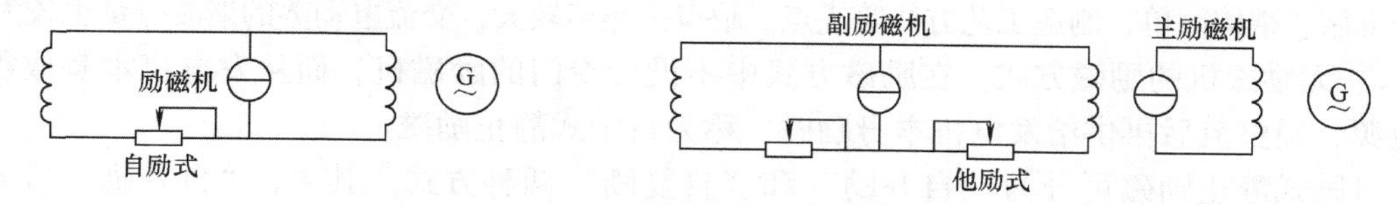

图 7-4　直流励磁机励磁系统原理图

1. 励磁系统的分类方法

同步发电机的励磁系统一般由励磁功率单元和励磁控制器两部分组成。励磁控制器是发电厂的重要控制设备，现代励磁控制器除了维持电压恒定和无功调节外，还必须保证电力系统稳定。而随着电力系统的扩大，稳定问题更加突出，电力系统稳定控制（PSS）、最优励磁控制（EOC）、非线性最优励磁控制（NEOC）等应运而生。常规控制手段难以满足技术要求。同步发电机励磁系统的分类方法有多种，其中，主要方法有以下四种。

1）分类1：按同步发电机励磁电源的提供方式，分为直流励磁机励磁系统（他励、自并励、自励加他励）、交流励磁机励磁系统（交流励磁机不控整流器励磁系统，如有刷励磁系统、无刷励磁系统，交流励磁机可控整流器励磁系统）、静止励磁机励磁系统（电动势源静止励磁机励磁系统、复合源静止励磁机励磁系统）。

2）分类2：按同步发电机励磁电压响应速度，分为常规励磁系统、快速励磁系统和高起始励磁系统。

① 常规励磁系统是指励磁机时间常数在0.5s左右及大于0.5s的励磁系统。直流励磁机励磁系统、无特殊措施的交流励磁机不控整流器励磁系统都属于常规励磁系统。

② 快速励磁系统是指励磁机时间常数小于0.05s的励磁系统。交流励磁机可控整流器励磁系统、静止励磁机励磁系统都属于快速励磁系统。

③ 高起始励磁系统是指发电机端电压从100%下降到80%时，励磁系统达到顶值电压与额定负载时同步发电机磁场电压之差的95%所需时间等于或小于0.1s的励磁系统。这种励磁系统主要是指采取了特殊措施的交流励磁机不控整流器励磁系统，所采取的措施主要为加大副励磁机容量和增加发电机磁场电压（或交流励磁机励磁电流）硬负反馈。直流励磁机励磁系统在采取相应措施后也可达到或接近高起始励磁系统。

3）分类3：按励磁方式分为以下三种。

① 直流发电机供电的励磁方式。发电机具有专用的直流发电机，这种专用的直流发电机称为直流励磁机，励磁机一般与发电机同轴，发电机的励磁绕组通过装在大轴上的集电环及固定电刷从励磁机获得直流电流。这种励磁方式具有励磁电流独立、工作比较可靠和减少自用电消耗量等优点，是过去几十年间发电机的主要励磁方式，具有较成熟的运行经验。缺点是励磁调节速度较慢，维护工作量大，故在10MW以上的机组中很少采用。

② 交流励磁机供电的励磁方式。现代大容量发电机有的采用交流励磁机提供励磁电流。交流励磁机也装在发电机大轴上，输出的交流电流经整流后供给发电机转子励磁，此时，发电机的励磁方式属于他励磁方式，又由于采用静止的整流装置，故又称为他励静止励磁。交流副励磁机提供励磁电流。交流副励磁机可以是永磁机或者具有自励恒压装置的交流发电机。

为了提高励磁调节速度，交流励磁机通常采用100～200Hz的中频发电机，而交流副励磁机则采用400～500Hz的中频发电机。这种发电机的直流励磁绕组和三相交流绕组都绕在定子槽内，转子只有齿与槽而没有绕组，像个齿轮，因此，没有电刷、集电环等转动接触部件，具有工作可靠、结构简单、制造工艺方便等优点。缺点是噪声较大，交流电动势的谐波分量也较大。

③ 无励磁机的励磁方式。在励磁方式中不设置专门的励磁机，而从发电机本身取得励磁电源，经整流后再供给发电机本身励磁，称为自励式静止励磁。

自励式静止励磁可分为“自并励”和“自复励”两种方式。其中，“自并励”方式通过接在发电机出口的整流变压器取得励磁电流，经整流后供给发电机励磁，这种励磁方式具有结简单、设备少、投资省和维护工作量少等优点。“自复励”方式没有整流变压器，设有串联在发电机定子回路的大功率电流互感器。这种互感器的作用是在发生短路时，给发电机提供较大的励磁电流，以弥补整流变压器输出的不足，这种励磁方式具有两种励磁电源，即通过整流变压器获得的电压电源和通过串联变压器获得的电流源。

4）分类4：励磁系统还可以分为电磁型、半导体型（静止式，如自励式、他励式；旋转式，如无刷励磁）两大类。其中，电磁型励磁装置主要用于以直流或交流励磁机为励磁电源的励磁系统中；半导体型励磁装置既可以与励磁机一起组成静止（或旋转）整流器励磁系统，也可以与励磁变压器组成静止励磁系统。

表 7-1 所列为目前我国生产的励磁装置型号、适用范围及主要构成。

表 7-1　我国生产的励磁装置型号、适用范围及主要构成

产品名称		型　号	适用范围	调节屏	控制屏	灭磁屏	整流屏
电磁型	复式励磁装置	S-F_1	500～3000kW 带直流励磁机的水轮发电机	√			
	快速相复励、励磁装置	S-LKZ-1	5000～15000kW 带直流励磁机的水轮发电机	√	√		
		Q-LKZ-1	3000～5000kW 汽轮机发电机	√	√		
可控整流静止励磁装置		BLZ-2	500～5000kW 不带直流励磁机的同步发电机组	√			√
		BLZ-5	500kW 以下同步发电机组	√			√
		BLZ-30 BLZ-50	10～300MW 无励磁机的大型同步发电机组及调相机组	√	√	√	√
晶体管开关型励磁装置		KKT	带有直流励磁机的 100MW 以下同步发电机组	√		√	

励磁装置通过电压调节，维持发电机端电压恒定；电流调节维持发电机励磁电流恒定；无功调节实现无功功率反馈和恒无功运行；功率因数调节维持发电机功率因数恒定。

2. 直流励磁机励磁系统

（1）系统构成

由直流发电机（直流励磁机）提供励磁电源的励磁系统叫直流励磁机励磁系统，主要由直流励磁机和励磁调节器组成。早期的中小容量的同步发电机的励磁调节器从发电机的 TV（电压互感器）和 TA（电流互感器）取得电源；较大容量的同步发电机的励磁调节器有时经励磁变压器从发电机端取得电源。此时，励磁变压器也是主要组成部分。同步发电机的励磁电源是直流励磁机的输出，励磁调节器根据发电机运行工况调节直流励磁机的输出，从而调节发电机的励磁，以满足电力系统安全、稳定、经济运行的要求。

直流励磁机主要采用由原动机拖动与主发电机同轴的拖动方式，少数（主要是备用励磁机）为由异步电动机非同轴的拖动方式。

图 7-5 所示为直流励磁机励磁系统。它采用直流发电机作为励磁电源，供给发电机转子回路的励磁电流。其中，直流发电机称为直流励磁机，一般与发电机同轴。励磁电流通过换向器和电刷供给发电机转子励磁电流，形成有电刷励磁。

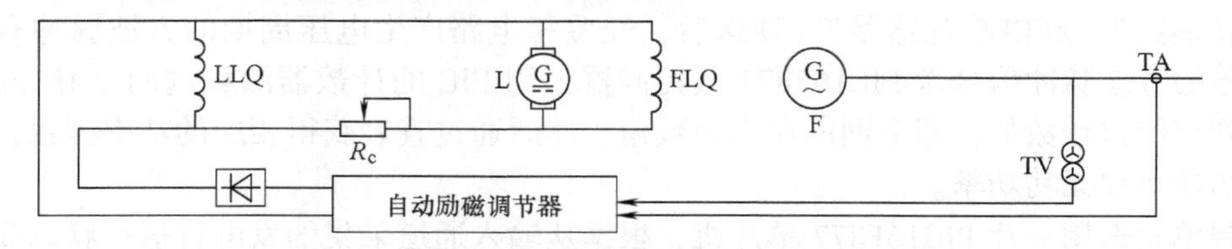

图 7-5　自励直流励磁机励磁系统原理接线图

图中　TA——电流互感器；

TV——电压互感器；

F——同步发电机；

FLQ——同步发电机的励磁线圈；

L——直流励磁机；

LLQ——直流励磁机的励磁线圈；

R_c——可调电阻。

（2）系统分类

直流励磁机的励磁方式有他励、自并励和自励加他励三种方式。

1）他励方式的直流励磁机的励磁全部由励磁调节器提供。

2）自并励方式的直流励磁机的励磁全部由直流励磁机本身提供，励磁调节的任务是通过调节与励磁绕组串联的电阻大小来实现的。

3）自励加他励方式的直流励磁机的励磁，一部分由励磁调节器提供，一部分由直流励磁机本身提供。励磁调节器提供的励磁安-匝与总励磁安-匝之比称为自励系数。早期的直流励磁机还有采用副励磁机作他励电源的，现在已不再采用了。

自励与他励的区别是对主励磁机的励磁方式而言的，他励直流励磁机励磁系统比自励励磁机励磁系统多用了一台副励磁机，因此所用设备增多，占用空间大，投资大，但是提高了励磁机的电压增长速度，因而减小了励磁机的时间常数。他励直流励磁机励磁系统一般只用在水轮发电机组上。

图7-6所示为自并励励磁系统的原理接线图，发电机励磁功率取自发电机端，经过励磁变压器LB降压、晶闸管整流器KZL整流后给发电机励磁。自动励磁控制器根据装在发电机出口的电压互感器TV和电流互感器TA采集的电压、电流信号以及其他输入信号，按事先确定的调节准则控制触发三相全控整流桥晶闸管的移相脉冲，从而调节发电机的励磁电流，使得在单机运行时实现自动稳压，在并网时实现自动调节无功功率，提高电力系统的稳定性。

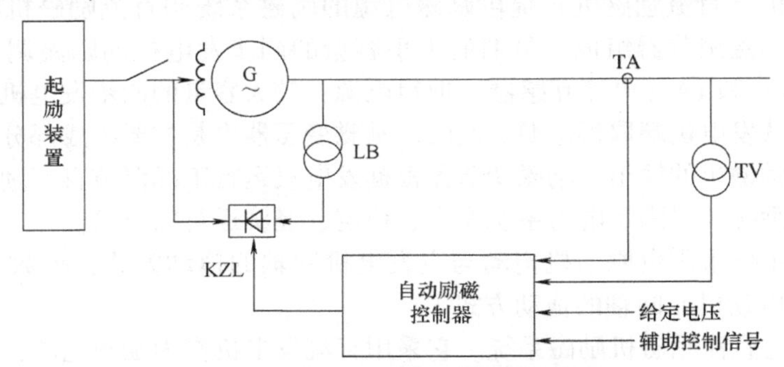

图7-6　自并励励磁系统原理接线图

图7-7所示为自动励磁控制器硬件原理图。其中，发电机的线电压U_{AC}和相电流I_B分别经电压互感器TV和电流互感器TA变送后，经鉴相电路产生电压周期的方波脉冲和电压电流相位差的方波脉冲信号送PIC16F877微控制器，用PIC的计数器测量这两个脉冲的宽度，便可得到相位差计数值，即电网的功率因数角。然后通过查表获得相应的功率因数，进一步求出有功功率和无功功率。

控制单元选用一片PIC16F877单片机，根据从输入通道采集的发电机运行状态变量的实时数据，进行控制计算和逻辑判断，求得控制量。在晶闸管整流电路中，要求控制电路按照交流电源的相位向晶闸管控制极输出一系列的脉冲，才能实现晶闸管顺利导通和自然换相。同步和数字触发控制电路的作用是将单片机计算出来的、用数字量表示的晶闸管控制角转换为触发脉冲，由功率放大电路将触发脉冲放大后去触发晶闸管，从而控制励磁电流。

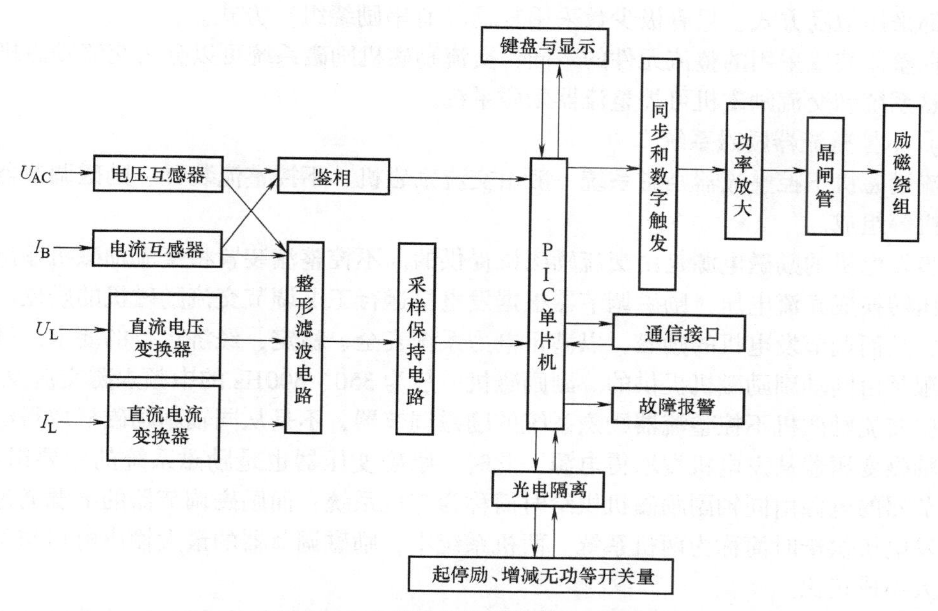

图 7-7 自动励磁控制器硬件原理图

PIC 单片机励磁调节器采集反映发电机运行工况的 4 个模拟信号，即发电机端电压 U_{AC}、定子电流 I_B、励磁电压 U_L和励磁电流 I_L。这 4 个模拟信号经过整形滤波后，分别送入对应的 4 片采样保持器 LF398，采样保持器在 PIC16F877 微控制器 RE1 引脚产生的同步控制信号作用下，完成 4 路信号的同步采样。开机、停机、起励、停励、手动、自动、增功率、减功率等开关量通过光电隔离后与 PLC16F877 的端口 B 相连。

(3) 系统特点

在过去的十几年间，同步发电机主要采用直流励磁机供电的励磁系统。目前，大多数中小型同步发电机仍采用这种励磁系统。长期的运行经验证明，这种励磁系统的优点是具有独立的不受外部系统干扰的励磁电源，调节方便，设备投资及运行费用也比较少。

但也存在不足，如运行时换向器与电刷之间的火花严重、事故多、性能差、运行维护困难，换向器和电刷的维护工作量大且检修励磁机时必须停主机，很不方便。

由于直流励磁机与主发电机同轴旋转，对于汽轮发电机来说，速度较高，受换向器的限制，容量不能做得太大。我国生产的采用直流励磁机励磁系统的汽轮发电机的最大容量为 125MW。对于水轮发电机来说，速度较低，直流励磁机的容量可能做得大一些，我国生产的采用直流励磁机励磁系统的水轮发电机的最大容量达到 300MW。近年来，随着电力生产的发展，同步发电机的容量越来越大，要求的励磁功率也相应增大，而大容量的直流励磁机无论在换向问题还是电机的结构上都受到限制。因此，直流励磁机励磁系统已逐渐不能满足要求。目前，在 100MW 及以上发电机上很少采用直流励磁机励磁系统。

3. 交流励磁机励磁系统

由交流发电机（交流励磁机）提供励磁电源的励磁系统叫交流励磁机励磁系统。交流励磁机为 50~200Hz 的三相交流发电机，其三相交流电压经三相全波桥式整流装置整流后变为直流电压，向同步发电机提供励磁。

交流励磁机的拖动方式为由原动机拖动与主发电机同轴的拖动方式。交流励磁机的励磁方式大都采用他励方式，只有极少数采用复励（有串励绕组）方式。

根据整流装置采用的整流元件的不同，交流励磁机励磁系统可以分为交流励磁机不控整流器励磁系统和交流励磁机可控整流器励磁系统。

（1）不控整流器励磁系统

交流励磁机不控整流器励磁系统一般由交流励磁机、不控整流装置、励磁调节器和交流副励磁机等组成。

同步发电机的励磁电源是由交流励磁机提供的。不控整流装置将交流励磁机输出的三相交流电压转换成直流电压，励磁调节器根据发电机运行工况调节交流励磁机的励磁电流和输出电压，从而调节发电机的励磁，以满足电力系统安全、稳定、经济运行的要求。励磁调节器的电源是由同轴副励磁机提供的。副励磁机一般为350～500Hz的中频永磁交流发电机。

有些交流励磁机不控整流器励磁系统的励磁调节器，不是从同轴副励磁机取得电源，而是通过励磁变压器从发电机端取得电源，此时，励磁变压器也是励磁系统的主要组成部分，励磁调节器的电源由同轴副励磁机供给时简称为三机系统；而励磁调节器的电源通过励磁变压器由发电机供给时简称为两机系统。两机系统中，励磁调节器的最大输出电压与发电机端电压的大小成正比。

1）有刷励磁系统。当不控整流装置为静止整流装置时，称为有刷励磁系统（交流励磁机不控静止整流器励磁系统），一般简称为交流励磁机静止整流器励磁系统。此时，交流励磁机的励磁绕组在转子上，与发电机转子及副励磁机转子同轴同速旋转。而交流励磁机的电枢、不控整流装置和励磁调节器都是静止的。

交流励磁机静止整流器励磁系统中的交流励磁机和发电机都需要配集电环、电刷。但是交流励磁机本身无换向问题，因此，其容量不受限制。但是，由于旋转部件较多，励磁系统发生故障的可能性也较多。同时，由于轴系长，需要的轴承座较多，容易引起机组振动超标，因此要注意轴系稳定问题。

2）无刷励磁系统。当不控整流装置采用旋转整流器时，称为无刷励磁系统（交流励磁机不控旋转整流器励磁系统，交流励磁机旋转整流器励磁系统）。此时，交流励磁机的励磁绕组在定子上，电枢绕组在转子上。励磁调节器是静止的，交流励磁机的励磁绕组也是静止的。交流励磁机的电枢绕组、副励磁机转子、不控整流装置与发电机转子同轴同速旋转。交流励磁机和发电机都不需要配集电环、炭刷。

无刷励磁系统的主要特点是交流励磁机和发电机都没有集电环、电刷，励磁容量可以不受限制；没有集电环、电刷，运行维护方便；没有集电环、电刷，不会产生火花，可以使用于有易燃、易爆气体的场合；没有集电环、电刷，不会产生炭粉和铜末，因而不会导致电机绕组的绝缘被污染而降低绝缘水平。

三机系统和两机系统都可以是无刷励磁系统。交流励磁机不控整流器励磁系统是目前我国电力系统中使用最多的励磁系统。

（2）可控整流器励磁系统

交流励磁机可控整流器励磁系统由三相可控整流桥、发电机的励磁调节器、交流励磁机及其自励恒压装置（系统）组成，同步发电机的励磁电源由交流励磁机提供。可控整流装置将交流励磁机输出的三相交流电压转换成直流电压，励磁调节器根据发电机运行工况调节可控整流器的导通角，调节可控整流装置的输出电压，从而调节发电机的励磁以满足电力系统安全、稳定、经济运行的要求。这种励磁系统也称为他励晶闸管励磁系统。

在我国使用的交流励磁机可控整流器励磁系统，绝大部分是随发电机一起从俄罗斯和捷克等国家进口的，发电机容量从 200～1000MW 不等。国内基本没有正式生产这种励磁系统。

4. 静止励磁机励磁系统

静止励磁机是指从一个或多个静止电源取得功率，使用静止整流器向发电机提供直流励磁电源的励磁机。由静止励磁机向同步发电机提供励磁的励磁系统称为静止励磁机励磁系统。静止励磁机励磁系统分为电动势源静止励磁机励磁系统和复合源静止励磁机励磁系统。

(1) 电动势源静止励磁机励磁系统

电动势源静止励磁机励磁系统又称为自并励静止励磁系统，有时也简称为机端变励磁系统或静止励磁系统。同步发电机的励磁电源取自同步发电机端，主要由励磁变压器、自动励磁调节器、可控整流装置和起励装置组成，如图 7-8 所示。励磁变压器从同步发电机端获得功率并将电压降低到所需值；可控整流装置将励磁变压器的二次交流电压转变成直流电压；自动励磁调节器根据发电机运行工况调节可控整流器的导通角，调节可控整流装置的输出电压，从而调节发电机的励磁，以满足电力系统安全、稳定、经济运行的要求。起励装置给同步发电机一定数量（通常为同步发电机空载额定励磁电流的 10%～30%）的初始励磁，以建立整个系统正常工作所需的最低机端电压，初始励磁一旦建立起来，起励装置就会自动退出工作。

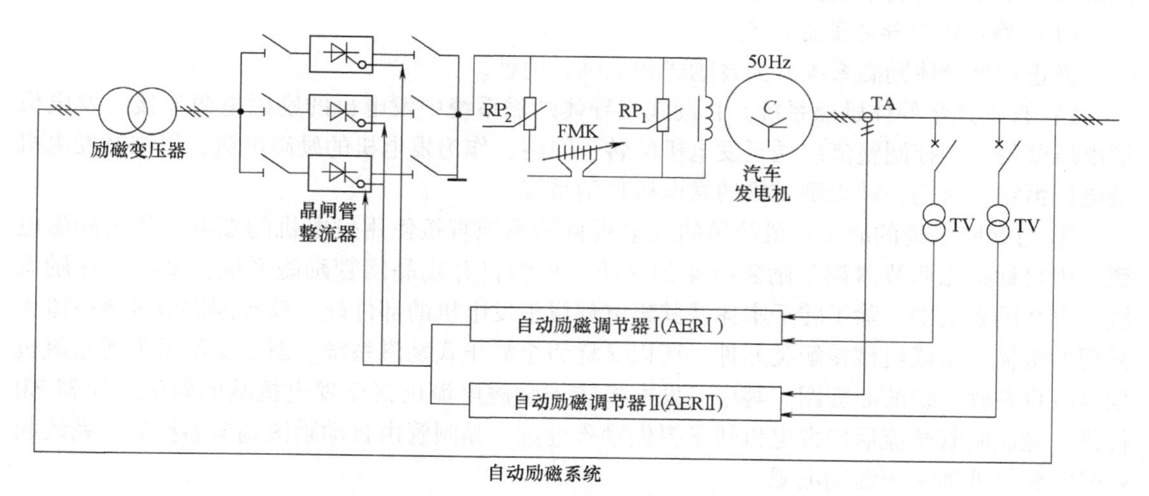

图 7-8　自并励静止励磁系统

从厂用电系统取得励磁电源的可控整流器励磁系统，当其电压基本稳定，与发电机端电压值基本无关时，可看作他励晶闸管励磁系统；当厂用电系统电压与发电机端电压值密切相关时，可看作自并励静止励磁系统。

自并励静止励磁系统的主要优点是无旋转部件、结构简单、轴系短、稳定性好；励磁变压器的二次电压和容量可以根据电力系统稳定的要求而单独设计；响应速度快、调节性能好，有利于提高电力系统的静态稳定性和暂态稳定性。

自并励静止励磁系统的主要缺点是电压调节回路容易产生负阻尼作用，导致电力系统低频振荡的发生，降低了电力系统的动态稳定性。但是，通过引入附加励磁控制（即采用 PSS），完全可以克服这一缺点。PSS 的正阻尼作用完全可以超过电压调节回路的负阻尼作用，从而提高电力系统的动态稳定性。这点已经为国内外电力系统的实践所证明。

美国 GE 公司生产的 GENERREX-PSS 在我国也有应用，其励磁系统的性能介于自并励静止励磁系统和他励晶闸管励磁系统之间。发电机的励磁功率由定子绕组槽内的三根附加线棒（称为 P 线棒）提供。三根 P 线棒分别放置在定子上相互为 120°空间几何角度的三个槽内，组成的线圈切割气隙磁通，产生基频电动势。基频电动势连接到励磁变压器的一次侧。励磁变压器的二次电压接到可控整流装置，经整流后向发电机提供励磁。

（2）复合源静止励磁机励磁系统

复合源静止励磁机励磁系统又称为自复励静止励磁系统，采用电压源整流变压器和电流源整流变压器两种整流变压器。

复合源静止励磁机励磁系统主要有三种形式：整流器直流侧两个电源串联、电压相加；整流器交流侧两个电源并联、电流相加；整流器交流侧两个电源串联、电压相加。

我国生产的水轮发电机上曾采用过整流器交流侧两个电源串联、电压相加的复合源静止励磁机励磁系统，国外水轮发电机上曾采用过整流器直流侧两个电源串联、电压相加的复合源静止励磁机励磁系统。现在已经基本上不再采用复合源静止励磁机励磁系统了。

5. 半导体励磁系统

半导体励磁系统把交流电经过硅元件或晶闸管整流，作为供给同步发电机励磁电流的直流电源。半导体励磁系统分为静止式和旋转式两种。

（1）静止式半导体励磁系统

静止式半导体励磁系统分为自励式和他励式两种。

1）自励式半导体励磁系统。自励式半导体励磁系统中发电机的励磁电源直接由发电机端电压获得，经控制整流后送至发电机的转子回路，作为发电机的励磁电流，以维持发电机端电压恒定。这是一种无励磁机的发电机自励系统。

① 自并励系统的原理：最简单的发电机自励系统直接使用发电机的端电压作为励磁电源，由自动励磁调节器调节励磁电流的大小，称为自并励晶闸管励磁系统，简称自并励系统。自并励系统中，除了转子本体及其集电环属于发电机的部件外，没有因供应励磁电流而采用的机械转动或机械接触类元件，所以又称为全静止式励磁系统。图 7-9 所示为无励磁机发电机自并励系统的原理图。其中，发电机转子励磁电流由接于发电机端的整流变压器 ZB 提供，经晶闸管整流后向发电机转子提供励磁电流，晶闸管由自动励磁调节器控制。系统起励时需要另外加一个起励电源。

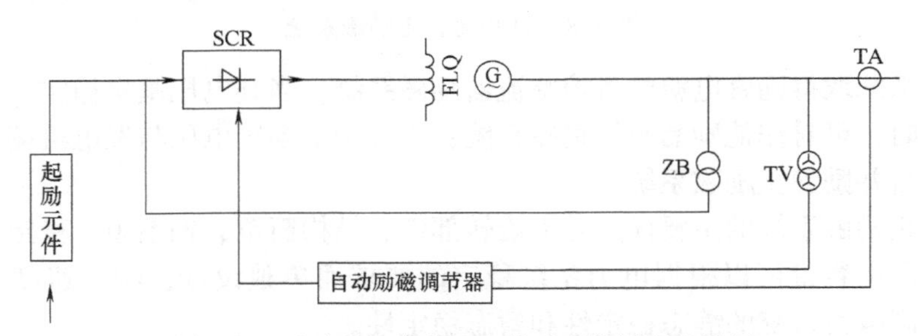

图 7-9　无励磁机发电机自并励系统原理接线图

② 自并励系统的特点：不需要同轴励磁机，系统简单，运行可靠；缩短了机组的长度，减少了基建投资，有利于主机的检修维护；由晶闸管直接控制转子电压，可以获得较快的励

磁电压响应速度；由发电机端获取励磁能量，与同轴励磁机励磁系统相比，发电机组甩负荷时，机组的过电压也低一些。这些特点使得无励磁机发电机自并励系统在国内外电力系统大型发电机组的励磁系统中受到相当重视。

但是，无励磁机发电机自并励系统也存在不足，如发电机出口近端若出现短路故障，且该故障切除时间较长时，缺乏足够的强励磁能力，使得其对电力系统稳定的影响不如其他励磁方式。

2）他励式半导体励磁系统。

① 他励式半导体励磁系统的原理：图 7-10 所示他励式半导体励磁系统，包括一台交流主励磁机 JL、一台交流副励磁机 FL 和三套整流装置。其中，两台交流励磁机都与同步发电机同轴，主励磁机为 100Hz 中频三相交流发电机，其输出电压经晶闸管整流后向同步发电机供给励磁电流；副励磁机为 500Hz 中频三相交流发电机，其输出一方面经晶闸管整流后作为主励磁机的励磁电流，另一方面又经晶闸管整流装置供给自己所需要的励磁电流。自动调励装置也是根据发电机的电压和电流来改变晶闸管的导通角，以改变励磁机的励磁电流进行自动调压。

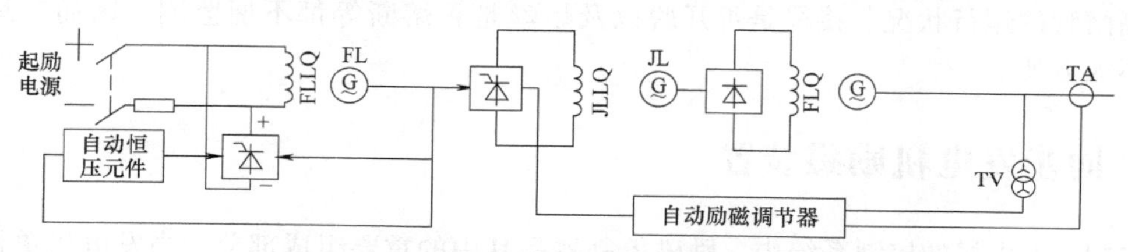

图 7-10　他励式半导体励磁系统原理接线图

② 他励式半导体励磁系统的特点：系统容量可以做得很大，因励磁机是交流发电机，不存在换向问题，且不受电网运行状态的影响。缺点是接线复杂，有旋转的主励磁机和副励磁机，起动时还需要另外的直流电源向副励磁机供给励磁电流。这种励磁系统多用于 100MW 左右的大容量同步发电机。

（2）旋转式半导体励磁系统

1）旋转式半导体励磁系统的构成：在他励和自励半导体励磁系统中，发电机的励磁电流全部由晶闸管（或二极管）供给，而晶闸管（或二极管）是静止的故称为静止励磁。在静止励磁系统中要经过集电环才能向旋转的发电机转子提供励磁电流。集电环是一种转动接触元件。随着发电机容量的快速增大，转子电流大大增加，转子集电环中通过如此大的电流，集电环的数量就要增加很多。为了防止机组运行过程中，个别集电环过热，每个集电环必须分担同样大小的电流。为了提高励磁系统的可靠性而取消集电环这一薄弱环节，使整个励磁系统都无转动接触的元件，这就是无刷励磁系统，如图 7-11 所示。

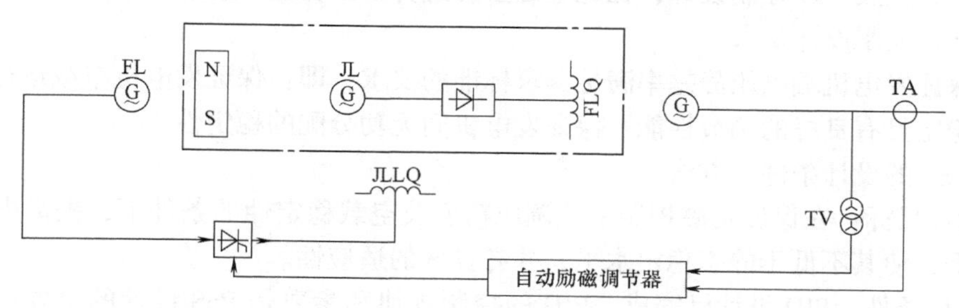

图 7-11　无刷励磁系统原理接线图

2）旋转式半导体励磁系统的工作原理：副励磁机 FL 是一个永磁式中频发电机，其永磁部分画在旋转部分的点画线框内。为实现无刷励磁，主励磁机与一般的同步发电机的工作原理基本相同，只是电枢是旋转的。其发出的三相交流电经过二极管整流后，直接送到发电机的转子回路作励磁电源，因为励磁机的电枢与发电机的转子同轴旋转，所以它们之间不需要集电环、电刷等转动接触元件，这就实现了无刷励磁。

① 主励磁机的励磁绕组 JLLQ 是静止的，即主励磁机是一个磁极静止、电枢旋转的同步发电机。

② 静止的励磁机励磁绕组便于自动励磁调节器实现对励磁机输出电流的控制，以维持发电机端电压恒定。

3）旋转式半导体励磁系统的特点：优点为取消了集电环和电刷等转动接触部分。缺点为监测与维护不方便。由于与转子回路直接连接的元件都是旋转的，因而转子回路的电压、电流都不能用普通的直流电压表和电流表直接检测，转子绕组的绝缘情况、二极管与晶闸管的运行状况、接线是否开脱以及熔丝是否熔断等都不便监测，因而在运行维护上不太方便。

7.2 同步发电机励磁装置

在同步发电机的控制系统中，励磁控制器是其中的重要组成部分。当发电机单机运行时，励磁控制器通过调整发电机的励磁电流来调整发电机的端电压，当电力系统中有多台发电机并联运行时，励磁控制器则通过调整励磁电流来合理分配并联运行发电机组间的无功功率，从而提高电力系统的静态和动态稳定性。

励磁控制器历经机械式到电磁式，再发展到数字式过程，目前，数字式励磁控制器的主导产品以微型计算机为核心，还出现了以单片机、PIC16F877 微控制器、DSP、ARM 嵌入式控制器为核心的励磁控制器，其功能强大，能够满足整个励磁控制系统的精确性、快速性和稳定性要求。

7.2.1 励磁控制策略

1. PID + PSS 控制

（1）设计原则

发电机励磁控制采用以 PID 为主、PSS 为辅的控制方式。因此，励磁系统控制策略的设计顺序为首先完成 PID 控制设计，在此基础上再进行 PSS 控制设计。

（2）PID 控制设计要求

需要保证发电机端电压静差率满足国家标准的要求，即：保证发电机空载运行时，励磁控制系统稳定且有良好的调节性能；保证发电机间无功分配的稳定性。

（3）PSS 的设计条件、方法

1）设计目标：在保证励磁控制系统调压精度及空载稳定性的条件下，提高电力系统动态稳定水平，使其不低于静态稳定水平，并有良好的适应性。

2）设计条件：PID 设计已完成，PID 的控制规律和参数是 PSS 设计的重要原始条件之一；励磁系统为实际励磁系统模型，可以是快速励磁系统或常规励磁系统；发电机并列运行于电力系统；发电机模型可以选用三阶模型，也可以选用五阶模型。

3）设计方法：选取典型运行点（一般可选择满载、低功率），建立电力系统的非线性方程组，然后将电力系统的非线性方程组线性化，进行设计得到一组能满足提高动态稳定水平，并有良好适应性的 PSS 参数。经对某单机无限大母线系统进行的 PSS 设计，结果表明 PSS 不但可以使有快速励磁系统时的动态稳定水平提高到线路极限，而且可以使有常规励磁系统时的动态稳定水平提高到线路极限，适应性更强。

2. 线性最优励磁控制

（1）设计原则

全状态反馈的线性最优励磁控制器设计方法是 20 世纪 70 年代末提出的一种励磁控制器设计方法，随着测量手段的完善，这种控制器的设计方法也在改进。

线性最优励磁控制设计方法为选取一运行点，建立电力系统的非线性方程组，通过将非线性方程组线性化的方法建立电力系统线性化状态方程组，然后用线性最优控制的设计方法，求得电压调节回路及其他附加励磁控制回路的最优增益。合理选择最优励磁控制器的参数，能够有效抑制低频振荡、改善类似短路这样的系统故障。

与 PID + PSS 控制方式的设计原则不同，线性最优励磁控制设计的基本原则是同时确定发电机端电压调节回路和其他附加励磁控制回路的增益。

（2）线性最优励磁控制的设计

1）设计目标：提高电力系统动态稳定性，满足设计要求。

2）设计条件：电压调节回路的参数虽然尚未确定，但在设计中已考虑了它对动态稳定的影响；励磁系统为理想快速励磁系统，即忽略了所有环节的惯性；发电机模型为三阶模型；发电机并联于电力系统。

3）设计方法：选取一运行点，建立电力系统的非线性方程组，通过将非线性方程组线性化的方法建立电力系统线性化状态方程组，然后用线性最优控制的设计方法，求得电压调节回路及其他附加励磁控制回路的最优增益。在求解最优增益时，可以采用增加电压调节回路的加权系数方法，来增强电压调节回路的主导作用。

3. 非线性最优励磁控制

（1）设计原则

在非线性最优励磁控制设计中，设计原则是只确定附加励磁控制的规律和参数（这里仍将电压控制称为主要控制，将其他控制称为附加控制）而不涉及电压调节，在改进的非线性励磁控制设计中，则在附加励磁控制的参数选择完成后，再在运行点的小范围内考虑电压调节。

（2）附加励磁控制的设计

1）设计目标：提高电力系统动态稳定性，满足设计要求，但设计中不计及电压调节的要求。

2）设计条件：电压调节回路对动态稳定性的影响不予考虑；励磁系统使用理想快速励磁系统；发电机为三阶模型，并设定 $x'_{\mathrm{d}} = x_{\mathrm{q}}$；发电机并联于电力系统。

3）设计方法：选取一运行点，建立电力系统的非线性方程组，采用微分几何设计方法，将非线性系统线性化，再用线性最优控制理论求出其最优反馈增益，即各附加励磁控制回路的增益。

4. 控制性能比较

PID + PSS 控制中的 PSS、线性最优励磁控制和非线性（最优）励磁控制策略设计的异同点如下。

（1）相同点

1）PID + PSS 控制中的 PSS、线性最优励磁控制和非线性（最优）励磁控制，都以提高电力系统动态稳定性为设计目标。

2）设计都是在发电机并网运行条件下进行的。

（2）不同点

1）电压调节回路处理方式不同。电压调节回路是产生负阻尼作用、影响动态稳定性的最重要因素之一，正确处理与否对于设计与实际情况的符合程度有重要影响。

① 在 PSS 设计中，PSS 参数是在有了电压调节作用的条件下确定的，能够满足电压调节和动态稳定性的要求，符合发电机励磁控制系统的实际情况和电力系统的要求。

② 在线性最优励磁控制设计中，没有确定电压调节回路的主导地位，仅给出加权系数，其结果虽然能满足动态稳定性的要求，但能否满足电压调节的要求（精度和空载稳定性等）还不能确定。

③ 在非线性（最优）励磁设计中，不考虑电压回路的作用，或者在计算确定附加励磁控制的参数后再选择电压调节回路参数，必须在考虑了电压调节回路的负阻尼作用后对原来计算得到的附加励磁控制信号的参数进行重新修正。

2）励磁系统惯性环节的处理方法不同。励磁系统各环节的惯性，特别是励磁机的惯性，对电力系统动态稳定性和附加励磁控制信号的参数选择有重要的影响。

① 在 PSS 的设计中，考虑了励磁系统各个环节的惯性，求得相关参数。因此，它适用于快速励磁系统和常规励磁系统。

② 在设计最优（线性和非线性）励磁控制时，忽略了励磁系统中所有环节的惯性。因此，其适用的系统只是理想的快速励磁系统，因为在实际的快速励磁系统中，各控制信号的测量环节和功率放大环节都有一定的时间常数。

③ 最优励磁控制的设计输出值，既是励磁控制器的输出 V_{AER}，又是发电机的励磁电压 U_{fd}（或以标幺值表示为 E_{fd}）。实际上，$U_{fd} \neq V_{AER}$，因为 U_{fd} 和 V_{ARE} 之间还有一个功率放大环节。

7.2.2 励磁电流及其调节方法

1. 电压、无功功率调节与无功负荷分配

（1）电压的调节

自动调节励磁系统可以看成一个以电压为被调量的负反馈控制系统。无功负荷电流是造成发电机端电压下降的主要原因，当励磁电流不变时，发电机的端电压将随无功电流的增大而降低。但是，为了满足用户对电能质量的要求，发电机的端电压应基本保持不变，实现这一要求的办法是随无功电流的变化调节发电机的励磁电流。

（2）无功功率的调节

发电机与电力系统并联运行时，可以认为是与无限大容量电源的母线运行，要改变发电机励磁电流，感应电动势和定子电流跟着变化，此时，发电机无功电流也跟着变化。当发电机与无限大容量电力系统并联运行时，为了改变发电机的无功功率，必须调节发电机的励磁电流。此时，改变的发电机励磁电流并不是通常所说的“调压”，而只是改变了送入电力系统的无功功率。

（3）无功负荷的分配

并联运行的发电机根据各自的额定容量，按比例进行无功电流的分配。大容量发电机应负担较多无功负荷，而容量较小的则负担较少的无功负荷。为了实现无功负荷能自动分配，可以通过自动高压调节的励磁装置，改变发电机励磁电流以维持其端电压不变，还可以对发电机端电压调节特性的倾斜度进行调整，以实现并联运行发电机无功负荷的合理分配。

2. 励磁电流调节方法

在改变发电机的励磁电流时，一般不直接在其转子回路中进行。因为该回路中电流很大，不便直接调节，通常采用的方法是改变励磁机的励磁电流，以达到调节发电机转子电流的目的。

常用的方法包括改变励磁机励磁回路的电阻、改变励磁机的附加励磁电流、改变晶闸管导通角等。其中，改变晶闸管导通角的方法，根据发电机端电压、端电流或功率因数的变化，相应地改变晶闸管整流器的导通角，这时发电机的励磁电流也跟着改变。这套装置一般由晶体管、晶闸管电子元件构成，具有灵敏、快速、无死区、输出功率大、体积小和重量轻等优点，在事故情况下能有效地抑制发电机的过电压和实现快速灭磁。

自动调节励磁装置通常由测量单元、同步单元、放大单元、调差单元、稳定单元、限制单元及一些辅助单元构成。

1）被测量信号（电压、电流等），经测量单元变换后与给定值相比较，然后将比较结果（偏差）经前置放大单元和功率放大单元放大，并用于控制晶闸管的导通角，以达到调节发电机励磁电流的目的。

2）同步单元的作用是使移相部分输出的触发脉冲与晶闸管整流器的交流励磁电源同步，以保证晶闸管的正确触发。

3）调差单元的作用是使并联运行的发电机能够稳定和合理地分配无功负荷。

4）稳定单元是为了改善电力系统的稳定而引进的单元，励磁系统稳定单元用于改善励磁系统的稳定性。

5）限制单元是为了使发电机不致在过励磁或欠励磁的条件下运行而设置的。

必须指出，并不是每一种自动调节励磁装置都具有上述各种单元，一种调节器装置所具有的单元与其承担的具体任务有关。

3. 励磁调节系统

励磁调节系统的组成部件有机端电压互感器、机端电流互感器及励磁变压器。励磁装置所需电源包括厂用 AC 380V、DC 220V 控制电源、DC 220V 合闸电源；所需空接点如自动开机，自动停机，并网（一常开、一常闭）增、减；所需模拟信号有发电机端电压 100V、端电流 5A、母线电压 100V；输出励磁变压器过电流、失磁、励磁装置异常等继电器接点信号。

励磁控制、保护及信号回路由灭磁开关、助磁电路、风机、灭磁开关偷跳、励磁变压器过电流、调节器故障、发电机工况异常及电量变送器等组成。在同步发电机发生内部故障时，除了解列外，还必须实施灭磁，尽快将转子磁场减弱到最小限度，使灭磁时间尽可能缩短。根据额定励磁电压的大小，灭磁方法可分为线性电阻灭磁和非线性电阻灭磁。

近年来，由于新技术、新工艺和新器件的涌现和使用，使得发电机的励磁方式得到了不断发展和完善。在自动调节励磁装置方面，也不断研制和推广使用了许多新型的调节装置。通过采用数字自动调节励磁装置实现自适应最佳调节。

7.2.3 励磁控制装置

励磁控制装置指同步发电机在励磁系统中除励磁电源以外的对励磁电流能起控制和调节作用的电气调控装置。励磁系统是电站设备中不可缺少的部分，包括励磁电源和励磁装置，其中励磁电源的主体是励磁机或励磁变压器；励磁装置则根据不同的规格、型号和使用要求，分别由调节屏、控制屏、灭磁屏和整流屏等部分组成。

在电力系统正常工作的情况下，励磁装置用于维持同步发电机端电压在某给定值，同时，还具有强行增磁、减磁和灭磁功能。对于采用励磁变压器作为励磁电源的励磁装置，要求还具有整流功能。励磁装置可以单独提供，亦可作为发电设备配套供应。

1. KLFDG 系列同步发电机励磁控制柜

（1）功能

采用自并励方式的主要功能如下。

1）发电机励磁独立手动、自动调节。

2）正负调差、低励限制、空载限制、机端电压限制、无功限制、V/F 保护。

3）晶闸管过电流、过热、电源断相，TA、TV 断线，自动强励。

4）励磁电压、励磁电流显示，励磁状态指示，励磁投、切控制等功能。

（2）技术参数

图 7-12 所示为 KLFDG 系列同步发电机励磁控制柜型号说明，其主要技术参数列于表 7-2 中。

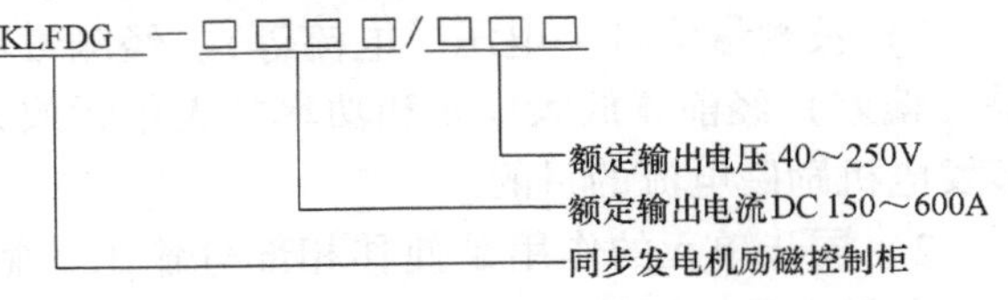

图 7-12　KLFDG 系列同步发电机励磁控制柜型号说明

表 7-2　KLFDG 系列同步发电机励磁控制柜主要技术参数

型号规格	额定电流/A	额定电压/V	外形尺寸（长×宽×高/mm×mm×mm）
KLFDG-0150/□□□	150	40～250	800×600×2000
KLFDG-0250/□□□	250	40～250	800×600×2000
KLFDG-0350/□□□	350	40～250	800×800×2000
KLFDG-0450/□□□	450	40～250	1000×600×2000
KLFDG-0600/□□□	600	40～250	1000×600×2000

KLFDG 系列同步发电机励磁控制柜适用于 10MW 以下小型水轮发电机、汽轮发电机的励磁控制。

2. GE22-A/I-U 系列全数字微机双通道同步发电机晶闸管励磁装置

该励磁装置采用 16 位控制微机作为控制中心，具有数码显示、故障报警和运行状态实时显示等多种功能，适用于容量 100MW 以下的水轮、汽轮、柴油发电机励磁系统，能够完成发电机快速起励、建压，根据负载变化自动调节励磁电流或机端电压，具有恒流励磁、恒压励磁、恒功率因数励磁及手动四种励磁工作方式，起动和运行过程中的各种参数可根据控制对象灵活设置，调节器参数可在线实时整定，以达到最佳控制效果。此外，该励磁装置还具有结构紧凑、控制精度高、现场调试方便等特点，各种控制方式之间可在线实现无扰动切换，是模拟励磁装置的理想升级换代产品。

3. KGLF 系列同步发电机励磁系统

该励磁系统用于球磨、木片浆、水泵、供水、风机等电力补偿系统，额定功率为5MW、额定电压为220V、额定转速为1500r/min、额定频率为50Hz、额定功率因数为0.9。其主要功能如下。

1）励磁控制方式，可选择恒流励磁、恒压励磁、恒功率因数励磁或恒无功励磁。

2）采用32位单片机，实现了系统的PID闭环控制、逻辑操作、故障诊断、参数设定、运行状态显示等；抗干扰性好，能长期保持稳定运行，控制精度高。

3）液晶显示，所有参数均由软件设定，也可由上位机设定。

4）起动条件与高压柜或者水阻柜互锁，不会误操作起动。

5）灭磁电阻为不锈钢材料，在同步发电机起动和失步时自动灭磁。当正常停车时以最大逆变角快速灭磁，灭磁回路间采用灭磁晶闸管、续流二极管构成简洁、独立且可靠的灭磁环节。通过合理选择灭磁电阻 R_F，分级设置灭磁晶闸管的导通门槛，使发电机在起动时具备良好的异步驱动性能，具有低通灭磁和高通灭磁功能。

6）转速达到同步转速的95%时，励磁感应波形在正半波上时投励，同步发电机起动过程平滑、快速、稳定可靠。

7）若同步发电机起动达不到亚同步转速，则实施强制投励。

8）系统具备强励功能，保证同步发电机快速牵入同步运行。可根据工况需要，设定强励倍数、强励时间参数。

9）系统具备低电压强励功能，当电网电压下降至正常值的80%时，励磁装置投入1.4倍强励（可调），整个过程平滑快速。

10）励磁装置具备RS-485、RS-232标准通信接口，能够将运行参数和运行状态传输给上位机。同时，上位机也能够对运行参数进行调整。

11）具备完善保护功能：

① 过电流、欠电流、过电压、功率器件过热保护功能。

② 同步发电机起动过程中，过早或不投励，装置能自动联锁同步发电机定子跳闸停车。

③ 在同步发电机异步运行（起动及失步）过程中，可以抑制转子励磁绕组的感应过电压并报警跳闸。

12）发生故障跳闸停车时装置能够发出声、光报警，并显示具体故障内容。

4. PWL-2B、PWL-2C 微机励磁装置

（1）适用范围

1）适用于从1～300MW不同类型的汽轮发电机组、水轮发电机组及燃气轮机组的励磁系统。

2）适用于自并励磁系统、他励式静止励磁系统、复励式励磁系统、直流励磁机励磁系统、交流励磁机励磁系统及无刷励磁系统。

（2）产品特点

1）采用嵌入式双微机励磁系统。两套微机均在线工作，互为热备用，运行微机发生故障时，系统将立刻自动切换到另一套备用微机，切换无扰动，时间小于200μs。

2）增设了模拟通道作后备，模拟通道与主控通道完全独立，励磁电流按闭环控制方式调节，在主控通道出现故障时，立刻投入运行。

3）电压、电流、无功和功率因数调节模式，满足不同发电厂的各种运行方式需要。

4）采用了多种复杂控制方式，使励磁系统的性能达到最优。

5）提供完整的对外接口，便于与发电厂各种控制设备互联。其中，常规接口按照电力系统规范，提供标准的输出接点；通信接口包括RS-232和RS-485等通信形式，可直接和发电厂的综合自动化等智能设备进行监控通信。

6）具有互动式操作界面和直观的人机接口。

（3）主要功能

1）最大励磁电流值限制和强励反时限限制。

2）欠励限制+失磁保护功能。

3）PSS限制。

4）软件移相及调差。

5）自动跟踪系统电压。

6）装置停风、励磁回路熔断和部分切除时的电流限制。

7）发电机TV断线监测及保护。

8）在线修改参数和实时参数显示。

9）实时数据录波。

10）装置自诊断和恢复。

11）双微机自动跟踪、自动切换。

（4）技术指标

1）模拟量输入通道8路。

2）模拟量输入参数分辨率12位。

3）自动/手动调节范围10%~130%额定值。

4）起励超调量小于额定值，起励时间小于2.5s，震荡次数小于1次。

5）调差率软件无功调差，大于+15%。

6）调压精度优于0.5%。

7）晶闸管移相范围5°~165°，三相全控桥。

8）晶闸管控制角分辨率1/4096。

9）频率特性<0.1%。

10）电压响应时间：上升<0.08s，下降<0.15s。

5. LF2000同步发电机全数字励磁装置

该产品功能及特点如下。

1）控制速度快、精度高，采用多处理器系统、并行处理技术、多级流水线、高速DSP内核，数据处理速度和精度高。

2）多功能，如PID调节、非线性最优、线性最优、电力系统稳定器PSS、模糊逻辑等控制方式。

3）全数字化、高可靠性，主控单元采用进口高性能的数字式控制单元（如可编程计算机控制器 PCC、16 位嵌入式微控制器 MCU、高速 32 位 DSP、PLC），励磁装置的操作逻辑电路、机械或电子的电压整定机构都可以简化或取消，全交流采样，采用大规模集成芯片，装置可靠性大大提高。

4）表面贴工艺，多层印制电路板，装置平均无故障时间达 100000h。

5）独特的软件设计方法，采用微处理器实时多任务操作系统 RTOS 及其功能强大的专家库函数，面向任务的程序设计风格，按全优先服务方式进行资源管理、任务调度、异常处理等工作，工作极为可靠，也使微控制器的性能得以最大限度的发挥；采用 C 语言或梯形图（PLD）、指令表（IL）、Basic、结构文本（ST）、顺序功能图（SFC）、数据模块编辑器、数据类型编辑器等编程，执行速度快，可读性好，易于扩展和移植。

6）采用快闪存储器（Flash ROM），支持自举载入程序及远程维护。

7）通信和网络功能，具有标准的 RS-232/RS-485/RS-422 或高速现场总线 CAN-BUS、TCP/IP 或 MODEM 等实现网络通信，便于与其他设备或网络连接，实现设备控制、管理的自动化、信息化（可选）。

8）方便直观的人机接口，采用汉化界面，数据显示直观明了，信息量大。非常直观地在线选择、切换工作方式，设置、修改参数和监控运行状态。

9）对于无刷励磁系统，具有旋转整流盘故障监测功能。

10）可靠的灭磁系统，可选用阻容无触点的静态灭磁方法，无噪声、无操作过电压，可靠、平稳，也可选用传统的灭磁开关和灭磁电阻的灭磁方法。

11）完善的自检及控制、保护功能，用于保护励磁装置本身和同步发电机的安全运行，具有误强励、过励反时限、欠励、TV 断线、V/Hz 保护、失脉冲、均流越限检测及保护、过电流、过电压等保护功能。

12）控制单元采用加强型单元机箱、插拔式模块，独特的抗干扰设计，抗干扰能力强。整流桥及风机单元都采用模块化结构，安装、更换方便，可以不停机、不减载在线更换控制单元及风机单元。

13）主电路可采用自并励、他励、三机励磁、带直流励磁机的间接自励及无刷励磁系统等各种形式。

14）具有手动、自动（恒机端电压、恒功率因数、恒无功功率）调节励磁功能，相互切换无扰动。

15）双通道互为备用工作方式，根据用户需要，可以采用单通道工作方式或双通道互为备用工作方式。双通道无扰动自动切换（可选）。

16）故障数据录波及事故记忆功能（可选），记忆故障前 1s、故障后 19s 的检测数据，包括励磁电流、功率因数、有功功率、无功功率、定子电流、定子电压、三相交流电压、脉冲触发角、频率及时间等。按照先进先出的原则记录 20 组操作信号、故障信号、保护动作信号发生的时间。记录的数据可以打印输出或向上位机传送。

17）通过控制器上的键盘操作，方便地进行调节器的各项试验，如开关量传动试验、过励限制、欠励限制、阶跃响应试验、交流励磁机时间常数试验等。

18）装置电源采用双路供电。其中，一路来自于直流蓄电池电源，另一路来自发电机机端变压器或通过厂用交流电降压整流获得。两路电源经二极管并联运行，互为冗余，提高了装置的可靠性。

6. TDWLT-01 微机励磁调节器

（1）主要功能

1）电压、电流、无功、功率因数调节模式，能够满足不同发电厂、变电站的各种运行方式的需要。

2）配置有两路串行接口，一路用于双机间通信，一路用于与上位机通信，可配接监控器，进行计算机辅助试验、仿真试验以及事件追溯。

3）配有断线保护、过励限制、顶值限制、低励限制、欠励保护、V/F 限制、误强励保护、空载过电压保护等。

4）可设定的调差系数，保证发电机间无功的稳定分配。

5）交流混合采样技术，三路 TV 采样、TV 断线自动识别。

6）具有自动零起升压和系统电压跟踪功能，当接到建压指令后，自动将发电机端电压从零递升至额定值，并保证发电机端电压与系统电压一致。停机自动灭磁。

7）完全双通道技术，双机混合工作模式，单通道可独立运行。通道自动故障识别，实现无扰动切换。

8）可配置试验接口，机内关键量以 0～10V 的标准量送出。

9）STD 总线，软、硬件均采用模块化设计，具有自诊断、自恢复功能，所有参数和状态均具有纠错和检错功能，并带有 20 个汉字指示，运行维护直观方便，可靠性高。所有参数均采用数字显示，可同时显示发电机端电压、参考电压、励磁电流、控制角度等。

10）两套装置采用独立的双重供电电源，插入式编程器使得调节器在调试完毕投入运行后，防止人为意外误操作。采用脉冲触发技术，脉冲输出双重隔离及指示。

（2）基本结构

TDWLT－01 微机励磁调节器采用 STD 总线结构，由两套完全相同的通道组成。每套包含一个控制箱，控制箱由测量单元、CPU 中央处理单元、脉冲单元、电源单元、信号单元、显示单元组成，其电流测量、电压测量、控制信号采样、电源、控制输出、同步、脉冲放大等完全独立，单个通道即可组成完整的控制系统。对于大、中型发电机组可采用由两个控制箱组成的双通道控制系统，对于中、小型发电机组可采用由一个控制箱组成的单通道控制系统。

当采用双通道结构时，通道间利用 80C198（80C196）单片机的串行口相互通信，关键数据相互传递，并始终保持两个通道状态一致，故障时自动切换。同时，通道间采用容错式双机混合工作模式。每个通道均设置有手动调压（励磁电流调节）和自动调压功能，有六种运行方式，可靠性远高于单通道调节器和采用并联运行方式的双通道调节器。

（3）调节原理

TDWLT－01 微机励磁调节器具有电压调节（自动）、电流调节（手动）、无功调节、恒功率因数调节四种调节模式。而电压调节（自动方式）又分为系统电压跟踪和不跟踪两种情况。

当励磁 TV 和仪表 TV 同时断线时，可转换为手动（电流调节）运行方式；空载状态下，只有电流调节和电压调节两种模式；主断路器合闸时，有四种调节模式：电压调节、电流调节、无功调节、恒功率因数调节；在无功调节和电压调节模式下，电流给定自动跟踪励磁电流（$I_g = I_L$）；如果功率测量故障，则自动切换至电压调节模式；在电压调节和电流调节模式下，无功给定自动跟踪机组无功（$Q_g = Q_{in}$）；在无功调节模式下，电压给定不变；TV 断线时，只有电流调节（手动）模式；在电流调节模式下，电压给定自动跟踪发电机端电压；在无功调节模式下，当发电机端电压与参考电压之差 $\Delta U > E_u$ 设定值时，电压自动参与调节；恒功率因数调节的跟踪和切换处理方式类似于无功调节模式。

（4）励磁调节器运行方式选择

励磁调节器运行方式选择操作方法如下。

1）电压调节方式，按下电压选择键即进入自动电压调节方式。

2）自动电压跟踪，在电压调节方式下，跟踪键处于按下位置时，当开机建压时，发电机自动跟踪系统电压。

3）恒励磁电流调节方式，按下电流选择键即进入电流调节方式。

4）恒功率运行方式，按下无功选择键即进入恒无功调节方式。在恒无功调节方式下，当主机主开关断开时自动进入电压调节方式。

5）恒功率因数运行方式，按下 COS 选择键，进入恒功率因数调节方式，当主机主开关断开时自动进入电压调节方式；当电流、电压、无功、COS 四个键均未按下时，装置总处于电压调节方式；当多个选择键同时按下时，则按照电压、电流、无功、COS 的优先顺序确定调节方式。

7. IEC 系列智能励磁控制器

IEC 系列智能励磁控制器，采用线性最优控制技术，以“力求功能完备、运行可靠性高、检修维护方便、运行操作简单”为设计思想不但具有常规模拟励磁调节器的全部调节和控制功能，而且还具有常规模拟励磁调节器没有的许多控制、保护、限制、逻辑判断、自诊断、容错、在线整定、参数显示、与上位机通信、与 PC 接口调试等功能，是各种大、中、小型同步发电机理想的励磁控制器，可满足无人值守的要求。

（1）设计特点

1）定子电压和定子电流交流采样，发电机定子电压和定子电流经 TV 和 TA 转换、滤波以后直接进入智能 A/D 采样单元，微机系统依此计算发电机定子电压、定子电流、有功功率、无功功率，省去了模拟式变送器这种中间环节，简化了外围硬件，提高了响应速度和运行可靠性。

2）同步回路断线保护，独特的同步电路设计，保证了同步信号稳定、可靠，如在发电机端电压从残压到 130% 额定电压范围内变化，同步方波始终稳定；同步回路无论是在同步变压器一次侧还是在二次侧发生一相断线故障，都能保证发电机在原工况稳定运行，不受影响。

3）调节规律采用线性最优控制技术，线性最优控制技术是目前应用较为成熟的控制技术之一，试验及研究表明，对同步发电机实行最优励磁控制，能提供合适的阻尼，抑制低频振荡，大幅度提高机组静稳定极限，并改善动态品质，使控制器具有优于 PSS 的功能。

4）显示信息丰富、直观、调试维护方便，控制器设有丰富的运行参数显示功能和专用的调试单元。在调试时只需引入三相试验电源，就能全面检测装置的工作状态。这种设计特点独树一帜，不仅显示信息丰富、直观，而且给装置的全面调试和日常维护带来极大方便。

（2）主要功能

1）两种起励方式，即按设定的励磁电流起励、按设定的机端电压起励。

2）两种运行方式，即恒机端电压运行方式、恒励磁电流运行方式。

3）五种励磁限制，即瞬时/延时过励磁电流限制、过无功限制、欠励限制、功率柜停风或部分功率柜退出时限励磁电流、伏/赫限制。

4）两种断线保护，即 TV 断线保护、同步回路断线保护。

5）空载过压保护。

6）运行参数显示及控制参数整定。

7）自检、自诊断、容错及故障检测功能。

8）与上位机和 PC 通信，具有运行状态指示、运行参数显示、事件记录、录波等功能。

9）具有完备的信号报警功能。

（3）应用举例

IEC 系列微机励磁控制器适用于自励、带直流励磁机和他励的励磁系统，以下几种典型晶闸管励磁方式的简单接线图，可根据实际情况灵活选用和实施。

1）自励方式，包括自并励（见图 7-13）和自复励方式，自复励方式又可分为交流侧串联（见图 7-14）、直流侧并联自复励等（见图 7-15）。

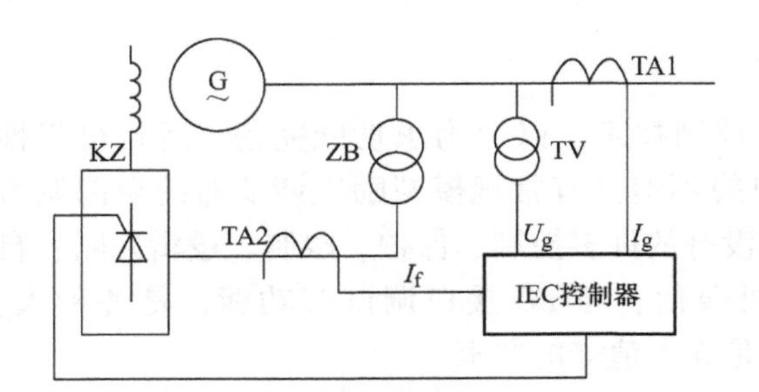

图 7-13　自并励晶闸管励磁方式

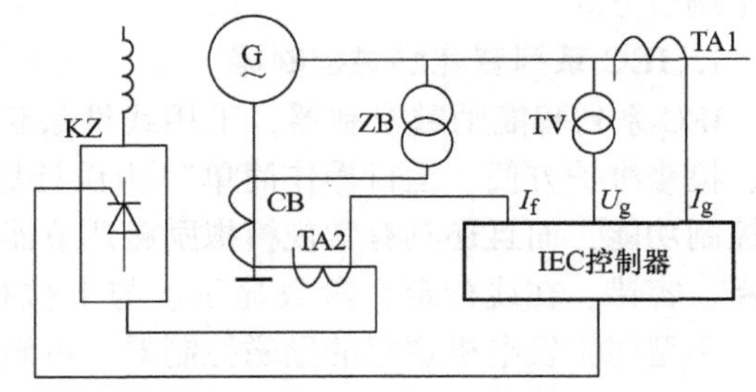

图 7-14　交流侧串联自复励方式

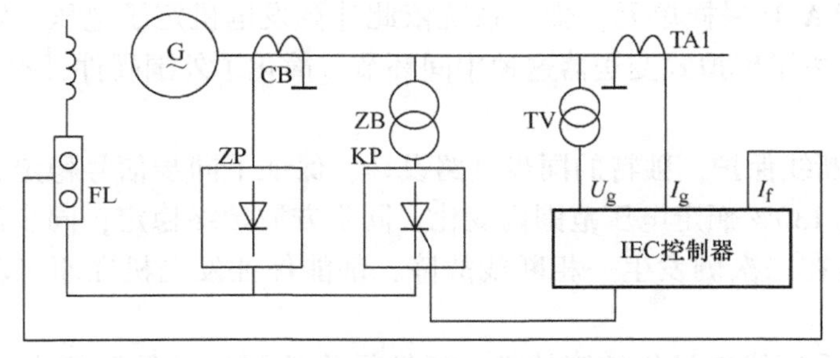

图 7-15　直流侧并联自复励方式

2）带直流励磁机的晶闸管励磁方式，这种励磁方式包括直流励磁机采用晶闸管自励（见图 7-16）和采用连续型晶闸管励磁方式（见图 7-17）。

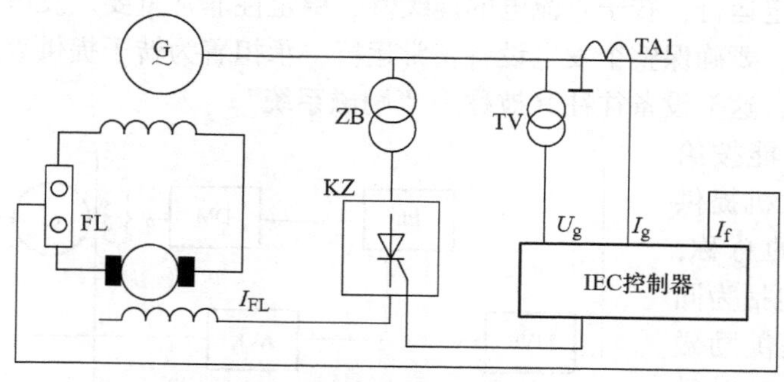

图 7-16　直流励磁机采用晶闸管自励

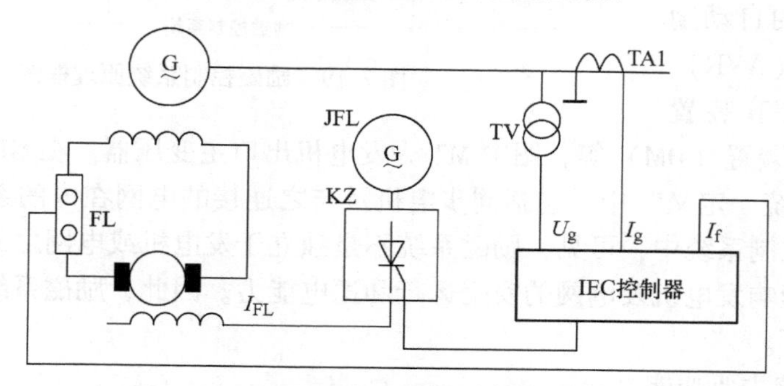

图 7-17　直流励磁机采用连续型晶闸管励磁

3）他励方式，此方式包括交流励磁机带静止晶闸管整流器方式、交流励磁机带静止晶闸管方式和无刷励磁方式（见图 7-18）。

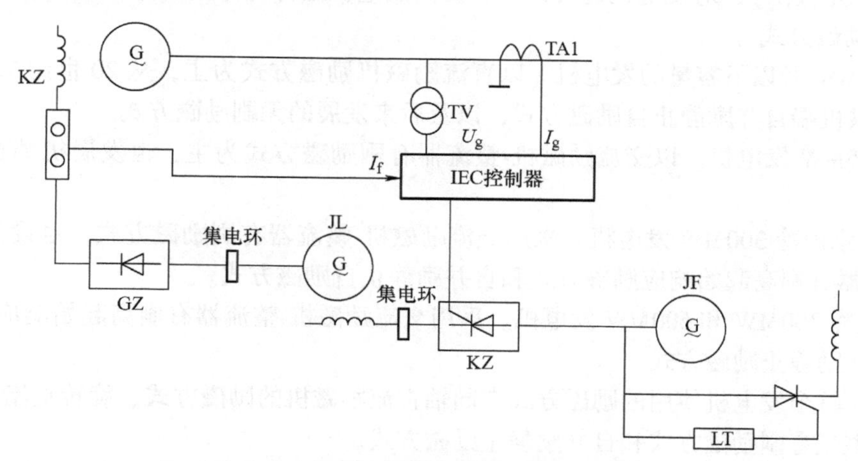

图 7-18　他励静止晶闸管整流器励磁方式

8. 大型发电机组励磁系统

（1）励磁系统基本构成

我国汽轮发电机的生产从 20 世纪 50 年代的 50～60MW 机组，到 20 世纪 70～80 年代的 300MW 机组，而 90 年代则扩展到 600MW 机组，直至现在的 1000MW 机组，整个火力发电设备的发展趋势非常明显。汽轮发电机作为同步发电机，转子提供直流电，在汽轮机拖动的旋转状态下，切割发电机定子线圈，进而在发电机定子绕组中产生电动势（电压），而要保证同步发电机的稳定运行，转子直流电的连续性、稳定性非常重要。发电机转子的直流电源由外部提供。因此，要确保整个发电设备正常运行，承担着为转子提供直流电源的配套设备同样显得非常重要，这类设备往往又被称为“励磁系统”。

励磁系统是指能按给定规律为同步发电机提供励磁电源的系统的总称，如图7-19所示，包括为同步发电机（G）提供励磁电流的电源（ED）、对励磁电流进行调节的自动励磁电压调节装置（AVR）、手动励磁电压调节装置（MVR）以及灭磁装置（DM）等，图中MT为发电机出口主变压器。在GB/T 7409.1—2008“同步电机励磁系统　定义”中，包括同步电机及与之连接的电网在内的系统状态的信号特性也划归到励磁控制系统中，可见，励磁系统不是独立于发电机或电网之外的设备，它的可靠性和性能直接影响发电机及电网的安全运行和送电能力。因此，励磁系统是发电机和电网中极其重要的一环。

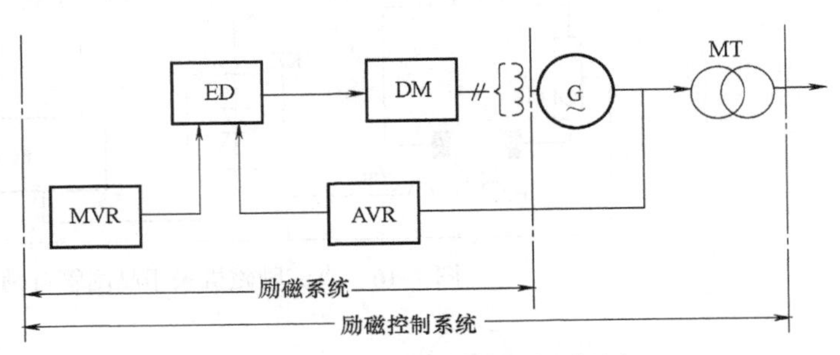

图7-19　励磁控制系统原理框图

（2）励磁系统主要功能

励磁系统主要功能包括为发电机提供受控的励磁电流；保证电力系统的供电质量（恒电压）；提高发电机的利用率（合理的无功分配）；提高供电能力，节约电网投资（提高静稳定和动稳定极限）；对发电机进行灭磁；提高发电机运行可靠性（异常工况限制和保护）。

（3）励磁方式

1）60MW及以下容量的发电机。以直流励磁机励磁方式为主，从20世纪70年代初开始，也提供机端自并励静止自励磁方式，以及后来发展的无刷励磁方式。

2）125MW发电机。以交流励磁机-整流器有刷励磁方式为主，也发展机端自并励静自励磁方式。

3）双水内冷300MW发电机。采用交流励磁机-整流器有刷励磁方式，也设计了交流励磁机-整流器有刷高起始响应励磁方式和自并励静止自励磁方式。

4）氢冷300MW和600MW发电机。采用交流励磁机-整流器有刷高起始响应励磁方式，设计了自并励静止励磁方式。

可见，整个发电机使用的励磁方式有同轴直流励磁机的励磁方式、旋转整流无刷励磁方式、静止整流有刷励磁方式和自并励静止励磁方式。

大型汽轮发电机的励磁方式从直接直流励磁方式到交流-整流器的演变，每一种励磁方式各有其优劣，不能简单地认为某种方式好或者不好，这还与不同容量发电机的设计结构、容量、响应速度等有关，在励磁方式的选用上也有所不同，评价和考核整个发电机的技术指标常常有静态和动态指标。随着近几年大容量发电机的快速需求和发展，与其相应的大功率的无刷励磁系统也得到了极大的运用和发展，在发展无刷励磁系统的同时，静态励磁系统也逐步得到较大的发展和应用，有时因机组设计考虑的需要，也采用静态励磁的方式。静态励磁系统有以下优点：除集电环外，没有旋转部件；可缩短机组轴系长度；结线简单，除集电环外，都是静止设备，维护方便；属于高起始响应励磁系统。

但静态励磁系统也存在不足，如励磁电源独立性较差、集电环和电刷引起碳灰和噪声污染等。相比较，无刷励磁机有其比较好的特点，无刷励磁机的主要由永磁副励磁机、主励磁机、旋转整流盘、交直流引线等组成，其磁极静止，电枢旋转，硅整流桥安装在旋转的整流盘中，单轴承结构，直流电直接沿中心引线引入发电机的转子绕组。

尽管各种励磁系统的原理基本相同，但由于所匹配的发电机容量大小的不同，对直流电的要求也存在等级和要求上的差异，特别是对于大容量的发电机组，由于其电流大、电压高，对整流组件、接触件性能、通风冷却、灭磁能力等要求也更高。发电机的励磁回路时间常数很大，在系统发生故障时，快速励磁虽然可以使励磁电压瞬时增大，但是励磁电流增长较慢，发电机磁通增大至最大值往往需0.3～0.5s。一般情况下，只有在快速切除故障时，两侧电势差角的增长才较慢，一般达到最大角的时间为0.5～0.6s，这样，快速励磁在功角曲线中增大制动面积的作用就有限了，如果不能快速切除故障，差角增大过快，则起不到维持暂态稳定的作用，因此具体设计电网时，快速切换故障应是先决条件。大机组是采用快速励磁还是常规励磁，应从电网需要、大机组设计结构复杂性、可靠性及造价等全面考虑后决定，有相当多的文献对励磁系统的各个方面进行了研究。

当汽轮发电机的励磁电流达到数千安以上时，集电环和电刷的矛盾比较突出，同时防爆场合要求无火花。近二三十年来，电力电子技术的广泛应用、直流输电技术的进步、交直流混合输电系统的联合运行、大容量发电机的制造和应用电机的各种新要求，再加上现代控制理论、微电电机技术及计算机、电力电子技术的快速发展，对半导体变流技术的广泛研究，特别是在电力变电方面的快速发展应用，极大地推动了发电机励磁系统技术的发展。目前，对大机组励磁装置更多地采用交流无刷励磁方式。这种大功率无刷励磁机组使用比较多的是目前国内最大容量的1000MW级发电机配套的4500kW无刷励磁机。

（4）4500kW无刷励磁机

目前我国最近几年生产的1000MW级汽轮发电机组，尽管发电机主机（定子和转子）已经实现了国产化制造，但其配套的励磁系统还未实现国产化，基本上都还是采用国外全进口的方式，而这样的励磁系统的国产化制造与当时主机制造一样，同样是一个需要攻克的难点。4500kW无刷励磁机是目前国内容量最大的无刷励磁机。

1）无刷励磁机技术。世界上各发电机制造商所设计的无刷励磁系统尽管有结构上的差异，但整个励磁系统的基本构成和原理还是比较一致的。其基本工作原理是副励磁机转子充磁后产生磁场，随着转子一起旋转，副励磁机定子线圈切割磁场产生交流电，引到外部经整流成直流电后输给主励磁机定子，主励定子产生磁场，主励转子绕组切割磁场产生交流电，经旋转整流盘整流成直流电后输给发电机转子。各无刷励磁系统更多的差异主要还是在材料的使用上和局部设计的风格上。

无刷励磁系统中的永磁副励磁机目前常采用的材料为稀土钴、铝镍钴；所采用的基本结构为外转磁钢式、内转磁钢式及感应子式。其中，外转磁钢式静止的电枢安装在旋转磁钢的内腔；离心力把磁钢压向钢制外环，磁钢仅受离心压力；为了提高自动励磁调节系统的反应速度，减小相移时间，副励磁机的设计频率都采用中频频率，如300～500Hz；旋转整流组件采用三相全波整流桥，由二极管、电容及熔丝等组成，供给整流器电路的所有交流电源都有内部阻抗，主要是感性的。这个阻抗的作用是改变了换向过程，也改变了随整流器负载电流增大而非线性地减小整流器平均输出电压的特性。

无刷励磁机除具有高起始响应的励磁特性外，还具有以下特点：没有集电环和电刷，适合于防爆场合；适用于大励磁电流的场合；维护和结线简单，占地面积小，轴系较长；难于考虑备用；自然灭磁；测量励磁参数困难。

无刷励磁系统的发展也正随着其相关组件的技术发展而发展，如二极管的发展。由于整流励磁的需要，二极管晶闸管元件重复峰值电压的选择依据为：元件必须能承受发电机误同期、滑极、失步、失步再同步以及异步运行、操作过电压等各种可能的转子过电压而不损坏。

2）4500kW 无刷励磁机主要技术特点和组成。4500kW 无刷励磁机也同样具有无刷励磁机的一般特点，但在具体设计结构方面有其一些特点，即：采用旋转二极管无刷励磁系统，该励磁机包括整流盘、三相主励磁机、三相副励磁机、冷却器、仪表和监测设备。图 7-20 为励磁机的基本布置。永磁副励磁机产生三相交流电，通过整流和控制提供一可变的直流电流给主励磁机励磁。在主励磁机转子感应的三相交流电经旋转整流桥整流后，通过转子轴的直流引线提供给发电机转子磁场绕组励磁。

整流盘和励磁机转子同轴，与发电机转子刚性相连，由一个位于其端部的轴承支撑。因此发电机和励磁机的转子由三个轴承支撑。两根轴机械连接，轴中心的直流引线连接通过由插头螺钉和插座组成的多接触电气系统连接起来。这种接触系统也考虑了由于热膨胀引线长度变化引起的补偿。

图 7-20　励磁机转子

习　题

7-1　简述同步发电机励磁方式分类及其特点。

7-2　简述同步发电机励磁控制方式及其特点。

7-3　简述适合 1000MW 超超临界大型火力发电机组的大型无刷励磁机构成及特点。

第8章 电动机智能控制技术及应用

本章主要介绍模糊控制、神经网络控制、模糊神经网络控制等智能控制方法在电动机控制中的应用，此外，还介绍为实现电动机智能控制，控制系统应当具有的硬件基础。

8.1 电动机智能控制概述

传统的电动机调速系统多采用PI控制。由于PI控制算法简单，参数调整方便，有一定的控制精度，得到了广泛应用。但PI控制的本质是一种线性控制，若被控对象具有非线性特性或有参变量发生变化，会使得PI控制无法保持设计时的性能指标，鲁棒性往往无法令人满意；同时，在确定PI参数的过程中，由于PI参数的整定值是具有一定局域性的优化值，而不是全局性的最优值，因此PI控制无法从根本上解决动态性能和稳态精度的矛盾。

智能控制是控制理论发展的高级阶段，包括模糊控制、神经网络控制、专家系统和遗传算法等，传统控制理论亦可以与这些智能控制方法相结合，或者智能控制之间相结合，形成新的复合控制，以便充分利用各种控制方法的优点。智能控制的基本出发点是模仿人类的思维（智能），对复杂不确定性系统实现有效的控制，具有模拟人类学习和自适应的能力。智能控制理论的处理方法不再是依赖单一的数学模型，而是数学模型与知识系统相结合的广义模型，充分利用人类的经验和思维、判断能力实现对复杂系统的控制。PI控制与智能控制结合，可以提高其控制参数的自适应性。另外，一些控制方法，如矢量控制方法对电动机的参数依赖性很大，而电动机参数具有一定时变性，相应的控制方法没有自适应能力，控制性能将受到很大影响。显然，将智能控制结合到这些控制方法中，可以解决类似问题。智能控制的重要优点已在许多场合得到了验证和应用，并已进入电力电子学和传动控制领域。可以预测在未来几十年中，智能控制将在传动控制领域中发挥引领时代新潮流的作用。

电动机是一个非线性、多变量和大惯性的运动对象，常规的控制器无法实现量大及高速的计算，无法实现智能控制。但随着微电子技术的发展，出现了大量专门用于电动机控制的微处理器，提供了智能控制的硬件基础。因此，智能控制在电动机中的应用将会越来越广泛。

高性能电动机控制系统的控制策略有如下主要研究方向。

（1）抑制参数变化和扰动的新型非线性控制策略

从本质上看，异步电动机是一个非线性多变量系统，应该在非线性控制理论的基础上研究其控制策略，才能真正揭示问题的本质。近年来，由于变频器性能的改善，更由于微处理器能力的增强，实现较复杂的控制算法已不成问题。因此，异步电动机的各种非线性控制策略已成为研究的热门课题。

（2）应用智能控制方法的新型控制策略

针对交流传动系统的数学模型，通过引入智能控制方法，可充分利用智能控制具有解决非线性、变结构、自寻优等的能力来克服交流传动系统变参数、非线性等不利因素，从而提高系统的鲁棒性。

(3) 研究高性能的无速度传感器控制策略

对于交流电动机来说，采用高性能的无速度传感器控制策略，可以提高转速估计精度，增强系统抗参数变化和自适应能力，降低系统的复杂性。

8.2 电动机智能控制硬件基础

8.2.1 电动机集成控制芯片

电动机控制器电路集成化是发展趋势，是设计低成本、高性能电动机控制系统的基础，也是实现智能控制的基础。目前用于电动机控制的集成电路可分为三大类：电动机控制专用集成电路（ASIC）、专门为电动机控制设计的微控制器 MCU 和数字信号处理器 DSP。电路集成有两个途径：一是将电动机控制器和功率器件集成在一个芯片上；二是将硬件和程序基础结构放在一个模块里，如数字式智能电动机控制模块。集单片机数字化控制、键盘操作、LED 显示电路于一身，通过设定可实现全压起动、软起动、斜坡起动、阶跃起动、限流起动、限压起动、节能运行并可实现软停车。另外，把微处理器、微控制器和数字信号处理器的能力集中在一块芯片上，解决大多数工程问题。未来，具有更高速、高集成度功能模块的电动机专用 DSP 是电动机控制微处理器的方向。直接集成 FPGA、CPLD 等大规模逻辑器件，将两者的优势相结合，设计混合式 CPU/DSP 也是发展方向之一。

下面简单介绍专门为电动机控制设计的微控制器和数字信号处理器。

1. 微控制器芯片

专门用于电动机控制的微控制器芯片注重于能提供 I/O 接口的数量和片内存储器的大小，所以非常适用于有大量的 I/O 操作的场合，应用于一些精度要求不高的电动机控制系统中。

微控制器一般来说采用标准的 8 位或 16 位 CPU 核，在微控制器中集成了脉宽调制器(PWM)、A/D 转换器和 SPI 串行接口等外围电路。不同的产品或不同的生产厂家的结构有所不同，应用场合也不同。世界上著名的集成电路芯片制造商，如 Microchip 公司、Freescale 公司、ST 公司、ZiLOG 公司、Infineon 公司等，均生产专门用于电动机控制的微控制器芯片系列产品。如 Microchip 公司推出的 8 位 PIC8Fxx 系列，适合低成本的先进无刷直流和交流异步电动机的控制应用；8 位 PIC16Fxx 系列，适合对无刷直流电动机和交流异步电动机进行高效控制；16 位 dsPIC30F 电动机控制和功率转换系列，性价比介于 16 位单片机、32 位单片机及 DSP 中低档机之间，将高性能 16 位单片机的控制特点和 DSP 高速运算的优点相结合，适用于精度更高、运动速度更快或无传感器控制的电动机控制应用。

2. 数字信号处理器芯片

数字信号处理器（DSP）芯片内部集成了 A/D 转换器、数字 I/O、串口通信、CAN 总线控制器、PWM 信号输出等接口电路，因此使得电动机控制系统硬件设计更加灵活、简易。而且 DSP 芯片具有高速运算的能力，为实现智能控制提供了良好的硬件基础。由于过去 DSP 芯片的价格较高，主要用于高档工业电动机控制中，如伺服电动机控制。但近年来，随着其价格不断降低，在电动机的控制领域中逐渐用 DSP 代替 MCU。TI、ADI、Freescale 三家公司都生产满足电动机控制要求的 DSP 控制器系列产品，如 TI 公司的相关产品为

TMS320C2000 系列，ADI 公司的相关产品为 ADMC 系列，Freescale 公司的相关产品为 MC56F800 系列。表 8-1 给出了目前应用较多的 TI 公司的 TMS320F2812、ADI 公司的 ADMC401 和 Freescale 公司的 MC56F807 三种产品的性能比较。

表 8-1　不同电动机控制 DSP 产品性能比较

特　性	型　号		
	TMS320F2812	ADMC401	MC56F807
处理速度/MIPS	150	26	80
时钟频率/MHz	150	26	80
体系结构	改进的哈佛结构	改进的哈佛结构	改进的哈佛结构
内部程序空间	128k×16bit FLASH	2k×24bit DPROM 2k×24bit PRAM	60k×16bit FLASH 2k×16bit PRAM
内部数据空间	18k×16bit SRAM	1k×16bit DRAM	8k×16bit FLASH 4k×16bit DRAM
Boot Load	4k×16bit Boot ROM	无	2k×16bit Boot ROM
数字 I/O（专用/共用）	56	12	14/18
脉宽调制（PWM）	16 路	3 相 6 路，16 位 2 个相位辅助 PWM	12 路
A/D 转换器	16 路 12 位（80ns）	8 路 12 位，流水线（2μs）	16 路 12 位（2μs）
SCI	2	1	2
SPI	1	1	1
CAN2. 0B	1	无	1
输入捕捉单元	6	2	4
正交编码电路	2	1	2
看门狗定时器	有	有	有
程序加密	有	无	无
封装/脚 LQFP	128	144	160

8.2.2　其他主要外围电路

1. 信号检测与转换

电动机控制系统中信号检测是必不可少的。无论是开环系统，还是闭环系统，都需要进行必要的信号检测，以保证系统能够正常、安全可靠地运行。实际系统中，检测信号分为电量和非电量两大类。电量有电流、电压、电荷量和功率等。系统中需要检测的信号大多数是非电量信号，如位置、速度、加速度、温度、力或转矩、振动和噪声等，通常需要根据物理学原理利用传感器将这些非电量信号转换成电信号后再进行检测。在电动机控制系统中，常用的检测信号主要有电流、电压、温度、转子位置、转速和转矩等物理量，下面简单介绍相关的检测电路和方法。

（1）电流检测

电流是电动机内部最基本的物理量，主要检测方法有电阻法、电流互感器法和霍尔效应电流传感器法。电阻法是利用电流流过电阻后会产生电压降，通过检测电阻两端电压大小就可以获得流过电阻的电流大小，如图 8-1 所示。电阻法的优点是元器件成本低、电路简单、响应速度快等，通常在小电流情况下使用；其缺点是电阻会消耗能量，且电阻一般会受温度的影响，影响其检测精度。图 8-1a 利用电阻上的电压直接通过放大器来采样电阻两端的电压输出。由于放大器输入阻抗很大，输出电压经过放大器负反馈能很好地跟踪实际电压大小，测量误差小，但受温度影响较大。图 8-1b 是经过阻容滤波后采样电压，可以减少高频信号的影响。

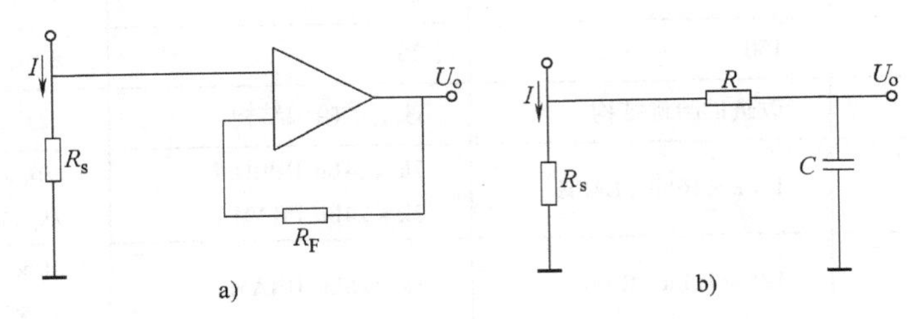

图 8-1 电阻法测电流原理

电流互感器法利用电流互感器来检测电流。它类似于变压器，利用交流电的电磁感应原理测量电流，适用于高压大电流检测，但在测量动态或低频信号时精度不高。

霍尔效应电流传感器法是应用较多的一种方法。利用霍尔效应和磁场平衡原理设计的精密电流检测元件，主要由被测导体、聚磁环、线圈、霍尔元件、放大器驱动器和测量电阻等组成。它的优点是实现了电气隔离，而且可以测量直流和交流电流值，精度高；缺点是价格较高，需要额外的恒压直流电源。

（2）电压检测

电压测量有直接测量、电阻分压法、电压互感器法和霍尔效应电压传感器法。当测量电压较小时，可以直接输入放大器缓冲后测量。当电压较高时，则需要采用电阻分压后测量。对于交流高压，通常采用电压互感器。它与电流互感器类似，利用变压器原理将高压变为低电压后再测量。其优点是电气隔离，测量简单，但在测量动态或低频信号时精度不高。

霍尔效应电压传感器工作原理与霍尔效应电流传感器类似，所不同的是电流传感器被测电流的导体匝数很少，而电压传感器的匝数相对较多。

（3）温度检测

温度是最基本的物理量之一，根据温度的特性可以有各种不同的检测方法，常用的有接触式测量和非接触式测量两类。接触式测量利用温敏元件和温度传感器，如热电偶、温度计和热敏电阻等；非接触式测量利用物体的热辐射、色谱等，如红外测温、光纤光栅测温和图像测温等。在电动机控制中温度的检测主要是接触式测量。

（4）转子位置检测

电动机控制系统中位置检测通常包括：微电动机解算元件，例如旋转变压器和同步感应器；光电元件，如绝对光电编码器、增量式光电编码器和直线光栅等；磁敏元件，如霍尔位置传感器；电磁感应元件，如接近开关、开口变压器等。这些位置检测传感器或者与电动机非负载端同轴连接，或者直接安装在电动机的特定部位。其中微电动机解算元件和光电元件的测量精度较高，而磁敏元件和电磁感应元件只能检测某些固定的绕组换相位置。

绝对式光电编码器通过读取编码盘上的图案信息（一种编码方式）来获得绝对位置信息。编码盘是按照一定的编码形式制成的圆盘，圆盘上组成编码的圈称为码道，每个码道表示一个二进制数的一位。每个码道上配置光电编码器，包括光源、透镜、码盘、光敏二极管和驱动电子电路。当码盘转到一定的角度时，扇区中透光的码道对应的光敏二极管导通，输出低电平；遮光的码道对应的光敏二极管不导通，输出高电平，这样形成与编码方式一致的高、低电平输出，从而获得扇区的位置角。这样的二进制编码盘存在的主要缺点是码道图案的变化数目不明确，输出电平变化频繁，在实际应用中误差较大。

增量式光电编码器的原理是编码盘随位置的变化输出一系列脉冲信号，然后根据位置变化的方向用计数器对脉冲进行加/减计数。它由光源、透镜、主光栅码盘、鉴向盘、光敏元件和电子电路组成。利用增量式光电编码器可以检测位置和转速。

（5）转速检测

转速反映了电动机的转子在一定时间内移动的距离。因此，可以利用转子位置检测信号配合定时器计时确定转速的大小，也可以利用测速发电机测速。测速发电机测速的工作原理详见4.3节。

利用光电编码器的测速方法有M法、T法和M/T法。M法也称为测频法，其测速原理是在规定的检测时间T_c内，对光电编码器输出的脉冲信号进行计数来测量转速，适用于测量高转速。例如，光电编码器是N线的，则每旋转一周可以有$4N$个脉冲，在T_c内计数器记录的脉冲数为M_1，则电动机的转速为

$$n = \frac{15M_1}{NT_c} \tag{8-1}$$

T法也称为测周法，在一个脉冲周期内对时钟脉冲信号进行计数来测量转速。例如，时钟频率为f_{clk}，计数器记录的脉冲数为M_2，则电动机的转速为

$$n = \frac{15f_{clk}}{NM_2} \tag{8-2}$$

M/T法测速是将M法和T法结合起来，在一定的时间内，同时对光电编码器输出的脉冲个数M_1和时钟脉冲数M_2进行计数，则电动机的转速为

$$n = \frac{15M_1 f_{clk}}{NM_2} \tag{8-3}$$

M/T法既具有M法能够测量高速的优点，还具有T法能够测量低速的优点，可测量的转速范围较广，测量精度高，在电动机控制中应用十分广泛。

2. 智能功率驱动芯片

智能功率驱动芯片（Intelligent Power Module，IPM）是先进的混合集成功率器件，由高速、低功耗的IGBT芯片、优化的栅极驱动电路及多种保护电路集成在同一模块内。与普通IGBT相比，由IPM构成的电路，由于不需设置专门的驱动电路、故障检测及保护电路，使电路结构大为简化，使用起来方便，减少了系统的体积以及开发时间，调试方便简单，而且可靠性高；其主要驱动电路放置在功率模块里面，减少了连接线。因此功率器件能可靠导通与关断，不易受到干扰；另外，由于保护电路已由元件生产厂家放置在功率模块里面，且已调整好，因此故障保护也相当可靠。而且由于IPM的通态损耗和开关损耗都比较低，散热器的尺寸减小，故整个系统的尺寸更小。智能功率驱动芯片IPM适应了当今功率器件的发

展方向（即模块化、复合化和功率集成电路），为智能控制应用提供了一个很好的平台，在电力电子领域和传动控制系统中得到了越来越广泛的应用。

智能功率驱动芯片主要生产厂家及产品有日本三菱公司的PM系列、东芝公司的MIG系列、富士公司的6MBP/7MBP/7MBR系列、德国泰科TYCO公司的PIMs系列、美国国际整流器公司IR的IRAM系列等。IPM的具体应用方案，应根据不同产品的特点来设计，一般来说生产厂商都会提供其产品的应用方案。

8.3 电动机的模糊控制

8.3.1 模糊控制概述

模糊逻辑涉及含糊的、不确定的和不精确的问题，并试图模仿人类的思维过程。在模糊集合理论中，一个对象在给定集合中的存在状况是以隶属度来表示的。模糊集合和模糊逻辑的基本概念如下。

1）论域：所考虑对象的全体元素组成的基本集合或值的分布领域，用E表示。

2）语言变量：就是元素的符号表示，但与代数变量、随机变量或者模糊变量不同，它是指一个取值为模糊数的变量，或者指一个取值域不是数值，而是由语言词来定义的变量。例如，一个温度模糊控制系统的温度误差用语言变量θ表示，论域$U=[-8, +8]$，温度正、负“误差”语言变量的值有负大（NB）、负中（NM）、负小（NS）、零（Z）、正小（PS）、正中（PM）及正大（PB），还可以再加上前缀如“非常”“倾向”等。

3）语言值：就是元素可以接受的值的符号表示。在语言系统中，以实数域（$-\infty$，$+\infty$）或其子集为论域的口语化量词，如“大”“小”“长”“短”或“非常大”“不太大”“稍重”等都称为语言值。

4）模糊集合：论域E中的任一个子集用隶属度表示，若隶属度取0到1之间的任意值，那么这个子集称为模糊集合。

5）隶属函数：元素e_i隶属于论域E中一个子集的程度。这种隶属程度用闭区间[0，1]的取值大小来反映：越接近1，隶属于该子集的程度越高；反之，越接近于0，隶属于该子集的程度越低。隶属函数的基本形式可参阅有关文献。

6）模糊集合的基本运算：模糊集合也有交、并、补等基本运算，但它们是通过各自的隶属度来定义的。

7）模糊推理：这是模糊逻辑控制器的核心。它是基于模糊规则和合成规则从输入模糊集到输出模糊集的映射，是对人类做出决定过程的模仿。具体说，就是根据输入模糊量，由模糊控制规则完成模糊推理，求解模糊关系方程并获得模糊控制输出量。

8）知识库：知识库包含应用领域的知识及有关控制目标，包括数据库和控制规则库。数据库提供用于规定模糊控制器中语言控制规则和模糊数据操作的定义，存放所有输入、输出变量的全部模糊子集的隶属函数。在模糊关系方程求解中，向推理机构提供数据，但数据库不存放输出变量的测量数据集。规则库用来存放全部控制规则，在推理时为推理机构提供语言控制规则。这些规则是以专家知识和操作人员的经验为依据的，是一种根据人的直觉推断的语言表达形式。模糊规则通常由关系词组成，如if-then、else、and、or、also、end等。

规则条数的多少与语言变量模糊子集的划分有关。分得越细，条数越多。

9）模糊化：即把清晰量变换为模糊集。在模糊控制应用中，所观察的数据一般都是清晰的。因为在模糊控制器中数据操作一般都是以模糊集合理论为基础的，只能对语言变量进行运算，所以在设计之初需要模糊化。就是说，具有实际意义的量值，如测定的输入数据，必须改变论域并通过隶属函数把它变为以语言变量表示的模糊集。

10）模糊关系：除了普通关系外，还有模糊关系。前者只表示事物（元素）间是否存在联系，后者则表示事物（元素）间对于某种模糊概念上的联系程度。

11）去模糊化：就是从输出论域中确定的模糊控制作用的空间映射到非模糊（清晰）控制作用的空间中去。在很多实际应用场合需要清晰控制作用，所以就需要通过模糊推理确定模糊控制决策后执行去模糊化过程。常用的去模糊化的方法有最大值法、最大值平均法和重心法。具体内容可参阅有关文献。

图 8-2 为某个模糊控制系统结构框图，主要包括模糊化单元、知识库、模糊推理机构和去模糊化单元。图 8-3 所示的简单例子说明模糊系统的运算原理。设系统有两个输入 e_1、e_2 和一个输出 u。它们都是与语言变量（“速度”“转矩”）有关的数值变量。每个语言变量的语言值取“*ZE*（零）”“*PL*（正大）”“*PS*（正小）”中的两个，并各用相应的模糊集表示。给定 e_1、e_2的数值，按照单态体模糊化方法把它们分别映射到模糊集。相应的隶属度：e_1映射到“*ZE*”的为 0.75，到“*PS*”的为 0.25；e_2映射到“*PS*”的为 0.5。然后根据以下规则（假设已存放在规则库中）：if e_1 is *ZE* and e_2 is *PS* then u is *PS*，if e_1 is *PS* and e_2 is *PS* then u is *PL*，对其中的前提和模糊关系应用 MAX-MIN 推理方法求得输出模糊集。最后，选择重心法或其他方法进行去模糊化。

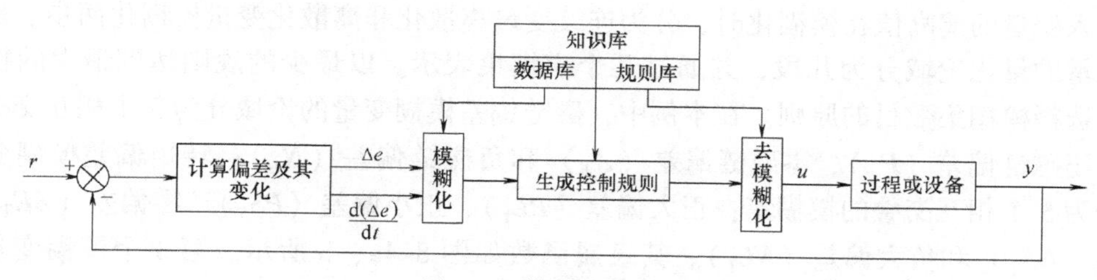

图 8-2　模糊系统结构

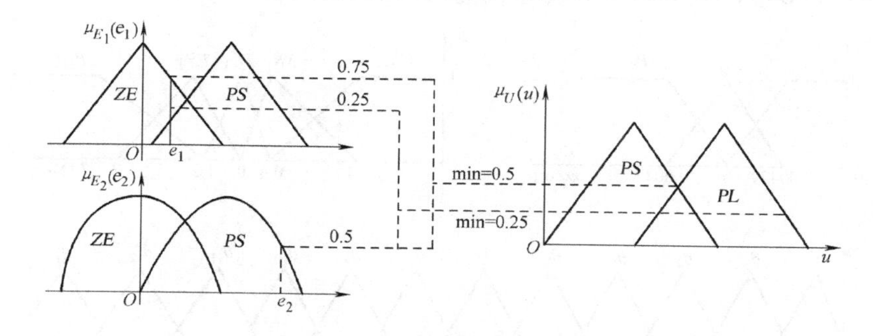

图 8-3　模糊推理计算过程

8.3.2　电动机的模糊控制系统设计

本节以异步电动机直接转矩控制为例，讨论电动机的模糊控制系统设计一般方法。关于直接转矩控制的相关内容见6.5节。

通过将模糊逻辑控制器与直接转矩控制相结合，可以进一步改善系统性能，提高起动和给定转矩的动态响应速度。应用模糊控制器的设计方法，结合异步电动机直接转矩控制的原理，设计步骤如下。

（1）选择模糊变量

模糊控制器依据模糊状态变量来选择逆变器的开关状态。因此，模糊控制器选择了3输入1输出的结构，即它有3个模糊输入变量和1个输出控制变量。其中，3个输入变量分别是定子磁链值的偏差 e_{ψ}、转矩偏差 e_{T}、定子磁链与参考轴之间的磁通角 θ；输出控制变量是逆变器的开关状态控制量 u_{υ}，这相当于所要加到电动机端子上的电压空间矢量。

第1个模糊输入变量 e_{ψ} 为给定定子磁链与实际定子磁链值之间的差，即

$$e_{\psi}=\psi_1^*-\psi_1 \tag{8-4}$$

第2个模糊输入变量 e_{T} 为给定转矩与计算的实际转矩之间的差，即

$$e_{\mathrm{T}}=T^*-T \tag{8-5}$$

第3个模糊输入变量 θ 为

$$\theta=\arctan\frac{\psi_{\beta1}}{\psi_{\alpha1}} \tag{8-6}$$

（2）模糊化

如上所述，模糊化就是把数值变量（实数）变换为语言变量（模糊数）的过程。在模糊控制器中，输入总是限于输入变量域的清晰数值，而输出是限于语言集的隶属度（总在0和1之间）。

输入变量的清晰值在模糊化时，分为连续变量离散化和离散化变量模糊化两步。最终把每个变量的量化论域分为几段，并通过几个模糊集表示。以最少的规则达到最大的控制目标，是选择模糊集数目的原则。在本例中，磁链偏差模糊变量的论域分为3个相互交叠的模糊集：正磁链偏差（P_{ψ}）、零磁链偏差（Z_{ψ}）和负磁链偏差（N_{ψ}）；转矩偏差模糊变量的论域分为5个相互交叠的模糊集：正大偏差（PL_{T}）、正小偏差（PS_{T}）、零偏差（ZE_{T}）、负小偏差（NS_{T}）和负大偏差（NL_{T}）。其隶属函数如图8-4a、b所示。第3个模糊变量，即定子磁通角的论域分为12个模糊集（$\theta_1\sim\theta_{12}$），其隶属函数如图8-4c所示。

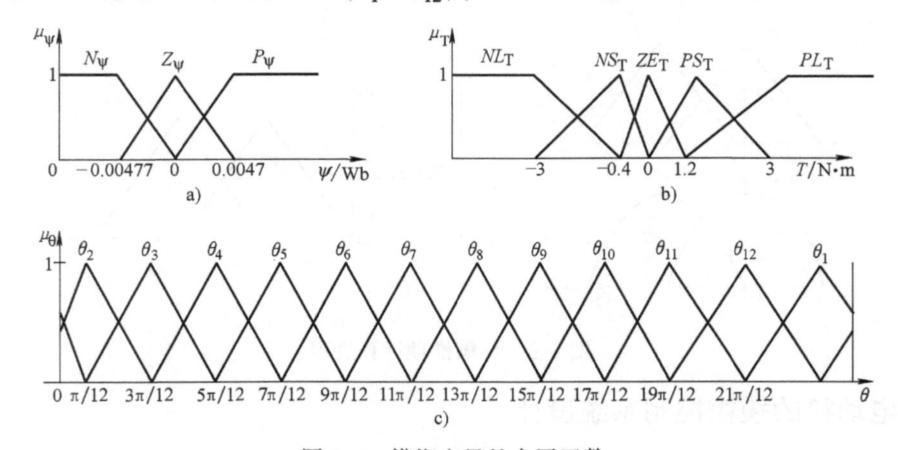

图8-4 模糊变量的隶属函数

输出变量不需要模糊化，因为这些开关状态和相应的电压空间矢量都是清晰的，所以不需要模糊隶属函数。两电平逆变器有 8 个不同的开关状态，而这里其实只有 6 个电压空间矢量和 2 个零矢量。

（3）确定模糊规则

模糊控制器中，每一条控制规则都可以用模糊输入变量 e_ψ、e_T、θ 和输出控制变量 u_v 表示。例如，设第 i 条控制规则可表达为

$$\widetilde{R}_i: \text{if } e_\psi \text{ is } \widetilde{A}_i, e_\mathrm{T} \text{ is } \widetilde{B}_i \text{ and } \theta \text{ is } \widetilde{C}_i \text{ then } u_\mathrm{v} \text{ is } \widetilde{N}_i$$

式中　$\widetilde{A}_i$、$\widetilde{B}_i$、$\widetilde{C}_i$ 和 $\widetilde{N}_i$——各相关模糊集。

模糊规则是根据专家经验或已知的知识来确定的。本例中，可以利用异步电动机直接转矩控制的矢量图，如图 8-5 所示，按上述形式写出相应规则表达形式。电压空间矢量 5、6 和 1 使磁通增加，而 3、4 和 2 使它减少；与此相类似，6、1、2 使转矩增加，而 3、4、5 使转矩减少。为了使磁通显著增加而转矩稍有增加，可选择电压空间矢量 6；为了使磁通稍有增加而转矩显著增加，选择电压空间矢量 1；为使磁通稍有减少和转矩稍有增加，选择电压空间矢量 2；为了使磁通显著减少和转矩稍有减少，选择电压空间矢量 3；为了使磁通稍有减少和转矩显著减少，选择电压空间矢量 4；为了使磁通稍有增大和转矩显著减少，选择电压空间矢量 5；为了使转矩稍有减少并保持恒磁通，选择电压空间矢量 0。随着磁链空间矢量位置（即磁通角）的变化，选择的电压矢量也是不同的。总共有 180 个控制规则，见表 8-2。

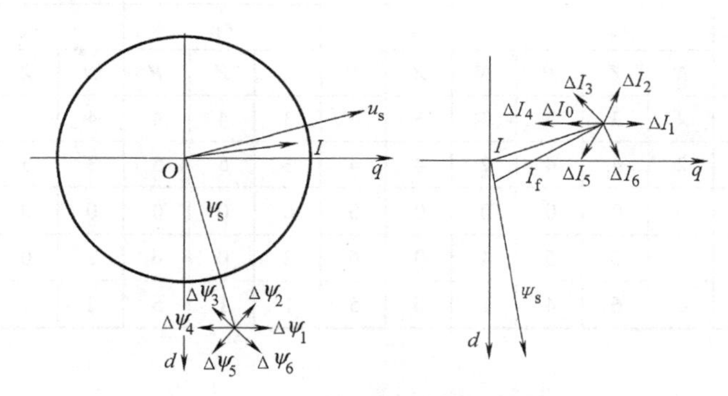

图 8-5　用于建立规则库的矢量图

（4）模糊推理与算法

模糊推理是指模糊控制器中，根据输入模糊量由模糊控制规则求解模糊关系方程式，求得输出模糊控制量的过程。若 $\widetilde{A}$、$\widetilde{B}$、$\widetilde{C}$ 和 $\widetilde{N}$ 的隶属函数分别为 μ_ψ、μ_T、μ_θ 和 μ_v，具体步骤如下。

1）计算第 i 个规则的加权系数（激活强度），可表示为

$$\alpha_i = \min(\mu_\psi(e_\psi), \mu(e_\mathrm{T}), \mu(\theta)) \tag{8-7}$$

2）应用 Mandani 的最少运算规则作为模糊关系函数，通过模糊推理则可从第 i 个规则得到控制输出为

$$\mu'_{\mathrm{v}i}(u_\mathrm{v}) = \min(\alpha_i, \mu_{\mathrm{v}i}(u_\mathrm{v})) \tag{8-8}$$

3）逐点确定输出 u_v 的隶属度后求出总的推理结果为

$$\mu_{\mathrm{v}}(u_{\mathrm{v}})=\max_{i=1}^{180}(\mu'_{\mathrm{v}i}(u_{v}))=\{[\alpha_1\wedge\mu_{\mathrm{v1}}]\vee[\alpha_2\wedge\mu_{\mathrm{v2}}]\cdots\vee[\alpha_{180}\wedge\mu_{\mathrm{v180}}]\} \tag{8-9}$$

（5）去模糊化

去模糊化过程的输入是模糊集，而输出是清晰的精确值。可以有不同的方法用于去模糊化。主要原则是要在精确度和计算量之间做出折中。若用重心法，则得

$$u_{\mathrm{v}}=\frac{\sum_{i=1}^{180}\mu'_{\mathrm{v}i}(u_{\mathrm{v}})u_{\mathrm{v}i}}{\sum_{i=1}^{180}\mu'_{\mathrm{v}i}} \tag{8-10}$$

表 8-2　交流异步电动机直接转矩控制的模糊控制规则

e_{T}	θ_1			θ_2			θ_3			θ_4			θ_5			θ_6		
	e_{ψ}			e_{ψ}			e_{ψ}			e_{ψ}			e_{ψ}			e_{ψ}		
	N	*Z*	*P*	*N*	*Z*	*P*	*N*	*Z*	*P*	*N*	*Z*	*P*	*N*	*Z*	*P*	*N*	*Z*	*P*
NL	5	5	6	5	6	6	1	2	2	6	1	1	1	1	2	1	1	2
NS	6	2	2	6	2	2	1	3	3	6	2	2	6	2	2	1	3	3
ZE	0	0	0	0	0	0	0	0	0	0	0	0	0	0	0	0	0	0
PS	5	0	3	5	0	4	6	0	4	6	0	5	1	0	3	1	0	6
PL	4	4	2	5	4	3	5	5	3	6	5	4	6	6	4	1	6	5

e_{T}	θ_7			θ_8			θ_9			θ_{10}			θ_{11}			θ_{12}		
	e_{ψ}			e_{ψ}			e_{ψ}			e_{ψ}			e_{ψ}			e_{ψ}		
	N	*Z*	*P*	*N*	*Z*	*P*	*N*	*Z*	*P*	*N*	*Z*	*P*	*N*	*Z*	*P*	*N*	*Z*	*P*
NL	2	2	3	2	3	3	3	3	4	3	4	4	4	4	5	4	5	5
NS	1	3	3	2	4	4	2	4	4	3	5	5	3	5	5	4	6	6
ZE	0	0	0	0	0	0	0	0	0	0	0	0	0	0	0	0	0	0
PS	6	0	5	1	0	5	1	0	6	2	0	6	2	0	1	3	0	1
PL	6	5	4	6	6	4	1	6	5	1	1	5	2	1	6	2	2	6

8.4　电动机的神经网络控制

8.4.1　神经网络控制概述

1. 人工神经元及其模型

人工神经网络是指许多类似生物神经细胞的人工神经元（基本处理单元）相互连接而组成的网络。它能模仿人脑的思维过程，具有某些智能和自学习能力。人工神经元模仿人脑神经元，主要是模拟其信息传输特性，即输入-输出特性。若用模拟电压来表示生物神经元的输入、输出脉冲的密度，可建立模仿生物神经元信息传输基本特性的模型。其中最基本的模型如图 8-6 所示。设模型输入量 $\boldsymbol{x}=[x_1, x_2, \cdots, x_i, x_n]$ 是二值变量，即 $x_i=1$ 或 0，输出 $\boldsymbol{y}$ 也是二值变量，若不计迟滞，则第 j 个神经元的内部状态（静输入）

u_j和输出 y_j，可写为

$$\begin{cases} u_j = \sum_{i=1}^{n} w_{ij} x_i(t) - \theta \\ y_j = f(u_j) \end{cases} \tag{8-11}$$

式中　θ——神经元的阈值；

$x_i(t)$——t 时刻接到神经元的第 i 个输入；

w_{ij}——相应的连接权系数；

$f(u)$——激活函数或传输函数。

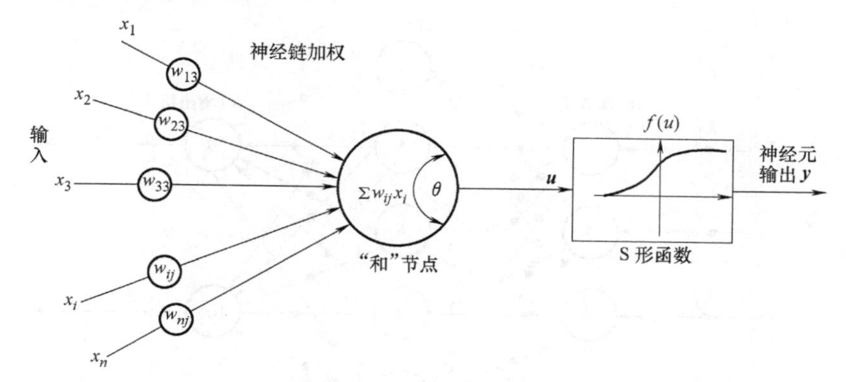

图 8-6　人工神经元结构

显然，人工神经元的输入信号通常是连续的，而不像生物神经元中是离散的脉冲信号，且每个输入信号都要放大或加权。加权系数称为突触连接权系数或接点强度，其作用是模拟生物神经元的突触接点的功能。加权系数按电信号加速或制止，可以是正的（激活）或负的（抑制）。“和”节点把所有加权的输入信号聚集起来，然后通过激活函数输出。

激活函数 $f(u)$ 一般是非线性的，如阶跃函数、阈值型函数、分段线性函数、恒等线性函数、S 函数和双曲正切函数等。最常用的是 S 型（Sigmoid）函数，即

$$f(u) = \frac{1}{1 + e^{-au+c}} \tag{8-12}$$

式中系数或增益 a 用以调整函数的斜度，可在两个渐近值（0、+1）之间变化。若该系数取较大的值，S 函数将逼近阶跃函数。S 函数是非线性、单调、可微的，而且在零信号的情况下增益有最大的增量。由于所有这些函数都能把输出量限制在两条渐近线之间，因此它们都具有“辗平”的特点。

2. 人工神经网络

目前在自动控制中应用的人工神经网络，按其结构主要分为前向型神经网络和反馈型神经网络。大多数问题都可用前向型神经网络解决，大约占 90%，也很适合于电力电子学和运动控制。而反馈型神经网络有输出反馈，Hopfield 神经网络是一种典型的反馈型神经网络。

前向型神经网络是多层结构，如图 8-7 所示，包括一个输入层、一个或多个隐含层和一个输出层。输入、输出层的节点可以与外界相连，称为可见层。隐含层起着输入层和输出层之间的联结纽带的作用。输入层和输出层的神经元的数目，等于各自的相应信号的数目。输

入层的神经元没有变换功能，但是为了使输入信号规范化，设有比例换算系数。隐含层的数目和每个隐含层上神经元的数目取决于具体设计对网络的要求。当神经网络工作时，输入层把信号传输到隐含层，再传输到输出层。若任一层的每一个神经元都和下一层的每一个神经元相连接，则称这个神经网络是“全连接的”；而当缺少某些连接时，则称是“部分连接的”。神经元是分层排列的，任何一层的神经元只与前一层的神经元相连接。在前向型神经网络中，各级神经元从前一级接受输入，并输出到下一级。网络的任何节点都没有自回环、层内互不连接，也没有反馈连接。神经网络的输入和输出信号可为逻辑值、不连续双向变量或连续变量。在输出端常常把连续可变信号（如 S 型的信号）钳位，以便变换为逻辑变量。

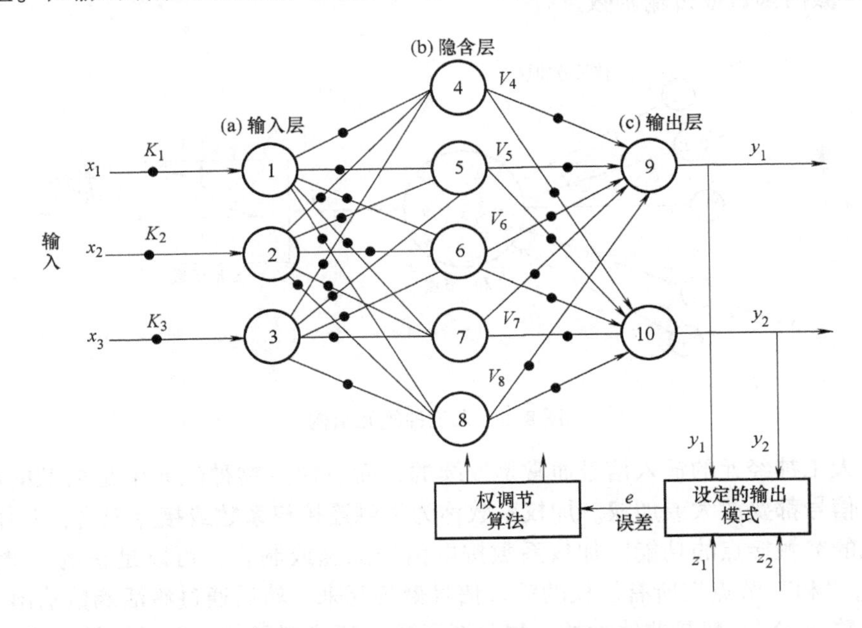

图 8-7　采用反向传播学习算法（BP）的多层前向型神经网络结构

3. 人工神经网络的学习

如果神经网络的连接权是随机选择的且未经训练，那么总的说来输出模式将与所希望的模式失配。这就涉及神经网络的学习或训练问题。对于人工神经网络来说，学习问题就是网络连接权的调整问题。网络的结构和功能不同，学习方法和规则也不相同。在确定神经网络的拓扑之后，设计一种速度快、收敛性好的学习方法是关键。人工神经网络常用的学习规则主要有 Hebb-规则和 δ-规则等。

Hebb-规则：它是人工神经网络训练的基本规则，可以说几乎所有其他训练规则都是它的变异体。这种方法是以生理神经元连接强度变化的原理为基础的，即当两个神经元同时被激活而处于兴奋状态时，它们之间的突触连接增强。在 Hebb-规则中，两个神经元之间连接权系数 w_{ij} 的调整量 Δw_{ij} 可表示为

$$\Delta w_{ij} = a v_i v_j \tag{8-13}$$

式中　a——学习速率；

v_i、v_j——神经元 i 和 j 的输出（激活值）。

δ-规则（误差校正规则）：以给定模式作为参考对网络进行训练。在已知输入下经由连

接权的作用，可得网络的实际输出。两个神经元 i 和 j 之间的连接权系数 w_{ij} 的调整量 Δw_{ij} 可表示为

$$\begin{cases}\Delta w_{ij}=a\delta_j v_i\\ \delta_j=f(y_j^*-y_j)\end{cases} \tag{8-14}$$

式中 a——学习速率；

$y_j^*-y_j$——期望输出与实际输出之差；

v_i——第 i 个神经元的输出。

函数 $f(*)$ 与所考虑的具体情况有关。

δ-规则已在人工神经网络中广为应用，如前向型神经网络中的反向传播算法。神经网络能否正确工作依赖于持续的学习，而且需要大量的输入-输出样本。在完成训练后，网络不仅能够找回所有训练的输出样本（查表功能），而且还能通过内插或外推得出训练样本。神经网络的训练方法有很多，如有监督学习（需要教师示教，即需要外界提供评价标准）、无监督学习等。多层前向型神经网络的关键问题是训练算法，常用的是基于 δ-规则的误差反向传播算法。因而也把前向型神经网络称为“反向传播（BP）”网络。这种算法开始时随机赋予网络正的或负的连接权，然后对给定的输入样本沿前向逐步计算并导出输出样本。由设定的输入样本产生的实际输出样本与期望输出样本之间的二次方差，在调整连接权系数方面起着重要作用并可通过梯度下降法使其减少。这个过程从输出层开始改变连接权，直到输入、输出样本相匹配为止。具体内容可参阅有关文献。

8.4.2 神经网络控制在电力传动系统中的应用

人工神经网络可以用于电力电子学和传动系统的各种控制和信号处理。比如，考虑它有着简单的输入-输出非线性映射特性，可能直接用来产生一维或多维函数，为此必须使用大量预先设定的数据对网络进行训练，训练好的网络可以作为转速或电磁系统识别器，也可以用于调整 PID 控制器参数，或者直接作为传动系统的控制器；也可通过预先计算的开关角训练神经网络，对 PWM 逆变器进行优化控制，使其能够产生给定调制比下整个波形的开关角，有选择地消除输出波形中的某些谐波；还可以把神经网络训练成功率电子学系统的在线或离线诊断器。若把交流传动中与系统状态有关的传感器连接到神经网络上去，从网络的输出可以判断系统是否正常，从而对系统进行监视或利用所得的诊断信息实施校正控制。下面仅就转速识别、PID 参数调整、多神经网络应用等几个方面进行介绍。

1. 转速识别

在高性能的异步电动机矢量控制中，转速的闭环控制环节一般是必不可少的。采用速度传感器检测转速，由于速度传感器在安装、维护、易受环境影响等方面会严重影响异步电动机调速系统的简便性、廉价性和可靠性，因此，无传感器矢量控制系统的研究被广泛重视。众多学者对无速度传感器的电动机转速辨识进行了研究，提出了很多方法。按所属的思路大体上可将这些方法分为两类：一种是用电动机的数学模型和被检测电动机的端电流和端电压信息来估计电动机的速度；另一种是通过提取电动机电流、电压的谐波中包含的有关电动机转子位置和速度信息来辨识电动机的速度。

BP 神经网络是最小均方（Least Mean Square，LMS）算法更一般化的推广，只要在隐含层中有足够多的神经元，多层网络就可以用来逼近几乎任意一个非线性函数。根据一个特定

的输入便可得到要求的输出。采用并联模型结构，将转子磁链观测器电压模型经过后向差分法进行离散化后，用神经网络替代电流模型转子磁链观测器，神经网络采用 BP 算法，获得 BP 神经网络速度估计模型的结构，如图 8-8 所示。图中，固定模型为电压模型，可调模型为电流模型，由式（6-57）、式（6-58）可得电压和电流模型。电压模型为

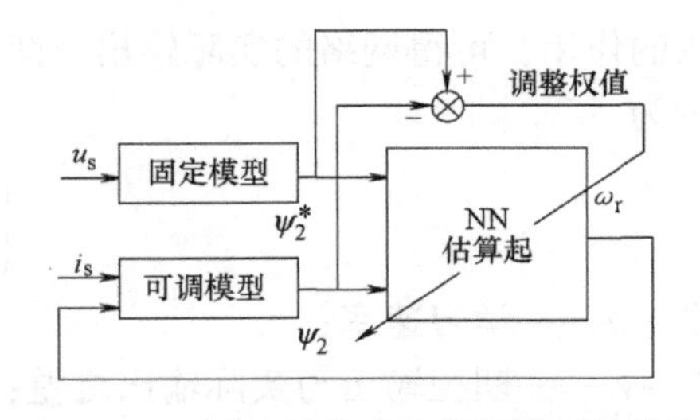

图 8-8　BP 神经网络速度估计模型的结构

$$\begin{cases} p\psi_{\alpha2} = \dfrac{L_r}{L_m}[u_{\alpha1} - (R_1 + \sigma L_s p)i_{\alpha1}] \\ p\psi_{\beta2} = \dfrac{L_r}{L_m}[u_{\beta1} - (R_s + \sigma L_s p)i_{\beta1}] \end{cases} \tag{8-15}$$

电流模型为

$$\begin{cases} p\psi_{\alpha2} = \dfrac{L_m}{T_2}i_{\alpha1} - \dfrac{\psi_{\alpha2}}{T_2} - \omega\psi_{\beta2} \\ p\psi_{\beta2} = \dfrac{L_m}{T_2}i_{\beta1} - \dfrac{\psi_{\beta2}}{T_2} + \omega\psi_{\alpha2} \end{cases} \tag{8-16}$$

式中　σ——漏感系数；

T_2——转子时间常数。

它们的计算式如下：$\sigma = 1 - \dfrac{L_m^2}{L_s L_r}$，$T_2 = \dfrac{L_r}{R_2'}$。

式（8-16）用后向差分法进行离散化后得到离散化状态方程为

$$\begin{bmatrix} \psi_{\alpha2}(k) \\ \psi_{\beta2}(k) \end{bmatrix} = \left(1 - \frac{T}{T_2}\right)\begin{bmatrix} \psi_{\alpha2}(k-1) \\ \psi_{\beta2}(k-1) \end{bmatrix} + \omega T\begin{bmatrix} 0 & -1 \\ 1 & 0 \end{bmatrix}\begin{bmatrix} \psi_{\alpha2}(k-1) \\ \psi_{\beta2}(k-1) \end{bmatrix} + \frac{L_m T}{T_2}\begin{bmatrix} i_{\alpha1}(k-1) \\ i_{\beta1}(k-1) \end{bmatrix} \tag{8-17}$$

式中　T——采样周期。

由式（8-15）、式（8-16）可见，转子磁链的电压模型与转速 ω 无关，所以可以用它作为标准磁链观测器，以产生期望磁链 ψ_2^*。而转子磁链的电流模型涉及转速，作为可调整磁链观测器，以产生估计磁链 ψ_2。神经网络的输出为所估计的转速 ω_r，当神经网络估计的速度偏离电动机的实际转速时，期望磁链和估计磁链便会产生误差 $\Delta\psi_2$，将误差 $\Delta\psi_2$ 作为反向传播信号调整神经网络的权值，直到误差减小到预先设定的允许值内，此时神经网络的估算转速便可准确地跟踪电动机的实际转速。

2. 神经网络在自适应 PID 控制中的应用

PID 控制是最早发展起来的控制策略之一，由于它具有算法简单、鲁棒性好、可靠性高等优点，被广泛用于工业过程和传动系统的控制；它尤其适用于可建立精确数学模型的确定性控制系统，所以一般需要预先知道被控系统的传递函数和数学模型，以便确定控制器的比例、积分、微分三个环节的控制参数。但是在工业实际中，被控对象越来越复杂，系统表现出复杂的不确定性、非线性以及时变的特点，基于精确建模建立的 PID 控制器参数不能自适应改变，这样就难以满足这些复杂对象的控制要求。为了能够根据系统的运行状态，实时调

节 PID 控制器的参数，以达到某种性能指标的最优化，为此，利用神经网络所具有的任意非线性表达能力，通过神经网络的自学习、加权系数调整，在优化的状态下自适应地调整 PID 控制参数，使系统获得最优的控制。系统的结构如图 8-9 所示。若神经网络采用 BP 神经网络，则可构成基于 BP 神经网络参数自适应的 PID 控制器。由图可见，该控制系统由以下两个部分组成。

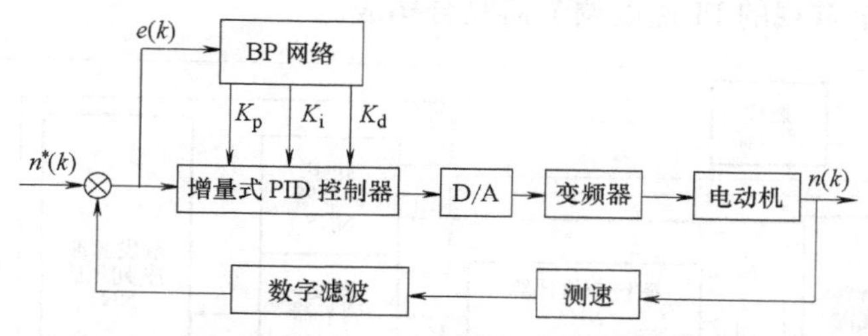

图 8-9　基于 BP 神经网络的自适应 PID 控制系统结构图

1）PID 控制器部分：采用增量式数字 PID 控制器，直接对电动机进行闭环控制，并在线调整其 3 个控制参数。

2）神经网络部分：采用 BP 神经网络，该网络为一个输入（$e(k)$）、三个输出的结构形式。它根据系统的运行状态，调节 PID 控制器的参数，以期达到某种性能指标的最优化，即使输出层神经元的输出状态对应于 PID 控制器的三个可调控制参数 K_p、K_i、K_d，通过神经网络的自身学习、加权系数调整，从而使其稳定状态对应于某种最优控制律下的 PID 控制器参数。

基于 BP 神经网络参数自适应的 PID 控制算法可归纳如下。

1）事先选定 BP 神经网络的结构，即选定输入层节点数、隐含层节点数，并给出各层加权系数的初值；选定学习速率和惯性系数；对神经网络进行训练。

2）采样得到 $n(k)$，计算 $e(k)=n^*(k)-n(k)$。

3）对 $n^*(k)$、$n(k)$、$e(k)$、$u(i-1)$ 进行归一化处理，作为神经网络的输入。

4）计算出神经网络各层的输入和输出，神经网络输出层的输出即为 PID 控制器的三个可调控制参数 K_p、K_i、K_d。

5）计算 PID 控制器的控制输出 $u(k)$，发出控制指令。

6）计算修正输出层的加权系数。

7）计算修正隐含层的加权系数。

8）置 $k=k+1$，返回到 2）。

3. 多神经网络在电动机传动系统的应用

为了获得高性能的电动机传动系统，可采用多个神经网络并利用其很强的并行处理能力和容错能力，同时采用了多个子网络结构，使得任务的复杂程度分散、降低，缩短了计算时间，同时，设计中涉及的网络训练样本数量减少、训练时间缩短了。下面以多个神经网络模型在异步电动机直接转矩控制中的应用为例介绍。

直接转矩控制技术用空间矢量分析方法，直接在定子坐标系下计算用于控制交流电动机的电磁转矩，采用定子磁场定向，借助于离散的转矩两点式调节产生脉宽控制信号，直接对逆变器开关状态进行最佳控制，以获得转矩的高动态性能。但是，常规的直接转矩控制器计算量大，占用的时间长，产生较大的延时，影响了系统的性能，降低了逆变器的开关频率。神经网络可以看成是一个非线性映射，因此可以用来实现直接转矩控制。图 8-10 给出了基于多个神经网络模型的异步电动机（IM）直接转矩控制系统结构，由坐标 Park 变换（NN1）、定子磁链和转矩观测器（NN2）、定子磁链幅值计算（NN3）、定子磁链定位（NN4）、转矩调节器（NN5）、定子磁链调节器（NN6）及触发脉冲序列生成（NN7）七个子神经网络外加一个常规的 PI 速度调节器复合构成。

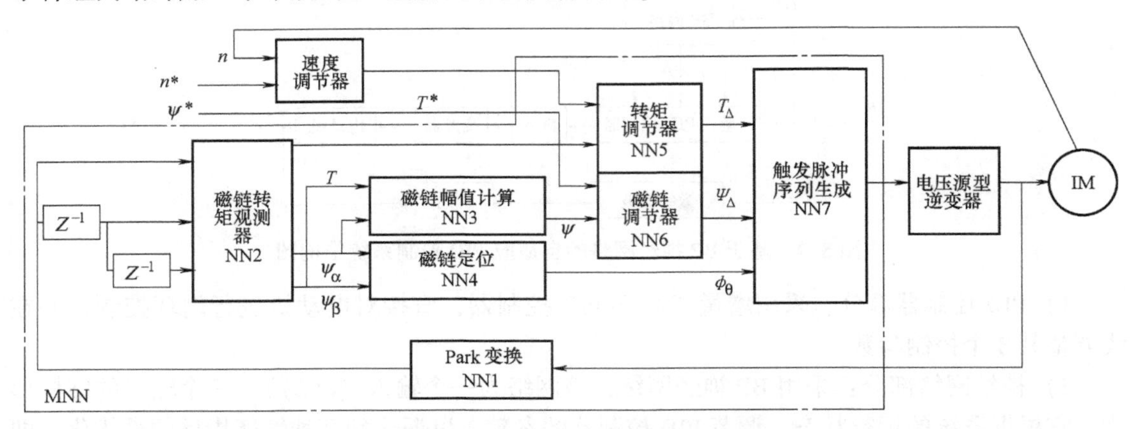

图 8-10　基于多个神经网络模型的异步电动机直接转矩控制系统结构框图

三相定子电流经过 Park 变换子网络 NN1，得到 α-β 坐标系下的两个分量。NN1 采用两层前向网络，输出层的激活函数为线性函数，不需要训练，网络的权值与阈值固定，为 3s/2s变换矩阵。

定子磁链及转矩观测器模块 NN2 采用 6-10-10-3 结构的 BP 网络，即有 6 个输入、3 个输出，2 层隐含层，每层有 10 个节点，如图 8-11 所示。该模块以定子电流在 α-β 静止坐标系下的两个分量的当前时刻以及前两个时刻的值作为网络的输入，输出为电磁转矩 T 和定子磁链在 α-β 坐标系下的两个分量 ψ_α、ψ_β。采用离线训练，训练样本由常规 u-i 定子磁链观测模型和电磁转矩计算公式获得。NN2 的两个输出 ψ_α、ψ_β 经过定子磁链幅值计算模块 NN3 得到定子磁链幅值 ψ。NN3 采用 BP 网络，结构为 2-6-1，隐含层激活函数为 log-s 型函数，输出层为线性函数。采用离线训练，样本数据由常规的二次方和开根计算得到。

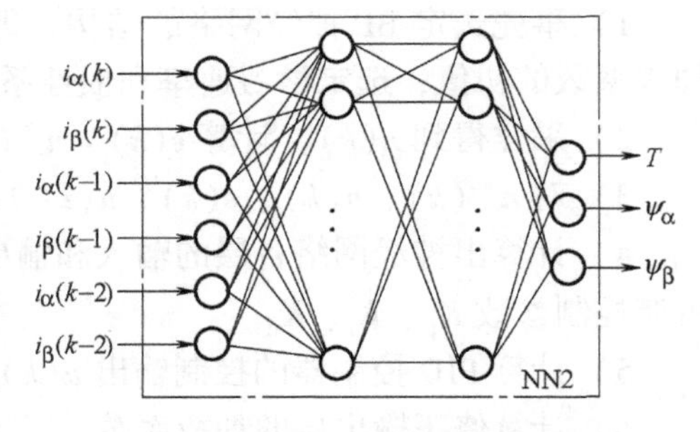

图 8-11　定子磁链及转矩观测器模块

定子磁链定位模块 NN4 根据 ψ_α、ψ_β 的值确定定子磁链位于哪一个扇区，如图 8-12 所示。NN4 为一个复合的前向网络，部分网络参数固定，其余网络参数由固定几个样本离线训练得到。权值 $w_1 \sim w_9$ 及阈值 $b_1 \sim b_9$ 固定，可以根据相应的表达式推导得到。权值 $w_1 \sim w_9$ 及阈值 $b_1 \sim b_9$ 所对应的 15 个隐含神经元的激活函数都为硬限幅函数，w_8、w_9 及 b_8、b_9 构成的网络为 3 层 BP 网络，其值由离线训练得到，用于训练的样本为 6 对数据，分别对应定子磁链的 6 个区域，包含了可能出现的全部组合。传统的直接转矩控制中，转矩和磁链的调节

是通过滞环比较器实现的，如图 8-13 所示。由图 8-13 可得

$$\psi_{\Delta}=\begin{cases}1,(\psi-\psi^{*}\geqslant\Delta\psi)\text{或}(-\Delta\psi\leqslant\psi-\psi^{*}\leqslant\Delta\psi\text{ 且 }T_{\Delta}=1)\\0,(\psi-\psi^{*}\leqslant-\Delta\psi)\text{或}(-\Delta\psi\leqslant\psi-\psi^{*}\leqslant\Delta\psi\text{ 且 }T_{\Delta}=0)\end{cases}\tag{8-18}$$

式中 ψ_{Δ}——磁链调节器的输出；

$\Delta\psi$——滞环的边界值；

ψ^{*}——磁链给定值。

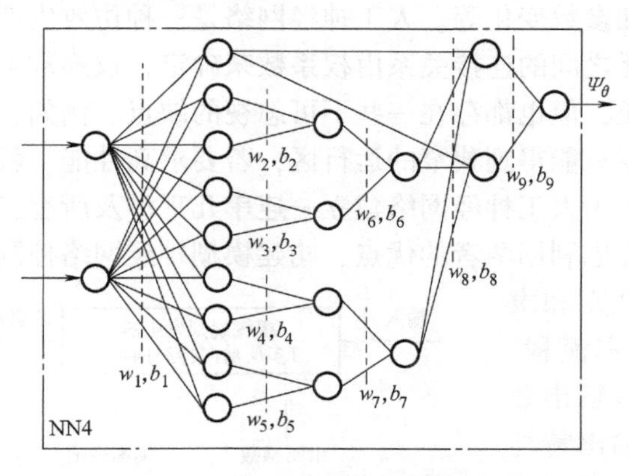

图 8-12　定子磁链定位模块

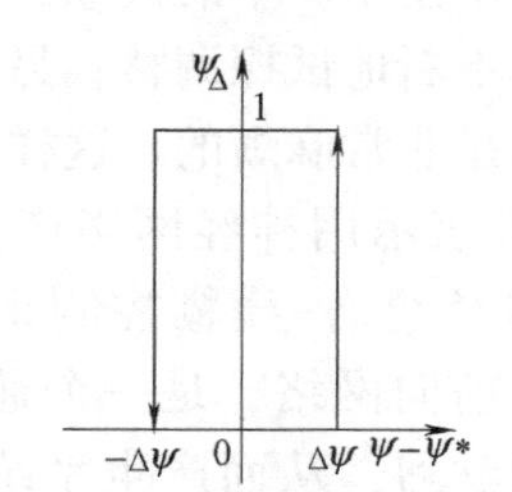

图 8-13　滞环比较器

转矩和磁链调节器，即所用的滞环比较器可以用神经网络来实现，如图 8-14 所示。神经网络 NN6 隐含层和输出层激活函数都为硬限幅函数。它的权值和阈值为固定值，可以根据式（8-18）得到。同理，可以推得转矩调节器子网络 NN5 的网络结构和参数，与 NN6 相同。

触发脉冲序列生成模块 NN7 如图 8-15 所示。根据定子磁链位置信号 ψ_{θ}($\in\{1, 2, 3, 4, 5, 6\}$)、磁链和转矩极性信号 ψ_{Δ}($\in\{0, 1\}$)、T_{Δ}($\in\{0, 1\}$)，选择合适的空间电压矢量，进行控制，达到直接转矩的控制目的。NN7 是结构为 3-12-6 的 BP 网络。输入分别为转矩调节器、磁链调节器的输出以及磁链所处的扇区号；输出经过门限值为 0.9 的硬限幅单元后产生 3 个桥臂的 6 个触发脉冲序列。NN7 的训练样本数为 2（转矩极性）×2（磁链极性）×6（磁链扇区）=24。通常开关表的输出是 3 个桥臂的状态，NN6 的样本由常规的开关表进行相应的变换得到。变换规律为把一个开关状态分成互补的两个状态，例如，常规方法输出为［1 0 1］，变换后为［1 0 0 1 1 0］。

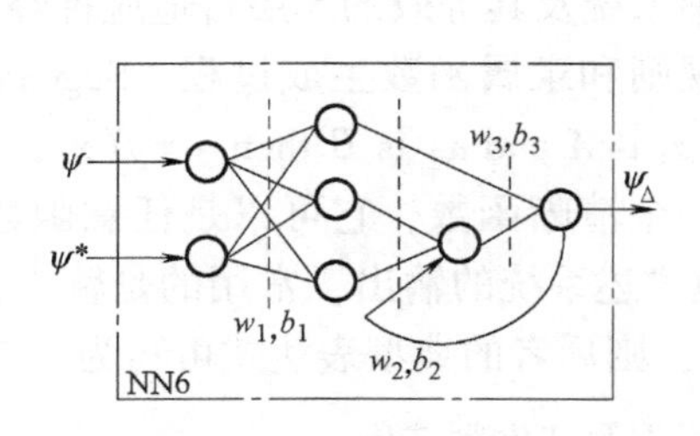

图 8-14　磁链调节器模块

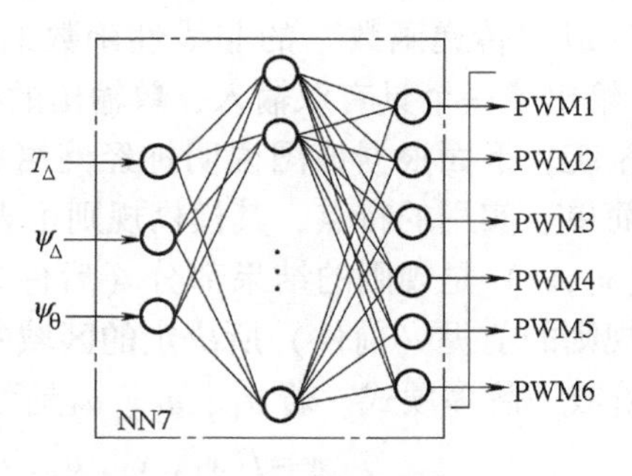

图 8-15　触发脉冲序列生成模块

8.5 电动机的模糊神经网络控制

8.5.1 模糊神经网络控制概述

如前所述，模糊逻辑控制方法可以用于模糊的或不确定的系统，利用隶属函数可有效地处理一些控制难题，如非线性负载扰动和参数变化等。人工神经网络是一种仿效生理神经单元的计算和信息处理的方法，其中神经元之间的连接关系由权系数来确定，权系数可以离线或在线训练和调整。这两种方法各有所长，但也都存在一些不可忽视的缺点。例如，在电动机调速系统中使用简单的模糊逻辑控制器只能得到狭窄的运行区，若要求高性能，就需要通过大量手工不断地试探调整；另一方面，为人工神经网络建立一连串几乎涉及所有工况的训练数据，也是非常麻烦的。这样，可以考虑利用两者的优点，构建模糊神经网络控制。

图 8-16 表示用神经网络产生模糊规则和隶属函数的神经网络-模糊控制系统的基本流程。其中的多层前向网络，是一个通过输入-输出数据样本进行学习，从而产生系统输入-输出特性的模糊规则发生器。它直接把不同层的权重用隶属函数和模糊规则替代，这就是所谓的模糊建模。实际上，一般的模糊建模都是利用某个领域的专门知识来决定模型的结构形式（即决定有关的输入、每个输入的隶属函数数目、规则数目以及模型类别等）。所谓神经网络-模糊控制系统的模糊建模，是指把神经网络理论中涉及的各种学习方法用于模糊推理系统的一种方法。

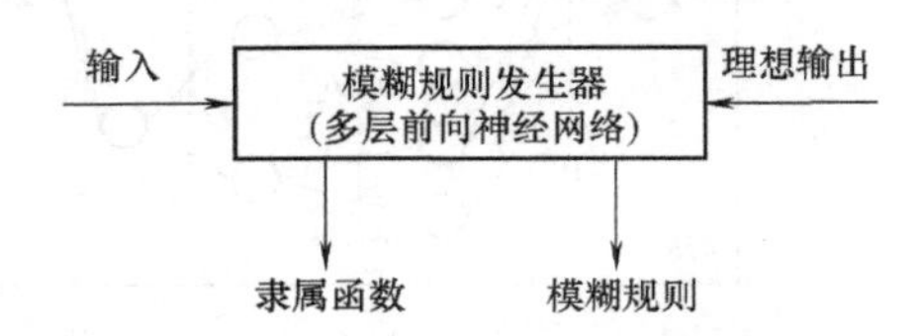

图 8-16 神经网络-模糊控制系统的基本流程

神经网络-模糊控制系统作为一种自适应网络，其整个输入-输出特性是由可修正参数的集合来决定的。从结构上说，这种网络是由一些直接相连的节点（神经元）构成的。其中的每一个节点都是一个处理单元，根据输入信号执行节点函数的功能并产生单一的节点输出，而每条连线确定信号流从一个节点到另一个节点的方向。节点函数可能是常数、一般函数，也可能是包含可修正参数的参数化函数。改变节点函数的参数，实际上也就改变了节点函数以及网络的整体性能。自适应网络基本上分为前向型和回归型两种：前者每一个节点的输出都毫无例外地从输入侧传播到输出侧；而后者则由反馈连线构成环路。

反向传播神经网络本质上是一种自适应网络，其节点函数通常是权重之和，称为“激活函数”或“传递函数”的非线性函数的组合函数。它起到自适应模糊推理平台的作用。图 8-17 给出了一个具有双输入、单输出的模糊推理系统及其等效的 5 层自适应神经网络-模糊控制系统，下面根据该图说明神经网络中模糊规则和隶属函数生成过程。Sugeno 模糊模型具有简单、实用的特点，其模糊规则可表示为 if x_1 is A and x_2 is B then $y=f(x_1, x_2)$，其中 $y=f(x_1,x_2)$ 是规则的结果部分（后件）中的一个清晰函数，它可以是任意函数，只要它能在规则的前提（前件）所决定的区域中近似地描述系统的输出，常用的是输入变量 x_1、x_2的零阶或一阶多项式。若 a_1、a_2、a_3是可调参数，则后者的典型表达式可写为

$$y=f(x_1, x_2, a_1, a_2, a_3)=a_1x_1+a_2x_2+a_3 \tag{8-19}$$

图 8-17a 表示具有两个模糊规则的 Sugeno 模型的推理结构，图 8-17b 表示相应的等效

自适应神经网络。从图中可以看出，两者有相似的分层结构体系，而且两者同一层次的相应节点有相似的功能。各层的功能描述如下。

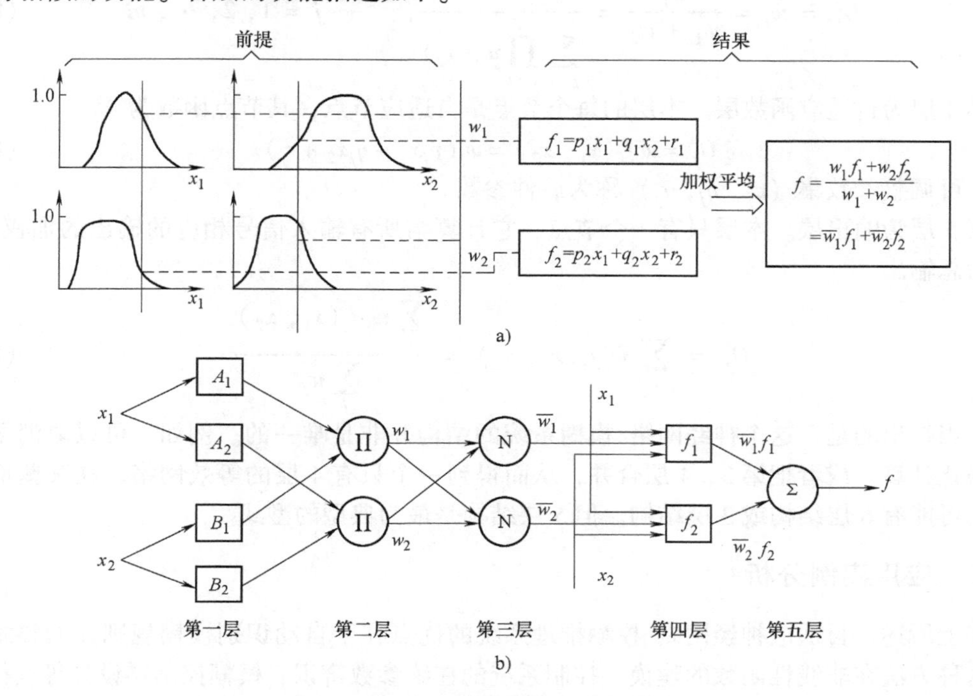

图 8-17　神经网络–模糊控制系统

a）模糊推理　b）等效的自适应神经网络–模糊推理系统

第 1 层为隶属函数层。本层计算每个节点输入变量 x_i 的隶属度，其输入和输出分别为

$$I_j^1=x_i,\quad j=1,2,\cdots,n \tag{8-20}$$

$$O_j^1=u_{ij}(x_i),\quad j=1,2,\cdots,n \tag{8-21}$$

$u_{ij}(x_i)$ 是与第 i 个输入变量以及第 i 条规则有关联的隶属函数，如高斯函数、三角函数等。也就是说，这层输出的是前提部分的隶属度。在自适应控制中，隶属函数可能是一个参数化的函数，包含可调整的前件参数。

第 2 层为规则层。本层用 Π（表示集合的笛卡儿积，或隶属函数的积运算）计算权重

$$O_j^2=w_j=\prod_{i=1}^{n}u_{ij}(x_i),\quad j=1,2,\cdots,m \tag{8-22}$$

x_i为输入本层节点的第 i 个变量。针对图中的两个输入，每个输入具有两个模糊子集（隶属函数）的情况，可得

$$O_j^2=w_j=u_{\underset{\sim}{A}j}(x_1)u_{Bj}(x_2),\quad j=1,2 \tag{8-23}$$

每个节点的输出表示一个规则的触发强度。

第 3 层为规范化层。本层对第 i 个节点第 j 个规则的触发强度进行规范化，其输出可称为规格化触发强度。

$$O_j^3 = \overline{w_j} = \frac{w_j}{w_1 + w_2} = \frac{\prod_{i=1}^{n} u_{ij}(x_i)}{\sum_{j=i}^{m}\prod_{i=1}^{n} u_{ij}(x_i)}, \qquad j = 1, 2, \cdots, m \tag{8-24}$$

第4层为自适应函数层。本层的每个节点是自适应节点，其节点函数为

$$O_j^4 = \overline{w_j} f_i(x_1, x_2) = \overline{w_j}(p_j x_1 + q_j x_2 + r_j) \tag{8-25}$$

式中，可调整参数集（p_j，q_j，r_j）称为后件参数。

第5层为输出层。本层只有一个节点，它计算与所有输入信号相应的输出的加权平均，并作为总输出

$$O_j^5 = \sum_j \overline{w_j} f_i(x_1, x_2) = \frac{\sum_j w_j f_i(x_1, x_2)}{\sum_j w_j} \tag{8-26}$$

应当指出的是，这个神经网络–模糊系统的结构并非是唯一的。例如，可以取消第3层的规格化计算，或者把第3、4层合并，从而得到一个只有4层的等效网络。在某些应用场合，也可能有6层结构或3层结构。但5层结构是最为典型的型式。

8.5.2 应用实例分析

如上所述，自适应神经网络–模糊推理系统的优点在于自动识别模糊规则并调整隶属函数，这种方法在非线性函数的建模、控制系统的在线参数辨识、模糊控制器设计等获得了广泛的应用。下面列举一些例子，说明是如何利用自适应神经网络–模糊控制技术来实现交流电动机调速中最常采用的控制策略的。

1. 神经网络–模糊参数辨识

直接或间接磁场定向控制已广泛用于交流电动机的调速系统。转子电阻或者说转子时间常数的变化对控制性能有决定性的影响，为此提出了许多办法来解决磁场定向控制下电动机的参数辨识问题。在利用神经网络–模糊技术方面，一条途径是把辨识问题作为优化问题来处理。

在转子时间常数的实际值偏离给定值的失调情况下，定子电流的实际值与参考值之间的关系可表示为转子时间常数比（τ_r/τ_r^*）的函数：

$$\frac{i_{ds}}{i_{ds}^*} = \frac{\sqrt{1 + (i_{qs}^*/i_{ds}^*)^2}}{\sqrt{1 + (i_{qs}^*/i_{ds}^*)^2(\tau_r/\tau_r^*)^2}} \tag{8-27}$$

$$\frac{i_{qs}}{i_{qs}^*} = \frac{(\tau_r/\tau_r^*)\sqrt{1 + (i_{qs}^*/i_{ds}^*)^2}}{\sqrt{1 + (i_{qs}^*/i_{ds}^*)^2(\tau_r/\tau_r^*)^2}} \tag{8-28}$$

当利用优化技术处理这个辨识问题时，取定子电流的辨识值与参考值之间的总二次方差作为目标函数。它是转子时间常数比的线性函数。神经网络–模糊辨识器的目标就是使这个总二次方差最小化，即

$$\min f\left(\frac{\tau_r}{\tau_r^*}\right) = \varepsilon_d^2 + \varepsilon_q^2 \tag{8-29}$$

式中　$\varepsilon_d = \hat{i}_{ds} - i_{ds}^*$；

$\varepsilon_q = \hat{i}_{qs} - i_{qs}^*$。

在利用神经网络–模糊技术进行辨识的过程中，首先设计一个模糊逻辑辨识器并进行调试，然后把模糊逻辑辨识器的输入–输出特性作为神经网络的训练样本，并最终在控制系统中取代模糊逻辑辨识器。如图 8-18 所示，模糊逻辑辨识器的输入变量是上述总二次方差的增量和转子时间常数比（τ_r/τ_r^*）的最近一次变化 $L\Delta(\tau_r/\tau_r^*)$，输出变量是 $\Delta(\tau_r/\tau_r^*)$。它是由输入变量经过模糊推理和去模糊化后产生的。

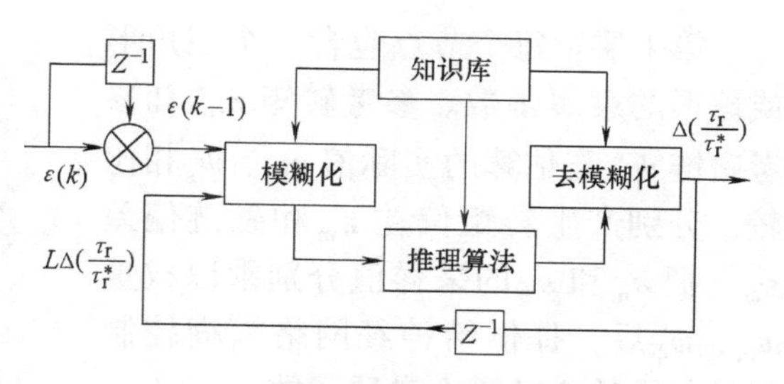

图 8-18　模糊逻辑辨识器框图

如果（τ_r/τ_r^*）的最近改变使总二次方差 ε 减少，那就应当沿这个方向继续使（τ_r/τ_r^*）与 ε 成比例变化。例如 if $\Delta\varepsilon$ is *NS*（负小）and $L\Delta(\tau_r/\tau_r^*)$ is *N*（负）then $\Delta(\tau_r/\tau_r^*)$ is *NS*（负小）。这就是辨识的基本原理。一旦模糊逻辑辨识器调试完毕，就可以利用其输入–输出传递特性对动态前向神经网络进行训练。

2. 直接转矩神经网络–模糊控制

异步电动机直接转矩控制有很多优点，如结构简单，无须坐标变换和电流控制环，对转子参数变化具有良好的鲁棒性以及动态性能。但该方法也存在一些不足，如起动区和低速区中的运行问题，由于扇区改变引起的电流和转矩畸变，以及随意可变的开关频率等问题。针对这些问题已经提出了不少的解决办法，如采用电压空间矢量控制器，解决了传统的直接转矩控制中存在的不足，但计算量太大，而且对电动机参数的变化较为敏感。此外，还可以采用模糊控制或神经网络控制，但这两种控制方法控制结构复杂、系统调试困难。基于自适应神经网络–模糊控制系统不仅能够实现磁通与转矩的解耦，而且电压空间矢量的计算也简单得多。

图 8-19 为采用自适应神经网络–模糊控制器的直接转矩控制系统框图。图 8-20 为其中的自适应神经网络–模糊控制器的结构。这里所用的自适应神经网络–模糊控制器具有 5 层结构。

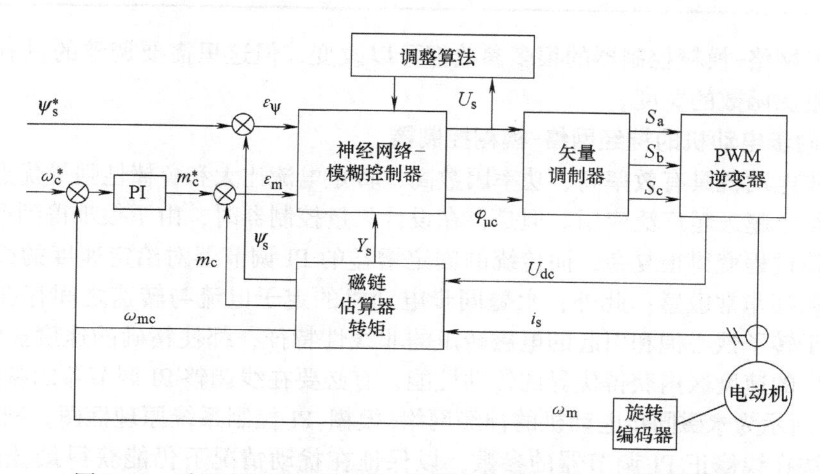

图 8-19　采用自适应神经网络–模糊控制器的直接转矩控制系统

第 1 层：每个节点包含一个三角形或球形的隶属函数。参考转矩 m_c^* 和参考磁链 ψ_s^* 与估算的实际值 m_c、ψ_s 相比较，分别产生转矩偏差 ε_m 和磁链偏差 ε_ψ。把 ε_m 和 ε_ψ 的采样值分别乘以权重 w_m、w_ψ 后，提供给神经网络模糊控制器的每个输入的三个隶属函数。

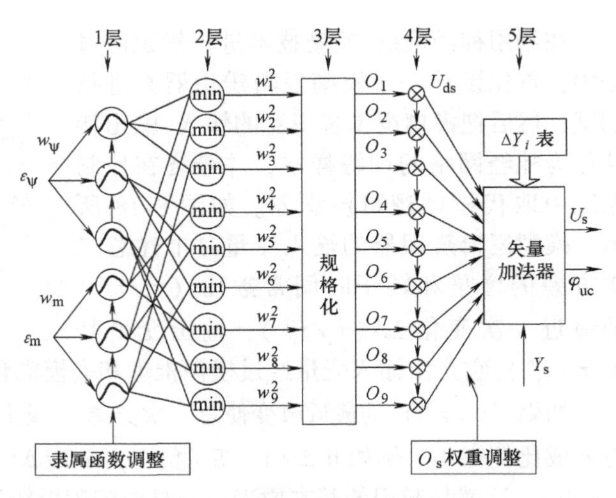

图 8-20　直接转矩控制中用的自适应神经网络–模糊控制器结构

第 2 层：本层进行笛卡儿积运算，即选择与第 1 层相对应的两输出进行笛卡儿积运算。

第 3 层：本层的每个节点都要计算其权重，输出为

$$O_j^3 = = \frac{w_i^2}{\sum_i w_i^2} \tag{8-30}$$

式中　w_i^2——第 2 层输出的权重。

第 4 层：本层包含各输入信号的线性函数。若 U_d 为直流环节电压，O_j^3 为参考电压幅值的加权系数，则有以下结果：$|U_s^*| = O_j^3 U_d$。

第 5 层：所有输入量的总和。这层还要使用实际定磁链的位置信息 γ_s 来计算输入 PWM 调制器的参考电压的位角：$\varphi_{us} = \gamma_s + \Delta\gamma_s$，其中 $\Delta\gamma_s$ 为位角增量（见表 8-3）。位角增量值 $\Delta\gamma_s$ 是根据传统的直接转矩控制原理确定的。

表 8-3　位角增量 $\Delta\gamma_s$ 的选取

ε_ψ / ε_m	P			Z			N		
	P	Z	N	P	Z	N	P	Z	N
$\Delta\gamma_s$	$+\frac{\pi}{4}$	0	$-\frac{\pi}{4}$	$+\frac{\pi}{2}$	$+\frac{\pi}{2}$	$-\frac{\pi}{2}$	$+\frac{3\pi}{4}$	$+\pi$	$-\frac{3\pi}{4}$

虽然神经网络–模糊控制器的很多参数都可以改变，但这里需要调整的只有转矩偏差和磁链偏差的隶属函数的宽度。

3. 永磁同步电动机的神经网络–模糊控制器

永磁同步电动机具有效率高、功率因数高、转矩电流比大和鲁棒性强等优点，因此在传动领域中获得了越来越广泛应用。但是，在设计矢量控制器时，由于很难得到严格的 d-q 轴电抗参数，该过程变得很复杂；而传统的固定增益的 PI 调节器对给定速度的突变、参数变化、负载扰动都非常敏感；此外，永磁同步电动机的定子电流与转速之间存在的非线性耦合，以及由于转子铁心饱和引起的电磁转矩的非线性特征，都使精确的速度控制更为复杂。为了能在较广的速度区内获得优异的传动性能，有必要在线调整 PI 调节器的参数。

图 8-21 所示为永磁同步电动机的神经网络–模糊- PI 控制系统原理框图。利用神经网络–模糊控制方法在线修正 PI 调节器的参数，以保证在扰动情况下仍能获得最佳的系统性能，也就是使 PWM 逆变器供电的永磁同步电动机系统具有优异的速度跟踪性能。控制永磁同步电动机电流的 q 轴分量并使其 d 轴分量保持为 0，就可以控制速度。在图中，利用神经网络–

模糊控制对 PI 调节器的参数进行优化。在优化过程中，首先必须为整定 PI 调节器参数提出一个性能指标（目标函数），例如，保证最小的速度偏差（$\Delta\omega_m$）稳定下来所需的最小时间、零静态误差或其他技术指标；然后，利用神经网络–模糊系统在线训练修正 PI 调节器的参数，使其满足既定要求。确定 PI 调节器参数的初始值，可以借助遗传算法等优化方法预先离线优化，或者利用传统的经验方法等。

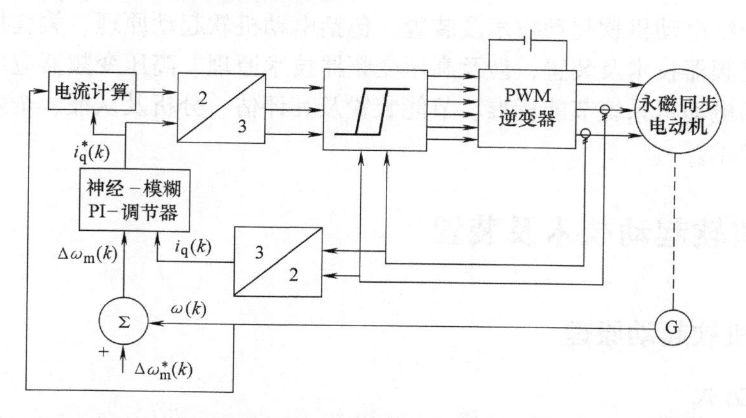

图 8-21　永磁同步电动机的神经网络–模糊-PI 控制系统原理框图

习　题

8-1　查找有关文献，寻找三种以上最新的、用于电动机控制的微处理器芯片，比较它们的性能特点。

8-2　查找有关文献，进一步了解智能功率驱动模块（IPM）的特性及使用方案。

8-3　概述模糊控制在电动机控制系统的使用方法。

8-4　概述神经网络控制在电动机控制系统的使用方法。

8-5　概述神经网络–模糊控制在电动机控制系统的使用方法。

第 9 章　电动机软起动与系统节能技术

本章主要介绍电动机软起动技术及装置，包括电动机软起动原理、关键技术、控制策略及应用；高压变频器技术及装置，涉及高压变频器技术原理、高压变频器应用；电动机系统节能技术，包括电动机系统节能标准、节能装置及其评估、分析及认证、全寿命成本分析法和高效电动机技术。

9.1　电动机软起动技术及装置

9.1.1　电动机软起动原理

1. 软起动方式

电动机软起动包括全压起动、标准软起动、带突跳起动的软起动、双斜坡起动、限流起动和一拖多起动等。其中，全压起动时控制器如同固态接触器一样工作，电动机受到全额冲击电流，达到堵转转矩；限流起动适合应用于要求限制电动机在加速期间电流冲击的场所；突跳起动，针对快速起动时，提供一个附加的脉冲转矩，以克服摩擦负载所产生的静摩擦阻力。

软起动器与变频器是两种用途完全不同的产品。变频器用于需要调速的场所，输出可调节的电压和频率，具备软起动器所有功能，但其价格比软起动器贵得多，结构也复杂得多；软起动器实际上是个调压器，用于控制电动机起动过程。此时其输出只改变电压并没有改变频率。

有的软起动器装有旁路接触器，大多数软起动器在晶闸管两侧有旁路接触器触头，其优点为在电动机运行时可以避免软起动器产生的谐波；软起动的晶闸管仅在起动、停车时工作，可以避免长期运行使晶闸管发热，利于延长其使用寿命；一旦软起动器发生故障，可由旁路接触器作为应急备用。

2. 软起动器的功能

1）起动电压在 35% ~65% （甚至 20% ~95%）额定电压间可调，相应的起动转矩为 10% ~36% （或 4% ~90%）的直接起动转矩。

2）脉冲突跳起动方式，针对某些负载，如皮带输送机和搅拌机等，静阻力矩比较大，必须施加一个短时的大起动力矩，以克服大的静摩擦力。通过软起动器设置脉冲突跳起动功能，可以短时输出最大达 95% 的额定电压（相当于 90% 直接起动转矩），可调时间为 0 ~400ms。

3）加速斜坡控制，电动机开始转动后，电动机电压线性增大，加速时间可在一定范围内（如 1 ~999s）调节，还提供电流限幅（如 200% ~500% 电动机额定电流可调）的起动加速方式，使电动机线性加速到额定转速。

4）多种运行模式，即：跨越运行模式，晶闸管处于全导通状态，电动机工作于全压方式，电压谐波分量可以完全忽略，这种方式常用于短时重复工作的电动机；接触器旁路工作模式，在电动机达额定运行速度时，用旁路接触器来取代软起动器，以降低晶闸管的热损耗。在这种工作模式下，有可能用一台软起动器来起动多台电动机；节能运行模式，当电动机负荷较轻时，软起动器自动降低加在电动机定子上的电压，减小了电动机电流励磁分量，从而提高了电动机的功率因数；调压调速模式，采用晶闸管调压，调速运行，由于绕线转子电动机转子内阻很小，要进行大范围调速，需要在电动机转子中串接适当的电阻。

5）多种停机方式，即：自由停车，直接切断电源，电动机自由停车；软停机，在有些场合，并不希望电动机突然停止，如皮带运输机、升降机等，采用软停机方式，在接收停机信号后，电动机端电压逐渐减小，转速下降，斜坡时间可调（如1～999s）；泵停机或非线性软制动，适用于惯性力矩较小的泵的驱动，通过将离心泵的特性曲线事先存储在设备中，使得软起动器在电动机起动和停止过程中，实时检测电动机的负载电流，并可根据泵的负载状况及速度调节其输出电压，使软起动器的输出转矩特性与泵的特性曲线最佳配合，从而消除“水锤效应”；直流制动，通过向电动机输入直流电流，加快制动，制动时间可在0～99s间选择，适合应用于惯性力矩大的负载或需快速停机的场合。

3. 软起动器的特点

固态软起动器集电动机软起动、软停车、轻载节能和多种保护功能于一体，主要由串联于电源与被控电动机之间的三相反并联晶闸管及其电子控制电路构成，通过参数设定，CPU控制晶闸管的导通角，从而控制软起动器的输出电压和电流，同时，还能够保护电动机及其负载，延长维护周期，提高生产效率。其特点如下。

1）无级调节。采用的电力半导体开关具有无电弧关断、无级调节电流特点，可以连续、稳定调节电动机的起动过程，而传统起动器采用分档调节方式，只能进行有级调节。

2）无冲击电流。起动电动机时逐渐增大晶闸管导通角，从而使起动电流以一定的斜率上升至设定值。通过控制电动机起动电流在设定值内，限制冲击转矩和冲击电流大小，使得转矩平滑增大，保护传动机械和设备，使齿轮、联轴器和皮带的磨损减少到最小限度，同时还降低了对电网的冲击。

3）恒流起动。起动过程引入电流负反馈使电动机起动平稳。

4）电网电压波动影响小。软起动以电流为设定值，电网电压上下波动时，通过增减晶闸管的导通角调节电动机的端电压，维持起动电流恒定，保证电动机正常起动。

5）平滑调节。针对不同负载对电动机的要求，通过无级调节起动电流设定值，改变电动机起动时间，实现最佳起动时间控制。

6）可实现软停车。

4. 电动机固态软起动方式

电动机固态软起动方式主要分为变频软起动和减压软起动两大类，其特点如下。

1）变频软起动，采用高压变频器起动高压电动机具有良好的静、动态起动性能，如起动电流小（可限制在1.5倍电动机额定电流以下）、基本无谐波、对电动机无冲击，起动转矩可达电动机额定转矩的1.5倍，且在此范围内可随意调节，实现恒转矩起动，但价格却是减压软起动的数倍，主要应用在减压软起动无法实现的特定场合。

2）减压软起动，也叫作限流软起动，主要在电动机定子回路，通过串接有限流作用的电力器件实现减压或限流软起动，包括星/三角变换软起动、自耦变压器软起动、电抗器软起动等有级调节方式，以及液体电阻软起动、热变液阻软起动、开关变压器式软起动、晶闸管软起动、电抗器软起动和磁控软起动等无级调节方式。

有级调节方式，起动器产品不易损坏、故障率低，缺点是分级切换，阻值呈跳跃性变化，起动不平稳，软起动控制效果差，无法彻底解决起动过程中电气及机械冲击问题，起动特性不理想，切除时造成的二次冲击电流无法解决，不能实现频繁起动。此外，采用频敏变阻器作起动设备时，其起动电流仍较大（为3~4倍电动机额定电流），电压稍低即难以起动，同时，频敏变阻器发热严重，易烧毁，不能连续起动，起动电流不平滑，对电动机有一定冲击作用。

无级调节方式，软起动器控制精确、有效，实现恒电流起动、线性电压斜坡起动等，解决了起动过程中的电气及机械冲击问题，缺点是故障率高，设备的安装环境、操作维护要求都较高，价格较贵（约为高压变频器的60%左右），且一旦软起动器出现故障电动机就会直接起动，例如，高压固态软起动器的每一相导电支路均由多个晶闸管串联而成，每只晶闸管的失效均会影响整个装置的正常运行。

表9-1列举了高压电动机减压软起动方式及特点。

表9-1　高压电动机减压软起动方式比较

技术性能＼起动方式	电抗器	液阻	晶闸管	磁控
起动性能	减压起动，无法实现恒流软起动，负载适应性差，易损坏	电极板移动无级减压，调节快速性差，开环控制，维护工作量较大	晶闸管起动，毫秒级调节速度，闭环控制，起动方式已菜单化	磁控起动，调节速度较快，闭环控制，维护工作量较大
软停止	无	困难	容易	较容易
电动机综合保护	无	初级	完善	初级
高次谐波	较小	小	小	较大
价格比	0.4~0.6	1	2~5	1~2
体积比	0.2~0.4	1	0.1	0.4~0.8
噪声	中	小	小	较大
电流二次冲击	较大	小	无	小
串接在电动机转子绕组	不可以	可以	不可以	不可以
运维工作量	小	较大	小	小
环境温度	较低	较高	低	较低
环境耐受力	较强	较弱	强	较强

9.1.2　电动机软起动装置

采用光纤触发技术控制大功率晶闸管组件，通过改变晶闸管导通角，实现电动机电压的平稳升降和无触点通断。利用高压光纤反馈技术，多晶闸管串联触发均压、均流技术，以及电子电压变送器EVT取代传统变压器式高压互感器，具有体积小、重量轻、速度快、抗干扰、无相移、能够实施低压测试等特点。

1. 主控制器

主控制器涉及光纤发射反馈回路、光纤输出温度检测回路、模拟输出单元、RS-485接口总线控制单元及电动机电子差动保护器。

图9-1所示为基于光纤的触发电路/温度保护电路，其中，三相触发控制脉冲通过光纤分别传到三相触发驱动电器，而位于散热器上的温控开关信号转换成光信号后再反馈到控制器部分。

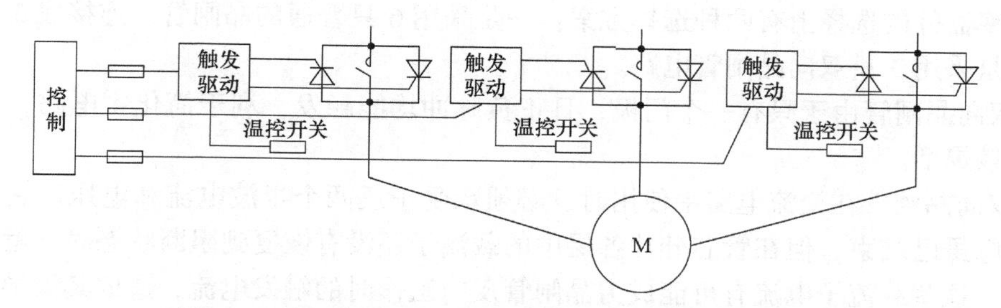

图9-1 基于光纤的触发电路/温度保护电路结构示意图

如图9-2所示为触发电路电源，提供触发驱动部分的电压可根据触发脉冲的强弱进行调整，从而使每个触发单元上的电源电压保持稳定，且每个触发单元的电源的供应相互隔离。

2. 电子电压变送器ETV

该装置将三相电压（一次电压）调制后，利用光纤传输到接收端，然后再通过接收端解调后形成3×120V的二次电压，送到软起动器控制部分，如图9-3所示。其特点为通过更换分压电阻可方便地更改电子电压变送器一次电压测量范围，甚至还可以通过采取短接分压电阻的方法，将高压电子电压变送器临时更改为低压电子

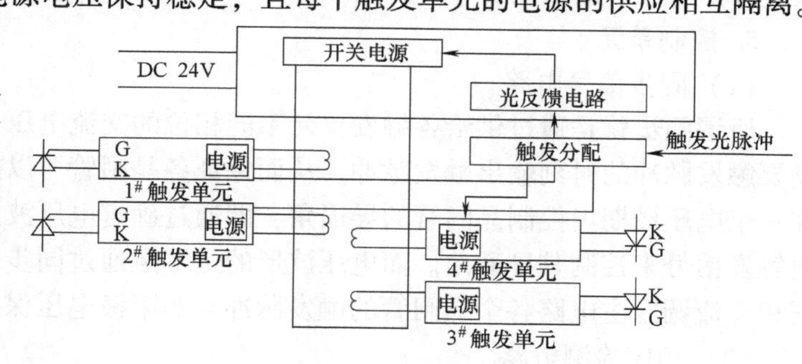

图9-2 触发电路电源

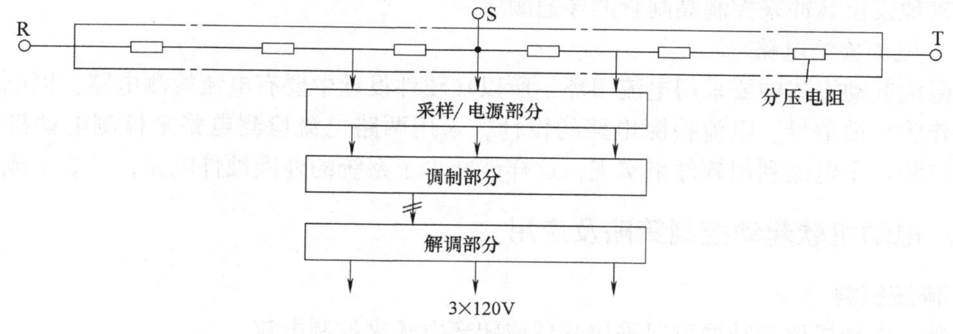

图9-3 电子电压变送器构成

电压变送器（3×380V/3×120V），为高压兆瓦级固态软起动装置在低压环境下进行测试提供条件；高低压部分隔离，由于高压电子电压变送器、高压测量（调制）部分位于高压侧，而解调部分位于低压侧，两者之间采用光纤隔离方式，提高了电子电压变送器的安全性能。

3. 其他

高压主真空接触器、高压旁路真空接触器、环型电流互感器、晶闸管串并联组合回路、均压回路和吸收回路。

4. 主电路

主电路包括三相电源、三相反并联晶闸管组、三相异步电动机，采用三相交流调压电路，在功率器件的选择上有两种选择方案：一是采用6只普通的晶闸管，连接成3对反并联电路；二是采用3只双向晶闸管电路。

1）双向晶闸管由于只有一个门极，且正负脉冲均能触发，利于简化主电路，触发电路设计也比较灵活。

2）双向晶闸管在交流电路中使用时，必须承受正反两个半波电流和电压。它在一个方向上的导电虽已结束，但在管芯硅片各层中的载流子还没有恢复到阻断状态时，就立即承受反向电压，这些载流子电流有可能成为晶闸管反向工作时的触发电流，造成其误导通。

3）双向晶闸管门极电路灵敏度比较低，晶闸管的关断时间比较长。

4）选择单向晶闸管，则主电路需要6只晶闸管，电路比较复杂，好处是单向晶闸管可靠性好，易于关断。

5. 控制单元

（1）同步信号电路

所谓同步就是通过供给各触发单元不同相位的交流电压，使得各触发器分别在各晶闸管需要触发脉冲的时刻输出触发脉冲，从而保证各晶闸管可以按顺序触发。因为软起动器必须在一个电压周期内控制晶闸管的导通角，即通过确定电压波形的过零点，延时一段时间后输出触发信号来控制其导通角。而电压波形的过零点通过同步信号电路检测获得。同步电路使三相交流调压主电路各个晶闸管的触发脉冲与其阳极电压保持严格的同步相位关系。

（2）相序检测电路

相序检测在软起动器中是不可缺少的。由上述同步信号电路的设计可知，同步信号只有一路，其他脉冲信号都以此信号为基准，因此为了起到相序自适应的作用，只有确定相序，才能正确地发出脉冲来控制晶闸管的导通顺序。

（3）电流检测电路

在限流起动方式中要采用电流闭环，所以在硬件设计中要有电流检测电路，以电动机定子电流作为反馈信号。电流检测电路的设计，采用两路电流检测电路来检测电动机定子电流，第三相定子电流利用软件来实现，这样就减少了系统的外围硬件电路，节省了成本。

9.1.3 电动机软起动控制策略及应用

1. 限流控制

通常，电动机软起动器可以采用开环或闭环方式来控制电流。

1）电流开环控制。计算负载的各种参数，如加速、减速时间，斜坡电压的起始值、斜坡时间、起动电流的限制值等参数，然后用计算得到的参数来控制起动过程，使电动机的端电压和端电流按照设定的曲线逐步增加，限制电动机的起动电流，同时，电动机的转速逐渐平滑地上升至额定转速，实现电动机的软起动。为了克服电动机的静摩擦转矩，通常在开始起动时给电动机一个突加的电压，此后，电动机的端电压按一定斜率逐渐增大，通过控制电压变化来限制起动电流。

2）电流闭环控制。闭环限流起动时，其控制系统动态结构如图 9-4 所示。

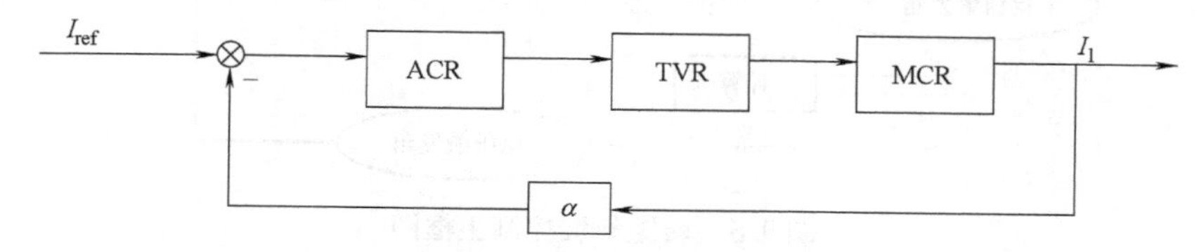

图 9-4　电流闭环控制的系统动态结构图

图中　I_{ref}——设定的恒流值；

I_1——输出电流值；

ACR——电流调节器环节，为改善系统的静动态性能，采用 PID 控制，传递函数为 $\frac{k_1(\tau_1 s+1)(\tau_2 s+1)}{\tau s}$。在数字控制系统中，一般采用增量式 PID 控制算法，以去除累计误差；

TVR——调压电路，包括移相触发器和晶闸管，可以近似为一阶惯性模型，传递函数为 $\frac{k_2}{\tau_3 s+1}$。

MCR——异步电动机定子电流相对于定子电压的传递函数，由于不同负载下电动机的动态过程具有非线性，用解析法求解非常困难，故这里采用基于稳态特性基础上的小偏差线性化法，此方法在实现上不是很复杂，同时，可有效地模拟电动机的实际响应过程。

α——反馈环节，在实际应用中，一般由硬件或软件形成比例或一阶滤波环节，传递函数为 $\frac{k_f}{\tau_f s+1}$。

2. 转矩控制

如图 9-5 所示为转矩斜坡控制主框图。图 9-6 所示的转矩斜坡控制框图，包括一个闭环回路，该闭环调节量为转矩，反馈回路与转矩有关的电流所需晶闸管触发角和根据负载计算应给定的电压触发角两者相比较，计算后得到负载所需功率，然后，再将这一功率实际值同设定的电动机电流前馈电路计算出的定子损耗合成，经计算得到斜坡转矩的实测值并输入上述闭环框图，控制转矩斜坡。

转矩控制起动时，要求控制电动机起动时的电磁转矩按线性规律上升，PI 调节环节一直投入系统运行，使电动机能够平滑起动。PI 调节器的输入：一个是根据程序的预置值计算得到的转矩值，另一个是根据电动机反馈的电压计算得到的实时转矩值，对其进行 PI 运算，其输出量经过适当变换后，结合此控制策略，生成与交流调压装置的触发角 α 相对应的驱动脉冲。由实时检测到的电压值 u，计算出实时转矩 T。闭环控制框图

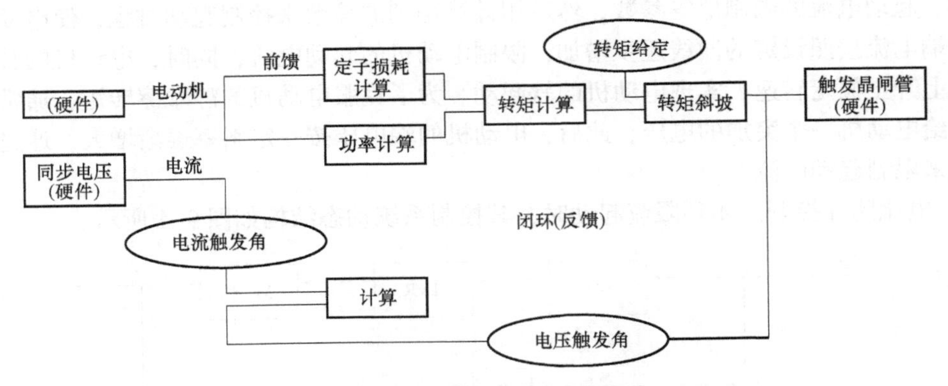

图 9-5　转矩斜坡控制主框图

如图 9-7 所示。

T^* 为按时间给定电磁转矩，T 为按检测的晶闸管电压 u 值计算出的实际转矩，T_{ct} 为 PI 调节后得出的控制转矩，U_{ct} 和 α 分别为由控制转矩计算出的电压和触发角。

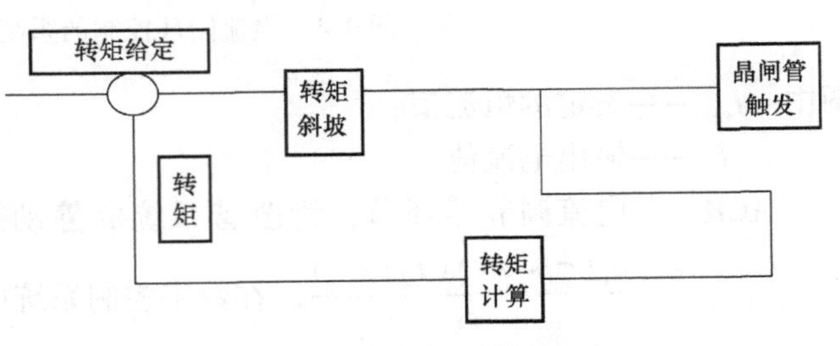

图 9-6　转矩斜坡控制框图

3. 起动转矩脉动抑制

对电动机电流特性的研究表明，通过增大晶闸管的触发角可以减少电动机的起动电流，从而有效限制起动时的冲击电流，降低电磁转矩的脉动幅度。

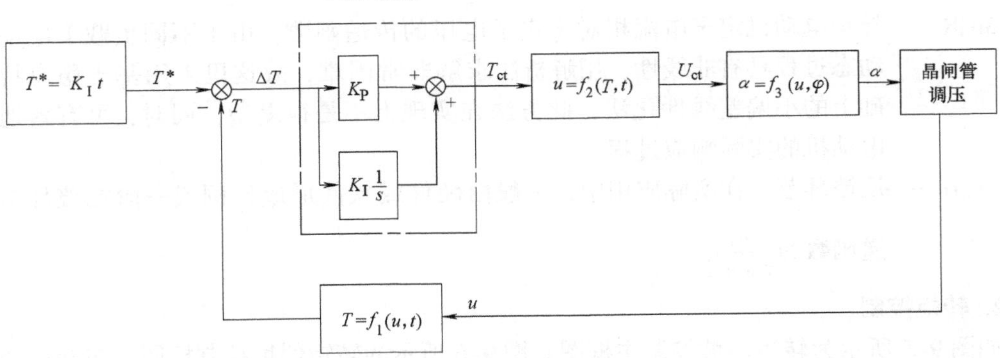

PI校正装置

$T^*=K_I t$ → T^* → ⊗ → ΔT → K_P / $K_I\frac{1}{s}$ → ⊗ → T_{ct} → $u=f_2(T,t)$ → U_{ct} → $\alpha=f_3(u,\varphi)$ → α → 晶闸管调压 → u → $T=f_1(u,t)$ → T

图 9-7　转矩闭环控制框图

当晶闸管正常对称触发时，通过增大晶闸管的触发角可以降低起动转矩的脉动幅度，但不能消除起动转矩的脉动。研究结果表明，电动机起动转矩的脉动主要是由第一个电源周期三相分量接通电动机的开关时刻决定的。因此，对于高压电动机软起动时合理选择三相接通电源的开关时刻，可以获得理想的起动转矩特性。

最佳开关时刻和电动机所带的负载无关，可以得到限流变压器低压绕组的晶闸管最佳初始导通角的优化组合策略。

4. 恒流闭环控制

在软起动的控制中，为了得到稳定的起动特性多采用闭环控制，一般采用的控制量有功率因数、输入电流和输入功率等。电流控制策略，根据预先设定的电流值在起动过程中进行恒流控制，一般限制电动机的起动电流在2~5倍额定电流范围内可调。在起动瞬间，根据设定的电流从CPU的存储器中查找到相应的最佳开关时刻，经过一个周期后，比较设定电流和反馈电流，并且根据比较结果适当调整触发脉冲的触发角，从而保持起动过程中电动机电流的恒定。

为了保证起动过程的稳定运行，允许电流在一定范围内波动。当电流超过这个范围时，通过调节晶闸管的触发角来调节电流，使电流保持在允许的范围内。设电动机的额定电流为I_N，设定的软起动恒流值是$K_I I_N$，恒流软起动控制中允许电流变化的范围为$0.95K_I I_N$~$1.05K_I I_N$，如果电流在这个范围内，则不做调整，晶闸管触发角保持不变；如果电流超过$1.05K_I I_N$，则晶闸管触发角每周期增大α_1；如果电流小于$0.95K_I I_N$，则晶闸管触发角每周期减小α_2，而α_1、α_2由模糊控制器根据系统当前的电流误差和误差变化率产生。实际系统中，为了避免电流在调整的过程中产生大范围波动，取α_1、α_2的绝对值$\in [0, 1.5°]$，这样既保证了定子电流及时逼近电流的限定值，又保持了电流在限定值附近时的系统稳定性。当电动机起动临近结束时，定子电流下降较快，此时触发角的调整幅度是0.5°/10ms，直到触发角达到0°，完成电动机的软起动过程。

5. 电动机软起动器应用

中高压大功率固态软起动器应用领域包括水电、石油化工、矿业、轻工业、冶金钢铁、港务码头、大型煤矿、污水处理场、发电厂的泵机、风机、压缩机、碾磨机及传送带等设备。例如：

1）输送带应用。高压固态起动器在某电厂皮带机上的应用，解决了该皮带由于斜度大、负载重造成经常撕裂的问题。在使用软起动器之前，该皮带每年撕裂1~2次，每次影响生产大约5天，且对整台机组安全运行造成隐患，每年直接花费高达数万元。采用软起动器之后没有出现过皮带撕裂问题，不仅每年节省了数万元开支，更重要的是保证了生产的安全性。

2）大功率电动机应用。在某石化公司风机上的应用解决了电动机功率大、起动时电网电压降大的问题。在使用软起动器之前，该电动机起动时电网电压降大约为20%。每次起动之前需要将该段负载转移到另外一段母线，该母线只保留该电动机才可以正常起动。如果运行中因跳闸而需要重新起动的时间太长，价值数十万的催化剂就白白浪费了。采用软起动器之后，起动电流限制在2.6倍额定电流之内，电压降为12%。软起动器的应用保证了生产的连续性。

3）小容量变压器环境的应用。在某供热站水泵上的应用解决了该电网变压器容量小、无法直接起动电动机的问题。该供热站有3台水泵电动机、2台变压器。其中，1台变压器带2台电动机，另一台变压器带1台电动机。电动机功率为750kW，变压器容量为1000kV·A。如果不使用软起动器，则电动机无法完成起动。

9.2 高压变频器技术及装置

9.2.1 高压变频器技术原理

1. 两电平电流源型高压变频器

1）图9-8所示为高-高电流源型高压变频器结构示意图。其中，输入侧有隔离变压器，以防止共模电压、降低谐波；晶闸管进行多脉冲可控整流；直流环节采用电感储能；逆变侧用 SGCT 作为开关器件，实现电流的 PWM 控制（设置滤波器）；采用了多个器件串联方式以提高耐压水平。

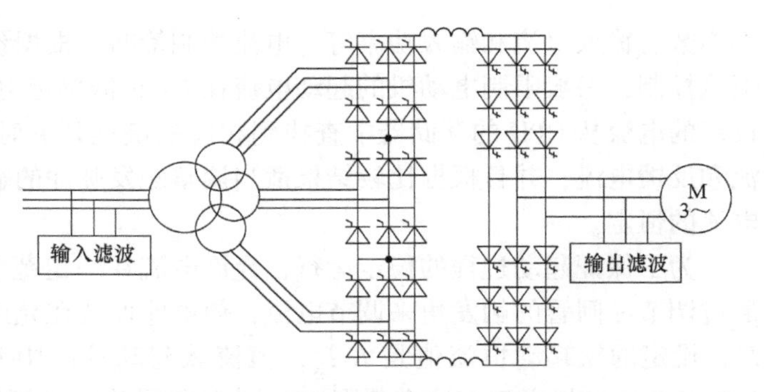

图 9-8　高-高电流源型高压变频器结构示意图

2）电流源型高压变频器输入侧采用晶闸管移相整流，随着负载的减小，晶闸管触发角后移，导致变频器的网侧功率因数逐步下降，负载越轻，功率因数下降越多，需要补偿功率因数。输入侧采用多脉冲整流方式，输入电流谐波含量极高，需要抑制谐波。整流桥、逆变桥都需要将器件进行串联，必须挑选开关特性和漏电流一致的器件组成桥臂，解决稳态导通和关断过程出现分压不均的问题。

3）动态及静态均压电路。器件串联要解决均压问题，即除了挑选特性尽量一致的串联器件外，还要针对器件设计动态（电阻与电容构成）及静态（电阻构成）均压电路，确保在晶闸管导通及关断动态过程中，若某晶闸管电压偏高或偏低，相应电容会充电或放电，抑制过高或偏低的电压；或者通过选择电阻值，在桥臂稳态阻断时，让流过电阻的电流远大于晶闸管的漏电流，使得施加在晶闸管两端的电压主要由电阻的分压决定，解决晶闸管漏电流不一致导致电压分担不均问题。该种方式存在的不足是采用动态及静态均压电路增加了损耗、降低了变频器的效率，同时，也因为增加了元器件，势必降低设备可靠性，因此，要求均压电阻不能出现开路或虚焊现象，以避免其对应的开关器件承受相当高的电压。

4）整流桥触发控制同步信号要求稳定，否则影响触发控制精度，甚至导致控制失败、出现停机故障。电流源型高压变频器控制电流、抗短路能力强，输出侧采用可关断开关器件对电流实施 PWM 控制，电流输出为两电平 PWM 波形，谐波含量极高，因电动机本身为感性负载，电流不能突变，故在输出端必须配置容性滤波电路，电流波形无法实现全范围优化。

5）电流源型高压变频器输出的电流波形无法实现全范围优化；电网侧功率因数低、谐波大，且随着工况变化而变化，补偿困难；可以四象限运行，适用于制动场合，动态响应性能好且可以回馈能量。

6）输出电压有 6.6kV、10kV 等。

2. 三电平电压源型高压变频器

1）图 9-9 所示为三电平电压源型高压变频器结构示意图，其中，输入侧采用 12 脉冲整流、两个三相全桥串联；直流环节采用电容储能；逆变侧由高压 IGBT 或 IGCT 组成三电平电路，中心点用二极管钳位。

2）在逆变桥的任一桥臂中，如器件 VT_1 和 VT_3、VT_2 和 VT_4 互补，使得任何时候都不会出现两个器件同时导通或同时关断的情况，避免了器件串联的均压问题。

3）输入侧采用 12 脉冲整流，电压、电流谐波含量较高，需要配置滤波器，同时，采用二极管整流器件，能量不能回馈电网；输出侧相电压有三个电平状态、线电压有五个电平状态，du/dt 较大、谐波失真大，需要配置滤波器。

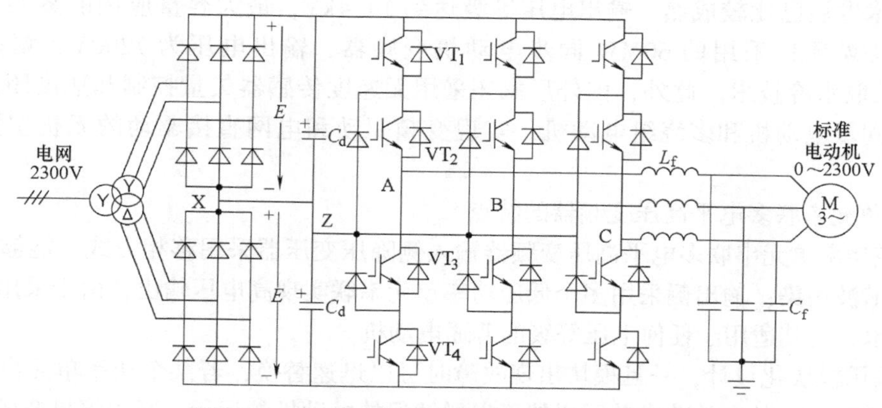

图 9-9　三电平电压源型高压变频器结构示意图

4）主电路器件发生故障只能停机，无法实现“带病”降额运行。

5）输出电压不高，依赖于功率器件的耐压水平，其最高输出电压为 4.16kV，可以通过内置变压器升压输出达到 6kV 或更高电压等级。

3. 单元串联多电平高压变频器

（1）单元串联多电平高压变频器的基本构成

单元串联多电平变频器采用多个功率单元串联的方法来实现高压输出，通常采用多电平移相式 PWM，以实现较低的输出电压谐波、较小的 du/dt 和共模电压。输入通常采用多重化隔离变压器以达到抑制输入谐波的目的。

其中，美国西屋电气公司提出了由独立的标准低压功率单元串联形成的高压逆变系统、单元串联多电平变频器的基本框架。输出高压可以通过可控整流桥控制逆变系统中部分模块的直流电压实现，也可以通过对部分模块的逆变侧进行 PWM 控制来实现。功率单元串联形成三相高压输出，避免了常规器件直接串联时存在的均压问题，奠定了单元串联多电平变频器的基础。美国罗宾康公司提出输入采用多重化移相变压器，变压器采用延边三角形联结，变压器二次侧互差一定电角度来抑制输入谐波电流；输出采用多电平移相式 PWM 控制，同一相中不同串联单元的三角载波互差一定相位以增加输出电压台阶，提高等效开关频率，改善输出电压波形，该单元串联多电平高压变频器方案已成为目前市场上主流的单元串联多电平方案。罗宾康公司提出了中心点偏移式功率单元旁路方法，通过旁路故障功率单元，调节三相输出电压之间的相位，确保输出线电压保持三相对称，电动机能正常运行，同时最大程度地提高了电压利用率，以及单元串联多电平变频器的可靠性。

单元串联多电平变频器采用二极管整流，无法实现能量回馈功能，不适用于轧机、吊机等要求四象限运行的场合，这是这种高压变频器存在的缺点。对要求四象限应用的场合，目前还是以带有源前端（Active Front End，AFE）功率单元的三电平变频器和传统的交-交变频器为主。功率单元旁路方案大大提高了单元串联多电平变频器的可靠性，很大程度上弥补了元器件个数多导致可靠性降低的问题。单元串联结构决定了这类变频器很容易实现模块化设计，适合大批量生产，形成产业化规模。功率单元还广泛采用 H 桥结构，也有个别国外厂家在功率单元内部采用三电平结构，以减少变频器中功率单元的个数，导致单元结构和控制复杂性增加（如三电平 PWM 和电容中心点电位波动问题），效果并不理想。

该技术发展已比较成熟，输出电压等级达到14.4kV，最大容量应用的案例是某液化天然气压缩站项目采用的60MW同步电动机变频器，输出电压为7200V、频率最高达100Hz，采取水冷技术。此外，国外厂家还采用无速度传感器矢量控制和速度闭环矢量控制，驱动同步电动机和多绕组电动机，实现变频驱动和电网直接驱动的无扰切换（同步切换）。

（2）单元串联多电平高压变频器的特点

1）该功率单元串联多电平高压变频器输入侧降压变压器采用移相方式，能够有效消除对电网的谐波污染；输出侧采用多个低压功率单元串联实现高电压输出，由于采用了多电平SPWM技术，使其适用于任何电压等级的普通电动机。

2）采用模块化设计，一旦模块出现故障时可以迅速替换，若某个功率单元出现故障可自动退出系统，而其余的功率单元仍然可以继续保持电动机的运行，减少停机造成的损失。

3）独立低压功率单元串联实现高压输出，包含移相整流变压器、功率单元，其中，移相整流变压器采用多重化设计，通过将网侧高压变换为二次侧多组低压，各二次绕组的绕制采用延边三角形联结，相互之间有固定的相位差，形成多脉冲整流方式，使得变压器二次侧各绕组（即功率单元输入）的谐波电流相互抵消，不反馈到高压侧，大大改善了网侧电流波形，消除了变频器对电网的谐波污染。

4）变压器的每个二次低压绕组相互独立，并单独为一个功率单元供电，因此，每个功率单元的主电路相对独立，并工作在低压状态，各功率单元间的相电压由变压器二次绕组的绝缘承担，功率单元之间不存在串联均压问题。

5）每个功率单元都相当于一台交-直-交电压型单相输出的低压变频器，输出电压为690V，每相串联5个功率单元，单相电压达到3450V，三相星形联结对应线电压达到6000V，由15个功率单元组成；整流侧用二极管三相全桥进行不可控整流，中间采用电解电容滤波和储能，输出侧为四只IGBT组成的H桥，提供单相等幅交流PWM波形输出电压。

6）每个功率单元开关频率较小，仅含少量极高次谐波，无须输出滤波器就可以直接用于驱动普通异步电动机，且电动机不需要降额使用；功率单元串联多电平高压变频器输出电压达到10kV甚至更高，驱动功率达到8MW，在我国得到广泛应用，尤其在风机、水泵等节能领域。

（3）单元串联多电平高压变频器的发展

单元串联多电平高压变频器的主电路拓扑和总体控制策略已基本成熟，围绕如何进一步提高可靠性、寿命、控制性能和降低成本等，具有如下发展态势。

1）冗余设计。弥补了多电平变频器元件数量较多所产生的可靠性问题，大大提高了其平均故障间隔时间（Mean Time Between Failure，MTBF）。冗余设计包括主电路和控制系统冗余设计，其中，主电路冗余设计主要采用功率单元旁路技术和多台变频器给多相电动机供电的方式，考虑到大部分电动机为三相电动机，在超大容量应用领域，采用多台变频器并联的技术方案具有一定优势。

2）无速度传感器矢量控制。在基本不增加硬件成本的情况下，大大提高了变频器的性能，拓展了变频器的应用领域。即使在风机、水泵等稳态和动态要求相对较低的负载场合，仍具有转矩限幅、快速转速跟踪再起动等功能，能有效防止加速过程的过电流跳机和减速过程中的过电压跳机，以及其他异常的停机现象，对于保证变频器的可靠运行有非常重要的意义。单元串联多电平高压变频器由于输出电压、电流波形比较理想，相对低压变频器而言，实现无速度传感器矢量控制的难度有所降低。电动机参数不准和时变是影响无速度传感器矢量控制性能的重要因素，要求控制算法中尽量避开敏感的参数或增加电动机参数在线辨识和控制系统参数修正功能，以提高系统的鲁棒性。

3）高耐压功率器件应用。目前，单元串联多电平高压变频器基本采用低压 IGBT（1700V 系列及以下）作为主要功率器件，功率单元的额定输出交流电压通常在 750V 以下，因而导致变频器所用元器件数量多于其他类型的变频器。现在也有公司采用 3300V 的 IGBT 作为功率器件，也可能考虑采用 IGCT 等耐压更高的功率器件，以简化主电路结构，提高可靠性。

4）大容量化。冷却问题随着变频器容量的增大变得十分重要。在大容量领域，选择水冷技术，国外水冷技术的变频器输出电流可达到 1400A。水冷技术对结构设计和热设计提出了很高的要求，同时对基础制造业也提出了挑战，我国目前制造水冷变频器的主要瓶颈在于水冷变压器和水冷散热器、连接件等配套工业。水冷高压变频器的水循环系统比较复杂，冷却介质一般采用纯净水加一定比例的防冻剂，如乙二醇。水循环系统必须有温度、压力、流量、导电率的监测和控制，需要安装去离子装置和水位调节储水罐等附件。水冷方式的优点是散热效果好、噪声小，缺点是成本高、维护复杂。目前，国际上 690V 等级空冷功率单元成熟产品的最大电流为 600A 左右。

5）能量回馈功能。常规的单元串联多电平变频器采用二极管整流，能量无法向电网回馈，导致变频器制动能力非常弱，只能应用于风机、水泵等负载，应用范围受到很大限制。罗宾康公司提出采用 AFE 功率单元实现单元串联多电平变频器的四象限运行，而且输入功率因数可调。这种结构的缺点是成本较高，PWM 整流产生的损耗会引起系统效率下降。也可采用在输入二极管整流器处反并联晶闸管逆变桥的方式实现能量回馈，采用这种方案成本相对较低，缺点是可靠性不高。

9.2.2 高压变频器应用

1. 高压变频器典型产品

1）西门子罗宾康高压变频器产品可以直接输出 3kV 或 6kV 电压，功率单元串联多电平高压变频器无须经升压变压器输出，功率为 300～22500kW，正弦波输入、无须输入滤波器，谐波符合 IEEE 519—2014 标准和 GB/T 14549—1993 标准，输入功率因数在 0.95 以上，无须功率因数补偿；多电平输出，无须滤波器，适用于异步电动机、同步电动机和绕线转子电动机；部分满载效率达到 98.5%。该产品广泛应用于石油、冶金、化工、水厂、水泥厂、发电厂及污水处理等行业。

2）北京利德华福电气技术有限公司生产的 HARSVERT-A 系列高压变频调速系统采用单元串联多电平技术，该高-高电压源型高压变频器系列产品为 3kV、6kV、10kV，功率为 200～5600kW，主要由移相变压器、功率模块和控制器组成。该产品的特点为现场安装方便，可远程监控，采用模块旁路技术和多种运行方式以保证系统安全，变频器对电网无谐波污染，具有掉电不停机、飞车起动功能，含有多种冷却方案。近年来，无速度传感器矢量控制及能量回馈系统陆续推向市场，满足了风机、水泵以外的负载对于高调速性能的需要。

3）美国AB公司生产的电流源型高压变频器的典型产品有Bulletin 1557M、Power Flex 7000。其中，Bulletin 1557M额定输出电压为2.3kV，采用6脉冲可控整流、GTO晶闸管输出和PWM控制方式，输出电压较低，整流侧、逆变侧晶闸管及GTO晶闸管均不串联；Power Flex 7000涉及2.4kV、3.3kV、4.16kV和6.6kV四类产品，功率为300～8000kW，输出逆变桥均采用SGCT作为开关器件、PWM输出方式，输入侧有三种方案可供选择，即晶闸管6脉冲整流桥加输入滤波器、串联三重化18脉冲晶闸管可控整流器及SGCT-PWM可控整流动态前端技术。

4）三电平电压源型高压变频器产品的典型代表为西门子公司SIMOVERT MV系列，ABB公司ACS1000和ACS6000系列。

5）生产功率单元串联多电平高压变频器产品的厂家还包括日本东芝、三菱、富士公司，以及我国东方日立公司等。

表9-2列举了主要的高压变频器厂商产品技术特点。

表9-2　主要高压变频器厂商产品技术特点

项　　目	西门子罗宾康	ABB	利德华福	广州智光
最高电压等级/kV	6	6	10	10
空冷最大功率/kW	5000	2000	5600	3150
输入谐波	很低	较高	很低	很低
控制器	ISA总线工控机	DSP	2000系列DSP	2000系列DSP
控制算法	矢量控制	直接转矩控制	变压变频控制	变压变频控制
功率器件	IGBT	IGCT	IGBT	IGBT
材料成本	较高	很高	较低	较低

2. 高压变频器产品应用

高压电动机利用高压变频器实现无级调速，可以满足生产工艺过程对电动机调速控制的要求，提高产品产量和质量，大幅度节约能源、降低生产成本，减少环境污染；同时，通过减小起动电流，可以延长机组的使用寿命。

（1）节能

高压变频器应用于风机、水泵类负载，调节电动机转速，以适应这类设备在生产工艺中流量、压力变化的要求，节电效率为10%～30%，甚至高达60%。

通常，风机、水泵类负载的流量与电动机转速成正比，负载的压力与电动机转速二次方成正比，负载的功率与电动机转速三次方成正比。因此，通过调速方式改变风机风量（流量），当风量下降20%时，风机轴功率下降49%，风量下降50%时，则风机轴功率下降87.5%，节能效果显著。

（2）优化运行工艺

1）提高生产率。通过设定变频器的频率，控制传送带生产线速度，提高了生产率。

2）利用现有设备、传送带上的齿轮电动机和传送带。

3）采用一台变频器控制多台电动机，这些电动机并联到一台变频器上，通过设定变频器的频率，保证多台电动机同步运行。

4）运行速度可调。根据工艺过程要求，可迅速改变运行速度。

5）转矩极限可调。变频调速能够设置相应的转矩极限来保护机械不致损坏，从而保证工艺过程的连续性和产品的可靠性。变频器转矩控制精度达到3%～5%。

6）可逆运行控制。只需要改变输出电压的相序，无须额外的可逆控制装置，就能够实现可逆运行控制，有助于降低维护成本、节省安装空间。

7）减少机械传动部件。利用矢量控制变频器再加上同步电动机，就能够实现高效的转矩输出，从而节省机械传动部件，最终构成直接变频传动系统，降低成本和空间，提高稳定性。

（3）提高生产效率和机组的自动化水平

1）保证加工工艺要求的最佳转速。结合生产工艺特点，设定变频器工作模式，选择设备在加工工艺过程中的转速，以缩短运行时间、稳定产品质量。

2）适应负载不同工况的最佳转速。采用多段速度运行，满足缩短运行时间、提高定位停机精度的要求。

3）提高设备自动化程度。结合生产过程与生产工艺特点，实现多机联动的自动控制，大幅度提高生产效率。

4）统一控制多台电动机。采用一台U/f控制型变频器同时控制多台电动机，如轧钢厂中钢坯或成品的输送轨道用一台变频器传动多台异步电动机，化纤厂中的计量泵则用一台变频器传动多台同步电动机实现同步旋转。

5）机械装置简单及标准化。采用变频器传动，不必改变机械设备的结构和电动机型号，即可在不同电网频率下可靠调速运行，使得机械设备的设计易于实现标准化。

6）提高了运行可靠性。高压变频器保护功能非常完善，能够自动诊断故障来源，同时，利用故障后再起动功能在不停机的情况下再起动，成功后将引起故障的原因存储在内部存储器中，可随时调出并显示故障原因，供分析和处理。这些功能使得设备运行可靠性大大提高，保证了生产的连续性，甚至可以实现夜间无人值守运行。

（4）改善控制质量

1）高精度、准确停机。变频调速系统缩短了提升机和自动仓库等生产过程中的间歇时间，提高了生产效率；水平移动机械采用两段速度运行，即在到达预定停车位置之前以低速爬行一小段时间，再采用直流方式制动，在预定位置准确停机。

2）平滑加减速。针对矿井提升机，根据所载重物的不同，适当改变加减速规律，就能够满足某些被传送重物不允许倾斜或倒塌的要求。

3）精确控制转速。矢量控制型高压变频器输出频率精度为0.01%～0.1%，能够满足化纤工业中的卷绕、拉伸，电弧炉自动加料等对于速度、转矩等控制精度的要求。

（5）延长设备使用寿命

1）控制电动机起动电流。变频调速系统可避免工频直接起动时产生7～8倍的电动机额定电流，大大增加了电动机绕组的电应力并产生热量，降低了电动机的使用寿命。

2）加速性能得到控制。变频调速系统能够在零速起动并按照实际需要加速，可以选择加速曲线，如直线、S形或自动加速。

3）停机方式得到控制。可以选择停止方式，如减速停机、自由停机、减速停机＋直流制动。

4）平均转速下降而使设备寿命延长。风机、水泵、空气压缩机等平均转速下降后，应力和磨损大大减小，同时延长了机器寿命。

9.3 电动机系统节能技术

9.3.1 电动机节能系统设计

1. 电动机节能系统全生命周期成本分析

采用全生命周期成本分析法用于电动机节能系统设计，对该电动机系统在全生命周期内的各项成本进行综合分析与优化。表9-3所列为某电动机系统在其生命周期内的各项成本及占比。

表9-3 某电动机系统全生命周期成本及占比

序　号	成本构成项目	占比（%）
1	采购	14
2	安装、试验及调试	9
3	燃料动力（电费等）	32
4	运行操作	9
5	维护保养	20
6	停机、误工、生产损失	9
7	环保	7

电动机的采购成本往往掩盖了电动机在整个使用寿命内的真正运行成本，其全生命周期运行成本中97%～98%是电费的支出。高效电动机的采购成本比同系列的非节能电动机增加了15%～30%。但是，考虑到产品整个生命周期内的总成本几乎都来自于电费，这部分投资还是值得的。因此，电动机系统节能应从电动机产品本体节能开始。

可见，设备采购成本和安装调试费用约占全生命周期成本的23%左右，运行电费成本约占32%。若片面追求采购成本低，而带来设备运行成本（运行电费、维修保养费用、停工生产损失费用）增加是不可取的。只有把每项成本相加，选择经济性、安全性、可靠性最优的方案，即全寿命成本最低的方案为首选方案。

IEC 60034－30“五变速电机、三相电机、笼型感应电机功效等级”标准指出：全世界工业用电动机消耗了总发电量的30%～40%，提高电动机系统（包括电动机和调速驱动系统）的效率是节能工程关注的重点。通过系统优化其节能潜力可达到30%～60%。通过提高电动机系统效率，有助于降低电动机系统的能耗，其中，采用高效率电动机的节能贡献率达到25%～33.33%，其余66.67%～75%的节能贡献率源于电动机系统整体性能的改善。

电动机系统将不同部件或子系统组合在一起使电能转化为机械能，包括电动机、被拖动装置、传动控制系统以及管网负荷，主要用于：流体运动（泵、风机、压缩机等）、物料加工（切削、搅拌、研磨、钻等）、物流输送（传送带、电梯等）。如图 9-10 所示，电动机系统节能通常指从电动机起动开关开始直至拖动的装置产出产品（流体）能量的最终消耗，包括电动机起动器、供电馈线、电动机速度控制装置、电动机、联轴器（或其他连接方式，如齿轮连接、皮带连接、蜗轮蜗杆连接等）、拖动装置（泵、风机或压缩机等）、拖动装置产出的产品（一般为液体和气态流体）、输出管线及终端负载。电动机系统节能是指整个系统效率的提高，不仅追求电动机本体效率和拖动装置效率的最优化，而且还要求系统各单元与系统整体效率的最优化。

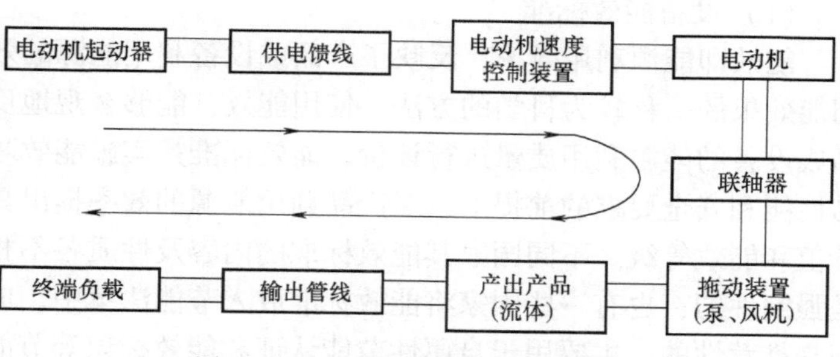

图 9-10　电动机系统节能涉及对象

2. 电动机系统节能措施

电动机系统节能涉及多学科、多专业和多领域。不同工况、负载特性、工艺过程和应用场合所采用的节能措施是不同的。综合起来主要考虑表 9-4 所列技术措施。要达到最高效率运行状态并不仅仅取决于电动机本身，还需要对系统进行再设计等。

表 9-4　各种节能措施与节能效果

项目	节能措施	节能效果（%）	备　注
系统安装或更新	高效电动机	2～8	1. 采取的节能措施可以是一种或多种的组合 2. 典型节能数据引自有关文献
	正确选型、负载匹配	节能量较大	
	调速驱动	10～50	
	高效机械传动/减速器	2～10	
	电能质量控制	0.5～3	
	高效终端设备（如泵、风机、压缩机等）	节能量较大	
	高效管网	节能量较大	
系统操作与维护	润滑、校正、调整	1～5	

电动机系统节能的标准主要包括设备能效标准、系统经济运行标准和节能控制装置标准三种类型，构成了电动机系统节能标准体系框架，相应的节能内涵、标准与政策措施见表 9-5。

表 9-5　电动机系统节能内涵、标准与政策措施

序号	电动机系统节能内涵	相关标准	配套政策与措施
1	更新淘汰低效电动机及高耗电设备	能效	高耗能产品淘汰、能效标识
2	提高电动机系统效率	变频调速、经济运行、能效	节能产品认证、能效标识、所得税优惠、节能产品政府采购、节能目标责任考核
3	被拖动装置控制和设备改造	变频调速	设备租赁、合同能源管理
4	优化电动机系统的运行和控制	经济运行	节能目标责任考核

（1）设备能效标准

能效即能源利用效率，反映了产品或设备利用能源的效率质量特性，是评价产品或设备用能效果的一种较为科学的方法。使用能效，能够客观地反映产品或设备的用能情况，对产品或设备的能源利用质量进行评价。能效标准是实施能效政策的依据和手段，是在不降低产品性能和安全要求的前提下，对产品利用能源的效率提出具体要求，如能效限定值、节能评价值和能效等级。不同国家其能效标准的内容及性质各不相同，在大多数情况下，能效标准是强制性的，也有一些国家将能效标准放入节能法案中，成为法律的一部分。有些能效标准则是推荐性的，主要用于自愿性节能认证和能效标识等节能制度或节能活动中。我国的能效标准中既有强制性的指标，又有推荐性指标，因此我国能效标准属于条款强制性标准。

（2）系统经济运行标准

经济运行标准是在满足工艺要求、安全生产、环保和可靠运行的前提下，通过科学管理、调节工况或技术改进等措施，达到节约能源、提高经济效益所规定的标准。经济运行标准属于管理标准，在这类标准中一般会对设备的选择、安装、运行管理、维修改造、运行状态判别与评价提出具体要求，从而保障设备或系统在安全、可靠和节能的状态下运行。

（3）节能控制装置标准

节能控制装置标准规定了节能装置应满足的要求以保证其适用性。节能控制装置标准属于产品标准，其主要作用是规定了节能控制装置的质量和安全要求。目前由于节能工作需要，科研人员开发了许多满足不同需求的节能装置，以提高原有设备的效率或降低其损耗，如变频节电装置、调压节电装置等。为了保证节能装置的质量，在节能控制装置标准中一般规定了性能要求、适应性要求、使用技术条件和检验方法等内容。

9.3.2 电动机效率标准与高效电动机

1. 电动机效率标准

目前，国际上制定有电动机效率标准的国家包括美国、加拿大、墨西哥、巴西、澳大利亚和新西兰，我国已于2003年初颁布了电动机的能效标准，并于2003年的8月1日起正式实施。关于欧盟范围欧洲电动机和电力电子制造商协会（CEMEP）的协议指标，虽未作为欧洲指令，但因已列入欧盟环保和节能计划，因此该协议指标可视作为欧盟各国统一遵守的标准。

（1）美国EPACT效率指标和欧盟CEMEP标准

1）美国电动机的EPACT效率指标是根据美国电动机制造商协会（NEMA）1990年所制定的标准NEMA12-10（即NEMA12-6C）制定的。加拿大电动机标准（CSA-390）与美国EPACT效率指标相同，而墨西哥、巴西电动机标准的效率指标则采用美国NEMA于1989所制定的原高效电动机标准NEMA12-9（即NEMA12-6B），其效率较美国EPACT指标低0.6%～1.5%。

关于电动机效率的测试方法均采用美国EPACT所规定的试验方法，即美国电气与电子工程师协会标准IEEE 112-B方法。

美国NEMA在制定了效率标准NEMA12-10以后，考虑到对更高效率电动机水平的需求，又制定了NEMA E设计标准，即NEMA12-11标准，其效率指标较NEMA12-10提高了1%～4%，但其起动性能则有所降低。近年来，由于美国电力供应趋于紧张，由美国各州电力公司为主组成的能源效率联盟（CEE）与美国NEMA联合制定了起动性能与EPACT要求一致的超高效率电动机（Premium Efficiency）指标，其效率接近 NEMA E 设计，较 EPACT 指标提高了1% ~3%，损耗又较 EPACT 下降了20%左右。

进入21世纪，美国电力供应仍然紧张，美国市场上开始出现高于 EPACT 指标的超高效率电动机，于是2001年以美国 NEMA 标准组织与各州电力公司为主组成的能源效率联盟（CEE）联合制定了新的超高效率电动机标准，称为 NEMA Premium 标准。美国 NEMA 标准 MG1-2003 中规定了 NEMA Premium 的效率指标，其功率范围为1 ~367.5kW，单速，2极、4极和6极，NEMA A 设计和 B 设计，为连续定额的三相笼型异步电动机。美国于2011年起在全球范围内率先强制推行超高效率标准电动机。

2）欧盟 CEMEP 标准针对每一规格的电动机规定了高、低两档效率指标，产品效率值低于低档指标的称为 eff3 电动机，介于低档指标与高档指标之间的称为 eff2 电动机，高于高档指标的称为 eff1 电动机。高档较低档电动机的效率提高了1% ~5%，相应的损耗下降了20% ~30%。

欧盟已将高效率电动机作为强制性最低标准。鉴于各国都在制定电动机效率标准，并且各国标准都略有不同，国际电工委员会 IEC/TC2 于2006年提出制定一项电动机能效分级标准，以统一和协调全球电动机市场，该标准已得到世界各国认同。新的 IEC 600342-30 标准将电动机的效率分为 IE1、IE2、IE3、IE4 共4级，基本上是在损耗降低15% ~20%的基础上形成的更高一等级的效率指标。据此，国际电动机市场已统一规范为4类效率等级的电动机。其中，IE1 为标准效率电动机，几乎是各国即将淘汰的效率等级；IE2 为高效率电动机；IE3 为超高效率电动机；IE4 为超超高效率电动机。欧洲已强制执行 IE2 效率等级标准。表9-6比较了美国 EPACT 指标和欧盟 CEMEP 指标的有关实施范围和方法。

表9-6 美国 EPACT 指标和欧盟 CEMEP 指标的有关实施范围和方法比较

序　号	电 动 机	美国 EPACT	欧盟 CEMEP
1	频率/Hz	60	50
2	型式	开放型、封闭扇冷型	封闭扇冷型
3	功率范围	1 ~200hp①	1.1 ~90kW
4	机座中心高	143T ~449T（90 ~280mm）	0 ~280mm
5	功率等级与安装尺寸关系	NEMA-T 系列	IEC 72-1，DIN42673
6	起动性能	A 或 B 设计	N 设计
7	效率指标	一档	高、低两档
8	试验方法	IEEE 112-B	IEC 34-2
9	执行方式	通过立法、强制实施	在欧盟监督下、行业协定实施

① 1hp =745.7W。

（2）中国、澳大利亚和新西兰的效率指标

中国、澳大利亚和新西兰的效率指标基本上与欧盟 CEMEP 指标相同，试验方法均采用国际电工委员会标准 IEC 34-2 方法。

由于我国电源频率、功率与尺寸计量的标准、电动机的功率等级与安装尺寸的关系均与欧洲相同，同时，我国对于电动机的基本技术要求和试验方法等标准也和欧洲一样符合 IEC

标准，再考虑到我国电动机的出口量目前已达相当数量，其中3/4是销往欧洲和亚太地区，仅有1/4销往北美地区，而前者均要求符合IEC标准。因此，我国电动机能效标准即以欧洲CEMEP低档值作为最低能效限值。即在我国生产和进口的电动机均要达到此指标，而以CEMEP高档值作为节能评价值，即达到或超过此指标的电动机称为高效率电动机或节能电动机。与CEMEP-EU略有不同的是，我国标准根据国内情况适当增加了功率范围和极数，并对产品节能评价值考核时，增加了对负载杂散损耗的考核要求。

2002年，我国颁布了国家标准GB 18613—2002《中小型三相异步电动机能效限定值和节能评价值》，并于2002年8月1日开始实施，该标准规定了中小型三相异步电动机的能效限定值、节能评价值和试验方法，适用于660V及以下的电压、50Hz三相交流电源供电，额定功率在0.55~315kW范围内，极数为2极、4极和6极，单速封闭扇冷式、N设计的一般用途电动机或一般用途防爆电动机；经过修订的GB 18613—2006《中小型三相异步电动机能效限定值及能效等级》于2007年7月1日开始实施，该标准新增了中小型三相异步电动机的能效等级、目标能效限定值，适用于690V及以下的电压、50Hz三相交流电源供电，能效2级和3级的额定功率在0.55~315kW范围内，能效1级的额定功率在3~315kW范围内，极数为2级、4级和6级，单速封闭自扇冷式、N设计的一般用途电动机或一般用途防爆电动机。跟随全球能效标准的统一步伐，参考国际电工委员会IEC 60034-30标准，GB 18613—2012《中小型三相异步电动机能效限定值及能效等级》于2012年9月1日开始实施，该标准规定了中小型三相异步电动机的能效等级、能效限定值、目标能效限定值、节能评价值和试验方法，适用于1000V以下的电压、50Hz三相交流电源供电，额定功率在0.75~375kW范围内，极数为2极、4极和6极，单速封闭自扇冷式、N设计、连续工作制的一般用途电动机或一般用途防爆电动机；GB 18613—2020《电动机能效限定值及能效等级》计划于2021年6月1日实施，该标准规定了三相异步电动机、单相异步电动机、空调器风扇用电动机的能效等级、能效限定值和试验方法，适用于额定电压1000V以下、50Hz三相交流电源供电，额定功率在120W~1000kW范围内，极数为2极、4极、6极和8极，单速封闭自扇冷式、N设计、连续工作制的一般用途电动机或一般用途防爆电动机，还适用于690V及以下的电压和50Hz交流电源供电的电容起动异步电动机（120~3700W）、电容运转异步电动机（120~2200W）、双值电容异步电动机（250~3700W）等一般用途电动机，以及空调器风扇用电容运转电动机（10~1100W）和空调器风扇用无刷直流电动机（10~1100W）。

GB 18613—2012将效率等级分为三级，其效率等级与老国标及IEC 60034-30的对应关系见表9-7。

表9-7　GB 18613与IEC 60034-30的对应关系

GB 18613—2012	GB 18613—2006	IEC 60034-30-1	平均效率（%）	效率提高幅度（%）
1级	无	IE4 （超超高效）	93.1	1.6
2级 （节能评价值）	1级	IE3 （超高效）	91.5	1.5

（续）

GB 18613—2012	GB 18613—2006	IEC 60034-30-1	平均效率（%）	效率提高幅度（%）
3 级（能效限定值）	2 级（节能评价值）	IE2（高效）	90.0	3.0
无（已废止）	3 级（能效限定值）	IE1（普通效率）	87.0	—

由表中的对应关系可知，我国的新 3 级能效限定值标准与国际 IEC 60034-30-1 中的 IE2 高效率等级相同，新 2 级能效限定值标准与国际 IEC 60034-30-1 中的 IE3 超高效率等级相同。也就是说，从 2012 年 9 月 1 日起，我国中小型三相异步电动机的最低能效限定值已升级为国际 IE2 高效率标准等级，我国中小型三相异步电动机的节能评价值或高效率标准则升级为国际 IE3 超高效率标准等级。新国标相对应的能效 1、2、3 级效率指标见表 9-8。

表 9-8　三相异步电动机各能效等级的效率指标

额定功率/kW	效率（%）											
	1 级				2 级				3 级			
	2 极	4 极	6 极	8 极	2 极	4 极	6 极	8 极	2 极	4 极	6 极	8 极
0.12	71.4	74.3	69.8	67.4	66.5	69.8	64.9	62.3	60.8	64.8	57.7	50.7
0.18	75.2	78.7	74.6	71.9	70.8	74.7	70.1	67.2	65.9	69.9	63.9	58.7
0.20	76.2	79.6	75.7	73.0	71.9	75.8	71.4	68.4	67.2	71.1	65.4	60.6
0.25	78.3	81.5	78.1	75.2	74.3	77.9	74.1	70.8	69.7	73.5	68.6	61.1
0.37	81.7	84.3	81.6	78.4	78.1	81.1	78.0	74.3	73.8	77.3	73.5	69.3
0.40	82.3	84.8	82.2	78.9	78.9	81.7	78.7	74.9	74.6	78.0	74.4	70.1
0.55	84.6	86.7	84.2	80.6	81.5	83.9	80.9	77.0	77.8	80.8	77.2	73.0
0.75	86.3	88.2	85.7	82.0	83.5	85.7	82.7	78.4	80.7	82.5	78.9	75.0
1.1	87.8	89.5	87.2	84.0	85.2	87.2	84.5	80.8	82.7	84.1	81.0	77.7
1.5	88.9	90.4	88.4	85.5	86.5	88.2	85.9	82.6	84.2	85.3	82.5	79.7
2.2	90.2	91.4	89.7	87.2	88.0	89.5	87.4	84.5	85.9	86.7	84.3	81.9
3	91.1	92.1	90.6	88.4	89.1	90.4	88.6	85.9	87.1	87.7	85.6	83.5
4	91.8	92.8	91.4	89.4	90.0	91.1	89.5	87.1	88.1	88.6	86.8	84.8
5.5	92.6	93.4	92.2	90.4	90.9	91.9	90.5	88.3	89.2	89.6	88.0	86.2
7.5	93.3	94.0	92.9	91.3	91.7	92.6	91.3	89.3	90.1	90.4	89.1	87.3
11	94.0	94.6	93.7	92.2	92.6	93.3	92.3	90.4	91.2	91.4	90.3	88.6
15	94.5	95.1	94.3	92.9	93.3	93.9	92.9	91.2	91.9	92.1	91.2	89.6
18.5	94.9	95.3	94.6	93.3	93.7	94.2	93.4	91.7	92.4	92.6	91.7	90.1
22	95.1	95.5	94.9	93.6	94.0	94.5	93.7	92.1	92.7	93.0	92.2	90.6
30	95.5	95.9	95.3	94.1	94.5	94.9	94.2	92.7	93.3	93.6	92.9	91.3
37	95.8	96.1	95.6	94.4	94.8	95.2	94.5	93.1	93.7	93.9	93.3	91.8
45	96.0	96.3	95.8	94.7	95.0	95.4	94.8	93.4	94.0	94.2	93.7	92.2
55	96.2	96.5	96.0	94.9	95.3	95.7	95.1	93.7	94.3	94.6	94.1	92.5
75	96.5	96.7	96.3	95.3	95.6	96.0	95.4	94.2	94.7	95.0	94.6	93.1
90	96.6	96.9	96.5	95.5	95.8	96.1	95.6	94.4	95.0	95.2	94.9	93.4
110	96.8	97.0	96.6	95.7	96.0	96.3	95.8	94.7	95.2	95.4	95.1	93.7
132	96.9	97.1	96.8	95.9	96.2	96.4	96.0	94.9	95.4	95.6	95.4	94.0
160	97.0	97.2	96.9	96.1	96.3	96.6	96.2	95.1	95.6	95.8	95.6	94.3
200	97.2	97.4	97.0	96.3	96.5	96.7	96.3	95.4	95.8	96.0	95.8	94.6

（续）

额定功率/kW	效率（%）											
	1级				2级				3级			
	2极	4极	6极	8极	2极	4极	6极	8极	2极	4极	6极	8极
250	97.2	97.4	97.0	96.3	96.5	96.7	96.5	95.4	95.8	96.0	95.8	94.6
315～1000	97.2	97.4	97.0	96.3	96.5	96.7	96.6	95.4	95.8	96.0	95.8	94.6

国标 GB 18613—2012 的实施，表明我国中小型三相异步电动机产品的效率提升了一个等级，新3级效率（IE2）已成为我国三相异步电动机的最低效率等级要求，也表明我国中小型三相异步电动机产品进行了一次更新换代。

（3）电动机效率标准的统一

为了统一全球的电动机效率标准，国际电工委员会IEC组织于2008年10月颁布了IEC 60034-30《单速三相笼型感应电动机的能效分级（IE代码）》标准。

1）IEC 60034-30 标准的适用范围

① 额定电压到1000V（标准也适用于电动机运行在双电压或多电压和频率下）。

② 额定输出功率为0.75～370kW。

③ 电动机磁极数包括2、4、6。

④ 额定运行基于S1工作制（连续工作制）或S3（断续周期工作制）工作制，但负载持续率为80%或更高。

⑤ 能直接起动。

⑥ 额定运行条件满足IEC 60034-1第6章的要求。

⑦ 电动机由法兰安装，底脚和/或轴伸机械尺寸与IEC 60072-1不同时，也涵盖在本标准中；齿轮电动机和制动电动机也包含在本标准中，虽然这类电动机用不同的轴伸和法兰。

2）标准不包含的情况

① 电动机设计为由变频器供电运行。

② 根据IEC 60034-25，电动机与其他机器设计为一整体（如泵、风机和压缩机）而不能单独进行测试的。

同时，IEC 60034-2-1也于2007年11月发布，该标准规定了电动机效率的测试方法，按测试精度分为低不确定度、中不确定度及高不确定度。IEC 60034-30规定：

① 效率应该在额定输出功率、额定电压和额定频率时测定。

② 效率和损耗的测试应该根据IEC 60034-2-1，对IE1效率等级，测试方法可选择中和低不确定度的方法；对其他高效率等级，只能选择低不确定度的试验方法。

③ 所选择的试验方法应在电动机所附文件中说明。

根据各国不同的情况，IEC 60034-30统一将电动机能效标准分为IE1、IE2、IE3和IE4共4个等级，其中IE1为标准效率、IE2为高效率、IE3为超高效率、IE4为目前最高的效率等级，并制定了50Hz和60Hz两套标准体系，分别用于电源频率50Hz和60Hz的国家和地区。对50Hz电源，IE1的能效水平相当于欧盟的Eff2；IE2的能效水平相当于欧盟的Eff1，但因为两者的测试方法不同，所以IE1和Eff2、IE2和Eff1的效率数值也不同。对60Hz电源，IE2与美国EAPACT能效水平相同，IE3与美国的NEMA PRIMIER水平相同。

IEC 60034-30 标准发布后，世界各国开始逐步采用该标准来制定本国的三相感应电动机能效标准。它们只是在采用时间和效率等级上略有不同（见表 9-9）。

表 9-9　各国实施 IEC 60034-30 电动机能效标准情况

电动机效率等级	制定了最低能效标准政策的国家
IE3	加拿大（电动机最低能效标准于 2012 年 4 月 12 日正式生效，执行 IE3 标准）
	墨西哥（2012 年 12 月起）
	美国（2010 年 12 月 19 日起）
	韩国（2015 年起）
	瑞士（2015 年起）
	欧盟（2015 年 1 月 1 日起，7.5～375kW 电动机执行 IE3 标准或 IE2 + 变频驱动；2017 年 1 月 1 日起，0.75～375kW 电动机执行 IE3 标准或 IE2 + 变频驱动）
IE2	澳大利亚
	巴西（从 2010 年起，执行标准 NBR 7094）
	中国（GB 18613—2012，2012 年 9 月 1 日起）
	印度（2010 年 7 月起，非强制）
	欧盟（2011 年 6 月起）
	韩国（2010 年 6 月起）
	新西兰
	瑞士
	智利（2011 年 1 月起）
	土耳其
IE1	哥斯达黎加
	以色列

目前，日本并没有制定电动机能效标准，但日本实施的领跑者计划（Top Runner）已于 2015 年涵盖电动机，根据“合理使用能源”法令，日本正在制定目标产品清单、产品范围及规范使用参考数据，该数据基于日本工业标准的 JIS C 4034-30（旋转电动机械）第 30 节“单速、三相、笼型感应电机（IE 指令）效率分级”。针对 50Hz 和 60Hz 的电动机，设定为 IE3 高效等级目标能效要求，仅有部分特殊电动机将被设置介于 IE2 和 IE3 之间的目标能效要求。

欧盟完全采用了 IEC 60034-30 标准，自 2011 年 6 月 25 日起，在欧盟范围开始强制执行 IE2 高效率标准等级；2015 年 1 月 1 日起，7.5kW 及以上的三相异步电动机开始执行 IE3 超高效率标准等级；2017 年 1 月 1 日起，则全部开始执行 IE3 超高效率标准等级（功率范围为 0.75～375kW）。

由于美国、欧盟、中国等大的经济体国家已经强制实施 IE3 或 IE2 效率等级标准，使得近年来 IE2、IE3 等级的电动机市场份额大幅增加。

IEC/TC2/WG31 工作组于 2010 年 4 月启动了对 IEC60034-30 标准第 2 版的制定工作，将 IEC 60034-30 标准分为两个标准，即 IEC 60034-30-1《在线运行交流电机能效分级（IE 代码）》和 IEC 60034-30-2《变速交流电机能效分级（IE 代码)》。其中，IEC 60034-30-1 已经于 2014 年 3 月发布，经修订的 IEC 60034-30-1 与 IEC 60034-30 相比，主要变化如下。

① 延伸了功率范围，从0.75～375kW延伸为0.12～1000kW。

② 扩大了磁极数范围，从2、4、6扩大到2～8。

③ 扩大了电机种类，从单速三相笼型异步电动机一种类型的电动机扩大到所有在线运行的交流电动机。

④ IE4能效等级是在IEC 60034-30标准中的附录中出现，本次正式引用到标准中来，不再提及IE1为标准效率、IE2为高效率等，只是提及电动机的效率分为IE1、IE2、IE3、IE4、IE5级，IE5效率最高，IE1效率最低。IE5效率作为技术发展和进步后预期的效率等级，本标准没有提出具体的效率值。

⑤ 环境运行温度为－20℃～＋60℃。

2. 高效电动机

（1）高效电动机标准

IEC 60034-30标准规定将电动机能效分为IE1、IE2、IE3三个等级，并分50Hz和60Hz两套体系，分别用于电源频率50Hz和60Hz的国家和地区。其中，IE1为标准效率（平均效率为87%）、IE2为高效（平均效率为90%左右）、IE3为超高效率（平均效率近92%）。对于50Hz电源，IE1的能效水平相当于欧盟的eff2（即我国的能效3级）；IE2的能效水平相当于欧盟的eff1（即我国的能效2级），但因为两者的测试方法不同，所以IE1和eff2、IE2和eff1的效率数值也不同，IE3能效水平欧盟现无对应标准。对于60Hz电源，IE2与美国EPACT能效水平相同；IE3与美国的NEMA Premium水平相同；美国无IE1效率水平的电动机标准，故IE1采用了巴西的标准。

推广高效电动机已成为全球电机产业发展的共识，电动机的高效节能化已成为其主要发展方向。对于电机行业来说，近年来，无论是国际还是国内的电动机能效标准都处于持续升级阶段，国际上对于IE3作为强制性能效标准已经达成共识。

1）美国自2010年12月17日起执行IE3超高效能效限定值。

2）墨西哥自2010年12月19日起执行IE3超高效能效限定值。

3）日本规定自2015年4月1日起，小型电动机需达到IE3能效标准。

4）韩国规定自2015年10月1日起，小型电动机需达到IE3能效标准。

5）欧盟、瑞士规定自2017年1月1日起小型电动机需达到IE3能效等级，或在达到IE2能效等级的同时加装变频器；欧盟计划在2023年7月删除在达到IE2的同时加装变频器的宽限条件，正式进入IE3时代。

6）加拿大规定自2017年6月28日起，强制实行IE3能效标准。

7）新加坡于2018年10月1日起正式执行IE3级能效标准。

8）中国现行能效标准是2012年发布的国家标准GB 18613—2012《中小型三相异步电动机能效限定值及能效等级》，按照GB 18613—2012的建议，电动机目标能效限定值作为推荐性建议，要求在额定输出功率的电动机效率不应低于国家2级（IE3）能效标准，鼓励企业研发和生产IE3电动机，使我国能效达到世界水平。目前，我国在电动机能效标准方面已经建立了比较完善的标准体系。2020年5月29日发布了国标GB 18613—2020《电动机能效限定值及能效等级》，计划于2021年6月1日正式实施。

（2）永磁电动机

1）稀土高效永磁电动机。根据IEC制定的超高效、超超高效电动机效率标准，永磁电动机由于采用永磁体励磁，在提高效率方面具有很大的空间和优势。针对永磁电动机自身特点，经过优化设计可以达到IEC规定的IE3、IE4效率限值。我国稀土资源丰富，稀土永磁产量已列世界前茅，研发超高效、超超高效永磁同步电动机是我国发展高效电动机的重要途径。

稀土永磁材料的磁性能优异，它经过充磁后不再需要外加能量就能建立很强的永久磁场，用来代替传统电动机的电励磁场。稀土永磁电动机不仅效率高，而且结构简单，还可做到体积减小，重量减轻；既可达到传统励磁电动机所无法比拟的高性能（如超高效、超高速、超高响应速度），又可以制成能满足特定运行要求的特种电动机，如电梯曳引电动机、汽车专用电动机等。稀土永磁电动机与电力电子技术和微机控制技术相结合，更使电动机传动系统的性能提高到一个崭新的水平。

电动机转子采用永磁技术可以减少15%～25%的电动机损耗。在工业领域，作为驱动用的稀土永磁电动机主要分为异步起动高效永磁同步电动机、变频供电的永磁同步电动机。

① 异步起动高效永磁同步电动机。永磁同步电动机与异步电动机相比，不需要无功励磁，可以提高功率因数，减少了定子电流和定子电阻损耗，且稳定运行时，没有转子铜损，效率比同规格异步电动机高2%～8%。永磁同步电动机重要的优异性能是在25%～120%额定效率范围内均可保持较高的效率和功率因数，在轻载时节能效果更显著，典型应用包括抽油机用高效高起动转矩永磁同步电动机、纺织化纤机械用高牵入转矩平滑起动高效永磁同步电动机。

② 变频供电的永磁同步电动机。变频供电的永磁同步电动机加上转子位置传感器闭环控制系统构成自同步永磁电动机，具有电励磁直流电动机类似的优异调速性能，又实现了无刷化，主要用于高控制精度和高可靠性的场合，如航空、航天、数控机床、加工中心、机器人、电动汽车等。

相对于变频调速电动机，稀土永磁同步电动机的节能效果较为显著。首先，稀土永磁同步电动机本体效率比变频器供电异步电动机高3%～5%，在电动机转速变化时，稀土永磁同步电动机的效率变化相对异步电动机小得多。如一台轴功率为100kW的风机，配置110kW的异步电动机，在$n'/n_N=1$时，电动机效率为93%；在$n'/n_N=0.5$时，电动机效率降为84%；在$n'/n_N=0.3$时，电动机效率只有54%，而稀土永磁同步电动机的运行效率始终保持在90%左右。

2）永磁电动机在工业领域推广应用存在的问题。尽管稀土永磁电动机在性能上具有许多优势，但在工业领域应用中存在以下问题亟待解决。

① 不可逆退磁问题。如果设计或使用不当，永磁电动机在过高温度时，或在冲击电流产生的电枢反应作用下，或在剧烈的机械振动时，有可能产生不可逆退磁，或叫失磁，使电动机性能降低，甚至无法使用。如何提高永磁材料的热稳定性和一致性，一直是国内外专家、永磁材料和电动机生产企业研究的重要课题。

② 成本问题。相对电励磁电动机，永磁电动机的成本要高得多，这需要用它的高性能和运行费用的节省来弥补。

③ 适应性问题。应开发满足不同负载特性的专用异步起动永磁电动机系列产品。异步起动永磁电动机相对变频器供电的永磁电动机成本低、控制和维护更简单；相对笼型异步电动机则成本更高，且对各种负载的适应能力不如笼型异步电动机那么强，但除高效率的优点外，其某些重要特性在某些场所应用也比后者更优越，如其起动转矩可比一般笼型异步电动机大得多，用于前述油田抽油机上正好满足起动转矩高的要求，且可比笼型异步电动机低

1 ~ 2 个功率等级，其在合理功率匹配和负载周期变化情况下保持高效率的双重优越性使得它在抽油机领域应用开始广泛起来。但在纺织行业则不要求高起动转矩，否则容易起动时拉断纱线，但要求较高的牵入转矩，故其设计方案与抽油机电动机不同。要用永磁电动机在宽转速和宽负载率范围内的高效率来弥补其相对较高的成本。要替代在这种负载状态下的笼型异步电动机，就必须针对不同的负载特性开发具有不同关键特性的永磁电动机。目前，针对工业领域各行各业不同负载特性的专用异步起动永磁电动机系列产品还不多见。此外，如何抑制异步起动过程中，转矩脉动给被拖动设备造成机械冲击，也是要解决的关键技术。

④ 大规模生产问题。永磁电动机中的永磁材料具有很强的磁场强度，在将永磁体装入转子以及电动机整体装配时，比其他电动机的工艺难度大，且更费工时，尤其是装配较大的工业电动机时，如果没有适合的工艺装备，难度更大。以一家年生产 400 万 kW，功率范围为 0.55 ~ 315kW 的低压笼型异步电动机企业为例，平均每月装配的电动机数量为 3 ~ 5 万台，而这对于装配同数量同功率范围的工业用永磁同步电动机来说难度是极大的。

⑤ 控制问题。永磁电动机制成后不需外部能量即可维持其磁场，但也造成从外部调节、控制其磁场较为困难，这也使永磁电动机的应用范围受到了限制。但是随着电力电子器件和控制技术的迅猛发展，大多数永磁电动机在应用中，可以不必进行磁场控制而只需进行电枢控制，设计时把永磁电动机、电力电子器件和电动机控制三项技术结合起来，使永磁电动机在更广泛的工况下运行。

⑥ 产品标准和试验方法标准。国际上尚无此类标准，国内也无国家或行业标准来规范此类产品。这对生产厂的制造和用户的选用，以及性能和质量判定带来困难。

习　题

9-1　如何理解电动机节能及应用?

9-2　简述晶闸管软起动器及关键技术。

9-3　简述高压变频器技术及发展。

9-4　如何理解电动机的效率?

附录　变量对照表

表 A-1　变量对照表

变量名称	物理意义	单　位
2s/2r	两相静止坐标系 α、β 变换到两相旋转坐标系 M、T	
AC	环流调节器	
ACR	电流调节器环节	
ASIC	电动机控制专用集成电路	
ASR	转速调节器	
ATR	转矩调节器	
A/D	模/数转换	
AP	脉冲放大器	
AR	反号器	
AVR	自动励磁电压调节装置	
B	导体所在处的磁通密度	Wb/m^2
BQ	转子位置检测器	
B_δ	导体气隙平均磁通密度	Wb/m^2
C_t	转矩常数，$C_t = 9.55C_e$	N · m/A
C_e	电动势常数，与电动机结构有关	V/(Wb · r/min)
C_m	异步电动机结构常数	
CAN	控制器局域网	
Clarke	静止三相坐标轴到两相的变换	
CSI	电流源型逆变器	
CT	电流互感器	
CVCF	恒压恒频器	
D_a	电枢直径	m
DLC	无环流逻辑控制器	
DPI	极性鉴别器	
DRC	环形分配器	
DSP	数字信号处理器	
DTC	直接转矩控制	
E_a	感应电动势	V
E_e	电枢电动势	V
E_{2N}	转子额定电动势	V
f_1	定子侧电源频率	Hz

（续）

变量名称	物理意义	单　位
f_2	转子侧电源频率	Hz
F	直线运动拖动力	N
F_1	直线运动阻力	N
$\dot{F}_1$	定子基波旋转磁通势	A
$\dot{F}_2$	转子基波旋转磁通势	A
$\dot{F}_0$	励磁磁通势	A
g	重力加速度	$9.8\mathrm{m/s^2}$
GD^2	飞轮力矩	$\mathrm{N \cdot m^2}$
GF	函数发生器	
GFC	频率给定动态校正器	
GTO	可关断晶闸管	
GTR	功率晶体管	
GVF	压频变换器	
HB	混合式步进电动机	
I_a	电枢电流	A
I_c	直流环流	
I_{cp}	瞬时脉动环流	A
I_f	励磁电流	A
IPM	智能功率驱动芯片	
I_N	额定电流	A
I_{fN}	额定励磁电流	A
I_{2N}	转子额定电流	A
I_s	起动电流	A
IGBT	绝缘栅双极晶体管	
J	旋转系统转动惯量	$\mathrm{kg \cdot m^2}$
j	传动机构总速比	
k_m	最大转矩倍数、过载倍数、过载能力	
k_s	堵转转矩倍数	
l	导体 ab 或 cd 的长度	m
L	相绕组自感	H
L_c	均衡电抗器	
L_d	平波衡电抗器	
m	系统直线移动部分的质量	kg
M	两相间互感	H
MCU	微控制器	
MOSFET	功率场效应晶体管	

（续）

变量名称	物理意义	单位
MVR	手动励磁电压调节装置	
n	电动机、发电机转速	r/min
n_0	理想空载转速	r/min
n_1	同步转速	r/min
n_N	额定转速	r/min
N_f	励磁绕组	
N_c	控制绕组	
Park	矢量旋转变换	
P_N	额定功率	kW
p	极对数	
P_1	电动机从电源输入的功率	kW
P_{Cu1}	定子铜损耗	kW
P_{Fe1}	定子铁损耗	kW
P_M	转子回路电磁功率	kW
p_{Cu2}	转子铜损耗	kW
P_m	传输给电动机转轴上的机械功率	kW
P_{me}	机械损耗	kW
P_s	转差功率、附加损耗	kW
P_2	转轴输出功率	kW
PID	比例-积分-微分调节器	
PLC	可编程逻辑控制器	
PSS	电力系统稳定器	
PT	电压互感器	
PM	永磁式步进电动机	
PWM	脉冲宽度调制	
PFM	脉冲频率调制	
r_s	电枢电阻	Ω
R_a	电枢绕组回路的电阻	Ω
R'_a	串励直流电动机电枢回路总电阻，包括外串电阻 R 和励磁绕组回路的电阻 R_f $R'_a=R_a+R+R_f$	Ω
R_f	励磁绕组回路的电阻	Ω
R_L	负载电阻	Ω
s	电动机转差率	
s_D	静差率	
SPWM	正弦脉宽调制	
SVPWM	空间矢量脉宽调制	

（续）

变量名称	物理意义	单位
T_0	空载转矩	N·m
T_2	输出转矩	N·m
T	电磁转矩，周期	N·m
T_s	起动转矩、堵转转矩	N·m
T_L	负载转矩	N·m
T_{2N}	额定转矩	N·m
U_a	电枢绕组电压	V
U_c	控制绕组控制电压	V
U_f	励磁绕组电压或速度反馈信号电压	V
U_{gn}	给定转速电压	V
U_{fn}	反馈转速电压	V
U_{gi}	给定电流电压	V
U_{fi}	反馈电流电压	V
U_{gc}	最大环流给定信号	V
U_N	额定电压	V
UR	可控整流器	
V，v	直线运动速度	m/s
VD	二极管	
VF	正组晶闸管	
VSI	电压源型逆变器	
VR	反应式步进电动机	
V/f	电压/频率	V/Hz
V－M	直流晶闸管-电动机调速系统	
VVVF	变压变频器	
Z_r	步进电动机的转子齿数	
x_d	电动机直轴（d轴）同步电抗	Ω
x_q	电动机交轴（q轴）同步电抗	Ω
α	转速反馈系数	
a_s	电动机的起动电流与额定电流之比	
β	机械特性斜率	
η	传动机构传动效率	%
η_N	额定效率	%
Φ	励磁磁通	Wb
Ω_1	同步角速度	rad/s
Ω	转子旋转机械角速度	rad/s
$\mathrm{d}\Omega/\mathrm{d}t$	转子旋转机械角加速度	rad/s^2

（续）

变 量 名 称	物 理 意 义	单　位
ρ	系统转动部分的转动惯性半径	m
φ	平滑系数	
ξ	衰减系数	
λ	极距角	rad
γ	转速反馈系数	
θ	失调角	rad
θ_s	步进电动机的步距角	rad
$\cos\varphi_2$	转子功率因数	
φ_2	转子功率因数角	rad
ψ_2	转子磁链向量	

参 考 文 献

[1] 王志新，罗文广. 电机控制技术 [M]. 北京：机械工业出版社，2010.
[2] 李发海，王岩. 电机与拖动基础 [M]. 4版. 北京：清华大学出版社，2012.
[3] 邱阿瑞，柴建云，孟朔，等. 现代电力传动与控制 [M]. 2版. 北京：电子工业出版社，2012.
[4] WU B. 大功率变频器及交流传动 [M]. 卫三民，苏位峰，宇文博，等译. 北京：机械工业出版社，2018.
[5] 倚鹏. 高压大功率变频器技术原理与应用 [M]. 北京：人民邮电出版社，2008.
[6] 马志源. 电力拖动控制系统 [M]. 北京：科学出版社，2005.
[7] 王志新，陈伟华，熊立新，等. 高能效电机与电机系统节能技术 [M]. 北京：中国电力出版社，2017.
[8] 谢宝昌，任永德. 电机的DSP控制技术及其应用 [M]. 北京：北京航空航天大学出版社，2005.
[9] 何仰赞，温增银. 电力系统分析 [M]. 4版. 武汉：华中科技大学出版社，2016.
[10] 李基成. 现代同步发电机励磁系统设计及应用 [M]. 3版. 北京：中国电力出版社，2017.
[11] 王成元，夏加宽，孙宜标. 现代电机控制技术 [M]. 2版. 北京：机械工业出版社，2014.
[12] 巫传专，王晓雷. 控制电机及其应用 [M]. 北京：电子工业出版社，2008.
[13] 阮毅，杨影，陈伯时. 电力拖动自动控制系统——运动控制系统 [M]. 5版. 北京：机械工业出版社，2016.
[14] 陈伯时，陈敏逊. 交流调速系统 [M]. 3版. 北京：机械工业出版社，2013.
[15] 李凤. 异步电动机直接转矩控制 [M]. 北京：机械工业出版社，1995.
[16] ALi Keyhanl, Mohammad N Marwall, Min Dai. 绿色可再生能源电力系统接入 [M]. 王志新，王承民，李旭光，等译. 北京：中国电力出版社，2013.